Research on Ecological Environmental Effect of Eucalyptus Plantation

桉树人工林生态环境效应研究

徐广平　沈育伊　滕秋梅
孙英杰　张德楠　黄科朝　著

广西科学技术出版社

图书在版编目（CIP）数据

桉树人工林生态环境效应研究 / 徐广平等著．—南宁：广西科学技术出版社，2021.8（2023.11 重印）

ISBN 978-7-5551-1613-4

Ⅰ．①桉… Ⅱ．①徐… Ⅲ．①桉树属—人工林—生态环境—研究—广西 Ⅳ．① S718.5

中国版本图书馆 CIP 数据核字（2021）第 151839 号

ANSHU RENGONGLIN SHENGTAI HUANJING XIAOYING YANJIU

桉树人工林生态环境效应研究

徐广平 沈育伊 滕秋梅 孙英杰 张德楠 黄科朝 著

责任编辑：黎志海 韦秋梅
封面设计：梁 良
责任印制：韦文印
责任校对：苏深灿

出 版 人：卢培钊
出版发行：广西科学技术出版社
地　　址：广西南宁市东葛路 66 号
邮政编码：530023
网　　址：http://www.gxkjs.com

经　　销：全国各地新华书店
印　　刷：北京虎彩文化传播有限公司

开　　本：787mm × 1092mm 1/16
字　　数：490 千字
印　　张：25.25
版　　次：2021 年 8 月第 1 版
印　　次：2023 年 11 月第 2 次印刷
书　　号：ISBN 978-7-5551-1613-4
定　　价：68.00 元

前言

桉树（*Eucalyptus*）是桃金娘科桉属、伞房属和杯果木属植物的统称，是世界上种类多、生长快、用途广泛、经济效益显著的树种之一，适应性强，适宜大规模经营和高产栽培。截至2019年，我国桉树人工林面积突破5.46×10^6 hm^2，居全球第二位，而广西的桉树人工林面积达2.56×10^6 hm^2，居全国首位。目前我国桉树人工林主要分布在广西、广东、海南、云南、福建、四川等地区。我国于1890年开始引种桉树，1980年之后开始快速发展桉树人工林，进入21世纪后，桉树人工林大面积发展，有力带动了涉及种苗、种植、肥料、营林、采伐、制材、制浆造纸、人造板、生物质能源和林副产品等相关产业的发展，给当地的社会和林农带来了显著的经济效益。桉树种植面积仅为我国森林面积的2%，却提供了全国总产量25%的木材，缓解了国内木材的供应矛盾，减少了对其他树种的采伐，促进了森林生态系统的保护，保障了国家木材战略储备安全。

桉树是很好的生态和防护树种，具有强大的碳汇功能，吸收CO_2的能力显著高于其他树种，对于减缓气候变化、减轻温室效应具有重要意义。桉树人工林具有调节气候、涵养水源、保持水土等生态功能，为国家生态文明建设做出了重大贡献，功不可没。但近十几年来，随着桉树种植面积的不断扩大，经营周期的不断缩短、栽培措施的集约化、连栽代数的增加和高强度的人为干扰，桉树人工林的生态环境效应问题也越来越受到人们的关注。人们对桉树人工林的争议较多，有建议积极推进大面积发展桉树人工林的，也有人认为桉树耗水多、耗肥多、会减少区域生物多样性等，从而破坏当地的生态环境，因此不主张发展桉树人工林，而是限制或禁止其发展。为探明桉树人工林的生态环境效应问题，本研究选择广西桉树人工林主要种植地区，开展了为期10年（2011～2021年）的监测试验，对桉树人工林的生态功能、社会价值和环境效应等进行系统的研究。本书基于桉树人工林经营过程中存在的主要问题，提出了桉树人工林相应的可持续发展建议，旨在丰富桉树人工林生态学研究的基础数据，为解答桉树人工林的社会争议问题提供科学客观的依据。

本书采用各章独立又相互兼容的形式进行撰写，共分为二十二章。其中，第一章阐明研究目的和意义，综述桉树人工林生态环境效应的研究进展、存在的问题和亟须加强的领域，由滕秋梅、徐广平撰写；第二章介绍书中所提及的研究基地的概况以及相关研究方法，由徐广平、沈育伊撰写；第三章研究桉树人工林林下植物多样性的变化特征，由徐广平撰写；第四章研究桉树人工林叶片稳定碳同位素组成及水分利用效率，由沈育伊撰写；第五章研究桉树人工林生态系统碳氮磷生态化学计量学特征，由滕秋梅、徐广平撰写；第六章研究桉树人工林生物量及微量元素的分配特征，由徐广平、张德楠撰写；第七章研究桉树人工林热值和灰分含量的变化特征，由徐广平、莫凌、曹彦强撰写；第八章研究桉树人工林土壤种子库特征，由徐广平、沈育伊撰写；第九章研究桉树人工林水源涵养功能特征，由孙英杰、徐广平撰写；第十章研究桉树人工林土壤养分含量及生物学变化特性，由徐广平撰写；第十一章研究基于^{137}Cs示踪的桉树人工林土壤侵蚀特征，由滕秋梅、徐广平、黄玉清和罗亚进撰写；第十二章研究桉树人工林土壤的抗蚀性特征，由徐广平、沈育伊撰写；第十三章研究桉树人工林土壤分形维数及斥水性特征，由沈育伊、徐广平撰写；第十四章研究桉树人工林土壤团聚体组成及碳氮磷含量特征，由徐广平、沈育伊撰写；第十五章研究桉树人工林土壤碳库管理指数的变化特征，由徐广平、滕秋梅、黄科朝撰写；第十六章研究桉树人工林土壤微生物数量和酶活性特征，由沈育伊、徐广平撰写；第十七章研究桉树人工林土壤动物群落结构特征，由徐广平、邱正强撰写；第十八章研究桉树人工林叶水浸提液化感效应及土壤酚类物质分布特征，由沈育伊、徐广平、牟芝熠撰写；第十九章研究桉树枝条生物炭对桉树林土壤理化性质的改良作用，由徐广平、段春燕、何成新撰写；第二十章研究桉树人工林土壤多环芳烃及磁化率分布特征，由徐广平、沈育伊撰写；第二十一章在前述研究的基础上，研究桉树人工林生态系统服务功能价值评价，由沈育伊、徐广平撰写；第二十二章对本研究进行总结，提出桉树人工林生态经营及可持续发展的建议，由徐广平撰写。徐广平对全书文字和图表等进行了统稿。

本书从组织、撰写到出版的全过程中，得到广西壮族自治区中国科学院广西植物研究所各位领导及同事们的关心和大力支持，在此表达最诚挚的感谢！也向所有在研究工作中给予了诸多帮助的研究生、实习生和朋友们致以深深的谢意！在此，对广西科学技术出版社给予的帮助也一并致谢！

“板凳要坐十年冷，文章不写半句空。”由于笔者水平有限，时间仓促，以及不同地区桉树人工林的复杂性，书中难免有疏漏和不妥之处，敬请读者和同仁不吝批评指正，以便进一步修改完善。

徐广平

2021年3月15日

承蒙以下科研项目资助：

国家自然科学基金项目（31760162，41361057）

广西自然科学基金项目（2018GXNSFAA050069，2020GXNSFBA297048）

广西喀斯特植物保育与恢复生态学重点实验室基金（19-50-6，19-185-7，20-065-7）

广西岩溶动力学重大科技创新基地开放课题资助项目（KDL & Guangxi202004）

广西植物研究所学科发展基金项目（桂植发 001，006）

广西植物研究所基本业务费项目（桂植业 21009，21010）

广西岩溶生态建设与植物资源持续利用人才小高地

广西科技重大专项（桂科 AA18118028）

广西科学院桂科学者“土壤生态环境与生物地球化学循环”创新团队项目

感谢以下参与撰写人员：

罗亚进　莫　凌　黄玉清　何成新　邱正强　段春燕　牟芝熠　曹彦强

感谢以下人员提供帮助：

李先琨　蒲高忠　廖建雄　张中峰　王三秋　黎彦余　杨　丹　姚月锋
曹　杨　陈运霜　王紫卉　潘复静　王　静　刘建春　杨晓东　曾丹娟

目录

第一章

绪　论

1　桉树人工林生态环境效应的研究进展

随着人口、资源、环境间的矛盾日趋严重，各种环境恶化和生态退化问题突出，特别是人类盲目及大量地向自然界索取生物资源，我们赖以生存的环境受到了严重的毁坏，生态环境退化，生物多样性尤其是植物物种多样性损失严重，许多植物物种已经或正在逐渐从地球上消失（Vos 等，2015）。植物多样性是世界生物多样性系统中最为重要的类型，也是世界生物多样性保护的关键。

然而，目前全球天然林资源大幅减少、森林资源总量急剧下降，植物多样性随之减少。2015 年全球森林资源的研究表明，1990 ～ 2000 年，全球天然林面积的年净损失率达 0.18%，特别是热带和亚热带地区更为严重（Zhang 等，2020）。由于当前国际森林项目对快速恢复森林面积的需求，世界各国都在大力发展人工林，以缓解生态压力和林产品的供需矛盾，保持经济和社会的持续发展。人工林具有培育时间短、单位面积产量高、相对收益高、集约经营管理等特点，种植人工林不仅有利于发展地区经济、提高林农收入、缓解资源短缺等，还发挥着涵养水源、保护水土等重要的生态功能（韦昌鹏，2020）。但是，相比于天然林，人工林的营建可能导致植物多样性的减少，而植物多样性减少不仅直接反映在生境破坏、植物物种减少和基因丧失等方面，还表现在植物多样性丧失后所出现的环境质量退化（陈灵芝等，1995）。反过来说，环境质量的退化又限制了植物多样性的恢复、重建和发展，加剧植物多样性丧失和受威胁的程度。生态环境是潜在的资源，是未来的生产力。中国是世界上人工林面积最大的国家，也是世界生物多样性特别丰富的国家之一，当前，中国的林业正处于一个以木材生产为主，向以生态建设为主的重要变革和历史性转变时期。为搞好生态建设，防止环境的持续恶化、植物多样性的减少，以及满足人类对生物资源日益增长的迫切需要，以人工林生态系统为对象的研究越来越受到重视（李婷婷等，2021）。

桉树（*Eucalyptus*）是桃金娘科桉属、伞房属和杯果木属植物的统称。从 20 世纪初开始，为满足国民经济发展对木材的需求，桉树以速生和适应多种环境的特性被许多国家大规模种植。目前，全国桉树人工林面积为 5.46×10^6 hm^2，主要分布在南方 11 个省（自治区、直辖市），以广西和广东最多，约占桉树人工林总面积的 3/4。广泛种植的品种主要是巨尾桉（*Eucalyptus urophylla* × *E. grandis*）无性系，其他少量种植的树种包括赤桉（*E. camaldulensis*）、邓恩桉（*E. dunnii*）、蓝桉（*E. globulus*）、直干蓝桉（*E. maidenii*）、粗皮桉（*E. pellita*）、柳桉（*E. saligna*）、史密斯桉（*E. smithii*）和细叶桉（*E. tereticornis*），以及它们的杂交种等（Arnold 等，2020）。近十几年来，有关桉树人工林带来的生态环境问题的争论不断。一些研究认为桉树人工林有利于改善生态环境，对生态系统有正面的影响（杜阿朋等，2012；Chu 等，2019）；也有研究指出，桉树的大量种植，尤其是桉树纯林的栽培，造成了地力衰退、生产力下降、生物多样性减少、病虫害增加、生态环境恶化等一系列的生态问题（黄伟，2020），以及桉树人工林不仅不会给种植地区带来经济收益，反而对当地的生态环境产生负面影响（Tererait 等，2013）。目前有关桉树造成生态环境退化的众多研究中，大多数都集中于地力退化、生物多样性减少和养分循环不佳等方面，而有关桉树人工林生态系统对生态环境效应影响的系统研究较少。

为了使桉树既可以大量种植，又不至于对生态环境包括生物多样性造成不利影响，很有必要开展桉树人工林对生态环境影响的系统研究。以现有生态经济建设为基础，完善桉树人工林种植发展建设规划，明确其对生态环境效应的影响，不仅可以为桉树人工林的经营和管理提供理论依据，还能充分发挥桉树人工林的生态服务功能，避免或减轻桉树人工林栽培对生态环境造成的不利影响，从而更好地推动当地生态文明建设和区域经济发展。

2 桉树人工林生态环境效应存在的问题

2.1 桉树人工林与生物多样性的变化

近年来有关桉树林及其混交林的林下生物多样性的报道较多。有的研究指出栽种桉树人工林对生物多样性有负面影响，桉树人工林造成的生物多样性减少是其引起生态退化的重要特征。如 Stefano 等（2019）为了解桉树人工林对美国天然林林下植被的影响，将桉树人工林与原生生态系统进行了比较，结果表明速生桉树可能会加速自然栖息地的恶化，并减少天然林林下的物种，但有利于耐阴的物种存活。Tererai 等（2013）比较了赤桉不同层次覆盖下的生物丰富度、多样性和均匀度，指出本地物种的丰富度、多样性沿着赤桉入侵的路线呈现梯度变化，未被赤桉覆盖的地方，其物种多样性更丰富。陈法霖等（2018）指出桉树人工林取代天然次生林降低了植物物种丰富度和覆盖度以及土壤资源的可获得性，进而显著降低了土壤微生物群落功能。周润惠等（2021）发现，5 年生桉树人工林下灌木层 Simpson 优势度指数和 Pielou 均匀度指数随桉树林龄增大呈先减后增再减再增的趋势，而 Mgrgalef 丰富度指数和 Shannon-Wienet 多样性指数先增大后减小；草本层 4 个指数随林龄增加均呈先增后减再增再减的波动趋势。Lopes 等（2018）通过不同功能类群，分析了巴西南部廊道林与桉树林之间的样带以及桉树某一剖面的昆虫多样性，发现与其他研究相比，桉树林昆虫的丰富度较低。相反，有的学者则认为桉树人工林能够为动物提供栖息地，有助于生物多样性的保护。如李伟等（2013）指出，桉树造林后随着林木快速成长，林下植被也随之恢复，物种丰富度和多样性开始呈现增长的趋势，3 ～ 4 年达到最高值后将有所下降。李金金等（2020）的研究得出，随林龄增加和林分密度降低，巨尾桉人工林林下植物种类增加且重要值分布更为均匀。另外，Zanuncio 等（2014）的研究表明，巴西亚马孙河地区天然森林与桉树人工林中鳞翅目动物区系无组间差异。

2.2 桉树人工林与土壤水分的变化

赵筱青等（2012）的研究结果表明，桉树林取代次生常绿阔叶林和思茅松后，土壤平均含水量分别下降了 10.98% 和 9.55%。赵从举等（2015）的研究得出，与 20 年生桉树林、10 年生椰树林相比，林龄较大的短伐桉树林对深层土壤水分的消耗较多；连栽代次愈多、林龄越大，土壤含水量愈少。Albaugh 等（2013）认为，在地表不补给水分的条件下，桉树吸收地下水供其生长发育，其强大的吸水能力使林地土壤水分亏缺。相反，有研究则认为桉树消耗水分较少，每合成 1 kg 生物量，松树需要 1000 L 水，咖啡、香蕉、黄檀和相思需要 800 L 以上，桉树只需要水 510 L（余雪标等，1997）。王贺亚等（2018）也提出，桉树本身不会引发水分消耗过量等问题。任世奇等（2021）的研究表明，广西南宁低山丘陵区尾巨桉林并未显著影响土壤水分，且土壤储水量年变化基本为零。有学者发现在我国干旱指数小于 1 的地区，人工林与天然林的水分消耗差异不显著，采伐之后一年桉树林的土壤含水量明显增加，有利于桉树后期生长（Yu 等，2019）。

2.3 桉树人工林与土壤侵蚀的变化

土壤侵蚀是生态环境效应的热点问题之一。桉树种植对土壤侵蚀的研究同样较多，结论不一。有些研究认为桉树人工林对土壤侵蚀的控制作用较弱。Rajendra 等（2010）运用 ^{137}Cs 示踪技术对桉树林的土壤侵蚀情况进行研究，发现处于生长期的桉树林，其土壤侵蚀量较大。Chu 等（2019）的研究也表明，桉树人工林种植明显减少了地表水流量和土壤侵蚀。有研究表明，桉树人工林具有强健的发达根系，能够有效减少土壤的水侵蚀量，所以桉树人工林对控制土壤侵蚀、防治水土流失有着积极的影响（Dye 等，2013）。Silva 等（2017）研究了 2001 年和 2004 年种植的桉树人工林、天然林、裸地在 2007 ～ 2012 年自然降雨条件下的水土流失状况，结果发现自桉树系统植苗后的第五年起，土壤损失量与天然林土壤损失量相近。另外，有研究指出将桉树伐木残留物覆盖于桉树人工林下，可以保护土壤有机质质量和数量，减轻火灾后土壤的侵蚀性（Puga 等，2016）。

2.4 桉树人工林与土壤质量的变化

土壤质量指标包括物理指标、化学指标和生物指标。已有较多针对不同林龄桉树林、不同桉树种类间、不同立地条件下同种桉树及桉树人工林与其他林地等土壤性质的研究（理永霞等，2007）。

土壤物理性质的研究。有的研究认为桉树人工林对土壤物理性质的负面影响较大。Ntshuxeko 等（2018）的研究表明，与天然林相比，作为入侵种的桉树人工林降低了土壤含水量、入渗率、导水率，导致土壤致密、抗渗透能力较低，土壤物理性质较差。Temesgen 等（2016）比较了 5 年生和 10 年生桉树人工林与邻近草地土壤的物理学性质，结果表明，相邻草地土壤容重显著小于桉树人工林。一些学者指出桉树对贫瘠土地的正面影响（提高土壤质量）大于负面影响。侯宁宁等（2019）的研究得出，桉树造林对土壤物理性质的影响主要集中在土壤的 20 ～ 40 cm 土层，1a、3a、5a 桉树人工林的土壤水库容量均高于同林龄米老排人工林、杉木人工林和马尾松人工林。

土壤化学性质的研究。Li 等（2015）评估了桉树人工林连续轮作的碳储量潜力，结果得出轮作期间桉树的碳储量差异不显著，林下植被和土壤有机质的降低导致整个生态系统碳储量降低了 50% 左右。Rachel 等（2016）在 1200 km 梯度范围内对 306 个桉树人工林的土壤碳储量及其变化进行了研究，发现土壤有机碳含量随土壤黏粒含量、降水量和年平均气温的增加呈增加趋势；2010 年（18 ～ 26 年，约 3 ～ 4 次轮作）土壤平均碳含量略有下降。Temesgen 等（2016）的研究得出，5 年生和 10 年生桉树人工林中的碳平均值比草地分别降低了 21% 和 43%，微生物量碳和微生物量氮显著小于邻近草地；土地利用方式对有效磷、交换性钾和交换性镁的影响不显著。Soares 等（2019）的研究表明，桉树采收后改造可引起土壤有机质的变化，桉树改良第一年后，0 ～ 0.1 m 土层土壤有机碳增加 78%；2 年后，0 ～ 0.1 m 土层土壤总氮呈增加趋势。桉树人工林生长快、密度大、吸收的矿质营养多会造成土壤肥力下降，但是通过科学管理来补充土壤营养是可以解决这个问题的。

土壤微生物的研究。Li 等（2018）的研究表明桉树人工林可以改变土壤微生物的群落结构和多样性，对土地管理和维持生态系统健康具有重要意义。受林分郁闭度、化感作用、养分输入等影响，在造林初期，桉树人工林土壤微生物繁殖迅速且含量丰富，但轮伐期前后土壤微生物数量显著下降（胡凯等，2015）；随着种植年限的增长，桉树人工林根际土壤微生物多样性又会呈现明显增高的趋势，这说明人工林多样性的稳定是经过长时间演化的结果（张丹桔等，2013）；Qu 等（2020）利用 Illumina MiSeq 软件对湛江不同林龄和不同树种桉树人工林细菌群落结构和潜在功能进行了分析，得出人工林细菌多样性随着林龄的增加而增加，土壤 pH 值、有机碳、水分和全氮是影响群落结构和功能的关键因子，桉树人工林林龄对细菌群落多样性和结构的影响大于桉树物种。有研究表明，不同植被类型土壤微生物总数表现为旱冬瓜林＞生态混交林＞桉树林＞云南松林（张仕艳等，2011）。可见，土地利用类型比桉树轮作对微生物群落结构和功能基因丰度的影响更大，微生物群落结构和功能基因丰度不是影响该系统土壤微生物多样性的主要驱动因素（Cuer 等，2018）。由于桉树纯林的生态系统结构较单一，易造成土壤生物多样性缺失，不利于维持生态系统健康和稳定，通过桉树与其他树种（如厚荚相思、杉木、马尾松等）混交，有助于防止生物多样性减少，并有利于林下土壤地力的维护。

2.5 桉树人工林与生态环境的变化

有关桉树人工林种植对生态环境影响的研究中，牛香等（2012）、王贺亚等（2018）对桉树人工林的生态系统服务功能和价值进行了研究。此外，还有利用遥感技术估算植被生产力、桉树造林存在的风险等较多研究。如王晓慧（2021）、卢献健等（2019）利用遥感技术，通过植被指数获取桉树人工林覆盖、生长状况的相关参数，从不同区域尺度通过不同途径分析了桉树人工林对生态环境的影响。Vassallo 等（2013）、陈书林等（2016）通过估算桉树人工林生态系统植被的净初级生产力，对其固氮释养能力、净初级生产力、总地下碳通量及总生产力等进行了研究。王亭然等（2020）对种植桉树人工林的生态风险进行了评估，指出外来物种的传播取决于物种本身的特性与群落可入侵性，表明桉树对大多数种植地区有着较高风险性。

利用遥感技术，通过植被指数获取桉树人工林覆盖、生长状况的相关参数，是从不同区域尺度分析桉树人工林对生态环境影响的有效途径。有研究认为，桉树人工林对生态环境影响的问题是所有人工林普遍存在的，而人为干扰和不科学的耕作措施是桉树人工林种植区生态质量下降的主要因素，如桉树种植过密、短期轮伐、不合理施肥、滥用除草剂、全垦整地炼山等掠夺式经营方式，对生态环境破坏严重（甘凤丽等，2018）。尽管桉树人工林的营建对生态环境的影响存在争议，但桉树也为社会提供了大量木材，促进了区域经济的发展，满足人们生活和生产的需要。所以，应正确看待桉树人工林营建与生态环境的关系，桉树种植既不能一禁了之，也不能盲目且无限制的大面积发展。可通过科学营造林措施和科学培育桉树，降低桉树对生态环境的影响，如采取轮作方式对树种结构进行调整，将种植多代桉树的林地改为种植非桉树，尤其是种植乡土珍贵阔叶树种，可改变目前桉树纯林过多的现象。

2.6 桉树人工林生态问题的争论焦点

总之，随着大面积营造桉树人工林，关于大力发展桉树人工林争议的焦点是桉树人工林生态环境问题。主要有以下几个方面（黄承标，2012；杨章旗，2019）：①桉树人工林消耗大量水分，造成林地和周边土地干旱等现象，桉树是“抽水机”的论调；②桉树人工林消耗大量养分，加剧土壤酸化，造成土壤肥力下降、地力衰退等现象，桉树是“抽肥机”的论点；③桉树人工林存在化感作用，抑制了其他植物的生长，使林下植物多样性减少，桉树“林下不长草，林上不见鸟”等谬论；④桉树人工林叶片和根部的渗出液对其他植物产生毒害作用，“桉树有毒”等言论。

3 桉树人工林生态环境效应亟须加强领域

以上研究中，对桉树人工林生物多样性、土壤质地及土壤水分等性质影响的研究，以某一方面的研究居多，而综合体现土壤物理性质、化学性质和生物性质重要过程的土壤质量综合评价研究，全面反映桉树人工林生物多样性、土壤质量等变化的发生条件、过程、影响因素及其作用机理的生态环境综合效应的研究较少（杜虹蓉等，2014）。土壤质量综合评价是土壤物理性质、化学性质和生物性质的一些重要过程的集中体现，目前对土壤质量的综合评价方法和评价指标，国际上还没有形成统一标准，还需加强。加强桉树菌根技术的研发与推广应用，通过把桉树赖以生存的菌根菌制成菌肥、生物制剂等应用于林业生产中，这是桉树人工林可持续发展的难点，也是解决桉树人工林土壤有机质含量下降的重要途径（李超，2015）。桉树人工林林下植物物种多样性的变化是一个动态过程，在不同的地域，由于气候和土壤等环境的差异性，林下植物物种多样性的变化特征可能不完全一样，对于林下植物物种多样性的动态变化特征，有必要进行深入研究。

桉树人工林发展对生态环境造成的影响主要体现在土壤养分及水分消耗、土壤退化、水源污染、水土流失、生物多样性衰退和病虫害传播等方面，“抽肥机”“抽水机”“病虫害”等论调也一直为人们所热议（韦玉姬，2017；黄伟，2020）。面对各方的质疑及现在或将来出现的生态环境问题，我们要做的不仅仅是去讨论问题，更重要的是澄清社会上一些负面甚至不正确的说法，减少“以讹传讹”，通过确凿的科学数据提出切实可行的解决途径，科学引导，防治结合，使得桉树人工林的营建在发挥积极作用的同时，尽量避免不利因素带来的影响，为区域生态环境的改善提供参考。对于社会上有关桉树的争议，桉树研究者应该正视桉树人工林发展过程中所带来的负面影响；对于部分没有科学依据的偏激观点，应以严谨的科学研究试验数据进行客观地分析论证（杨章旗，2019）。

目前，桉树人工林资源比较丰富，但是利用途径比较传统（如造纸、人造板、实木家具制造、重组木新型材料等），科技含量和附加值较低（余养伦等，2013）。将桉树木材用于人造板和家具行业，不仅可以拓展和解决人造板行业和家具行业木材原料匮乏的问题，也能提高桉木的利用价值和经济效益，这也使得桉木的实木利用化具有很大的发展潜力。但桉木在这些行业的使用并不普遍，且加工技术不高（陈勇平等，2019）。因此，如何合理、高值化地利用桉树木材，增加其产品附加值，研发桉木增值利用技术，已成为一个亟需解决的问题。在选择混交树种时应注重树种间关系，使其生态位间存在互补、生长过程中存在互利、经营周期存在交替、生态与经济价值实现共赢（郭东强等，2018）。

加强桉树人工林的科学建植与可持续经营的研究。在桉树人工林种植过程中，林业部门要坚持科学发展观，进行科学合理的安排和有效的指导。如在引种前应当进行桉树树种的生态风险评估，加强对桉树苗木的选择管理、提高桉树质量，采用科学合理的抚育措施，调整桉树种植模式，加强桉树种植管理，恢复林区植被，加强生态保护，降低自然灾害风险，健全相关法律法规（温远光等，2018；黄杰，2019；吴钊翔，2020）。加强桉树种质创新研究，加快桉树育种的升级，推出更多新品系和相应的栽培新技术模式等，提升桉树人工林的生态功能、社会价值与经济价值。以国家林业部门的文件为指导，合理规划，指导到位，有效权衡和协同桉树人工林木材生产主导功能与其他生态服务功能，使桉树人工林朝着科学规范、健康有序、优质高效的方向发展，从而降低营建桉树过程中对生态环境可能造成的破坏，确保桉树人工林建设可持续发展，为经济社会的发展做出应有的贡献。

参考文献

[1] 陈法霖，张凯，王芸，等．引进种桉树人工林取代天然次生林对土壤微生物群落结构和功能的影响[J]．生态学报，2018，38(22)：8070-8079.

[2] 陈灵芝，陈伟烈．中国温带森林退化生态系统及恢复[M]．北京：中国科学技术出版社，1995.

[3] 陈书林，温作民．广西人工林植被固碳释氧服务功能及其价值量评估[J]．农林经济管理学报，2016，15(5)：557-563.

[4] 陈勇平，吕建雄，陈志林．我国桉树人工林发展概况及其利用现状[J]．中国人造板，2019，12：11-14.

[5] 杜阿朋，张婧，谢耀坚，等．深圳市桉树人工林生态效益量化评估研究[J]．桉树科技，2012(1)：13-17.

[6] 杜虹蓉，易琦，赵筱青．桉树人工林引种的生态环境效应研究进展[J]．云南地理环境研究，2014，26(1)：30-39.

[7] 甘凤丽，黄渝伦，陈振生．桉树人工林对自然生态的影响及对策[J]．绿色科技，2018，12：23-24.

[8] 郭东强，卢陆峰，邓紫宇，等．我国桉树混交林研究进展[J]．桉树科技，2018，35(4)：27-32.

[9] 侯宁宁，苏晓琳，杨钙仁，等．桉树造林的土壤物理性质及其水文效应[J]．水土保持学报，2019，33(3)：101-107，114.

[10] 胡凯，王微．不同种植年限桉树人工林根际土壤微生物的活性[J]．贵州农业科学，2015，43(12)：105-109.

[11] 黄承标．桉树生态环境问题的研究现状及其可持续发展对策[J]．桉树科技，2012，29(3)：44-47.

[12] 黄杰．桉树速生丰产林的生态问题与解决途径[J]．现代园艺，2019(4)：178-179.

[13] 黄伟．速生桉树对广西生态环境的影响探讨[J]．南方农业，2020，14(15)：81-82.

[14] 李超．正视桉树人工林生态问题[J]．桉树科技，2015，32(4)：46-50.

[15] 李金金，张健，张阿娟，等．不同密度巨桉人工林林下植物多样性及根际土壤化感物质[J]．应用生态学报，2020，31（7）：2175-2184.
[16] 李婷婷，唐永彬，周润惠，等．云顶山不同人工林林下植物多样性及其与土壤理化性质的关系[J]．生态学报，2021，41（3）：1168-1177.
[17] 李伟，魏润鹏，郑勇奇，等．广东高要南部低丘桉树人工林下植被物种多样性分析[J]．广西林业科学，2013，42（3）：222-226.
[18] 理永霞，罗微，贝美容，等．桉树对种植地土壤质量的影响[J]．西部林业科学，2007，36（4）：100-104.
[19] 卢献健，黄俞惠，晏红波，等．基于GEE平台广西桉树快速提取研究[J]．林业资源管理，2019（5）：52-60，75.
[20] 牛香，王兵．基于分布式测算方法的福建省森林生态系统服务功能评估[J]．中国水土保持科学，2012，10（2）：36-43.
[21] 任世奇，朱原立，梁燕芳，等．基于PM模型的广西南宁尾巨桉中龄林蒸散特征[J]．南京林业大学学报（自然科学版），2021，45（2）：127-134.
[22] 王贺亚，黄沈发，郭晋川，等．基于3S技术的水库集水区桉树人工林生态系统服务动态[J]．水土保持研究，2018，25（4）：227-236.
[23] 王亭然，秦晓锐，鲁法典．桉树林生态经济风险评价[J]．林业经济问题，2020，40（4）：406-411.
[24] 王晓慧，谭炳香，李世明，等．基于面向对象多特征变化向量分析法的森林资源变化检测[J]．林业科学研究，2021，34（1）：98-105.
[25] 韦昌鹏．桉树人工林经营措施对生态环境的影响及对策[J]．现代农业科技，2020（13）：130，132.
[26] 韦玉姬．浅谈广西桉树人工林种植情况对生态环境的影响[J]．农业与技术，2017，37（1）：54-55.
[27] 温远光，周晓果，喻素芳，等．全球桉树人工林发展面临的困境与对策[J]．广西科学，2018，25（2）：107-116.
[28] 吴钊翔．桉树速生丰产林生态问题解决途径探究[J]．南方农业，2020，14（21）：80-81.
[29] 杨章旗．广西桉树人工林引种发展历程与可持续发展研究[J]．广西科学，2019，26（4）：355-361.
[30] 余雪标，李维国．桉树人工林的若干生态问题及其研究进展[J]．热带农业科学，1997（4）：60-68.

[31] 余养伦，于文吉．我国小径桉树高值化利用研究进展[J]．林产工业，2013，40(1)：5-8.

[32] 张丹桔，张健，杨万勤，等．一个年龄序列巨桉人工林植物和土壤生物多样性[J]．生态学报，2013，33(13)：3947-3962.

[33] 张仕艳，原海红，陆梅，等．澜沧江上游不同植被类型土壤微生物特征研究[J]．水土保持研究，2011，18(4)：179-183.

[34] 赵筱青，和春兰，易琦．大面积桉树引种区土壤水分及水源涵养性能研究[J]．水土保持学报，2012，26(3)：205-210.

[35] 赵从举，吴喆滢，康慕谊，等．海南西部桉树人工林土壤水分变化特征及其对林龄的响应[J]．生态学报，2015，35(6)：1734-1742.

[36] 周润惠，唐永彬，王敏，等．威远不同年龄桉树人工林林下物种多样性和土壤理化性质特征[J]．应用与环境生物学报，2021，27(3)：742-748.

[37] Arnold R J, Xie Y J, Luo J Z, et al. A tale of two genera: exotic *Eucalyptus* and Acacia species in China. 1. Domestication and research[J]. International Forestry Review, 2020, 22(1): 1-18.

[38] Albaugh J M, Dye P J, King J S. *Eucalyptus* and water use in South Africa[J]. International Journal of Forestry Research, 2013: 2-4.

[39] Chu S, Ouyang J, Liao D, et al. Effects of enriched planting of native tree species on surface water flow, sediment, and nutrient losses in a *Eucalyptus* plantation forest in southern China[J]. Science of the Total Environment, 2019, 675(20): 224-234.

[40] Cuer C A, Rodrigues R D A R, Balieiro F C, et al. Short-term effect of *Eucalyptus* plantations on soil microbial communities and soil-atmosphere methane and nitrous oxide exchange[J]. Scientific Reports, 2018, 8(1): 15133.

[41] Dye P. A review of changing perspectives on *Eucalyptus* water-use in South Africa[J]. Forest Ecology and Management, 2013, 301(1): 51-57.

[42] Li J, Lin J, Pei C, et al. Variation of soil bacterial communities along a chronosequence of *Eucalyptus* plantation[J]. PeerJ, 2018(6): e5648.

[43] Li X, Ye D, Liang H, et al. Effects of successive rotation regimes on carbon stocks in *Eucalyptus* plantations in subtropical China measured over a full rotation[J]. Plos One, 2015, 10(7): e0132858.

[44] Lopes L A, Blochtein B, Ott A P. Diversidade deinsetos antófilos emáreas comreflorestamen to deeucalipto, municípiode Triunfo, Rio Grande do Sul, Brasil Diversity of anthophile insects in an area with *Eucalypt* plantations in the municipality of Triunfo, Rio Grande do Sul, Brazil [J]. Iheringia: Série Zoologia, 2018, 97 (2): 181–193.

[45] Ntshuxeko V E, Ruwanza S. Physical properties of soil in *Pine elliottii* and *Eucalyptus cloeziana* plantations in the Vhembe biosphere, Limpopo Province of South Africa [J]. Journal of Forestry Research, 2018, 31: 625–635.

[46] Puga J R L, Abrantes N J C, Oliveira M J S, et al. Long term impacts of post-fire mulching on ground-dwelling Arthropod communities in a *Eucalypt* plantation [J]. Land Degradation & Development, 2016, 28 (3): 1156–1162.

[47] Qu Z, Liu B, Ma Y, et al. Differences in bacterial community structure and potential functions among *Eucalyptus* plantations with different ages and species of trees [J]. Applied Soil Ecology, 2020, 149: 103515.

[48] Rachel L C, Dan B, Stapea J L. *Eucalyptus* plantation effects on soil carbon after 20 years and three rotations in Brazil [J]. Forest Ecology and Management, 2016, 359: 92–98.

[49] Rajendra P, Shrestha, Dietrich S V, et al. Relating plant diversity to biomass and soil erosion in cultivated landscape of the eastern seaboard region of Thailand [J]. Applied Geography, 2010, 30 (4): 606–617.

[50] Silva B P C, Silva M L N, Batista P V G, et al. Soil and water losses in *Eucalyptus* plantation and natural forest and determination of the USLE factors at a pilot sub-basin in Rio Grande do Sul, Brazil [J]. Ciência e Agrotecnologia, 2017, 40 (4): 432–442.

[51] Soares E M B, Teixeira R D S, Sousa R N D, et al. Soil organic matter fractions under *Eucalypt* plantation in reform management [J]. Floresta e Ambiente, 2019, 26 (2): e20170694.

[52] Stefano A D, Blazier M A, Comer C E, et al. Understory vegetation richness and diversity of *Eucalyptus benthamii* and *Pinus elliottii* plantations in the Midsouth US [J]. Forest Science, 2019, 2: 1–16.

[53] Temesgen D, Gonzálo J, Turrión M B, et al. Effects of short rotation *Eucalyptus* plantations on soil quality attributes in highly acidic soils of the

central highlands of Ethiopia [J]. Soil Use and Management, 2016, 32 (2): 210–219.

[54] Tererai F, Gaertner M, Jacobs S M, et al. *Eucalyptus* invasions in riparian forests: effects on native vegetation community diversity, stand structure and composition [J]. Forest Ecology and Management, 2013, 297: 84–93.

[55] Vassallo M M, Hernán D, Dieguez, et al. Grassland afforestation impact on primary productivity: a remote sensing approach [J]. Applied Vegetation Science, 2013, 16 (3): 390–403.

[56] Vos J M D, Joppa L N, Gittleman J L, et al. Estimating the normal background rate of species extinction [J]. Conservation Biology: the Journal of the Society for Conservation Biology, 2015, 29 (2): 452–62.

[57] Yu Z, Liu S R, Wang J X, et al. Natural forests exhibit higher carbon sequestration and lower water consumption than planted forests in China [J]. Global Chang Biological, 2019, 25 (1): 68–77.

[58] Zanuncio J C, Lemes P G, Santos G P, et al. Alpha and betadiversity of lepidoptera in *Eucalyptus* plantations in the Amazonian region of Brazil [J]. Florida Entomologist, 2014, 97 (1): 138–145.

[59] Zhang J Z, Fu B J, Mark S S, et al. Improve forest restoration initiatives to meet sustainable development goal 15 [J]. Nature Ecology & Evolution, 2020, DOI: 10.1038/s41559.

第二章

研究区域概况与研究方法

1 研究区域概况

主要实验区。研究区处于广西黄冕林场，位于广西柳州市鹿寨县与广西桂林市永福县交界，居于东经 109° 43′ 46″ ～ 109° 58′ 18″，北纬 24° 37′ 25″ ～ 24° 52′ 11″。黄冕林场地形起伏大，坡面险峻，最高海拔达 895.91 m，地貌主要有低山地貌和丘陵地貌。属于中亚热带气候，气候温和，四季分明，无霜期长，雨热同季；年均气温为 19 ℃，年均降水量 1750 mm，年均蒸发量 1426 mm，热量丰富，雨量充沛。黄冕林场林地地质年代属泥盆系，成土母岩以砂页岩、夹泥岩和紫红砂砾岩发育而成的红壤、山地黄红壤为主。

辅助实验区 1。根据广西桉树人工林的主要种植地区分布，参考从低到高的小尺度纬度变化，选取钦州地区、南宁地区和桂林地区作为实验辅助实验区。钦州、南宁和桂林分别属于北热带海洋性季风气候、南亚热带季风气候和中亚热带湿润季风气候；地带性土壤类型分别以红壤、赤红壤和红壤等酸性土壤为主，3 个研究地区年均气温为 19 ～ 24 ℃，年均降水量为 1300 ～ 1900 mm。

辅助实验区 2。选择广西国有高峰林场界牌分场，地处南宁盆地的北缘，地理位置为东经 108° 08′ ～ 108° 53′、北纬 22° 49′ ～ 23° 15′；南亚热带季风气候，年均气温 21.8 ℃，≥ 10 ℃活动积温 7500 ℃，年均降水量 1200 ～ 1500 mm；丘陵和山地地貌，平均海拔为 100 ～ 220 m，成土母岩为砂岩，土壤类型为赤红壤，质地中壤，土壤厚度为 100 ～ 110 cm。

2 实验研究方案

2.1 植物多样性实验样地的设置及调查

根据广西桉树人工林的分布特征，在主要实验区和辅助实验区，根据实验设计，选择1年生（1a）、2年生（2a）、3年生（3a）、5年生（5a）、7年生（7a）、8年生（8a）和10年生（10a）等多个不同龄级的桉树人工林为研究对象，同一林龄的各监测样点分别建立3块重复样地，各样地的立地条件和经营管理措施基本一致，相互距离大于50 m，样地大小为50 m×25 m，共计21个样地。在每个样地内分别设置3个2 m×2 m的灌木样方，调查所有灌木种类、株丛数、高度、地径、覆盖度等；在每个灌木样方内设置3个1 m×1 m的草本样方，调查草本种类、株丛数、平均高度、覆盖度等。根据实验需要，分别选择天然次生林和5a的针叶混交林（主要植物为马尾松和杂木林）为对照。

同时，选择5a桉树人工林，其造林前林地经过炼山，采取的不同抚育措施主要有不同造林方式（实生苗和扦插苗）、不同造林密度（1100株/hm^2、1600株/hm^2、2500株/hm^2），且造林后每年进行人工除草或喷施除草剂。作为对照，未抚育桉树林为5a人工林，造林前林地经过炼山，但造林后5年内未采用人工除草或喷施除草剂等抚育措施，近自然管理。在进行植被调查的同时，按5点法进行土壤取样，充分混合为1个样品，带回实验室后自然风干，进行土壤理化性质的测定。

本研究选择的不同连栽代数的尾巨桉人工林，Ⅰ代为植苗林，Ⅱ代为第一次植苗林的萌芽林，Ⅲ代为种植第二次植苗林的萌芽林，Ⅳ代为种植第三次植苗林的萌芽林。各不同连栽代数的桉树人工林采用尾巨桉组培苗造林，株行距为1.8 m×3.5 m。在不同连栽代数的桉树人工林中，选择立地条件基本一致的林班，分别设置3块20 m×20 m标准样地，作为3个重复。调查标准样地中林木的胸径、树高，并记录林分郁闭度。分别在Ⅰ代、Ⅱ代、Ⅲ代和Ⅳ代桉树林标准样地中，沿着样地一条对角线的四等分点，各设置3个2 m×2 m的小样方，调查各样方林下植物种类组成及其结构特征。

2.2 叶片稳定碳同位素（$\delta^{13}C$）的取样

叶片稳定碳同位素（$\delta^{13}C$）组成季节变化的样品分别于2013年3月（春季）、6月（夏季）、9月（秋季）和12月（冬季）采集。在前期建立的研究样地的基础上，选择桉树、杉木、毛竹林和马尾松4个主要树种为研究对象，每个树种选取10株长势良好的样木，将每个植株按东西南北4个方向的健康叶混匀作为1个样品。将采集的叶片带回实验室，置于恒温干燥箱中，105 ℃杀青，65 ℃烘干（连续48 h），粉碎后过80目（孔径0.2 mm）筛制成供试样品。同时用电动泵抽吸野外实验点的大气样品，装入真空的500 ml气体便携式采样袋中备用。

2.3　土壤种子库的取样

在桉树人工林选择具有代表性的地段，设置 4 个 40 m × 40 m 的大样方，然后在大样方的对角线上设置一定数量的小样方，小样方面积为 10 cm × 10 cm，调查取样点的枯枝落叶层，取样深度为 10 cm，分为表层（0 ～ 5 cm）、中下层（5 ～ 10 cm），共取 100 个土样。

2.4　不同林分水源涵养功能的取样

选择立地条件类型相对一致的样地进行调查。研究设置的样地主要包括次生林、厚荚相思（*Acacia crassicarpa*）人工林、桉树（*Eucalyptus*）人工林、杉木（*Cunninghamia lanceolata*）人工林和马尾松（*Pinus massoniana*）人工林 5 种典型林分，每种植被类型选择 3 个实验样地作为重复，在各样地内生长状况相似的区域布设 50 cm × 50 cm 的凋落物标准样方，通过凋落物收集器分别收集凋落物的未分解层、半分解层，保持原样装入保鲜袋中，并用钢尺现场记录凋落物厚度，取其平均值作为样地内凋落物层厚度。同时，在样地内土壤质地相似的区域挖取土壤剖面，按 0 ～ 20 cm 和 20 ～ 40 cm 土层采集土壤样品等。

2.5　土壤铯同位素（^{137}Cs）样品采集

在野外详细调查的基础上，选择杂木林及由其转变而来的桉树林、马尾松林为研究对象，分别在每个林地类型中的坡上、坡中和坡下 3 个部位，各设置 3 块面积约 20 m × 20 m 的样地作为标准样地。在各样地按照“S”形选取 5 个（10 cm × 10 cm）具有代表性的样点，用内径为 5.0 cm 的土钻采取分层样（0 ～ 5 cm、5 ～ 10 cm、10 ～ 15 cm、15 ～ 20 cm、20 ～ 25 cm、25 ～ 30 cm）和全样（0 ～ 40 cm）。采样时，首先去除地表凋落物，等层次混匀为 1 个混合样。土壤全样和分层样一律装入有编号的自封袋内，并做好采样记录，装入保温密封瓶带回实验室用于土壤粒径、土壤有机碳（SOC）和 ^{137}Cs 含量的测定。同时，使用环刀法（环刀高度 5 cm）采集原状土，带回实验室测定土壤容重（鲍士旦，2000）。

2.6 土壤碳库管理指数样品的采集

在野外详细调查的基础上，采用时空互代法，选择由本底资料和时间一致的马尾松次生林改种而来的 6 个不同林龄（1a、2a、3a、4a、5a 和 8a）的桉树为研究对象，选择营林、管理方法、海拔、坡向、坡度、土壤母质等立地条件基本一致或相近的林地，各设置不同林班和间隔 60 ～ 100 m 的 3 块面积为 20 m × 20 m 的样地作为 3 个重复，共计 18 块。同时，在邻近未被砍伐和未被改种为桉树的马尾松林（10a），设置 3 块 20 m × 20 m 的标准样地作为对照。采样前去除地表凋落物，按照“S”形方法在各样地中选取 5 个代表性样点采取土壤样品，按 0 ～ 10 cm、10 ～ 20 cm、20 ～ 30 cm 和 30 ～ 40 cm 4 个层次用土壤取样器（直径 5.0 cm）分层取土，同层土壤混匀为 1 个土样。将采集的土壤样品装在无菌自封袋中，带回实验室风干后做常规处理，用于土壤理化性质的测定。

2.7 土壤动物群落特征的调查

每个植被类型选择 3 个实验样地作为土壤动物取样的重复。取样方法参考 TSBF（热带土壤生物学和肥力计划）（Anderson 等，1993）。每个样地按“S”形随机选择 5 个样点，每个样点间的距离大于 5 m，每个样点取样面积为 40 cm × 40 cm。先收集样方内的凋（枯）落物，后用手捡法采集其中的大型土壤动物，然后沿土壤剖面分 0 ～ 10 cm、10 ～ 20 cm 和 20 ～ 30 cm 不同土层采集土壤样品等，将样品带回实验室内，分别用干漏斗法（Tullgren 法）和湿漏斗法（Baermann 法）分离中小型土壤动物（《土壤动物研究方法手册》编写组，1998；李娜等，2013）。

2.8 桉树叶水浸提液对植物种子生理特征的影响

取新鲜桉树叶片洗净剪碎成 1 ～ 2 cm，剪碎的桉树叶片和蒸馏水按 1 : 5 的比例调配，即 1 kg 新鲜桉树叶用 5000 ml 的蒸馏水于恒温 28 ℃下浸泡 8 d，浸泡过程中不断搅动，过滤后得到桉树叶水浸提取母液。将母液置于冰箱 4 ℃冷藏，用于种子的生物学测定。

将不同受体植物种子用 10 g/L 的高锰酸钾消毒 10 min，用 30 ℃温水浸种 2 h。然后分别放置在基质中（珍珠岩：砂子 =3 : 1），在 25 ℃、30 μmol/m^2 · s 光照的条件下培养 12 h。待种子萌发后，每周做统一添加各浸提液处理。在受体植物长出第一对真叶之前，每隔3 d统一定量喷施浸提液，之后每隔2 d统一定量喷施浸提液，培养期间根据基质湿度每隔2 d定量喷洒适量蒸馏水。处理30 d后取样测定各组叶绿素、脯氨酸、丙二醛、可溶性糖等质量分数。

2.9 桉树枝条生物炭输入小区试验

选择桂北地区成土母质一致、海拔和坡度接近、地势相对缓和平坦、具有代表性的Ⅰ代林4a桉树人工林作为试验样地，林分窄行的株行距为2 m×3 m，宽行间距为5 m，2年前基肥施用量为750 kg/hm^2，总养分≥25%，N：P：K=13：5：7。生物炭输入试验期间，不再施用其他追肥等。试验于2017年春季（3月）开始生物炭施用量定位小区试验，以桉树人工林土壤作为研究对象，生物炭输入比例参考生物炭与土壤的质量百分比进行控制（郭艳亮等，2015），设置CK（0%，无生物炭添加）、T1（0.5%，相当于原土0～30 cm土层重的0.5%）、T2（1%，相当于原土0～30 cm土层重的1.0%）、T3（2%，相当于原土0～30 cm土层重的2%）、T4（4%，相当于原土0～30 cm土层重的4%）和T5（6%，相当于原土0～30 cm土层重的6%）6个处理，每个处理设3个重复，采用完全随机区组设计，共设18个试验小区，每个小区规格为8 m×8 m，小区间设1 m缓冲带。生物炭施用结合林场所采用的施肥方式，参考郭艳亮等（2015）采用的完全混合方法，采用农耕工具分别将各小区内表层30 cm深的土壤均匀翻耕，将生物炭一次性按照设定的比例与翻耕的土壤充分混合，然后将混合后的土壤回填并轻微压实复原土位。考虑到翻耕对地表植物可能造成的扰动，对照样采用同样的翻耕等处理。

2.10 多环芳烃（PAHs）和土壤磁化率样品的取样

植物多环芳烃（PAHs）样品的采集，结合其他实验样地的设置和调查（本章节2.1、2.2、2.4）同时进行。为避免人为活动对实验土壤样品可能产生的影响，采样点远离工业、住宅区等。根据林木生长林龄，采集各林分的树干、枝、叶、根、皮等样品，分别混合后，称取分析样品。林下灌木和草本植物样品分别采集并混合，在林地设置的小样方收集枯枝落叶层的凋落枝、叶样品等。土壤样品（PAHs）的采集，结合其他实验样地的设置和调查（本章节2.3、2.6）同时进行。采集的样品用聚四氟乙烯袋密封带回实验室，并储存于−5 ℃冰箱。以上采集的样品量均为1～1.5 kg。

采用五点采样法采集土壤磁化率样品，为减少单个取样的随机性，每个采样点的土壤样品均由多点采集混合而成。样品采集后，迅速放入塑料密封袋内。带回实验室后除去样品中的石块和残根等杂物，在实验室自然风干，用玛瑙研钵将样品捣碎（以不破坏样品的天然颗粒为准），过 2 mm 土壤筛。将过筛后的样品（5 g 左右）用食品保鲜膜包好，装入 10 ml 圆柱状的磁学专用样品盒并压实，供土壤磁性参数测定。

3 实验研究方法

3.1 植物多样性的计算

以 20 m × 20 m 的样地为统计单位，计算灌木层和草本层的植物多样性指数，然后计算相同林分数据的平均值，以此为基础分析不同林分和林龄的植物物种多样性特征。基于野外试验调查数据，以相对密度、相对频度和相对显著度分别计算灌木层和草本层植物的重要值（徐广平等，2005），再进行 Margalef 丰富度指数（R）、Simpson 优势度指数（D）、Shannon-Wiener 指数（H）、Pielou 均匀度指数（J）的计算（马克平等，1995）。计算方法如下：

Margalef 丰富度　$R=S$

Shannon-Wiener 指数　$H=-\Sigma P_i \ln P_i$

Pielou 均匀度指数　$J=H/\ln S$

Simpson 优势度指数　$D=\Sigma P_i^2$

式中，S 为物种数目，P_i 为种 i 的相对重要值，即 $P_i=N_i/N$，N_i 为第 i 个物种的重要值，N 为所有重要值之和，重要值 =（相对显著度 + 相对频度 + 相对密度）/3。

群落的相似性系数：采用 Jaccard 系数计算群落的相似性系数（Maguran，1988）。

3.2 叶片稳定碳同位素的测定

$\delta^{13}C$ 同位素采用 DELTAplus/XL 型稳定同位素比值质谱仪（Finnigan MAT 公司）进行测定，碳同位素参考 PDB 国际标准，测定精度 ±0.2‰。计算公式如下：

$\delta^{13}C$（‰）=（$R_{sample}/R_{standard} - 1$）× 1000‰

式中，R 为 $^{13}C/^{12}C$ 的比值，R_{sample} 为测定样品的 R 值，$R_{standard}$ 为标准物质的 R 值，标准物质采用国际普遍认可的 PDB（Pee Dee Belminite）。

3.3　植物养分及生理生态指标的测定

部分叶片和凋落叶实验样品的碳含量采用重铬酸钾容量法—外加热法测定，全氮含量先用 H_2SO_4-H_2O_2 消煮，然后在德国 Elmentar VarioEL Ⅲ元素分析仪上测定。全磷含量先用 H_2SO_4-H_2O_2 消煮，再用浓硫酸—高氯酸消煮，采用钼锑抗比色法（Agilent 8453 紫外 - 可见分光光度计，美国）测定。叶片脯氨酸含量采用茚三酮磺基水杨酸法测定，可溶性糖含量测定采用蒽酮比色法测定，灰分测定采用马福炉干法灰化法测定。叶片烘干后测其干重（DW）并计算叶片含水量（LWC）。计算公式如下：

LWC（%）=［（FW − DW）/FW］× 100

式中，FW 为叶片湿重，DW 为叶片干重。

3.4　尾巨桉人工林生物量的估算

研究表明，乔木各器官及总生物量与测树因子之间存在某种相关关系（杜虎等，2013），这种相关性关系可以用数学模型来表达，可以建立以胸径（D）或胸径平方乘以树高（D^2H）为自变量，总生物量为因变量的生物量估算模型（肖义发等，2014），其表达式为 $W=ax^b$，其中，W 表示生物量，x 是可以用树高（H）、胸径（D）或 D^2H 表示的自变量，在自变量中加入 H，能消除同一树种不同林分间的差异，a 和 b 表示方程中的待估参数。本研究运用张利丽（2016）估算的尾巨桉各器官生物量与胸径的回归方程 $W= aD^b$，计算各器官的生物量（W 为林木各器官的生物量，D 为胸径，a、b 是参数）。尾巨桉树叶、树枝、树干、树皮、树根等估算方程见表 2-1。根据样地每棵林木调查的结果，通过回归方程求出尾巨桉乔木层不同器官的生物量，并由此推算出尾巨桉乔木层的总生物量。

草本层和凋落物层采用样方收获法，按照品字形在每个样地中选取 3 块 1 m × 1 m 样方，将取回的草本层和凋落物层样品带回到实验室，在 105 ℃下杀青 25 min，继续在 75 ℃下烘干直到其达到恒重，测定其含水率并计算出干重量。各器官的养分累积量计算公式：养分累积量 = 干重 × 养分含量。

表 2-1　尾巨桉人工林生物量估算模型

器官	拟合方程	R^2	P
树叶	$W= 0.1785D^{1.1753}$	0.8705	0.007
树枝	$W= 0.0263D^{2.2471}$	0.8866	0.0023
树干	$W= 0.0259D^{2.8762}$	0.9782	0.0033

续表

器官	拟合方程	R^2	P
树根	$W=0.1920D^{1.8431}$	0.8470	0.009
树皮	$W=0.0539D^{1.7802}$	0.9485	0.005
全株	$W=0.1925D^{2.3658}$	0.9888	0.0013

3.5 土壤理化性质的测定

土壤容重用环刀法测定；土壤含水量采用烘干法测定；土壤 pH 值用酸度计测定（水土质量比为 2.5：1）；土壤孔隙度由公式（孔隙度 =1 —容重 / 密度）计算得到；土壤有机碳（SOC）用总有机碳 TOC 仪测定（岛津 5000A，日本）；全钾（TK）用硫酸—高氯酸消煮，火焰光度法测定；速效氮（AN）用碱解扩散法测定；有效磷（AP）用碳酸氢钠浸提，钼锑抗比色法测定；速效钾（AK）用火焰光度法（鲍士旦，2000）测定。土壤阳离子交换量（CEC）采用 1 mol/L 乙酸铵交换法测定，土壤电导率（EC）采用电导率仪（DDS-307A）测定（水：土 =5：1）。土壤交换性酸、交换性铝和交换性氢用 1 mol/L 的 KCl 提取，0.02 mol/L NaOH 滴定法（鲁如坤，2000）测定。土壤交换性钠（M_3-Na）、交换性钙（M_3-Ca）、交换性镁（M_3-Mg）采用 Mehlich 3 浸提剂浸提，水土比为 10：1 混合振荡，滤液稀释 5 倍，用电感耦合等离子体发射光谱仪（ICP，美国 PE optima 5300DV）测定（马立峰等，2007）。

土壤全氮采用德国 Vario EL Ⅲ型元素分析仪进行测定；硝态氮（NO_3^--N）和铵态氮（NH_4^+-N）用 2 mol/L 的 KCl 溶液浸提后通过连续流动分析仪测定（SKALAR-SAN^{++}8505，荷兰）。土壤微生物生物量氮采用氯仿熏蒸浸提法测定（吴金水等，2006）。土壤氮储量估算公式为 $S=10 \cdot N \cdot \rho \cdot h$（李艳琼等，2018），其中，$S$（g/m^2）为 0 ～ 30 cm 深度土层的有机氮储量，N（g/kg）为全氮含量，ρ（g/cm^3）为土壤容重，h（cm）为实际土层厚度。

3.6 植物和土壤微量元素的测定

将采集的实验区林木的各器官样品和凋落物样品带回实验室，烘干并粉碎过筛后待分析用，各样品中的微量元素 Fe、Mn、Cu、Zn 含量采用 Hp3510 原子吸收分光光度计测定。全 Fe、全 Mn、全 Cu 和全 Zn 含量，采用高温电炉灰化—王水消煮—盐酸提取—原子吸收分光光度法测定。有效 Fe、有效 Mn、有效 Zn 和有效 Cu 含量，采用

M_3 浸提—原子吸收分光光度法（鲁如坤，2000）测定。微量元素循环系数 = 微量元素归还量 ÷ 微量元素吸收量，表明微量元素的循环强度。

3.7 室内土壤种子库萌发与鉴定

土壤种子库的数量与组成研究采用萌发法。实验托盘预先覆盖 5 cm 厚经烘烤处理的无种子细砂，将土壤样品均匀铺在实验托盘内，适时浇水使土壤维持适宜的水分状况；每隔 3 ～ 5 d 查看统计种子萌发状况。对已萌发的幼苗进行识别鉴定并统计数量，记录后予以清除，暂时无法辨识的做好记录，使其继续生长，直至能够被鉴定为止（TerHeerdt 等，1996；张玲等，2004）。整个过程持续至所有实验托盘中不再有新幼苗长出为止。将实验托盘土样中发芽种子数换算为 1 m^2 的数量，即为土壤种子库的种子密度。

3.8 枯枝落叶层水文生态效应的测定

将样方内的所有凋落物在不破坏原有结构的情况下，分层收集到档案袋中，称其鲜重。带回实验室后，在 80 ℃下烘至恒重，称其质量，即为凋落物干重，以干物质质量推算不同林分凋落物蓄积量。采用室内浸泡法测定林下凋落物的持水性能，将烘干后的凋落物装入网袋，并浸入清水中浸泡 24 h，称重后计算其自然含水率、最大持水率、最大持水量、最大拦蓄率（量）和有效拦蓄率（量）（常雅军等，2009；彭玉华等，2013）。相关计算公式如下：

$$R_o=(G_o-G_d)/G_o\times 100\%$$

$$Rh_{\max}=(G_{24}-G_d)/G_d\times 100\%$$

$$Rh'_{\max}=Rh_{\max}\times M$$

$$Rs_{\max}=Rh_{\max}-G_o$$

$$Ra_{\max}=Rs_{\max}\times M$$

$$Ra_y=0.85\times Rh'_{\max}-R_o$$

$$Wsv=(0.85\,Rh_{\max}-R_o)\times M$$

式中，R_o、$Rh_{\max}$、$Rh'_{\max}$、$Rs_{\max}$、Ra_y、$Ra_{\max}$ 为凋落物自然含水率、最大持水率、最大持水量（t/hm^2）、最大拦蓄率、有效拦蓄率（%）、最大拦蓄量（t/hm^2），G_o、G_d、G_{24} 为凋落物自然状态下质量、凋落物烘干质量及浸水 24 h 后质量（g），Wsv 为凋落物有效拦蓄量（t/hm^2）；M 为凋落物现存量（t/hm^2），0.85 为有效拦蓄系数。

采用简易吸水法测定林冠叶片的最大滞水量，通过最大滞水量获得林冠层对降雨的理论最大截留量（胡建忠等，2004）。以桉树人工林群落建群种的滞水能力来比较各林型木本层的最大滞水量。通过浸水试验方法，摘取植物叶片，原状带回实验室，测定鲜重，随后分别将鲜叶浸水 1.5 min，取出并控去多余水分，待叶片边缘或尖端有一滴水珠而不掉落时称重，测定最大持水量。单位面积叶片的最大滞水量（t/hm^2）=（浸水后叶片的质量—叶片鲜重）×0.05（刘欣，2008）。在各样地中分别选择 4 个 50 cm × 50 cm 的样方，采集地上草本，原状带回实验室，进行浸水实验（方法与上述木本层最大滞水量测定方法一致），测定草本层最大滞水量。

3.9 土壤水源涵养功能的测定

在各样地，通过容重、土壤自然含水量和土壤孔隙度，然后计算土壤的饱和持水量和有效持水量（赵阳等，2011；鲁绍伟等，2013）。同时，土壤蓄水性能指标测定和计算方法参照中华人民共和国林业行业标准《森林土壤水分 — 物理性质的测定》（LY/T 1215—1999）。相关计算公式如下：

S=10000Ph

式中，S 为土壤持水量（t/hm^2）；P 为土壤孔隙度（%）；h 为土层厚度（cm）。

土壤饱和持水量（t/hm^2）= 土壤总孔隙度（%）×10000× 土层深度（m）

土壤有效持水量（t/hm^2）= 土壤非毛管孔隙度（%）×10000× 土层深度（m）

利用环刀采集原状土，用威尔科克斯法测定田间持水率（江培福等，2006）。用饱和 K_2SO_4 法测定土壤最大吸湿水，以最大吸湿水乘以 1.5，间接求得凋萎系数（中国科学院南京土壤研究所土壤物理研究室，1978），土壤有效水分是田间持水率到凋萎系数间的水分。

3.10 土壤铯同位素（^{137}Cs）样品的测定

样品带回实验室后自然风干。每个样品分 2 部分，取一部分经过研磨后过 100 目筛，在 105 ℃下烘干至恒重，冷却后用 0.001 g 精度的天平称取 300 g 放在同一规格的塑料容器中，摇匀，确保土壤样品表层在容器中较为平整，然后放在高纯锗探测器及多通道分析仪所组成的 γ 谱仪（美国 ORTEC 公司，对 Co 1.33 Mev 的能量分辨率为 2.25 Kev，峰康比大于 60∶1，相对探测效率为 62%）上测定 ^{137}Cs 的含量。测试时间≥ 50000 s，测试误差为 5%（95% 可信度）。^{137}Cs 的比活度根据 661.6 Kev 射线的全峰面积求得。采用英国 Malvern 公司 Mastersize2000 型激光粒度仪进行粒度分析。土壤粒径采用国际制土壤质地分级标准，即黏粒（粒径＜ 0.002 mm）、粉粒（粒径为 0.02 ～ 0.002 mm）、砂粒（粒径为 2 ～ 0.02 mm），粒径分析以质量的百分数体现。

3.11 土壤抗蚀性指标的测定

土壤抗蚀性采用静水崩解法测定（任改等，2009；赵洋毅等，2014），将干筛后留在 3 mm 筛上的 3 ～ 6 mm 的土壤粒个体数统计登记，分 4 次放入盛水容器中 1 mm 筛上进行浸水试验，水要浸没土粒，每隔 1 min 记录崩塌的土粒数，连续记录 10 min，计算抗蚀指数。计算公式如下：

S（%）=（总土粒数－崩塌土粒数）/ 总土粒数 ×100%

团聚度（%）= 团聚状况 / ＞ 0.05 mm 微团聚体分析值 ×100%

团聚状况（%）=（＞ 0.05 mm 微团聚体分析值－＞ 0.05 mm 土壤机械组成分析值）×100%

分散率（%）= ＜ 0.001 mm 微团聚体分析值 / ＜ 0.001 mm 机械组成分析值 ×100%

结构破坏率（%）= ＞ 0.25 mm 团聚体分析值（干筛－湿筛）/ ＞ 0.25 mm 团聚体干筛分析值 ×100%

土壤入渗采用双环法测定（赵阳等，2011），在每个样地随机选取 3 个样点进行入渗重复试验，取其平均值进行统计分析。土壤初渗透速率、稳渗速率的计算参照《森林土壤渗滤率的测定》（LY/T 1218—1999）。

3.12 土壤分形维数和土壤斥水性的测定

分形几何学通常以不规则或者支离破碎的物体为研究对象，从看似混沌的物体结构中寻找出规律，即分形体的自相似性，分析这一特征的方法主要是分形维数。计算分形维数时，一般采用在双对数坐标下进行回归拟合，得出拟合直线的斜率即为分形维数值（D）。本研究采用基于土壤颗粒重量分布的方法（Tyler 等，1992；杨培岭等，1993；高传友等，2016），计算土壤粒径质量分形维数（D）。计算公式如下：

$$(R_i'/R_{\max})^{3-D}=W(r < R_i')/W_o$$

式中，R_i' 为粒级 R_i 与 R_{i+1} 间粒径的平均值；$R_{\max}$ 为最大粒级的平均粒径；$W(r < R_i')$ 为粒径小于 R_i 的累积土粒质量；W_o 为土壤各粒级质量的总和；$3\text{-}D$ 是线性拟合方程的

斜率，D 为分形维数。最后用 $\lg(R_i'/R_{max})$、$\lg W/W_0$ 为横坐标、纵坐标，用回归分析计算分形维数（D）。

本研究对于斥水性的测定主要使用滴水穿透时间法（WDPT）（Dekker 等，1990）与斥水指数法（RI）（Tillman 等，1989）。采用滴水穿透时间法，在选择的实验样地随机选取 40 个测定小样方，在每个小样方用一个标准的胶头滴管将 4 滴水（每滴约 0.05 ml）滴在不高于 5 mm 土壤表面的位置上，以避免过大的动能影响土壤和滴液的相互作用，用秒表测定水滴完全渗入土壤所需要的时间。取水滴入渗时间的算术平均值作为每个样地位置点实际斥水性的结果。

采用 Doerr（1998）的土壤湿润性分类标准，将土壤斥水性分为 5 个等级：0 级，无斥水性（滴液入渗时间＜ 5 s）；1 级，轻度斥水性（滴液入渗时间 5 ～ 60 s）；2 级，中度斥水性（滴液入渗时间 60 ～ 600 s）；3 级，强度斥水性（滴液入渗时间 600 ～ 3600 s）；4 级，极度斥水性（滴液入渗时间＞ 3600 s）。斥水指数 R（Tillman 等，1989）通过便携式渗透计测定 95% 的乙醇和水溶液的吸附能力得出。将储水室内装满乙醇来测定乙醇的吸附能力，用自来水测定水分的吸附能力，在这 2 个过程中气泡室都充满自来水，选择合适的虹吸力，用便携式渗透计测量土壤饱和导水率。土壤含水量采用铝盒烘干法测定，称铝盒质量，然后称取过 2 mm 土壤筛的各土样 10 g 分别放于铝盒中，置于 105 ℃烘箱烘 12 h，将烘干后的土壤称重，计算其含水量。

3.13 土壤碳库管理指数的测定

土壤活性有机碳（LOC）测定采用 333 mmol/L $KMnO_4$ 氧化法（Blair 等，1995）。相关指标的计算（徐明岗等，2006）如下：

碳库活度（A）= 活性有机碳含量 / 非活性有机碳含量

碳库活度指数（AI）= 土壤碳库活度 / 参考土壤碳库活度

活性碳有效率（AC）= 活性有机碳含量 / 有机碳含量

碳库指数（CPI）= 土壤有机碳含量 / 参考土壤有机碳含量

碳库管理指数（$CPMI$）= 碳库指数 × 碳库活度指数 ×100%

土壤碳储量（S）=10 $C \cdot \rho \cdot h$

式中，C（g/ kg）为有机碳质量比，ρ（g/cm^3）为土壤容重，h（cm）为实际土层高度（李艳琼等，2018）。

土壤非活性有机碳（$NLOC$）= 土壤有机碳－土壤活性有机碳

本研究中，参考土壤为未被改种为桉树的 10a 马尾松林地土壤。

3.14　土壤微生物数量的测定

土壤微生物数量的测定按照《土壤微生物分析方法手册》（许光辉等，1986；Moore-Kucera 等，2008）进行，通过稀释平板计数法进行细菌、放线菌、真菌数量的测定，培养基分别为牛肉膏蛋白胨培养基、改良高氏 1 号（苯酚 500 mg/L）培养基、马丁（Martin）孟加拉红—链霉素（链霉素 30 mg/L）培养基。结果计算方法为每克样品的菌数 = 同一稀释度几次重复的菌落平均数 × 稀释倍数。

3.15　土壤酶活性的测定

土壤酶活性参考关松荫（1986）的方法，脲酶用苯酚钠比色法，以 37 ℃下脲酶作用 48 h 内 1 g 土壤中 NH_3-N 的毫克数表示（NH_3-N mg/g·48 h，mg/g）；蔗糖酶用 3，5-二硝基水杨酸比色法，以 37 ℃下蔗糖酶作用 24 h 内每 1 g 土壤中葡萄糖的毫克数表示（$C_6H_6O_6$ mg/g · 24 h，mg/g）；酸性磷酸酶用磷酸苯二钠比色法，以 37 ℃在磷酸酶作用下 24 h 内 1 g 土壤中酚的毫克数表示（酚 mg/g · 24 h，mg/g）；过氧化氢酶用高锰酸钾滴定法，以过氧化氢酶作用下 1 g 土 24 h 所消耗的 0.1 mol/L $KMnO_4$ 体积表示（0.1 mol/L $KMnO_4$ ml/g · 24 h，ml/g）；土壤脱氢酶活性采用氯化三苯基四唑还原法进行测定，以三甲基甲臜（TPF，μg/g）表示；β - 葡萄糖苷酶活性采用硝基酚比色法测定，以对硝基酚（PNP，μg/g）表示；土壤纤维二糖苷酶和亮氨酸氨基肽酶采用微孔板荧光法（Bell 等，2013）。

3.16　土壤动物群落特征的鉴定

将手捡法收集到的土壤动物保存在 75% 的酒精溶液中，带回室内在体视镜（LEICA ZOOM 2000）和光学显微镜（LEICADM 4000B）下进行分类鉴定。土壤动物的鉴定依据主要参考《中国亚热带土壤动物》（尹文英，1992）、《中国土壤动物检索图鉴》（尹文英，1998）、《中国土壤动物》（尹文英，2000）、《昆虫分类》（郑乐怡等，1999）和《昆虫分类学》（袁峰等，2006），绝大部分种类鉴定到目，部分种类鉴定到纲，统计土壤动物的个体数和类群数。由于土壤昆虫成虫与幼虫的生态功能不同，其类群数和个体数与幼虫分开统计。

个体数量参照占群落总个体数 10.0% 以上为优势类群，占 1.0% ～ 10.0% 为常见类群，占比小于 1.0% 为稀有类群（杨宝玲等，2017）。土壤动物群落多样性采用

Shannon-Wiener 多样性指数（H）、Pielou 均匀度指数（J）、Simpson 优势度指数（D）和 Margalef 丰富度指数（R）进行分析，计算公式参考相关文献（马克平，1994）。Jacard 相似性系数的判读标准：$0 < q < 0.25$ 时，为极不相似；当 $0.25 \leqslant q < 0.5$ 时，为中等不相似；当 $0.5 \leqslant q < 0.75$ 时，为中等相似；当 $0.75 \leqslant q < 1.0$ 时，为极相似（傅荣恕等，1999）。采用淘洗—过筛—蔗糖离心法分离线虫（刘维志，2000），以 60 ℃温和热杀死，加入 TAF 固定液固定线虫，分类鉴定参照尹文英（1998）和刘维志（2000）的方法。根据线虫的头部形态学特征和取食生境将土壤线虫分成 4 个营养类群：取食细菌类、取食真菌类、植物寄生类、捕食—杂食类（Yeates 等，1993）。

3.17 桉树叶浸提液对受体植物的化感作用

将桉树叶浸提母液用蒸馏水稀释成不同的处理浓度，另设 1 个对照组，只用蒸馏水处理。受体植物分别为水稻、莴苣、油菜、玉米和黑麦草，挑选大小、饱满度和色泽相一致的 50 粒种子分别均匀置于事先清洗、消毒、放有双层滤纸的培养皿中，然后加入不同处理浓度的溶液，在室内 25 ℃自然条件下培养，每天定时启盖通气 2 次和保证液体浸泡种子 1/3，每个处理设 5 个重复。每天记录发芽种子的数量，直到种子不再萌发时测量根、幼苗鲜重和根长、苗高。

参考林木种子检验方法（GB 2772—81）和别智鑫等（2007）的方法，分别测定种子萌发率和萌发速率等指标。丙二醛（MDA）含量采用硫代巴比妥酸（TBA）法测定（张志良等，2002）；根系活力采用氯化三苯基四氮唑法（TTC 法）测定（张志良等，2002）。化感效应敏感指数（RI）的计算公式：$RI=1-C/T$（$T>C$）；$RI=T/C-1$（$T<C$），式中，C 为对照值，T 为处理值。当 $RI>0$ 时表示浸提液对受体植物具有促进作用，$RI<0$ 时表示浸提液对受体植物有抑制作用。RI 的绝对值代表化感作用强度，并计算综合化感效应 SE（各化感效应敏感指数的算术平均值）（Williamson 等，1988）。

3.18 土壤酚类物质含量的测定

土壤总酚含量采用分光光度计法测定，水溶性酚和复合酚含量参考谭秀梅等（2008）的方法进行测定。土壤酚酸类物质含量的提取检测，称 15 g 鲜土于离心管中，加入 15 ml NaOH（1 mol/L）放置过夜，次日振荡 30 min，经 4000 r/min 离心 10 min 后，上清液用 15 mol/L 盐酸酸化至 pH 值 2.5，2 h 后 4000 r/min 离心 10 min，而后将上清液用 3 倍体积乙酸乙酯萃取，旋转蒸发（45 ℃）浓缩后，用 80% 甲醇重新溶解，过

0.22 μm 的聚四氟乙烯膜后 –20 ℃下保存备用（徐淑霞等，2008）。实验滤液用 LCMS-8045 岛津液质联用仪进行分析。甲醇为色谱纯，试验结果参考烘干土的重量换算。

3.19　植物和土壤多环芳烃（PAHs）的测定

土壤样品中 PAHs 提取与分析。在室温下干燥，过 10 目（2 mm）网筛去杂，准确取 10 g 处理好的土壤样品，加入 30 ml 丙酮与正己烷混合溶液（1：1），进行加速溶剂萃取。将萃取液放入氮吹浓缩仪浓缩至 1 ml。采用 1 g 硅胶柱作为净化柱，将其固定在固相萃取净化装置上，用 4 ml 戊烷淋洗液，倒出流出的溶剂。将浓缩后的样品溶液加至已平衡过的净化柱上，待测样品吸附于净化柱上，用约 3 ml 正己烷分 3 次洗涤装样品的容器，将洗涤液加到柱上；用 1 g 硫酸钠和 10 g 活性二氧化硅清洗，用二氯甲烷与正己烷（1：9）的混合液 200 ml 洗涤，经旋转蒸发器（德国 Heidolph 旋转蒸发仪）蒸发后，先用气相色谱仪专用瓶溶入 50 μl 甲苯，再将干燥样品通过气相色谱仪（安捷伦 Agilent GC6890，美国）和离子阱质谱仪（AmaZon speed ETD 离子阱质谱仪，德国）进行多环芳烃分析。

植物样品中 PAHs 提取与分析。准确称取 15 g 样品，置于索氏提取器中，加入有机提取剂（植物的根、茎、叶等样品用甲醇处理，籽实类样品用乙酸乙酯处理），提取 8 h，提取液经浓硫酸磺化后用柱层析方法净化，浓缩至 1 ml，避光于冰箱中保存，待气相色谱分析（宋玉芳等，1995）。

实验以 16 种 PAHs（EPA 610 Polynuclear Aromatic Hydrocarbons Mix. Supelco 公司，USA）混合标准液为外标，即 2 环的萘（Nap），3 环的苊烯（Any）、苊（Ane）、芴（Fle）、菲（Phe）、蒽（Ant），4 环的荧蒽（Fla）、芘（Pyr）、苯并（a）蒽（BaA）、屈（Chr），5 环的苯并（b）荧蒽（BbF）、苯并（k）荧蒽（BkF）、苯并（a）芘（BaP）、二苯并（a，h）蒽（DaA），6 环的茚并（1，2，3-cd）芘（IiP）、苯并（g，h，i）（BgP）。用保留时间直接对照法和标准物加入法定性，以外标法进行定量（郑一等，2003）。同时，进行本底空白试验，没有检测出 PAHs 组分。每个试样做 4 个平行试验，相对标准值的标准偏差为 0.014 ～ 0.253，实验 PAHs 的回收率为 92.21% ～ 103.42%，表明测定的数据具有准确性。

3.20　土壤磁化率和重金属元素的测定

利用便携式双频磁化率仪（BARTINGTON MS2，英国）测量低频（0.47 kHz）质量磁化率和高频（4.7 kHz）质量磁化率，分别记为 X_{lf} 和 X_{hf}（m^3/kg），并计算频率磁化率 X_{fd}（%）。公式如下：

$X_{fd}=(X_{lf}-X_{hf})/X_{lf}\times 100\%$

利用玛瑙研钵将样品研磨至 200 目，取 5 g 左右放入聚氯乙烯环内，利用 X 射线荧光光谱仪（XRF-1800，岛津）分析重金属铅（Pb）、铬（Cr）、镍（Ni）和钴（Co）的含量。实验测定采用国家一级标样和重复样片进行精度监控，其准确度和精密度均满足试验要求。计算出土壤的污染负荷指数（PLI）（汤洁等，2010），比较土壤磁化率对重金属污染状况的指示作用。

3.21 桉树人工林生态系统服务功能的价值

社会公共数据主要参考《中华人民共和国林业行业标准》（LY/T 1721-2008）、《森林生态系统服务功能评估规范》，主要包括水库库容造价 6.11 元 /t；用水价格为 2.09 元 /t；磷酸二铵含氮量为 14%，含磷量为 15.01%，磷酸二铵价格 2400 元 /t；氯化钾含钾量为 50%，氯化钾价格 2200 元 /t 等（王兵等，2008；国家林业局，2008）。

（1）涵养水源价值。

采用影子工程法（薛杨等，2012），计算区域所涵养的水量总量，如将所涵养的水都看作是森林中虚拟建造水库的水，则有：涵养水源价值 = 涵养水源总量 × 水库水价格 = 涵养水源总量 ×（水库用水价格＋建造水库单价）。森林净化水质产生的间接经济价值采用效能法，用目前工程净化水质的价格来衡量生态系统水质净化创造的价值：净化水质价值 = 涵养水源总量 × 工业水质净化单价。

（2）植被的固碳制氧价值。

根据光合作用的化学方程式 $6CO_2+6H_2O=C_6H_{12}O_6+6O_2$，可知每积累 1 g 的 $C_6H_{12}O_6$，可以固定 1.47 g 的 CO_2，释放 1.07 g 的 O_2。固碳价值 = 植被的初级生产力 × 固碳价格；制氧价值 = 植被的初级生产力 × O_2 价格。固碳释氧经济价值量的计算采用成本效应的方法进行估算，固碳价格采用常用的瑞典碳税率 150 美元（折合人民币为 1200 元 /t），制造 O_2 价格采用 1000 元 /t（张永利等，2007）。

（3）水土保持价值。

水土保持价值（保持土壤价值）分为减少土壤侵蚀价值和减少氮（N）、磷（P）、钾（K）流失的价值。减少土壤侵蚀价值 = 林区减少土壤侵蚀量 × 林业生产年平均收益，林区减少土壤侵蚀总量 = 减少土壤侵蚀模数 × 有林地面积。减少 N、P、K 流失的价值 = 侵蚀土地面积 × 单位面积土层中 N、P、K 总量 × 化肥替代价格。

（4）净化空气价值。

采用吸收能力法计算净化空气价值。吸收 SO_2 的价值 = 单位面积吸收 SO_2 × 工业固定 SO_2 的投入单价 × 林地面积。粉尘颗粒净化的价值 = 单位面积滞尘量 × 工业固定滞尘投入单价 × 林地面积。净化空气价值 = 吸收 SO_2 的价值 + 粉尘颗粒净化的价值 = 工业固定等值 SO_2 投入成本 + 工业粉尘颗粒净化成本。

（5）保土功能综合评价。

采用坐标综合评定法对不同林分持水功能进行综合评价。坐标综合评定法是应用多维空间理论，将评定对象看作由多向量所决定的空间点，以各点与最佳点的距离对各点进行比较和评价，可对多个不同量纲的指标进行综合评价（Mcculloch 等，1993；程金花等，2009）。

4 数据统计分析

通过 Excel 2010、SPSS 23.0 进行图表制作和数据处理，采用单因素方差分析（One-way ANOVA）、LSD 多重比较（α=0.05）进行数据统计分析，对土壤各理化性质指标进行 Pearson 相关性等统计分析。

参考文献

[1] 鲍士旦．土壤农化分析［M］．北京：中国农业出版社，2000：14-112.

[2] 别智鑫，翟梅枝，贺立虎，等．核桃青皮水提液对小麦和三叶草的化感作用研究［J］．西北林学院学报，2007，22（6）：108-110.

[3] 常雅军，曹靖，李建建，等．秦岭西部山地针叶林凋落物层的化学性质［J］．生态学杂志，2009，28（7）：1308-1315.

[4] 程金花，张洪江，王伟，等．重庆四面山 5 种人工林保土功能评价［J］．北京林业大学学报，2009，31（6）：54-59.

[5] 杜虎，宋同清，曾馥平，等．桂东不同林龄马尾松人工林的生物量及其分配特征［J］．西北植物学报，2013，33（2）：0394-0400.

[6] 傅荣恕，尹文英．伏牛山地区土壤动物群落的初步研究［J］．动物学研究，1999，20（5）：396-397.

[7] 高传友，赵清贺，刘倩．北江干流河岸带不同植被类型土壤粒径分形特征［J］．水土保持研究，2016，23（3）：37-42.

[8] 关松荫．土壤酶及其研究方法［M］．北京：农业出版社，1986：260-344.

[9] 郭艳亮，王丹丹，郑纪勇，等．生物炭添加对半干旱地区土壤温室气体排放的影响［J］．环境科学，2015，36（9）：3393-3400.

[10] 国家林业局．森林生态系统服务功能评估规范［S］．北京：中国标准出版社，2008.

[11] 胡建忠，李文忠，郑佳丽，等．祁连山南麓退耕地主要植物群落植冠层的截留性能［J］．山地学报，2004（4）：492-501.

[12] 江培福，雷廷武，刘晓辉，等．用毛细吸渗原理快速测量土壤田间持水量的研究［J］．农业工程学报，2006，22（7）：1-5.

[13] 李娜，张雪萍，张利敏．三种温带森林大型土壤动物群落结构的时空动态［J］．生态学报，2013，33（1）：6236-6245.

[14] 李艳琼，黄玉清，徐广平，等．桂林会仙喀斯特湿地芦苇群落土壤养分及微生物活性［J］．生态学杂志，2018，37（1）：64-74.

[15] 刘维志．植物病源线虫学［M］．北京：中国农业出版社，2000.

[16] 刘欣．重庆石灰岩地区四种典型群落的水源涵养效应研究［D］．重庆：西南大学，2008.
[17] 鲁如坤．土壤农业化学分析方法［M］．北京：中国农业科技出版社，2000.
[18] 鲁绍伟，陈波，潘青华，等．北京山地不同海拔人工油松林凋落物及其土壤水文效应［J］．水土保持研究，2013，20（6）：54-58.
[19] 马克平．生物群落多样性的测量方法Ⅰ．α 多样性的测量方法（上）[J]. 生物多样性，1994，2（3）：162-168.
[20] 马克平，黄建辉，于顺利，等．北京东灵山地区植物群落多样性的研究Ⅱ丰富度、均匀度和物种多样性指数［J］．生态学报，1995，15（3）：268-277.
[21] 马立峰，杨亦杨，石元值，等．Mehlich 3 浸提剂在茶园土壤养分分析中的应用［J］．土壤通报，2007，38（4）：745-748.
[22] 彭玉华，欧芷阳，曹艳云，等．桂西南喀斯特山地主要植被类型凋落物累积量及其持水特性［J］．中南林业科技大学学报，2013，33（2）：81-85.
[23] 任改，张洪江，程金花，等．重庆四面山几种人工林地土壤抗蚀性分析［J］．水土保持学报，2009，23（3）：28-32.
[24] 宋玉芳，区自清，孙铁珩．土壤、植物样品中多环芳烃（PAHs）分析方法研究［J］．应用生态学报，1995，6（1）：92-96.
[25] 谭秀梅，王华田，孔令刚，等．杨树人工林连作土壤中酚酸积累规律及对土壤微生物的影响［J］．山东大学学报（理学版），2008，43（1）：14-19.
[26] 汤洁，天琴，李海毅，等．哈尔滨市表土重金属地球化学基线的确定及污染程度评价［J］．生态环境学报，2010，19（10）：2408-2413.
[27]《土壤动物研究方法手册》编写组．土壤动物研究方法手册［M］．北京：北京林业出版社，1998.
[28] 王兵，杨锋伟，郭浩．森林生态系统服务评估规范（LY/T 1721-2008）［P］．北京：中国林业出版社，2008.
[29] 吴金水，林启美，黄巧云．土壤微生物生物量测定方法及其应用［M］．北京：气象出版社，2006.
[30] 肖义发，欧光龙，王俊峰，等．思茅松单木根系生物量的估算模型［J］．东北林业大学学报，2014，42（1）：57-60.
[31] 徐广平，张德罡，徐长林，等．放牧干扰对东祁连山高寒草地植物群落物种多样性的影响［J］．甘肃农业大学学报，2005（6）：789-796.

[32] 徐明岗，于荣，孙小凤，等．长期施肥对我国典型土壤活性有机质及碳库管理指数的影响 [J]．植物营养与肥料学报，2006，12(4)：459-465.
[33] 徐淑霞，张世敏，尤晓颜，等．黄孢原毛平革茵对黄瓜连作土壤酚酸物质的降解 [J]．应用生态学报，2008，19(11)：2480-2484.
[34] 许光辉，郑洪元．土壤微生物分析方法手册 [M]．北京：农业出版社，1986.
[35] 薛杨，王小燕，林之盼，等．海南省公益林生态系统服务功能及其价值评估研究 [J]．生态科学，2012，31(1)：35-41.
[36] 杨宝玲，张文文，范换，等．苏北沿海地区不同土地利用类型下土壤动物群落结构特征 [J]．南京林业大学学报（自然科学版），2017，41(6)：120-126.
[37] 杨培岭，罗远培，石元春．用粒径的重量分布表征的土壤分形特征 [J]．科学通报，1993(20)：1896-1899.
[38] 尹文英．中国亚热带土壤动物 [M]．北京：科学出版社，1992.
[39] 尹文英．中国土壤动物检索图鉴 [M]．北京：科学出版社，1998.
[40] 尹文英．中国土壤动物 [M]．北京：科学出版社，2000.
[41] 袁峰，张雅林，冯纪年，等．昆虫分类学 [M]．北京：中国农业出版社，2006.
[42] 张利丽．不同林龄尾巨桉人工林 C、N、P、K 生态化学计量特征 [D]．北京：中国林业科学研究院，2016.
[43] 张玲，方精云．秦岭太白山 4 类森林土壤种子库的储量分布与物种多样性 [J]．生物多样性，2004，12(1)：131-136.
[44] 张永利，杨峰伟，鲁绍伟．青海省森林生态系统服务功能价值评估 [J]．东北林业大学学报，2007(11)：74-76，88.
[45] 张志良，翟伟菁．植物生理学实验指导第三版 [M]．北京：高等教育出版社，2002.
[46] 赵阳，余新晓，吴海龙，等．华北土石山区典型森林凋落物层和土壤层水文效应 [J]．水土保持学报，2011，25(6)：148-152.
[47] 赵洋毅，舒树淼．滇中水源区典型林地土壤结构分形特征及其对土壤抗蚀、抗冲性的影响 [J]．水土保持学报，2014，28(5)：6-11.
[48] 郑一，王学军，李本纲，等．天津地区表层土壤多环芳烃含量的中尺度空间结构特征 [J]．环境科学学报，2003，23(3)：311-316.
[49] 郑乐怡，归鸿．昆虫分类 [M]．南京：南京师范大学出版社，1999.
[50] 中国科学院南京土壤研究所土壤物理研究室．土壤物理性质测定法 [M]．北京：科学出版社，1978.

[51] 中华人民共和国国家标准．林木种子检验方法（GB 2772-81）[S]．北京：国家标准总局发布林业部提出，1992.

[52] Anderson J M, Ingram J S. Tropical Soil Biology and Fertility: a Handbook of Methods [M]. Oxford: CAB International, 1993.

[53] Bell C W, Fricks B E, Rocca J D, et al. High-throughput fluorometric measurement of potential soil extracellular enzyme activities [J]. Journal of Visualized Experiments, 2013, 81: 1-16.

[54] Blair G J, Lefroy R D B, Lisle L, Soil carbon fractions based on their degree of oxidation, and the development of a carbon management index for agricultural systems [J]. Australia Journal of Agricultural Research, 1995, 46: 1459-1466.

[55] Dekker L W, Jungerius P D. Water repellency in the dunes with special reference to the Netherlands [M] //Dunes of European Coasts: Geomorphology-Hydrology-Soil Catena, Supplement18, 1990: 173-183.

[56] Doerr S H. On standardizing the 'water drop penetration time' and the 'molarity of an ethanol droplet' techniques to classify soil hydrophobicity: a case study using medium textured soils [J]. Earth Surface Processes and Landforms, 1998, 23 (7): 663-668.

[57] Maguran A F. Ecological diversity and its measurement [M]. Trenton, New Jersey: Princeton University Press, 1988.

[58] Mcculloch J S G, Robinson M. Histrory of forest hydrology [J]. Journal of Hydrology, 1993, 150: 189-216.

[59] Moore-Kucera J, Dick R P. PLFA Profiling of microbial community structure and seasonal shifts in soils of a douglas-fir chronosequence [J]. Microbial Ecology, 2008, 55 (3): 500-511.

[60] TerHeerdt G N, Verweij G L, Bekker R M, et al. An improved method for seed bank analysis: seedling emergence after removing the soil by sieving [J]. Functional Ecology, 1996, 10: 144-151.

[61] Tillman R W, Scotter D R, Wallis M G, et al. Water repellency and its measurement by using intrinsic sorptivity [J]. Soil Research, 1989, 27 (4): 637-644.

[62] Tyler S W, Wheatcraft S W. Fractal scaling of soil particle size distributions: analysis and limitations [J]. Soil Science, 1992, 56: 362-369.

[63] Williamson G B, Richardson D. Bioassays for allelopathy : Measuring treatment responses with independent controls [J]. Journal of Chemical Ecology, 1988, 14 (1): 181.

[64] Yeates G W, Bongers T, Goede, et al. Feeding habits in nematode families and genera-An outline for soil ecologists. [J]. Journal of Nematology, 1993, 25 : 315-331.

第三章

桉树人工林林下植物多样性的变化特征

植物物种多样性与生态系统功能关系的研究一直是当代生态学研究的重大科学问题之一（Maestre 等，2012）。前人研究表明，在森林群落中，生态系统的功能是通过物种多样性来实现的，植被的群落组成、结构及多样性的变化又反过来影响土壤的形成、发育以及土壤养分的有效性（Fridley 等，2003）。长期以来，大部分人工林主要的经营目标是最大限度地获取木材产量，因此对人工林植物结构与植物多样性的生态功能关注较少，从而导致人工林林下植物多样性减少、土壤肥力衰退，严重影响了人工林的可持续经营，给区域生态环境造成极大的破坏，引起了社会的广泛关注（李伟等，2014）。

目前对桉树人工林林下植物物种多样性的研究有过一些报道（吴钿等，2003；温远光等，2005），形成了截然不同的 2 种观点：一种观点认为桉树人工林造成了生物多样性的下降；相反的观点则认为，桉树人工林对生物多样性没有影响或影响不太重要（余雪标等，1999；陈秋波，2001）。赵一鹤等（2008）研究了培育措施对桉树人工林林下物种多样性的影响，结果表明，不同造林方式对灌木层和草本层物种丰富度的影响不显著；不同造林密度对灌木层物种丰富度的影响显著，对草本层物种丰富度的影响不显著；不同抚育管理方式对林下灌木层物种丰富度的影响极显著，对草本层物种丰富度的影响不显著。朱宏光等（2009）对广西桉树林取代马尾松林对植物多样性的影响进行了研究，结果表明，桉树人工林建立过程中采取的采伐、炼山、整地、施肥等措施是导致群落物种多样性和功能群变化的主要原因。

桉树作为我国三大速生树种之一，其品种多、生长快、耐贫瘠、抗逆性强、适应性广，是目前世界上最重要的纸浆原材料之一，还可以直接作为薪材、用于生物质发电及生产生物柴油，是广西重要的经济树木，具有良好的经济效益、生态效益和社会效益（黄国勤等，2014）。目前对桂北地区桉树人工林林下植物多样性和群落结构的变化过程报道较少。因此，本章以桂北地区不同龄级桉树人工林为研究对象：①比较不同森林植物群落类型林下植物多样性的变化特征；②分析不同林龄桉树人工林林下植物多样性的变化特征；③探讨连栽代数和不同抚育措施桉树人工林林下植物多样性的变化特征。

1 不同森林植物群落类型林下植物多样性的变化特征

1.1 不同森林植物群落类型灌木层多样性指数

由表 3-1 可知，不同森林植物群落类型灌木层的丰富度指数、Shannon-Wiener 多样性指数的变化趋势相似，桉树人工林除了显著高于马尾松人工林（$P < 0.05$），与其他 2 个林分间的差异均不显著（$P > 0.05$）。Simpson 优势度指数和 Pielou 均匀度指数在 4 种森林植被类型间的差异均没有达到显著水平（$P > 0.05$），两者的变化规律恰好相反。不同森林植物群落类型的丰富度指数、Shannon-Wiener 多样性指数、Simpson 优势度指数和 Pielou 均匀度指数的最大值与桉树人工林对应的值均没有显著差异（$P > 0.05$），说明桉树人工林并没有明显导致其林下灌木层物种丰富度和多样性指数减少。与其他林分比较，桉树人工林和马尾松人工林林下的灌木层植物多样性略低于天然次生林和针阔混交林。

表 3-1 不同森林植物群落类型灌木层植物多样性

森林类型	丰富度指数	Shannon-Wiener 多样性指数	Simpson 优势度指数	Pielou 均匀度指数
天然次生林	17 a	2.02 a	0.22 a	0.71 a
针阔混交林	16 a	1.95 a	0.24 a	0.70 a
马尾松人工林	13 b	1.76 b	0.26 a	0.69 a
桉树人工林	15 a	1.97 a	0.21 a	0.73 a

注：表中同列不同字母表示差异显著（$P < 0.05$），相同字母表示差异不显著（$P > 0.05$）。本章下同。

1.2 不同森林植物群落类型林下草本层多样性指数

由表 3-2 可知，桉树人工林林下草本层的丰富度指数和 Simpson 优势度指数显著低于其他 3 个林分（$P < 0.05$），而 Shannon-Wiener 多样性指数和 Pielou 均匀度指数除了显著高于马尾松人工林（$P < 0.05$），与其他 2 个林分间的差异均不显著（$P > 0.05$）。与灌木层类似，天然次生林和针阔混交林林下的草本层植物多样性相对较高于桉树人工林和马尾松人工林。

表 3-2 不同森林植物群落类型草本层植物多样性

森林类型	丰富度指数	Shannon-Wiener 多样性指数	Simpson 优势度指数	Pielou 均匀度指数
天然次生林	24 a	2.48 a	0.13 b	0.78 a
针阔混交林	21 a	2.34 a	0.16 b	0.77 a

续表

森林类型	丰富度指数	Shannon-Wiener 多样性指数	Simpson 优势度指数	Pielou 均匀度指数
马尾松人工林	18 b	1.92 b	0.24 a	0.66 b
桉树人工林	16 c	2.22 a	0.11 c	0.80 a

由表 3-3 可知，本研究调查区域中桉树人工林林下共有维管束植物 102 种，隶属于 39 科 67 属，其中灌木植物 57 种，占所调查物种总数的 55.9%，隶属于 21 科 38 属；草本层植物 31 种，占所调查物种总数的 30.4%，分属 13 科 20 属；藤本有 14 种，占物种总数的 13.7%，分属 5 个科 9 个属。表明桉树人工林林下植被中灌木层所占种类最多，草本层次之，藤本较少。

表 3-3　桉树人工林林下不同植物种类组成

植被类型	科	科占比例（%）	属	属占比例（%）	种	种占比例（%）
灌木	21	53.8	38	56.7	57	55.9
草本	13	33.3	20	29.9	31	30.4
藤本	5	12.9	9	13.4	14	13.7

2　不同林龄桉树人工林林下植物多样性的变化特征

2.1　不同林龄桉树人工林林下物种组成的差异

由表 3-4 可知，随着桉树人工林林龄的增加，林下植物群落间共有物种数呈先增加后减小的趋势，Jaccard 相似指数则趋于增大的趋势。其中，在 3a 和 5a 桉树人工林下共有物种数和 Jaccard 相似指数均最高，分别为 33 种和 34.88%。在 5a 和 7a 共有物种数为 29 种，Jaccard 相似指数为 30.51%。这表明随着桉树人工林林龄的增加，林下物种数逐渐趋于稳定的状态。

表 3-4　不同林龄桉树人工林林下物种相似指数和共有物种数

林龄	1a	2a	3a	5a	7a
1a	31	8	16	22	18
2a	10.23%	42	18	24	20
3a	17.21%	18.52%	45	33	22
5a	21.45%	19.97%	34.88%	77	29
7a	22.59%	23.64%	24.75%	30.51%	48

注：表中左下方是 Jaccard 相似指数（%），右上方是共有物种数。

2.2 不同林龄桉树人工林林下灌木层多样性指数

由表3-5可知，随着龄级的增加，桉树人工林林下的灌木层丰富度指数呈先减小后增大再减小的趋势，Shannon-Wiener多样性指数则为1～5a持续上升，5～7a降低。其中，1a林下的灌木层丰富度指数显著高于2a、3a、5a和7a（$P<0.05$），除3a和5a间差异不显著外，其他各林龄间丰富度指数具有差异显著（$P<0.05$）。5a林的Shannon-Wiener多样性指数达到最大值（1.97），5a与3a间、7a与1a间差异均不显著（$P>0.05$），在1a时最小（1.37）。Simpson优势度指数的变化趋势与Shannon-Wiener多样性指数相反，在1a时最大（0.29），随着龄级的增加呈现先下降，到了7a时略有所增加的趋势，而在2a时最小（0.18）。Pielou均匀度指数在桉树1a生长期较小，在2a和5a时较大，分别为0.75和0.73，在过熟林（7a）趋于减小，说明在2a、3a和5a时，桉树人工林林下的灌木分布较均匀。

表3-5 不同林龄桉树人工林林下灌木层植物多样性

林龄	丰富度指数	Shannon-Wiener多样性指数	Simpson优势度指数	Pielou均匀度指数
1a	19 a	1.37 c	0.29 a	0.47 c
2a	8 d	1.55 b	0.18 b	0.75 a
3a	13 b	1.84 a	0.21 a	0.72 a
5a	15 b	1.97 a	0.24 a	0.73 a
7a	10 c	1.46 c	0.27 a	0.63 b

2.3 不同林龄桉树人工林林下草本层多样性指数

由表3-6可知，不同龄级桉树人工林林下草本丰富度指数和Shannon-Wiener多样性指数变化趋势类似，在1a时最小，分别为7和1.52，随着龄级的增加而增加，5a时均达到最大值，分别为16和2.22，在7a时有所减小，且5a时均显著大于其他各林龄（$P<0.05$）。Simpson优势度指数呈现先增大后减小的趋势，在3a时最大（0.24），在5a时最低（0.11），5a时显著低于其他各林龄（$P<0.05$）。Pielou均匀度指数在5a时略高于其他林龄，在各林龄之间差异不显著（$P>0.05$）。以上说明草本植物在桉树人工林林龄较小的阶段种类和数量均较少，随着林龄的增大，草本植物数量及种类逐渐增加，最终趋于稳定状态。桉树人工林林下草本层与灌木层植物多样性的变化趋势略有所不同，主要原因可能是与人为清理林下的低矮灌木层有关，而刈割后草本层比灌木层更容易再次萌发和快速生长。

表 3-6　不同林龄桉树人工林林下草本层植物多样性

林龄	丰富度指数	Shannon-Wiener 多样性指数	Simpson 优势度指数	Pielou 均匀度指数
1a	7 d	1.52 d	0.13 b	0.78 a
2a	10 c	1.67 c	0.22 a	0.73 a
3a	11 c	1.73 c	0.24 a	0.72 a
5a	16 a	2.22 a	0.11 c	0.80 a
7a	14 b	1.94 b	0.17 b	0.74 a

2.4　不同林龄桉树人工林林下植物多样性与土壤因子的关系

灌木层、草本层植物多样性指数和土壤因子间的相关性分析表明（表 3-7），土壤容重分别与草本层的丰富度、Shannon-Wiener 多样性指数和 Pielou 均匀度指数呈显著正相关（$P < 0.05$）；土壤含水量与草本层丰富度、灌木层和草本层的 Shannon-Wiener 多样性指数、草本层 Simpson 优势度指数呈显著正相关（$P < 0.05$）；pH 值与草本层的丰富度和 Shannon-Wiener 多样性指数呈显著正相关（$P < 0.05$）；部分土壤养分含量（SOC、TN、TP、TK、AN、AP 和 AK）与灌木层、草本层植物多样性指数间呈显著正相关（$P < 0.05$）。这说明，不同林龄桉树人工林下的土壤微生境，对桉树林下的灌木与草本植物群落的分布有一定的影响，土壤养分含量越高，越有利于短周期桉树人工林林下植被物种多样性的恢复和维持。

表 3-7　植物多样性与土壤因子的相关性分析

指数	容重	含水量	pH 值	SOC	TN	TP	TK	AN	AP	AK
R_1	−0.614	0.660	0.526	0.865*	0.668*	0.744*	−0.602	0.752*	0.665	0.754*
R_2	0.825*	0.757*	0.663*	0.742*	0.775*	0.635*	0.663*	0.802*	0.701*	0.639*
H_1	−0.632	0.684*	0.348	0.968*	0.801*	0.599*	−0.544	0.663*	0.725*	0.802*
H_2	0.778*	0.802*	0.599*	0.823*	0.836*	0.647*	0.632	0.589*	0.688*	0.774*
D_1	−0.398	0.569	0.258	0.663*	0.567	0.602*	0.552*	0.506	0.623	0.536
D_2	0.665	0.667*	0.501	0.499	0.733*	0.598*	0.428	0.611*	0.701*	0.605*
J_1	0.547	0.448	0.412	−0.632*	0.542	0.551	0.569	0.442	0.512	0.559*
J_2	0.752*	0.554	0.553	−0.588	0.663*	0.486	0.601	0.389	0.449	0.475

R_1：灌木层丰富度指数；R_2：草本层丰富度指数；H_1：灌木层 Shannon-Wiener 多样性指数；H_2：草本层 Shannon-Wiener 多样性指数；D_1：灌木层 Simpson 优势度指数；D_2：草本层 Simpson 优势度指数；J_1：灌木层 Pielou 均匀度指数；J_2：草本层 Pielou 均匀度指数；SOC：土壤有机碳；TN：全氮；TP：全磷；TK：全钾；AN：速效氮；AP：有效磷；AK：速效钾；*：显著相关；**：极显著相关。全书下同。

3 不同抚育措施桉树人工林林下植物多样性的变化特征

3.1 不同造林方式桉树人工林林下植物物种多样性的比较

基于桉树实生苗和扦插苗 2 种不同的造林方式，对桉树人工林林下灌木层和草本层的物种多样性指数进行了比较（表 3-8），灌木层和草本层实生苗造林的丰富度指数大于扦插苗，扦插苗造林的 Pielou 均匀度指数高于实生苗造林，并各自在 2 种不同造林方式间差异显著（$P < 0.05$）。扦插苗造林的 Shannon-Wiener 多样性指数和 Simpson 优势度指数均高于实生苗造林，但在 2 种不同造林方式间均无显著差异性（$P > 0.05$）。相比较而言，在扦插苗造林方式下，桉树人工林林下灌木层和草本层的植物物种多样性较高。

表 3-8 不同造林方式桉树人工林林下植物物种多样性

植被类型	造林方式	丰富度指数	Shannon-Wiener 多样性指数	Simpson 优势度指数	Pielou 均匀度指数
灌木层	实生苗	14 a	1.57 a	0.22 a	0.59 b
	扦插苗	11 b	1.62 a	0.26 a	0.68 a
草本层	实生苗	19 a	1.65 a	0.24 a	0.56 b
	扦插苗	13 b	1.71 a	0.29 a	0.67 a

3.2 不同造林密度桉树人工林林下植物物种多样性的比较

由表 3-9 可知，不同造林密度对桉树人工林林下灌木层和草本层的影响相似，随着造林密度的增大，从 1100 ~ 2500 株 /hm^2，灌木层和草本层的丰富度指数和 Shannon-Wiener 多样性指数均表现为逐渐减小的趋势，而 Simpson 优势度指数则呈现相反的趋势，逐渐增大。不同的是，桉树人工林林下灌木层的 Pielou 均匀度指数随着造林密度的增大而趋于减小，无显著差异性（$P > 0.05$），而草木层的 Pielou 均匀度指数则呈现先减小后有所增大的趋势，无显著差异（$P > 0.05$）。

尽管本试验区域中所选择的种植密度范围不够大，但 3 种密度是桉树人工林种植区域常见的种植密度，具有一定的代表性。总体上，在 1100 株 /hm^2 低造林密度下，桉树人工林林下灌木层和草本层的植物物种多样性相对较高，相反，密度越大，其林下的灌木层和草本层的植物物种多样性趋于下降。

表 3-9　不同造林密度桉树人工林林下植物物种多样性的比较

植被类型	造林密度（株 /hm²）	丰富度指数	Shannon-Wiener 多样性指数	Simpson 优势度指数	Pielou 均匀度指数
灌木层	1100	16 a	1.69 a	0.24 b	0.61 a
	1600	13 b	1.53 b	0.31 a	0.60 a
	2500	11 b	1.35 b	0.35 a	0.56 a
草本层	1100	19 a	1.72 a	0.24 a	0.58 a
	1600	15 b	1.57 a	0.34 a	0.57 a
	2500	12 b	1.44 b	0.21a	0.59 a

3.3　不同除草措施桉树人工林林下植物物种多样性的比较

由表 3-10 可知，桉树人工林林下灌木层和草本层植物多样性的变化特征类似，未人工割灌除草（无除草剂）处理下桉树人工林的灌木层、草本层的丰富度指数和 Shannon-Wiener 多样性指数均比人工割灌除草（除草剂）处理下的要大，其差异均达显著水平（$P < 0.05$）。相似的是，未人工割灌除草（无除草剂）处理下的 Pielou 均匀度指数比人工割灌除草（除草剂）处理下的要大，但无显著差异（$P > 0.05$）。Simpson 优势度指数则呈现相反的变化趋势，人工割灌除草（除草剂）处理的要大于未人工割灌除草（无除草剂）处理的，但差异不显著（$P > 0.05$）。

表 3-10　不同除草措施桉树人工林林下植物物种多样性比较

植被类型	除草措施	丰富度指数	Shannon-Wiener 多样性指数	Simpson 优势度指数	Pielou 均匀度指数
灌木层	人工割灌除草（除草剂）	16 b	1.89 b	0.56 a	0.68 a
	未人工割灌除草（无除草剂）	20 a	2.15 a	0.49 a	0.71 a
草本层	人工割灌除草（除草剂）	19 b	1.96 b	0.62 a	0.67 a
	未人工割灌除草（无除草剂）	27 a	2.23 a	0.54 a	0.68 a

由表 3-11 可知，桉树人工林林下灌木层和草本层植物多样性的变化特征相似，保留枯枝落叶等地被物处理下的灌木层与草本层的丰富度指数、Shannon-Wiener 多样性指数和 Pielou 均匀度指数均大于清除枯枝落叶等地被物处理，经方差分析得出，其差

异均达显著水平（$P < 0.05$）；而 Simpson 优势度指数则呈现相反的变化趋势，清除枯枝落叶等地被物处理的显著大于保留枯枝落叶处理（$P < 0.05$）。

表 3-11　不同凋落物清理方式桉树人工林林下植物物种多样性比较

植被类型	林地清理方式	丰富度指数	Shannon-Wiener 多样性指数	Simpson 优势度指数	Pielou 均匀度指数
灌木层	清除枯枝落叶等地被物	11 b	1.96 b	0.56 a	0.82 b
	保留枯枝落叶等地被物	18 a	2.75 a	0.37 b	0.95 a
草本层	清除枯枝落叶等地被物	13 b	2.14 b	0.61 a	0.83 b
	保留枯枝落叶等地被物	21 a	2.82 a	0.42 b	0.93 a

以上结果表明，在未人工割灌除草（无除草剂）和保留枯枝落叶等地被物的抚育措施下，桉树人工林林下灌木层和草本层的植物物种多样性相对较高，这也间接支持了表 3-5 和表 3-6 中的结果，即草本层与灌木层植物多样性呈现不同的变化趋势。

4　不同连栽代数桉树人工林林下植物多样性的变化特征

由表 3-12 可知，本研究调查区域中，Ⅰ代桉树人工林林下共有维管束植物 36 种，隶属于 20 科 21 属，其中灌木植物 26 种，占所调查物种总数的 72.22%，隶属于 15 科 15 属；草本层植物 10 种，占所调查物种总数的 17.78%，分属 5 科 6 属。Ⅱ代桉树人工林林下共有维管束植物 40 种，隶属于 22 科 27 属，其中灌木植物 28 种，占所调查物种总数的 70%，隶属于 16 科 17 属；草本层植物 12 种，占所调查物种总数的 30%，分属 6 科 10 属。

Ⅲ代桉树人工林林下共有维管束植物 32 种，隶属于 18 科 19 属，其中灌木植物 24 种，占所调查物种总数的 75%，隶属于 14 科 14 属；草本层植物 8 种，占所调查物种总数的 25%，分属 4 科 5 属。Ⅳ代桉树人工林林下共有维管束植物 27 种，隶属于 13 科 15 属，其中灌木植物 22 种，占所调查物种总数的 81.48%，隶属于 11 科 12 属；草本层植物 5 种，占所调查物种总数的 18.52%，分属 2 科 3 属。

以上结果表明，不同连栽代数下，桉树人工林林下植被中灌木层所占种类最多，草本层次之。随着连栽代数的增加，灌木层和草本层的植物种类呈现先增大后减小的变化趋势，Ⅱ代林最大，Ⅳ代林最小。

表 3-12　连栽代数桉树人工林林下不同植物的种类组成

栽植代数	林下植被层	科		属		种	
		数量	比例（%）	数量	比例（%）	数量	比例（%）
Ⅰ	灌木层	15	75.00	15	71.40	26	72.22
	草本层	5	25.00	6	28.60	10	17.78
	小计	20	100	21	100	36	100
Ⅱ	灌木层	16	72.73	17	62.96	28	70.00
	草本层	6	27.27	10	37.04	12	30.00
	小计	22	100	27	100	40	100
Ⅲ	灌木层	14	77.78	14	73.68	24	75.00
	草本层	4	22.22	5	26.32	8	25.00
	小计	18	100	19	100	32	100
Ⅳ	灌木层	11	84.62	12	80.00	22	81.48
	草本层	2	15.38	3	20.00	5	18.52
	小计	13	100	15	100	27	100

由表 3-13 可知，随着连栽代数的增加，桉树人工林林下灌木层的丰富度指数、Shannon-Wiener 多样性指数和 Pielou 均匀度指数的变化规律类似，均呈现先增大后减小的趋势。其中，丰富度指数和 Shannon-Wiener 多样性指数在Ⅰ代林和Ⅱ代林之间无显著差异（$P > 0.05$），但均显著高于Ⅲ代林和Ⅳ代林（$P < 0.05$）；在Ⅲ代林和Ⅳ代林间 Shannon-Wiener 多样性指数无显著差异（$P > 0.05$）。Simpson 优势度指数则相反，呈现先减小后增大的趋势，但在不同连栽代数间无显著差异。

表 3-13　不同连栽代数桉树人工林林下灌木层植物多样性

代数	丰富度指数	Shannon-Wiener 多样性指数	Simpson 优势度指数	Pielou 均匀度指数
Ⅰ	29 a	1.95 a	0.56 a	0.53 b
Ⅱ	30 a	2.10 a	0.45 a	0.92 a
Ⅲ	22 b	1.46 b	0.62 a	0.81 a
Ⅳ	14 c	1.18 b	0.66 a	0.70 a

由表 3-14 可知，随着连栽代数的增加，与灌木层相似，桉树人工林林下草本层的丰富度指数、Shannon-Wiener 多样性指数和 Pielou 均匀度指数的变化规律一致，均表现为先增大后减小的趋势。其中，丰富度指数在Ⅱ代林和Ⅲ代林之间无显著差异（$P > 0.05$），但均显著高于Ⅰ代林和Ⅳ代林（$P < 0.05$）；Shannon-Wiener 多样性指数在

不同代数间没有显著差异（$P > 0.05$）。Simpson 优势度指数则相反，在不同连栽代数间，呈现先减小后增大的趋势（$P < 0.05$）。总体上，不同连栽代数桉树人工林林下灌木层和草本层的植物多样性，在第Ⅱ代植物多样性最高，在第Ⅳ代最小。

表 3-14　不同连栽代数桉树人工林林下草本层植物多样性

代数	丰富度指数	Shannon-Wiener 多样性指数	Simpson 优势度指数	Pielou 均匀度指数
Ⅰ	9 b	1.02 a	0.35 a	0.53 a
Ⅱ	13 a	1.36 a	0.24 b	0.62 a
Ⅲ	11 a	1.11 a	0.41 a	0.46 a
Ⅳ	8 b	1.05 a	0.49 c	0.44 b

5　讨论与小结

5.1　不同植被类型对桉树人工林林下植物多样性的影响

物种多样性是植物群落结构和功能复杂性的一种测定方法，研究森林植物物种多样性，有助于更好地认识群落的组成、结构、功能、演替等规律。从本研究中不同森林植被类型林下灌木层和草木层植物多样性的变化特征可以看出，天然次生林和长周期的针阔混交林林下的植物多样性相对高于短周期的桉树人工林和针叶树马尾松人工林，在灌木层桉树林与其他林分间的差异不显著，在草本层桉树林与其他林分间有显著差异。这可能与混交林能形成森林复层结构、改善立地土壤结构和肥力等有关，同时也与短周期的桉树追求生长量而采取强度较高的抚育措施造成其林下生物多样性下降有关，这从侧面也说明人为干扰对桉树人工林林下植物多样性有较严重的影响。这与张卫强等（2014）报道的针阔混交林物种组成多于桉树纯林，韦洁（2011）得出的马尾松—红锥针阔混交林物种组成多于马尾松纯林的研究结果相似。有研究表明，桉树林本身并不会对植物多样性造成危害，而区域环境条件、人为干扰会对植物多样性造成影响（林书蓉等，1995；王震洪等，1998）。在一些水土流失和植被破坏严重的地区，由于桉树适应性强，种植桉树对当地植物多样性修复或恢复具有积极的效应（Alem 等，2012）。

吴钿等（2003）研究了雷州半岛桉树人工林林下植物的多样性，发现桉树人工林林下植物多样性低并不是桉树树种本身造成。平亮等（2009）研究了引种桉树对本地生物多样性的影响，发现大部分桉树人工林林下本地物种数量低于天然林，一般不高于乡土树种人工林，但总体上优于其他外来树种人工林，导致桉树人工林生物多样性低的主要原因是人类不合理的规划和砍伐等，其中人为因素起主导作用。本研究结论与以上观点一致，由于不同森林植被类型间存在生境异质性，因而造成其林下植物物种组成及多样性存在差异，在桂北桉树人工林种植区域，人为不合理的营林措施等，降低了桉树人工林林下的物种多样性指数，而桉树树种本身并不是引起林下植物多样性较低的原因。

温远光等（2005，2008）的研究结果表明，采用全垦、连栽、短周期方式经营桉树人工林，必然造成林间植物物种的减少甚至毁灭，但造成这种结果的关键原因不是桉树树种本身，而是栽培措施和炼山、机耕等耕作方式。本研究中，桂北地区桉树人工林林下共有维管束植物 102 种，隶属于 39 科 67 属，有一定数量的灌木和草本植物，也有少量的乔木更新幼苗等，表明桉树人工林林下植被较丰富，物种多样性较高，我们的结论与广西（温远光等，2008）、海南（杨再鸿等，2008）、广东（古丽红等，2012；李伟等，2014）等地区的研究结果类似。黄承标（2012）的研究结果表明，广西营造桉树人工林与其他林种一样，林下植物多样性减少是必然存在的，是一种普遍现象，这是由于林分随着林龄的增大，其郁闭度不断增大，势必导致林下光照强度的减弱，从而不同程度地制约着一些植物尤其是阳性植物的生长和改变生存环境。桉树人工林的大规模种植、高强度短周期的采伐和干扰在很大程度上降低了桉树林的物种多样性，而不是由桉树树种自身引起的。大面积连片栽培的人工植被对当地生物多样性的影响是普遍存在的，人工林如橡胶人工林、杉木人工林、杨树人工林、马尾松人工林，农作物如甘蔗、玉米、香蕉也是类似（林开敏等，2001）。陈少雄（2005）认为，桉树人工林的生物多样性下降是经营者的责任，而非桉树本身的影响，很多地方的桉树人工林中杂草丛生，鸟兽随处可见，即使是在备受争议的雷州半岛的桉树林里，杂草和灌木生长茂密的桉树林也随处可见。这进一步说明，所谓“桉树林下不长草；远看绿幽幽，近看光溜溜”的指责确实不妥，是没有科学依据的。桉树林下植被稀疏现象多出现在幼林期，是为了方便管理，减少杂灌杂草与桉树幼苗竞争水肥，人为采取高强度的抚育等营林措施抑制了林下植被的生长。

5.2 不同林龄对桉树人工林林下植物多样性的影响

有关研究表明，在林分不同林龄阶段，林下植被的物种组成和数量都有很大变化，而且不同林分林下植被的物种多样性随林木发育出现不同的变化规律（高润宏等，2005）。桂北地区桉树人工林林下植物群落主要为灌木和草本，以灌木为主，草本次之，类似于桂东南地区桉树人工林主产区的植物群落结构特征（朱育锋等，2018），而广东中西部桉树林草本层芒萁和芒草是优势种（李伟等，2014）。这主要受到研究区域的土壤条件、水热条件、树种林龄等因素的影响，桉树林下的植被物种组成及数量上存在差异性。桂北地区不同林龄桉树林下灌木层、草本层的丰富度指数和物种多样性指数的变化趋势不完全一致，但相似的是，到成熟林时期均有所回升，相对的植物多样性指数较高，过熟林略有所降低。这与鼎湖山植物群落多样性的研究结果相似（黄忠良等，2000），即生长初期物种丰富度较低，随着林龄的增加，林下物种丰富度先增加后降低。

沈守云等（2016）提出以轮伐期为 6 年左右的桉树作为广西地区人工林的建群种，能很好地维持群落较高的物种多样性和稳定性。在桉树人工林种植初期，一般要经过炼山、清山、整地等人为干扰措施，降低了物种多样性的水平。但由于林地依然存在一些植物的繁殖体，在外界环境条件有利其萌发时，会恢复生长，因而在成熟的桉树人工林林下灌木和草本的多样性相对较大。另一方面，桉树人工林林下物种可能在前期生长过程中存在激烈竞争，当到达成熟林时大多数物种适应了各自的生态位，而不能适应环境的物种则被淘汰（郭连金等，2007）。目前国内桉树人工林多为短轮伐期（4 ～ 6 年），而国外的研究报道主要集中在 10 年以上的林分（Carneiro 等，2008）。

在野外调查中我们发现，桉树人工林在经营过程中，有些林分物种多样性是呈减小的趋势。一个原因，经营者为了获取更大的经济效益、提高林地的生产量，采取对林地进行定期除草抚育，从而导致桉树人工林生物多样性的减少；另一个原因，在过量施肥措施下，桉树的快速生长会使林下的植被光照减少，部分林下植被不能充分生长，导致了林下的生物多样性降低。桂北地区桉树人工林林下物种丰富度随着林龄的提高而呈现增加的趋势，多样性指数在 7 林龄时最高，这与其他研究结论类似（温远光等，2005；Carneiro 等，2008；古丽红等，2012），但是与个别报道不同（余雪标等，1999），这反映了桂北低山丘陵地区短轮伐期桉树人工林的实际情况。在不同种植区域，桉树人工林林下植被群落受集约化经营和高强度抚育措施的影响较大，其林下物种多样性的差异还可能与不同地区的水热条件、原生植被群落、土壤条件、桉树品种等因素有关。

5.3 不同造林方式和密度对桉树人工林林下植物多样性的影响

林下植被会直接影响桉树人工林的生产力，对改善表层土壤肥力、减少林地水土流失、增加凋落物的养分回归等都具有明显的促进作用，还能有效减少林分病虫害的发生和增加系统的稳定性，进而影响到桉树人工林的可持续经营。有研究表明，通过调控桉树人工林林分的群落结构，促进和恢复林下植物物种多样性，对桉树人工林地力的维护和保持人工林长期生产力的稳定具有重要的意义（林开敏等，2001）。赵一鹤等（2008）的研究结果表明，在云南普洱市澜沧县地区，不同造林方式对灌木层和草本层物种丰富度的影响不显著，不同造林密度对灌木层物种丰富度的影响显著，但对草本层物种丰富度的影响不显著。

本研究中，2种不同造林方式对桉树人工林林下灌木层和草本层的植物物种多样性指数均有一定的影响。这主要是因为桉树实生苗种植后的分枝较多，冠幅较大，林内的光照较少，这可能在一定程度上抑制了林下灌木和草本的生长；而无性系扦插苗造林后，人工幼林表现为生长快，冠幅较小，枝叶稀疏，因而郁闭度较小，增加了林下的光照，有利于林下灌木和草本的正常生长。造林密度是影响桉树人工林生产力的重要因素，不同造林密度对桉树人工林林下灌木层和草本层的丰富度指数、Shannon-Wiener多样性指数和Simpson优势度指数有一定的影响，对Pielou均匀度指数的影响不显著。这主要是由于不同的造林密度，改变了桉树人工林各林分对光照、土壤养分等资源的竞争空间和微生境。造林密度大的林分比密度小的林分较早郁闭，导致林下物种所需要的光照和养分供应不足，林木之间相互竞争增大，导致林下植物的生长环境变差或植物死亡，因而降低了其物种多样性。有研究表明，桉树与其他树种（如厚荚相思、杉木、木荷、马尾松等）混交后，能有效防止生物多样性减少，有利于地力维护（杜虹蓉等，2014）。

5.4　不同抚育措施对桉树人工林林下植物多样性的影响

林地清理是人工林经营中的重要措施之一，通过改变林地地表覆盖状况等改善林地微环境，影响林地养分循环及土壤肥力，进而改变人工林及林下植被的生长。本研究结果表明，在保留枯枝落叶等地被物处理下，桉树人工林的灌木层与草本层的丰富度指数、Shannon-Wiener多样性指数和Pielou均匀度指数均高于清除枯枝落叶等地被物处理。主要原因可能是枯枝落叶等地被物（包括无商业利用价值的采伐剩余物等）留在原地，有助于改善生境。随着时间推移，地被物逐渐开始分解、释放养分；也能有效保存植物的繁殖体，使得原有群落多数物种得以保持，尤其是优势种，它们通常拥有极强的繁殖能力，在生存条件适宜时可快速恢复生长，占据林下空间。因此，选择适合的林地清理方式对提高桉树人工林林下植被物种多样性和生态系统的稳定性具有重要意义（王瑞华等，2014）。

赵一鹤等（2008）研究了培育措施对桉树人工林林下物种多样性的影响，结果表明，不同抚育管理方式对林下灌木层物种丰富度的影响极显著，对草本层物种丰富度的影响不显著。本研究中，人工抚育措施对桂北地区桉树人工林林下植物群落结构有较大影响，引起了作为生物多样性指标之一的物种丰富度明显下降，这与温远光等（2005）、平亮等（2009）和田湘等（2014）研究发现桉树人工林林下植物多样性趋于降低的结果一致。目前，为了追求经济利益最大化，许多桉树种植地区存在不合理经营的现象（如除草剂过量使用等），这严重干扰了林下植被的正常生长，导致桉树人工林林下植物多样性降低，且众多研究也表明人为干扰是造成桉树林下植物多样性较低的主要因素（曾杰等，1997；温远光等，2005）。郭乐东等（2015）研究表明，除草剂的使用严重干扰了桉树林下群落的自然演替更新，使植物多样性较难恢复。此外，火烧清理林地、化学除草抚育和频繁施肥也是导致桉树林地植物多样性下降的主要原因（马倩等，2017）。本研究支持以上观点，在桂北地区桉树人工林种植区域，桉树人工林追求林木的生长量而采取较高强度的抚育措施，如高强度人工割灌除草（包括除草剂）和全部清除枯枝落叶等地被物等，是造成其林下灌木层和草本层多样性下降的主要原因。桂北地区桉树人工林下植物多样性的高低主要取决于人为经营管理措施的强度，而不是种植桉树引起的。建议采用合理的造林密度、科学清理林下植物、适度抚育等，将有利于桉树人工林植物多样性保育和维持。

本研究中，均匀度和优势度的变化在各样地的结果正好相反，两者呈负相关，这与其他研究结果类似（谢晋阳等，1997；徐广平等，2005）。生态优势度是反映群落中各种群优势状况的指标，生态优势度低，说明群落由若干个优势程度相近的种群组成，群落的稳定性相对较高，而当生态优势度较高时则表明群落中仅有少数优势种，群落不稳定。与天然次生林和针阔混交林比较，桂北地区桉树人工林林下灌木层和草本层的 Simpson 优势度指数最小，说明其林下植物群落组成中物种的优势程度相近，植物群落的稳定性相对较高；而不同林龄下灌木层和草本层的 Simpson 优势度指数波动较大。目前国内大多数桉树人工林的轮伐期为 4 ～ 6 年，多采用高强度集约化的经营措施，一般在前 2 年实行比较强化的营林措施，包括修路、清山、炼山、整地、除草、施肥等，到第三年施肥不除草，以后不再施肥抚育，最后修路、采伐和运输等。在多年连续经营中，对桉树人工林地的人为干扰较频繁，这些干扰对桉树林下植物多样性的保护是不利的，物种多样性会随之下降（Carneiro 等，2008）。人类不合理的种植和砍伐等是导致引种区生物多样性降低的主要原因，其中的人为因素起主导作用（平亮等，2009）。桉树人工林生物多样性的增加或减少在很大程度上取决于该立地原有生物的种类和数量，不同的地区其立地类型有所差别，因而桉树人工林对生物多样性的影响也有所差异。本研究也表明，大面积种植桉树人工林，加上人为高强度集约化等种植管理措施，会对植物多样性和生态系统稳定性造成一定的影响，但通过优化人工抚育、开展科学管理等措施，将有利于实现桉树人工林的可持续经营与绿色发展。

综上所述，本章主要小结如下。

（1）随着桉树人工林林龄的增大，林下植物物种数呈现增加的趋势。在造林前进行了炼山、机械整地以及扩坎抚育等经营措施背景下，桂北地区桉树人工林种植区域在成熟林（5a）及5a后林下的植被生长较好，物种多样性比较丰富，建议可适当延长桉树林的砍伐期。与其他不同林分比较，桂北地区桉树人工林林下的植物多样性较高，桉树人工林自身并没有引起物种多样性的下降。土壤养分含量对桂北桉树人工林林下植被物种多样性的影响较大，当土壤养分含量较高时，有利于桉树人工林林下植被物种多样性的恢复和维持。

（2）不同连栽代数下，桉树人工林林下植被中灌木层所占种类最多，草本层次之。随着连栽代数的增加，灌木层和草本层的植物种类呈现先增大后减小的变化趋势。桉树人工林林下灌木层和草本层的丰富度指数、Shannon-Wiener 多样性指数和 Pielou 均匀度指数的变化规律一致，均表现为先增大后减小的趋势，灌木层和草本层的植物多样性均表现为在Ⅱ代林植物多样性最高，在Ⅳ代林最小。

（3）桉树人工林种植地区现有的经营模式，对林下植被多样性有一定影响。不同林地清理方式对桉树人工林林下植物多样性有较大影响，其中保留枯枝落叶等地被物处理的效果较好。建议在对桉树人工林进行林地清理时，可将砍掉的树冠与枝条等废弃物留在原地，或采取生态型的清理方式，可为幼林生长提供良好的生长环境，有利于桉树人工林及林下植被的生长。高强度人工割灌除草（包括除草剂）和全部清除枯枝落叶等地被物处理，会导致桉树人工林林下灌木层和草本层的植物多样性降低。适度保留枯枝落叶等地被物和林下草本植物，是桉树人工林林下植物多样性提高和维持的有效措施。

参考文献

[1] 陈秋波．桉树人工林生物多样性研究进展［J］．热带作物学报，2001，22（4）：82-89.

[2] 陈少雄．桉树生态问题的来源与对策［J］．热带林业，2005，33（4）：26-30.

[3] 杜虹蓉，易琦，赵筱青．桉树人工林引种的生态环境效应研究进展［J］．云南地理环境研究，2014，26（1）：30-38.

[4] 高润宏，董智，张昊，等．额济纳绿洲胡杨林更新及群落生物多样性动态［J］．生态学报，2005，25（5）：1019-1025.

[5] 古丽红，周毅．不同林龄桉树林下植被结构与物种多样性［J］．广东林业科技，2012，28（1）：46-52.

[6] 郭乐东，张卫强，李召青，等．粤北不同年龄桉树林植物多样性研究［J］．生态科学，2015，34（3）：65-70.

[7] 郭连金，张文辉，刘国彬．黄土丘陵区沙棘人工林发育过程中物种多样性及种间关联变化［J］．应用生态学报，2007（1）：9-15.

[8] 黄承标．桉树生态环境问题的研究现状及其可持续发展对策［J］．桉树科技，2012，29（3）：44-47.

[9] 黄国勤，赵其国．广西桉树种植的历史、现状、生态问题及应对策略［J］．生态学报，2014，34（18）：5142-5152.

[10] 黄忠良，孔国辉，何道泉．鼎湖山植物群落多样性的研究［J］．生态学报，2000，20（2）：193-198.

[11] 李伟，张翠萍，魏润鹏．广东中西部桉树人工林植物多样性与林龄和土壤因子的关系［J］．生态学报，2014，34（17）：4957-4965.

[12] 林开敏，俞新妥，黄宝龙，等．杉木人工林林下植物物种多样性的动态特殊征［J］．应用与环境生物学报，2001，7（1）：13-19.

[13] 林书蓉，李淑仪，廖观荣，等．雷州半岛桉树人工林土壤［C］．曾天勋，雷州短轮伐期桉树生态系统研究．北京：中国林业出版社，1995：1-12.

[14] 马倩，周晓果，梁宏温，等．不同经营措施对桉树人工林植物多样性的影响［J］．广西科学，2017，24（2）：182-187，195.

[15] 平亮，谢宗强．引种桉树对本地生物多样性的影响［J］．应用生态学报，2009，20（7）：

1765–1774.
[16] 沈守云，李德祥，梁旺，等．人工生态恢复对南宁青秀山植物群落多样性的影响［J］．中南林业科技大学学报，2016，36（12）：85–90.
[17] 田湘，赵瑛，于永辉，等．人工抚育对桉树人工林林下生物多样性的影响［J］．南方农业学报，2014，45（1）：85–89.
[18] 王瑞华，葛晓敏，唐罗忠．林下植被多样性、生物量及养分作用研究进展［J］．世界林业研究，2014，27（1）：43–48.
[19] 王震洪，段昌群，起联春，等．我国桉树林发展中的生态问题探讨［J］．生态学杂志，1998，17（6）：64–68.
[20] 韦洁．广西大青山人工纯林和混交林对植物多样性和土壤肥力的影响［D］．南宁：广西大学，2011.
[21] 温远光，刘世荣，陈放．连栽对桉树人工林下物种多样性的影响［J］．应用生态学报，2005，16（9）：1667–1671.
[22] 温远光，陈放，刘世荣，等．广西桉树人工林物种多样性与生物量关系［J］．林业科学，2008，44（4）：14–19.
[23] 吴钿，刘新田，杨新华．雷州半岛桉树人工林林下植物多样性研究［J］．林业科技，2003，28（4）：10–13.
[24] 谢晋阳，陈灵芝．中国暖温带若干灌丛群落多样性问题的研究［J］．植物生态学报，1997（3）：2–3，5–12.
[25] 徐广平，张德罡，徐长林，等．放牧干扰对东祁连山高寒草地植物群落物种多样性的影响［J］．甘肃农业大学学报，2005（6）：789–796.
[26] 杨再鸿，杨小波，李跃烈，等．海南岛桉树林林下植被物种组成及生物量［J］．东北林业大学学报，2008，36（5）：25–27.
[27] 余雪标，钟罗生，杨为东，等．桉树人工林林下植被结构的研究［J］．热带作物学报，1999，20（1）：66–72.
[28] 曾杰，郑海水，翁启杰，等．桉树人工林中的他感作用研究综述［M］．北京：中国林业出版社，1997.
[29] 张卫强，张卫华，潘文，等．桉树林和针阔混交林对植物多样性的影响比较［J］．水土保持研究，2014，21（6）：122–128.
[30] 赵一鹤，杨宇明，杨时宇，等．培育措施对桉树人工林林下物种多样性的影响［J］．云南农业大学学报，2008，23（3）：309–314.
[31] 朱宏光，温远光，梁宏温，等．广西桉树林取代马尾松林对植物多样性的影响［J］．

北京林业大学学报，2009，31（6）：149-153.
[32] 朱育锋，肖智华，彭晚霞，等．广西不同龄级桉树人工林植物多样性和群落结构动态变化特征［J］．中南林业科技大学学报，2018，38（12）：38-44.
[33] Alem S, Pavlis J. Native woody plants diversity and density under *Eucalyptus* camaldulensis plantation, in Gibie Valley, South Western Ethiopia [J]. Open Journal of Forestry, 2012, 2 (4): 232-239.
[34] Carneiro M, Fabi O A, Martins M C, et al. Effects of harrowing and fertilisation on understory vegetation and timber production of a *Eucalyptus* globulus Labill. plantation in Central Portugal [J]. Forest Ecology and Management, 2008, 255 (3/4): 591-597.
[35] Fridley J D. Diversity effects on production in different light and fertility environments: an experiment with communities of annual plants [J]. Journal of Ecology, 2003, 91 (3): 396-406.
[36] Maestre F T, Quero J L, Gotelli N J, et al. Plant species richness and ecosystem multifunctionality in global drylands [J]. Science, 2012, 335: 214-218.

第四章

桉树人工林叶片稳定碳同位素组成及水分利用效率

水分是影响林业生产的关键因素之一，决定了区域环境所能承受的植被种类、数量和格局（王彦辉等，2006）。树种叶片水分利用效率（water use efficiency，WUE）的研究不仅可以揭示树木内在的耗水机制，还可以对深入了解树种的水分利用特征提供有用的信息，并可以作为人工造林树种选择的理论依据，对人工林植被构建中的树种选择具有实践意义。国内外学者对植物水分利用效率和稳定碳同位素组成（$\delta^{13}C$）值关系的研究已进行了比较广泛和深入的探讨（Knight 等，1994；陈拓等，2003；丁亚丽等，2016），通过测定植物叶片的 $\delta^{13}C$ 值，揭示不同环境条件下植物代谢功能的显著变化以及植物对环境胁迫的反应（刘晓宏等，2003）。植物叶片的 $\delta^{13}C$ 值可以用来间接指示植物的长期水分利用效率，$\delta^{13}C$ 值越大，植物水分利用效率越高。稳定碳同位素技术已经成为一种较好的估计植物长期水分利用效率的可靠途径。

植物叶片 $\delta^{13}C$ 值是植物长期生理生态过程的整合指标，它可以用来指示植物长期的水分利用效率（渠春梅等，2001；陈拓等，2003；苏培玺等，2003，2008；李明财等，2005；杨成等，2007；丁访军等，2011），植物的 $\delta^{13}C$ 值与水分利用效率呈一定程度的正相关关系（Knight 等，1994；Marshall 等，1994）。研究表明，影响植物 $\delta^{13}C$ 值的因子有温度、降水、光照、CO_2 浓度等，$\delta^{13}C$ 值与环境的平均气温和降水量关系密切（马利民等，2002）。

广西桉树人工林种植面积得到了大规模的发展，对地方经济建设做出了大的贡献。近年来，人们对桉树速生人工林经营而产生的水资源消耗问题关注较多，桉树经常被指责消耗大量水份导致水资源减少，还有研究认为桉树是“抽水机”，会减少流域产流量和地下水补给，破坏区域水资源平衡（Calder，1986）；另有研究持反对意见，认为桉树“有害论”被过分夸大（侯元兆，2006）。目前对桉树的水分生理生态特征的认识尚不足，存在较大争议。因此，本章以广西典型桉树人工林为研究对象，通过与毛竹人工林、杉木人工林和马尾松人工林的比较：①探讨不同优势树种的稳定碳同位素组成特征及其季节变化特征；②比较不同优势树种的水分利用效率；③揭示植物渗透调节物质等生理指标对桉树叶片碳同位素分馏作用的影响。

1　不同木本植物叶片稳定碳同位素的比较

1.1　不同木本植物叶片的稳定碳同位素特征分析

表 4-1 对比了不同木本植物（杉木、桉树、毛竹、马尾松）叶片的稳定碳同位素组成，杉木、桉树、毛竹、马尾松叶片的稳定碳同位素组成（$\delta^{13}C$）变化分别为 –27.35‰ ~ –24.99‰、–30.15‰ ~ –25.26‰、–31.95‰ ~ –25.14‰、–32.06‰ ~ –29.33‰，平均值分别为（–26.05 ± 0.71）‰、（–27.72 ± 1.35）‰、（–29.33 ± 2.19）‰、（–30.74 ± 0.77）‰。综合来看，本试验区域不同木本植物叶片 $\delta^{13}C$ 值从大到小的依次为杉木、桉树、毛竹和马尾松。

表 4-1　不同木本植物叶片的稳定碳同位素组成比较

木本植物类型	$\delta^{13}C$（‰）	范围（‰）
杉木	–26.05 ± 0.71 a	–27.35 ~ –24.99
桉树	–27.72 ± 1.35 a	–30.15 ~ –25.26
毛竹	–29.33 ± 2.19 b	–31.95 ~ –25.14
马尾松	–30.74 ± 0.77 b	–32.06 ~ –29.33

注：表中同列不同字母表示不同树种间显著差异（$P < 0.05$）。本章下同。

由表 4-2 可知，不同地区不同树种叶片的 $\delta^{13}C$ 值存在差异，本试验中桉树叶片的 $\delta^{13}C$ 平均值除了高于我国贵州喀斯特山区盐肤木、热带雨林区望天树、福州的桉树和江西的毛竹，比其他地区植物的 $\delta^{13}C$ 值均低，比较而言，桂北地区桉树叶片的 $\delta^{13}C$ 值并不高，居中。可见，同一树种在不同地域会表现出 $\delta^{13}C$ 值的差异，不同树种叶片 $\delta^{13}C$ 值也存在种间差异，这可能是由不同植物本身遗传性特征的差异性决定的。

表 4-2　桉树叶片 $\delta^{13}C$ 值与其他地区不同植物的比较

地区	优势树种	范围（‰）	均值（‰）	文献
北京	欧洲黑杨（*Populusnigra*）	–30.40 ~ –27.02	—	丁明明等，2006
贵州喀斯特山区	盐肤木（*Rhuschinensis*）	–29.15 ~ –26.89	–28.14	杨成等，2007
荒漠地区植物	大叶补血草（*Limonium gmelinii*）	–29.01 ~ –23.00	–27.01	陈拓等，2001
暖温带落叶阔叶林	山杏（*Prunusarmeniaca*）	–31.48 ~ –22.20	–26.24	严昌荣等，1998
青藏高原东部植物	微孔草（*Microula sikkimensis*）	–29.20 ~ –24.90	–26.90	李明财等，2005

续表

地区	优势树种	范围（‰）	均值（‰）	文献
河西走廊中部沙漠植物	胡杨（*Populus euphratica*）	−30.01 ～ −25.00	—	苏培玺等，2003
云南西双版纳热带雨林	望天树（*Parashorea chinensis*）	−38.70 ～ −27.60	−33.11	渠春梅等，2001
厦门	红树林（*Rhizophoraceae*）	−32.00 ～ −26.01	—	黄建辉等，2005
福州	桉树（*Eucalyptus*）	−32.26 ～ −29.73	−30.98	洪伟等，2008
江西	毛竹（*Phyllostachys edulis*）	−29.42 ～ −26.98	−27.96	丁访军等，2011
江西	杉木（*Cunninghamia lanceolata*）	−27.88 ～ −23.78	−26.41	丁访军等，2011
广西北部	桉树（*Eucalyptus*）	−30.15 ～ −25.26	−27.72	本试验

1.2 不同木本植物叶片稳定碳同位素的季节变化

表 4-3 是不同木本植物叶片 $\delta^{13}C$ 值的季节变化特征，可以看出，杉木叶片 $\delta^{13}C$ 值的季节变化从大到小依次为夏季、春季、冬季和秋季；毛竹叶片 $\delta^{13}C$ 值的季节变化从大到小依次为夏季、春季、秋季和冬季；马尾松叶片 $\delta^{13}C$ 值的季节变化从大到小依次为冬季、春季、夏季和秋季；桉树叶片 $\delta^{13}C$ 值的季节变化从大到小依次为秋季、夏季、春季和冬季。表明不同木本植物类型的季节变化特征因树种而异，这与季节变化引起的降水、温度和辐射等环境因子变化和植物本身的物候期等多重影响有关。

表 4-3 不同木本植物叶片稳定碳同位素的季节变化（‰）

季节	杉木	桉树	毛竹	马尾松
春季	−26.02 ± 0.38 aA	−28.52 ± 0.38 bB	−29.44 ± 0.40 bB	−30.39 ± 0.37 aC
夏季	−25.10 ± 0.09 aA	−27.16 ± 0.29 aB	−25.96 ± 0.63 aA	−30.94 ± 0.19 bC
秋季	−26.93 ± 0.37 bA	−25.95 ± 0.40 aA	−30.33 ± 0.43 bB	−31.76 ± 0.26 bC
冬季	−26.14 ± 0.13 bA	−29.24 ± 0.55 bB	−31.61 ± 0.39 cC	−29.86 ± 0.32 aB

注：表中同列不同小写字母表示同一树种不同季节间显著差异（$P < 0.05$），同行不同大写字母表示同一季节不同树种间显著差异（$P < 0.05$）。本章下同。

2 不同林龄桉树叶片稳定碳同位素的比较

从表 4-4 看出，不同林龄桉树叶片 $\delta^{13}C$ 值由大到小表现为 3a（−24.95 ± 0.44）‰、2a（−25.77 ± 0.38）‰、1a（−27.16 ± 0.29）‰、5a（−28.29 ± 0.28）‰ 和 7a

（−30.13 ± 0.37）‰，表现出在生长季初期较高，中后成熟期降低的特征，也说明桉树的水分利用效率前期较高，后期较低。

表 4-4　桉树不同林龄叶片稳定碳同位素的差异

林龄	$\delta^{13}C$（‰）	范围（‰）
1a	−27.16 ± 0.29 b	−27.51 ～ −26.86
2a	−25.77 ± 0.38 a	−26.11 ～ −25.15
3a	−24.95 ± 0.44 a	−25.38 ～ −24.27
5a	−28.29 ± 0.28 b	−28.67 ～ −27.88
7a	−30.13 ± 0.37 c	−30.61 ～ −29.67

3　桉树不同器官间稳定碳同位素的差异

表 4-5 为试验区 10 个桉树样品的叶片、枝条和根系的 $\delta^{13}C$ 值，平均值分别为 −29.87‰、−28.03‰ 和 −25.77‰，标准偏差分别为 0.83、0.78 和 0.53。$\delta^{13}C$ 值在桉树各器官间差异显著，表现为根系较高，枝条次之，叶片较小（$P < 0.05$）。

表 4-5　桉树不同器官稳定碳同位素的差异

序号	叶片 $\delta^{13}C$（‰）	枝条 $\delta^{13}C$（‰）	根系 $\delta^{13}C$（‰）
1	−30.15	−28.61	−26.55
2	−30.48	−27.94	−25.48
3	−28.66	−28.54	−26.29
4	−29.11	−29.01	−25.84
5	−29.88	−28.56	−26.01
6	−31.31	−26.99	−24.99
7	−30.34	−27.89	−25.88
8	−29.04	−28.35	−26.01
9	−30.42	−26.48	−25.74
10	−29.26	−27.89	−24.88
平均值	−29.87 c	−28.03 b	−25.77 a
标准偏差	0.83	0.78	0.53

4　桉树叶片稳定碳同位素与生理指标的关系

由表 4-6 可知，桉树叶片 $\delta^{13}C$ 值分别与降水量和叶片含水量呈极显著负相关关系（$P < 0.01$），与灰分含量、可溶性糖和土壤含水量呈显著负相关关系（$P < 0.05$），相

关系数分别为 -0.79，-0.85，-0.69，-0.53 和 -0.71，$\delta^{13}C$ 值表现出偏负的趋势；叶片 $\delta^{13}C$ 值分别与脯氨酸含量、叶片碳含量呈显著正相关关系（$P < 0.05$），与叶片氮含量呈极显著正相关关系（$P < 0.01$），相关系数分别为 0.67、0.54 和 0.79，表明桉树叶片 $\delta^{13}C$ 值与生长环境条件有紧密的关系。

表 4-6　桉树叶片 $\delta^{13}C$ 与和生理指标之间的关系

生理因子	关系式	相关系数（R）	P
降水量	y=−53.551x−1656.12	−0.79**	0.002
叶片含水量	y=−2.892x−1.48	−0.85**	0.003
灰分含量	y=−0.234x−1.14	−0.69*	0.036
可溶性糖	y=−0.685x+23.15	−0.53*	0.044
土壤含水量	y=−20.45x+3.67	−0.71*	0.023
脯氨酸含量	y=5.692x+4.86	0.67*	0.022
叶片碳含量	y=−0.325x+26.89	0.54*	0.041
叶片氮含量	y=−0.027x−1.23	0.79**	0.002

注：* 表示相关性达显著水平（$P < 0.05$），** 表示相关性达极显著水平（$P < 0.01$）。全书下同。

5　讨论与小结

5.1　桉树与其他木本植物叶片稳定碳同位素的差异性

有研究表明（Oleary，1981），C_3 植物 $\delta^{13}C$ 值变化为 -35‰ ～ -20‰（平均为 -26‰），C_4 植物 $\delta^{13}C$ 值变化为 -15‰ ～ -7‰（平均为 -12‰），而 CAM 植物 $\delta^{13}C$ 值则介于上述两类植物之间，一般变化为 -22‰ ～ -10‰（平均为 -16‰）。从本研究中所采集不同植物叶片的 $\delta^{13}C$ 值来看，杉木叶片 $\delta^{13}C$ 值变化为 -27.35‰ ～ -24.99‰，平均值为（-26.05 ± 0.71）‰，桉树叶片的 $\delta^{13}C$ 值变化为 -30.15‰ ～ -25.26‰，平均值为（-27.72 ± 1.35）‰，毛竹叶片的 $\delta^{13}C$ 值变化为 -31.95‰ ～ -25.14‰，平均值为（-29.33 ± 2.19）‰，马尾松叶片的 $\delta^{13}C$ 值变化为 -32.06‰ ～ -29.33‰，平均值为（-30.74 ± 0.77）‰。据此推测，杉木、桉树、毛竹和马尾松都可能属于典型的 C_3 植物。

与我国其他地区植物叶片的 $\delta^{13}C$ 平均值相比，本研究中毛竹叶片的 $\delta^{13}C$ 平均值接近于江西大岗山的毛竹（丁访军等，2011），除比我国热带雨林区植物（渠春梅等，2001）和亚热带喀斯特地区植物（杨成等，2007）的偏高外，比荒漠地区河西走廊中部沙漠植物（苏培玺等，2003）、黑河流域山地植物和绿洲植物（苏培玺等，2008）、青藏高原北部植物（陈拓等，2003）、暖温带落叶阔叶林植物（严昌荣等，1998）、青藏高原东部典型高山植物（李明财等，2005），以及北京城市常绿和落叶绿化树种（王玉涛等，2008）的略偏低。本研究中杉木叶片的 $\delta^{13}C$ 平均值也接近于江西大岗山的杉木（丁访军等，2011），除了比我国暖温带落叶阔叶林植物（严昌荣等，1998）和北京城市绿化树种（王玉涛等，2008）的偏低，比其他地区植物（渠春梅等，2001；陈拓等，2003；苏培玺等，2003，2008；李明财等，2005；杨成等，2007）的略偏高。本研究中马尾松叶片的 $\delta^{13}C$ 平均值接近于福建长汀水土流失区马尾松（李机密，2009），而桉树叶片的 $\delta^{13}C$ 平均值略高于福建 10 个桉树无性系苗叶片 $\delta^{13}C$ 平均值 -31.64‰（洪伟等，2008），接近于广西环江喀斯特坡地尾巨桉（丁亚丽等，2016）。总体上，本试验区域中杉木、桉树、毛竹和马尾松的叶片 $\delta^{13}C$ 值变化范围比其他地区的较小，这可能与取样范围有一定的关系，不同植物在不同地区间 $\delta^{13}C$ 值的差异性，除受到植物自身的生物学特性的影响外，还可能与植物生长的环境有关。

国外有研究表明，植物叶片的 $\delta^{13}C$ 值在落叶树种与常绿树种之间存在差异（Kloeppel 等，1998），国内有研究结果也表明不同种类植物叶片 $\delta^{13}C$ 值存在差异（渠春梅等，2001；陈拓等，2003；苏培玺等，2003，2008；李明财等，2005；杨成等，2007；丁访军等，2011）。但也有不同结论，常绿植物叶片与落叶植物叶片 $\delta^{13}C$ 值之间不存在显著差异（Damesin 等，1997；孙双峰等，2006）。本研究结果表明，同一地区生长的不同种类木本植物叶片 $\delta^{13}C$ 值存在一定的差异，支持了以上第一种研究结论。本研究中，表 4-3 展示了不同木本植物叶片 $\delta^{13}C$ 的季节变化，表明不同树种（杉木、桉树、毛竹和马尾松）叶片的 $\delta^{13}C$ 表现出一定的季节差异，各树种叶片 $\delta^{13}C$ 变幅有所不同。不同木本植物叶片 $\delta^{13}C$ 存在种间和生活型间的差异，这可能主要是由树种本身遗传性特征的差异性决定，也可能与其受到自身物候期的差异性，以及外在季节变化所引起的温度、降水和辐射等环境因子的变化共同影响有关。此外，有研究表明，不同植物叶片 $\delta^{13}C$ 存在差异性，一方面，可能与不同树种形态结构差异所引起的水分利用方式不同有关，如根系分布的面积和深度会影响到不同土层深度水分的利用效率；另一方面，也可能与树种叶片自身解剖学结构差异所决定的生理生态过程有关（王云霓等，2012）。

不同地域间的植物水分利用效率不一样，$\delta^{13}C$ 值越高则说明植物水分利用率越高（陈拓等，2001）。从本研究结果看，桉树分别与毛竹和马尾松 2 种植物叶片的 $\delta^{13}C$ 值存在显著的差异，且桉树叶片的 $\delta^{13}C$ 值除小于杉木外，显著大于毛竹和马尾松，由此可以推测桉树的水分利用效率相对大于毛竹和马尾松，略小于杉木，这也说明在外界环境中水分受到限制的情况下，桉树比毛竹和马尾松具有更强的竞争力。研究表明，树种水分利用效率大小能在一定程度上反映树种的耐旱能力，也能在一定程度上反映出该树种是生态型节水树种还是生长经济型树种，水分利用效率越大说明该树种不是靠高耗水来提高光合速率的（段爱国等，2010）。本研究中，桉树叶片 $\delta^{13}C$ 平均值的变化幅度为 –30.15‰ ～ –25.26‰，平均值为（–27.72 ± 1.35）‰，略高于毛竹和马尾松，低于杉木，表明桉树叶片可能具有较高的水分利用效率，对中亚热带低山丘陵地区环境的适应性较强，也进一步说明桉树叶片可能不是靠高耗水来提高光合速率的。有研究表明，在云南元谋干热河谷地区，桉树类树种的水分利用效率越高，对干热环境的适应性越强，主要原因是桉树根系分布深，主动供水能力强，补充了地上部分的水分消耗，而相思类树种则以发达的根系和较高的叶片保水能力来适应干热环境（马焕成等，2002）。

周建辉等（2015）的研究表明，在广东湛江遂溪县，与其他树种相比，2 年生尾巨桉的生长固碳水分利用效率高于马占相思（*Acacia mangium*）、杨树（*Populus*）、华北落叶松（*Larix principis-rupprechtii*）、杉木（*Cunninghamia lanceolata*），是较好的速生树种。白嘉雨等（1996）的研究表明，桉树主要利用 0 ～ 2 m 深的土壤水，桉树种植不会影响区域水资源平衡。尾巨桉是节水性能较好的树种，可在速生树种人工造林中进行树种选择时给予重点考虑（邱全等，2014）。黄承标（2012）的研究表明，桉树人工林消耗土壤水分相比相思人工林和灌草坡植被要多些，但其差异是微弱且不显著的。桉树种植虽然会消耗种植地土壤的大量水分，但同时也能调蓄涵养林地土壤的水分，且涵养水分能力与一般林分相同（侯元兆，2006；黄承标等，2012）。

与上述结论类似，本研究中，桂北地区桉树叶片的 $\delta^{13}C$ 值与其他地区植物（表 4-2）相比居中，但相对高于毛竹林和马尾松，说明桉树叶片具有较高的水分利用效率，有较强的适应性，以水分利用率为参考标准，桉树属于生态型节水树种。本研究的结果，进一步支持了其他研究人员的结论，社会上所谓“桉树是耗水机”的指责，是缺乏科学依据的（侯元兆，2006；黄承标，2012；邱全等，2014；杨章旗，2019）。

5.2　不同林龄和不同器官对桉树叶片稳定碳同位素的影响

杉木、桉树、毛竹和马尾松叶片 $\delta^{13}C$ 值的季节变化规律差异明显，且桉树叶片碳同位素 $\delta^{13}C$ 的季节变化由大到小依次为秋季、夏季、春季和冬季，不同林龄桉树 $\delta^{13}C$ 值表现出生长季初期较高，在中后期呈降低的趋势。随着林龄的增加，桉树叶片 $\delta^{13}C$ 值在 3a 和 2a 高于 1a，5a 桉树叶片 $\delta^{13}C$ 值明显高于 7a，说明在桉树快速生长阶段（2a、3a 和 5a）桉树叶片的 $\delta^{13}C$ 值较高，而到了 7a，则趋于降低。这与其他研究报道的结果相似（严昌荣等，1998；李明财等，2005；Holtum 等，2005；Li 等，2005；杨成等，2007；王玉涛等，2008；丁访军等，2011；袁颖红等，2016），也是生长初期的 $\delta^{13}C$ 值大于生长末期的 $\delta^{13}C$ 值。

有研究表明，巴基斯坦 1a 桉树在充足灌溉条件下的水分消耗量高，水分利用效率呈现较低水平（Zahid 等，2010）。在澳大利亚的湿润地区（南部），桉树种叶片 $\delta^{13}C$ 值显著低于西部的干旱地区，水分利用效率表现出随降水量增大而降低的趋势（Turner 等，2010）。本研究中，桉树叶片 $\delta^{13}C$ 值在秋季和夏季较高，冬春季节较低，可能是桉树在冬季和春季处于生长缓慢时期，而秋季和夏季则相对处于生长快速时期，2 个时期的植物叶片生长快慢和叶片成熟度的差异所致。一般植物在生长初期，细胞生长比较活跃，以便合成大量有机物来满足植物叶片发育和植物建构的需要，相对而言，细胞内部 CO_2 浓度处于"饥饿"状态，导致植物对 $^{13}CO_2$ 的识别和排斥降低，使植物叶片 $\delta^{13}C$ 值较高；而到了生长后期，叶片外部形态和内部结构发育趋于完全，内部生理代谢功能趋于完备，植物具备了较完善的生理生化反应调控机制，能较有效地识别与排斥 $^{13}CO_2$，因而植物叶片 $\delta^{13}C$ 值较低（陈拓等，2000；杨成等，2007）。前人的研究表明，生长在适宜环境下的植物，生长快，$\delta^{13}C$ 值也较高（Smith 等，1976）。

本研究中，桉树叶、枝干和根不同器官间的 $\delta^{13}C$ 值差异显著且依次增大，这与洪伟等（2008）对福建桉树 10 个无性系苗木叶片测定的 $\delta^{13}C$ 值的变化规律一致。这是由于植物的不同器官具有不同的生理生态特性，导致器官之间的 $\delta^{13}C$ 值产生差异（冯虎元等，2000）。洪伟等（2008）研究结果表明，植物器官 $\delta^{13}C$ 值的差异可能来自 2 个方面，一是植物不同器官具有不同的化学成分，因而对 $\delta^{13}C$ 值具有不同的分馏特性，如树干、根中木质素、粗纤维素所占比重大，叶片中蛋白质含量高可能是这些器官 $\delta^{13}C$ 值差异的来源之一；二是不同器官具有不同的呼吸速率，植物器官在呼吸过程中利用了比较多的含 $\delta^{12}C$ 物质从而导致了 $\delta^{13}C$ 值的差异。Leavitt 等（1986）对美国西南部树木研究发现，叶与木质部的 $\delta^{13}C$ 值典型差异为 1‰ ～ 4‰。韩兴国等（2000）对叶、树皮和木质的 $\delta^{13}C$ 值进行了研究，结论也是存在显著性差异，且木质部 $\delta^{13}C$ 值大于叶部。本研究中桉树叶片的 $\delta^{13}C$ 值比枝条低 1.84‰，比根低 4.1‰，这与前人的结论接近。

有研究表明，水分传导性在控制树木体内水分传输及对 $\delta^{13}C$ 的分馏中起着关键作用（Hubbard 等，1999），水分传导组织的长度和传导性影响着水分传导性及 $\delta^{13}C$ 值（孙双峰等，2006）。叶片 $\delta^{13}C$ 值与传输水分枝条的长度成正相关，枝条长度的增加会降低水分传导性，因此降低了气孔导度，增强了 $\delta^{13}C$ 的吸收（Warren 等，2000）。本研究中，由于桉树在不同林龄阶段植株个体（树高和树径）的增加，使水分在林龄较大的树体内传输的距离大于幼树，因此可能导致其传输距离增加而降低了水分的传导性和植物的气孔导度。桉树与其他树种，以及不同林龄间叶片 $\delta^{13}C$ 值大小有所不同，说明桉树生长过程中所采取的资源利用策略可能不同，不同植物间也具有不同的适应环境变化的策略。

5.3　桉树叶片稳定碳同位素和与生理指标相关性

本研究中，桉树叶片的 $\delta^{13}C$ 值变化为 –30.15‰ ～ –25.26‰，平均值为（–27.72 ± 1.35）‰，和 Li 等（2005）所调查的 4 种常绿植物（湿地松、木荷、软叶杉木和马尾松）的结果（–30.5‰ ～ –28.35‰）相比偏高，这可能与广西北部地区的年降水量略低于他们的典型亚热带气候的年降水量有关系。本研究结果与其他研究人员的结论一致，表明叶片 $\delta^{13}C$ 值会受到降水量的影响（Farquhar 等，1989）。从一定程度上也验证了前人的研究结果：植物稳定碳同位素组成是植物自身遗传特性与环境因子共同作用的结果（Francey 等，1985）。前人研究表明，正常水分条件下，尾巨桉日总耗水量和最大耗水速率分别为（182.05 ± 12.74）g/d、（66.31 ± 9.91）$g/m^2 \cdot h$，尾巨桉虽然存在叶片水平高蒸腾和低水分利用效率的情况，但从单株苗木水平上来看，其耗水速率较低，特别在土壤水分严重亏缺情况下其白天平均耗水速率仅为（4.02 ± 0.60）$g/m^2 \cdot h$，表现出了一定的抗旱节水能力（邱权等，2014）。

湿度是影响植物 $\delta^{13}C$ 值变化的重要因素之一，因为水分胁迫可诱导叶子气孔关闭和气孔导度降低，从而引起植物光合作用所固定碳的 $\delta^{13}C$ 值增大（Francey 等，1982），本研究中，降水量、叶片含水量和土壤含水量与 $\delta^{13}C$ 值呈现负相关关系。因此，桉树人工林林下土壤含水量、空气湿度及降水量等湿度状况的变化都可记录在桉树叶片的 $\delta^{13}C$ 值中，桉树林较低的土壤含水量、叶片含水量和降水量，都会引起 $\delta^{13}C$ 值的增大。植物叶片的氮含量在一定程度上反映了叶片吸收和固定大气 CO_2 的能力，进而影响 $\delta^{13}C$ 值（Zhao 等，2008）。大量的研究表明植物叶片中的氮含量与 $\delta^{13}C$ 值呈正相关关系（Hamerlynck 等，2004），本研究结果显示桉树叶片氮含量与 $\delta^{13}C$ 值之间也呈极显著的正相关关系。这可能是因为桉树有部分用于碳同化过程的氮占叶片总氮的比例较大，而小部分氮存在于其他蛋白质和结构组分中，据此推测，桉树也可能具有较大的光合氮利用效率。一般认为，叶片含水量的大小直接表明了植物吸收水分和叶片储水能力的大小。外界干旱条件会影响植物叶片的稳定碳同位素组成，水分亏缺可使植物对 $\delta^{13}C$ 的分馏能力减弱，叶片的 $\delta^{13}C$ 值可以同时反映出环境和植物体本身水分的亏缺程度。桉树叶片 $\delta^{13}C$ 值与叶片含水量、灰分含量、可溶性糖和土壤含水量呈显著负相关关系，这表明，水分的亏缺对桉树叶片的 $\delta^{13}C$ 值和叶片各生理指标会有一定的负影响。植物适应逆境胁迫的主要生理机制是靠渗透调节作用完成的，通过渗透调节可使植物在逆境条件下维持一定的膨压，从而维持细胞生长、气孔开放和光合作用等生理过程（冯虎元等，2000）。脯氨酸作为一种良好的渗透调节物，具有分子量小、高度水溶性，在生理 pH 值范围内低毒无静电荷等特性，以游离状态存在于植物体中，在高等植物组织内是一种理想的渗透物质（马剑英，2005）。研究表明，脯氨酸的积累可以保护植物大分子和增加植物在干旱胁迫下的存活能力（Chen 等，2007）。桉树叶片 $\delta^{13}C$ 与脯氨酸显著正相关，和土壤含水量负相关（$P < 0.05$），说明桉树在受到水分胁迫时，脯氨酸含量增加。脯氨酸在植物受到干旱胁迫时，对于维持酶活性，清除羟基，保护细胞膜等方面也发挥着重要作用（Chen 等，2007）。这一机制使得植物在长期干旱条件下能够从土壤中获得尽可能多的水分，以维持细胞含水量和膨压势，从而增强植物的抗旱能力（Gao 等，1999）。因此，从另一个方面也说明桉树人工林对水分的变化具有一定的敏感性和抗旱性。

在 C_3 植物中，大部分叶氮参与组成与碳同化相关联的核酮糖 1，5- 二磷酸羧化酶、叶绿素及其他生物化学结构，叶氮浓度与光合作用中碳的固定密切相关，高的叶氮浓度意味着高的光合能力（Evans，1989），大量的研究也表明 C_3 植物中 $\delta^{13}C$ 值与光合能力存在密切的关系（Cordell 等，1999）。不同的是，Ares 等（1999）在对柳叶桉（*Eucalyptus saligna*）和金合欢（*Acacia koa*）2 种植物的研究中发现，不论是野外还是温室实验，其叶片 $\delta^{13}C$ 值与叶氮浓度都没有显著相关性，他们认为这可能是因为 $\delta^{13}C$ 值的变化主要受气孔限制的结果。有研究认为，从叶片的解剖结构看，桉树具有高度发达的栅栏组织，而海绵组织退化，桉树的叶肉细胞全部由 6 层紧密排列的栅栏细胞构成，向阳的 3 层栅栏细胞短而小，另外 3 层栅栏细胞长而大，形成了近等面叶（马焕成等，2002）。本研究中，$\delta^{13}C$ 值和总氮、总碳呈正相关性，这表明不同桉树品种间存在差异性，桉树也可能是一种非气孔限制型的植物。由于气孔往往对水分变化特别敏感（Farquhar 等，1989；Qiang 等，2003），所以气孔对本研究中尾巨桉的光合作用的限制作用较弱，从另一方面也说明水分对桉树的影响较弱，桉树本身对水分的依赖性不是很强。

对于较高降水条件下的植物而言，降水量已不是植物生长的主要限制因素，温度、纬度、光照和湿度等环境因子的影响相对较为复杂。速生树种水分消耗和利用问题一直是各界对速生树种人工林种植领域的关注焦点，国内外对于植物的蒸散耗水研究主要集中在 4 个层次上，即枝叶水平、单木水平、林分水平、区域及更高的水平（孙鹏森等，2000）。尽管 $\delta^{13}C$ 值可以反映植物水分利用情况，但植物各种水力特征间存在相互依赖关系，还要考虑到多种互相依赖特征的综合性。但本研究未涉及多种环境因子的综合作用，实验涉及的范围不够大，研究结果主要基于叶片水平，要获得桉树人工林群落水平的 $\delta^{13}C$ 值及其区域水平的水分利用效用特征，以及更为详细的时空变化及其影响因子，还有待进一步深入的研究。

综上所述，本章主要小结如下。

（1）在不同木本植物类型之间，叶片稳定碳同位素组成（$\delta^{13}C$）的平均值从大到小为杉木、桉树、毛竹和马尾松，其中，常绿针叶树高于落叶针叶树，桉树叶片 $\delta^{13}C$ 值略低于杉木，不同树种叶片 $\delta^{13}C$ 值存在种间差异。

（2）桉树叶片碳同位素值（$\delta^{13}C$）的季节变化从大到小依次为秋季、夏季、春季和冬季，不同林龄桉树叶片 $\delta^{13}C$ 值从大到小的顺序依次为 3a、2a、1a、5a 和 7a。桉树叶片 $\delta^{13}C$ 值与降水量、叶片含水量、灰分含量、可溶性糖和土壤含水量呈显著负相关关系，与脯氨酸含量、叶片碳含量和叶片氮含量呈显著正相关关系。

（3）杉木、桉树、毛竹和马尾松属于典型的 C_3 植物。桉树叶片具有较高的 $\delta^{13}C$ 值，生长初期的 $\delta^{13}C$ 值大于生长末期的 $\delta^{13}C$ 值，说明桉树具有较强的适应性，桉树叶片的水分利用效率较高。以水分利用率为参考标准，桉树属于生态型节水树种。

参考文献

[1] 白嘉雨，甘四明．桉树人工林的社会、经济和生态问题［J］．世界林业研究，1996，9（2）：63-68.

[2] 陈拓，秦大河，李江风．树轮 $\delta^{13}C$ 趋势地区差异的初步研究［J］．兰州大学学报：自然科学版，2001，37（6）：107-110.

[3] 陈拓，秦大河，任贾文，等．甘肃马衔山平车前叶片 $\delta^{13}C$ 的海拔和时间差异［J］．西北植物学报，2000，20（4）：672-675.

[4] 陈拓，杨梅学，冯虎元，等．青藏高原北部植物叶片碳同位素组成的空间特征［J］．冰川冻土，2003，25（1）：83-87.

[5] 丁访军，王兵，郭浩，等．中亚热带毛竹和杉木的稳定碳同位素组成及其对水分利用效率的指示［J］．江西农业大学学报，2011，33（1）：52-57.

[6] 丁明明，苏晓华，黄秦军．欧洲黑杨基因资源稳定碳同位素组成特征［J］．林业科学研究，2006（3）：272-276.

[7] 丁亚丽，陈洪松，聂云鹏，等．基于稳定同位素的喀斯特坡地尾巨桉水分利用特征[J]．应用生态学报，2016，27（9）：2729-2736.

[8] 段爱国，张建国，张俊佩，等．干热河谷主要植被恢复树种水分利用效率动态分析[J]．北京林业大学学报，2010，32（6）：13-19.

[9] 冯虎元，安黎哲，王勋陵．环境条件对植物温度碳同位素组成的影响［J］．植物学通报，2000，17（4）：312-318.

[10] 韩兴国，严昌荣，陈灵芝，等．暖温带地区几种木本植物碳稳定同位素的特点［J］．应用生态学报，2000（4）：497-500.

[11] 洪伟，黄锦湖，李键，等．不同桉树品种稳定碳同位素研究［J］．福建林学院学报，2008，28（3）：289-293.

[12] 侯元兆．科学地认识我国南方发展桉树速生丰产林问题［J］．世界林业研究，2006，19（3）：71-76.

[13] 黄承标．桉树生态环境问题的研究现状及其可持续发展对策［J］．桉树科技，2012，29（3）：44-47.

[14] 黄建辉，林光辉，韩兴国．不同生境间红树科植物水分利用效率的比较研究［J］．植

物生态学报，2005（4）：530-536.
[15] 李机密．福建长汀水土流失区重建植被马尾松与木荷水分利用效率特征研究［D］．福州：福建师范大学，2009.
[16] 李明财，易现峰，李来兴，等．青藏高原东部典型高山植物叶片 $\delta^{13}C$ 的季节变化［J］．西北植物学报，2005，25（1）：77-81.
[17] 刘晓宏，秦大河，邵雪梅，等．西藏喜马拉雅冷杉年轮 $\delta^{13}C$ 与气候意义［J］. 科学通报，2003，48（11）：1209-1214.
[18] 马焕成，JackA. McConchie，陈德强．元谋干热河谷相思树种和桉树类抗旱能力分析［J］. 林业科学研究，2002（1）：101-104.
[19] 马剑英．荒漠植物红砂基于稳定碳同位素技术的生理生态学的特性研究［D］．兰州：兰州大学，2005.
[20] 马利民，刘禹，赵建夫．树木年轮中不同组分稳定碳同位素含量对气候的响应［J］．生态学报，2002，23（12）：2607-2613.
[21] 邱权，潘昕，李吉跃，等．速生树种尾巨桉和竹柳幼苗耗水特性和水分利用效率［J］．生态学报，2014，34（6）：1401-1410.
[22] 渠春梅，韩兴国，苏波，等．云南西双版纳片断化热带雨林植物叶片 $\delta^{13}C$ 值的特点及其对水分利用效率的指示［J］．植物学报，2001，43（2）：186-192.
[23] 苏培玺，陈怀顺，李启森．河西走廊中部沙漠植物 $\delta^{13}C$ 值的特点及其对水分利用效率的指示［J］．冰川冻土，2003，25（5）：597-602.
[24] 苏培玺，严巧娣．内陆黑河流域植物稳定碳同位素变化及其指示意义［J］. 生态学报，2008，28（4）：1616-1624.
[25] 孙鹏森，马履一，王小平，等．油松树干液流的时空变异性研究［J］．北京林业大学学报，2000，22（5）：1-6.
[26] 孙双峰，黄建辉，林光辉，等．三峡库区岸边共存松栎树种水分利用策略比较［J］．植物生态学报，2006，30（1）：57-63.
[27] 王彦辉，熊伟，于澎涛，等．干旱缺水地区森林植被蒸散耗水研究［J］．中国水土保持科学，2006，4（4）：19-25.
[28] 王玉涛，李吉跃，程炜，等．北京城市绿化树种叶片碳同位素组成的季节变化及与土壤温湿度和气象因子的关系［J］．生态学报，2008，28（7）：3143-3151.
[29] 王云霓，熊伟，王彦辉，等．干旱半干旱地区主要树种叶片水分利用效率研究综述［J］. 世界林业研究，2012，25（2）：17-23.
[30] 严昌荣，韩兴国，陈灵芝，等．暖温带落叶阔叶林主要植物叶片中 $\delta^{13}C$ 值的种间差

异及时空变化［J］. 植物学报，1998，40（9）：853-859.

［31］杨成，刘丛强，宋照亮，等. 喀斯特山区植物碳同位素组成特征及其对水分利用效率的指示［J］. 中国岩溶，2007，26（2）：105-110.

［32］杨章旗. 广西桉树人工林引种发展历程与可持续发展研究［J］. 广西科学，2019，26（4）：355-361.

［33］袁颖红，樊后保，吴建平，等. 不同年龄人工林尾巨桉（*Eucalyptus urophylla*×*E. grandis*）叶片光合特性及水分利用效率［J］. 应用与环境生物学报，2016，22（1）：58-63.

［34］周建辉，王占印，刘国粹，等. 雷州半岛尾巨桉生长固碳及蒸腾耗水特征［J］. 桉树科技，2015，32（4）：1-4.

［35］Ares A，Fownes J H. Water supply regulates structure，productivity，and water use efficiency of Acaciakoa in Hawaii［J］. Oecologia，1999，121：458-466.

［36］Calder I R. Water use of *Eucalypts*-A review with special reference to South India［J］. Agricultural Water Management，1986，11（3/4）：333-342.

［37］Chen S，Bai Y，Lin G，et al. Isotopic carbon composition and related characters of dominant species along an environmental gradient in Inner Mongolia，China［J］. Journal of Arid Environments，2007，71：12-28.

［38］Cordell S，Goldstein G，Meinzer F C，et al. Allocation of nitrogen and carbon in leaves of *Metrosideros polymorpha* regulates carboxylation capacity and $\delta^{13}C$ along an altitudinal gradient［J］. Funtional Ecology，1999，13：811-818.

［39］Damesin C，Rambal S，Joffre R. Between tree variations in leaf $\delta^{13}C$ of Quercus pubescens and Quercusiler among Mediterranean habitats with different water availability［J］. Occologia，1997，111（1）：26 -35.

［40］Evans J R. Photosyn thesis and nitrogen relationships in leaves of CB3B plants［J］. Oecologia，1989，78：9-19.

［41］Farquhar G D，Ehl eringer J R，Hu bick K T. Carbon is otope discrimination and photosynth esis［J］. Annual Reviews of Plant Physiology，1989，40：503-537.

［42］Francey R J，Farquhar G D. An explanation of $^{13}C/^{12}C$ variations in tree rings［J］. Nature，1982，295：28-31.

［43］Francey R J，Gifford R M，Sharkey T D. Physiological influences on carbon isotope discrimination in huonpine［J］. Oecologia，1985，66（2）：211-218.

［44］Gao Y，Ren A，Liu F. Relationships between free praline concentration，soil water content and leaf water content in simulated swards of perennial ryegrass (*Lolium perenne* L.) [J] . Acta Scientiarum Naturalium Universitatis Nankaiensis, 1999, 32 (3): 169–176.

[45] Hamerlynck E P, Huxman T E, McAuliffe J R, et al. Carbon isotope discrimination and foliar nutrient status of *Larrea tridentata* (creosote bush) in contrasting Mojave Desert soils [J] . Oecologia, 2004, 138, 210–215.

[46] Holtum J A M, Winter K. Carbon isotope composition of canopy leaves in a tropical forest in Panama throughout a seasonal cycle [J] . Trees, 2005, 19 (5): 545–551.

[47] Hubbard R M, Bond B J, Ryan M G. Evidence that hydraulic conductance limits photosynthesis in old *Pinus ponderosa* trees [J] . Tree Physiology, 1999, 19 (3): 165–172.

[48] Kloeppel B D, Gower S T, Treichel I W, et al. Foliar carbon isotope discrimination in Larix species and sympatric evergreen conifers : a global comparison [J] . Oecologia, 1998, 114 (2): 153–159.

[49] Knight J D, Livingston N J, Van KESSEL C. Carbon isotope discrimination and water use efficiency of six crops grown under wet and dry land conditions [J] . Plant, Cell & Environment, 1994, 17 (2): 173–179.

[50] Leavitt S, Long A. Stable carbon isotope variability in tree foliage and wood[J]. Ecology, 1986, 67 (4): 1002–1010.

[51] Li H T, Xia J, Xiang L, et al. Seasonal variation of of four tree species : a biological in tegrator of environmental variables [J] . Journal of Integrative Plant, 2005, 47 (12): 1459–1469.

[52] Marshall J D, Zhang J. Carbon isotope discrimination and water use efficiency in native plants of the north-centural Rockies [J] . Ecology, 1994, 75 (7): 1887–1895.

[53] OLeary M H. Carbon isotope fractionation in plants [J] . Phytochemistry, 1981, 20 (4): 553–567.

[54] Qiang W Y, Wang X L, Chen T, et al. Variations of stomatal density and carbon isotope values of *Piceacrassi folia* at different altitudes in the Qilian Mountains [J] . Trees, 2003, 17 : 258–262.

[55] Smith B N, Oliver J, Me Millan C. Influence of carbon source oxygen

concentration：light intensity and temperature on $^{13}C/^{12}C$ ratios in plant tissues［J］. Botanical Gazette，1976，137（2）：99-104.

［56］Turner N C，Schulze E D，Nicolle D，et al. Growth in two common gardens reveals species by environment interaction in carbon isotope discrimination of *Eucalyptus*［J］.Tree Physiology，2010，30：741-747.

［57］Warren C R，Adams A M. Water availability and branch length determine $\delta^{13}C$ in foliage of *Pinus pinaster*［J］. Tree Physiology，2000，20（10）：637-643.

［58］Zahid F R，Shah FUR，Majeed A. Planting *Eucalyptus camaldulensis* in arid environment：Is it useful species under water deficit system［J］. Pakistan Journal of Botany，2010，42：1733-1744.

［59］Zhao C M，Chen L T，Ma F，et al. Altitudinal differences in the leaf fitness of juvenile and mature alpine spruce trees（*Picea crassifolia*）［J］. Tree Physiology，2008，28，133-141.

第五章

桉树人工林生态系统碳氮磷生态化学计量学特征

碳（C）、氮（N）、磷（P）作为组成植物体的基本元素，对植物的生长发育及其功能运行具有重要作用（Westheimer，1987），系统了解植物体各元素含量及生物循环对深入研究生态系统功能具有重要意义（Vitousek，2003）。生态化学计量学主要是研究生态过程中化学元素比例关系及其随生物和非生物环境因子的变化规律和耦合关系（Sterner 等，2002），也是研究物质元素分配情况、循环过程和限制性元素判断的新方法（贺金生等，2010）。生态化学计量学主要研究生态过程中化学元素的比例关系，因此跨越了个体、种群、群落、生态系统、景观和区域各个层次。生态化学计量学的研究焦点主要为 C：N：P 的关系，其中 C 为结构性物质元素，占生物量（干重）的 50% 左右，N 和 P 为一般限制性物质元素，在植物生长及代谢方面有重要作用。

目前，陆地生态系统土壤 C、N、P 含量及化学计量学的研究主要集中在农田（宋佳龄等，2019）、荒漠（张珂等，2014）、草地（宁志英等，2019）、林地（姜俊等，2020）等领域。研究表明海拔（秦海龙等，2019）、季节变化（张海鑫等，2017）、植被类型（喻林华等，2016）等都是影响土壤 C、N、P 含量及其化学计量比的重要因素，并提出了植物限制生长元素的判断指标（任悦等，2018）。已有实验多是通过采集单种植物体光合器官完成的，将叶片、凋落物、土壤三者联系起来进行探讨的研究相对匮乏（姜俊等，2020）。因此，揭示森林植被—凋落物—土壤化学计量特征的关系及差异，阐明生态系统养分循环及调控机制，能够丰富和完善生态化学计量学。

人工林种植在我国南方地区得到了大力发展，林业产业经济增长速度较快，南方林业发展是国家林业发展战略重要一环，但是南方林业发展中存在一些森林质量不高、森林结构不合理、生态系统功能退化、林地流失严重等生态环境问题（赵其国等，2015）。因此，本章以广西典型桉树人工林为研究对象，通过与木荷人工林、杉木人工林和马尾松人工林的比较：①探讨不同类型人工林的叶片、凋落物以及土壤的 C、N、P 化学计量特征及其差异；②揭示不同林龄、不同连栽代数和不同地区桉树人工林的叶片、凋落物以及土壤的 C、N、P 化学计量特征及其差异；③明确桉树人工林不同器官间化学计量学的养分供应及限制情况。

1　不同类型人工林叶片－凋落物－土壤生态化学计量学特征

1.1　不同类型人工林叶片碳氮磷含量及生态化学计量学特征

如表 5-1 所示，不同人工林叶片的 C 含量表现为马尾松＞木荷＞杉木＞桉树，马尾松人工林叶片的 C 含量显著高于桉树，木荷、杉木和桉树间叶片 C 含量的差异没有达到显著水平（$P < 0.05$）。N 含量表现为木荷＞桉树＞马尾松＞杉木，木荷叶片 N 含量显著高于其他 3 个林分（$P < 0.05$）。叶片 P 含量表现为桉树＞杉木＞马尾松＞木荷，桉树显著高于其他 3 个林分（$P < 0.05$），木荷显著小于杉木和马尾松。

不同人工林叶片的 C/N 表现为杉木＞马尾松＞桉树＞木荷，木荷显著小于其他 3 个林分（$P < 0.05$），杉木比木荷高 52.60%；N/P 表现为木荷＞马尾松＞桉树＞杉木，木荷比马尾松、杉木、桉树分别高 81.18%、158.53%、151.07%；C/P 表现为木荷＞马尾松＞杉木＞桉树，木荷比马尾松、杉木、桉树分别高 42.67%、69.47%、133.65%，不同林分间的 C/P 差异均显著（$P < 0.05$）。

表 5-1　不同人工林叶片的碳氮磷含量及其化学计量学特征

类型	C（g/kg）	N（g/kg）	P（g/kg）	C/N	N/P	C/P
桉树	479.26 b	14.51 b	1.55 a	33.03 b	9.36 c	309.20 d
杉木	490.23 b	10.45 c	1.15 b	46.91 a	9.09 c	426.29 c
马尾松	516.49 a	13.23 b	1.02 b	39.04 b	12.97 b	506.36 b
木荷	491.25 b	15.98 a	0.68 c	30.74 c	23.50 a	722.43 a

注：表中同列不同字母表示不同树种间显著差异（$P < 0.05$）。本章下同。

1.2　不同人工林凋落物碳氮磷含量及生态化学计量学特征

由表 5-2 可得，不同人工林凋落物 C、N、P 含量按大小排列分别为杉木＞桉树＞马尾松＞木荷、木荷＞桉树＞马尾松＞杉木、桉树＞杉木＞马尾松＞木荷，C、N 含量在部分林分间的差异均显著（$P < 0.05$），P 含量则是在桉树人工林显著大于其他 3 个林分（$P < 0.05$），木荷显著小于其他林分，杉木和马尾松间没有显著差异（$P > 0.05$）。

不同人工林凋落物的 C/N 表现为杉木＞马尾松＞桉树＞木荷，杉木的 C/N 分别比马尾松、桉树、木荷高 44.09%、55.43%、143.05%，桉树的 C/N 比木荷高 56.37%，不同林分间均具有显著差异（$P < 0.05$）。N/P 表现为木荷＞马尾松＞杉木＞桉树，木荷的 N/

P 最高，分别比马尾松、杉木、桉树高 106.85%、153.95%、154.47%，其他 3 个林分间没有显著差异。C/P 表现为木荷＞杉木＞马尾松＞桉树，木荷的 C/P 比桉树显著高 62.75%，木荷和杉木间没有显著差异。

表 5-2　不同人工林凋落物的碳氮磷含量及其化学计量学特征

类型	C（g/kg）	N（g/kg）	P（g/kg）	C/N	N/P	C/P
桉树	402.18 b	10.02 b	1.03 a	40.14 b	9.73 b	390.47 c
杉木	511.01 a	8.19 c	0.84 b	62.39 a	9.75 b	608.35 a
马尾松	399.24 b	9.22 b	0.77 b	43.30 b	11.97 b	518.49 b
木荷	285.97 c	11.14 a	0.45 c	25.67 c	24.76 a	635.49 a

1.3　不同人工林土壤碳氮磷含量及生态化学计量学特征

由表 5-3 可知，与不同人工林凋落物碳含量相似，不同人工林土壤 C、N 含量表现均为木荷＞马尾松＞桉树＞杉木，木荷显著高于桉树。P 含量则是马尾松＞杉木＞桉树＞木荷林，木荷和桉树间差异显著（$P < 0.05$）。

土壤的 C/N 表现为马尾松＞杉木＞桉树＞木荷，4 个林分间均无显著差异。N/P 表现为木荷＞桉树＞马尾松＞杉木，木荷比马尾松、杉木、桉树分别高 80.75%、96.36%、60.59%，其他 3 个林分之间没有显著差异。C/P 表现为木荷＞桉树＞马尾松＞杉木，木荷显著高于杉木 94.80%，桉树、杉木和马尾松之间没有显著差异。

表 5-3　不同人工林土壤的碳氮磷含量及其化学计量学特征

类型	C（g/kg）	N（g/kg）	P（g/kg）	C/N	N/P	C/P
桉树	23.24 b	1.29 a	0.48 a	18.02 a	2.69 b	48.42 b
杉木	20.39 b	1.12 b	0.51 a	18.21 a	2.20 b	39.98 b
马尾松	25.01 a	1.34 a	0.56 a	18.66 a	2.39 b	44.66 b
木荷	26.48 a	1.47 a	0.34 b	18.01 a	4.32 a	77.88 a

1.4　叶片、凋落物和土壤的养分含量及化学计量学特征的相关性

从表 5-4 看出，对于桉树，除 P 含量、N/P 和 C/P 在叶片与土壤间无显著相关性外，其他两两间具有显著或极显著的相关性。杉木的 C 含量在凋落物与土壤间有显著的正相关性（$P < 0.05$），N 含量在叶片与凋落物、凋落物与土壤间有显著的正相关性（P

< 0.05），C/N 在凋落物与土壤间有显著的正相关性，其他各组分间的元素指标间无显著相关性（$P < 0.05$）。马尾松的 C 含量在叶片与凋落物间有显著的负相关性，而在叶片与土壤、凋落物与土壤间有显著的正相关性，N 含量和 N/P 在凋落物与土壤间有显著的正相关性；P 含量和 C/N 在各组分间均有显著的正相关性，N/P 在叶片与凋落物、凋落物与土壤间有显著的正相关性（$P < 0.05$）。对于木荷，C 含量在叶片与凋落物间有显著的负相关性，在叶片与土壤、凋落物与土壤间则有显著的正相关性，N 含量也在叶片与土壤、凋落物与土壤间有显著的正相关性，P 含量和 C/P 在凋落物与土壤间有显著的正相关性，C/N 和 N/P 在各组分间均有显著的正相关性。总体而言，不同树种的 C、N、P 含量及 C/N、C/P、N/P 在不同组分间有较密切的相关性。

表 5-4　不同人工林各组分间养分及化学计量比的相关性

指标	组分	桉树	杉木	马尾松	木荷	总体相关性
C	叶片与凋落物	−0.71*	0.66	−0.67*	−0.73*	−0.44
	叶片与土壤	0.68*	0.72	0.84*	0.79*	0.63*
	凋落物与土壤	0.72*	0.69*	0.88*	0.81*	0.63**
N	叶片与凋落物	0.87*	0.74*	0.67	0.59	0.85*
	叶片与土壤	0.59*	0.41	0.58	0.63*	0.62*
	凋落物与土壤	0.61*	0.55*	0.63*	0.71*	0.69*
P	叶片与凋落物	0.78*	0.54	0.61*	0.59	0.48
	叶片与土壤	0.39	0.52	0.55*	0.47	0.36
	凋落物与土壤	0.55*	0.47	0.51*	0.53*	0.59
C/N	叶片与凋落物	0.81*	0.69	0.72*	0.68*	0.57*
	叶片与土壤	0.74*	0.72	0.69*	0.71*	0.62
	凋落物与土壤	0.75**	0.52*	0.68*	0.91*	0.53**
N/P	叶片与凋落物	0.55*	0.62	0.71*	0.88*	0.65*
	叶片与土壤	0.49	0.37	0.55	0.62*	0.77*
	凋落物与土壤	0.66**	0.63	0.72*	0.87*	0.61*
C/P	叶片与凋落物	0.55*	0.37	0.39	0.55	0.48
	叶片与土壤	0.46	0.42	0.47	0.36	0.61*
	凋落物与土壤	0.61**	0.55	0.64*	0.59*	0.62*

注：表中同行 * 和 ** 表示不同树种间差异显著，*$P < 0.05$，** $P < 0.01$。

2　不同林龄桉树人工林碳氮磷生态化学计量学特征

2.1　不同林龄桉树人工林叶片碳氮磷含量及生态化学计量学特征

由表 5-5 可知，不同林龄桉树叶片 C、N 和 P 含量的平均值分别为 456.64 g/kg、13.42 g/kg 和 1.41 g/kg。C 含量从大到小表现为 7a > 5a > 3a > 2a > 1a，即随着林分林龄的增大而增大，7a 显著高于 3a 和 1a，2a 显著高于 1a，7a 和 5a、3a 和 2a 间均没有显著差异。N、P 含量分别为 8.58 ～ 17.81 g/kg、1.11 ～ 1.79 g/kg。N 含量从大到小表现为 5a > 7a > 3a > 2a > 1a，随着林龄的增大（1 ～ 5a）先增加后减小（5 ～ 7a）。P 含量从大到小表现为 7a > 3a > 5a > 2a > 1a，随着林龄的增加先增加后减小再增加。

不同林龄桉树叶片 C/N 的平均值为 35.22，从大到小表现为 1a > 2a > 7a > 3a > 5a，随着林龄的增加呈先减小后略有增加的趋势，1a 与 2a 间没有显著差异，1a 的 C/N 是 3a、5a 和 7a 的 1.25、1.50、1.22 倍，差异均显著（$P < 0.05$）。N/P 的平均值为 9.54，表现为 5a > 3a > 2a > 7a > 1a，随着林龄的增加先增加到 5a，到 7a 时减小。5a 的 N/P 是 1a 的 4.94 倍，2a、3a、7a 间没有显著差异（$P < 0.05$）。C/P 的均值为 327.09，表现为 5a > 2a > 1a > 3a > 7a，随着林龄的增加均没有明显的规律性，1a 和 5a 分别是 7a 的 1.11 倍和 1.30 倍。

表 5-5　不同林龄桉树叶片的碳氮磷含量及其化学计量学特征

林龄	C（g/kg）	N（g/kg）	P（g/kg）	C/N	N/P	C/P
1a	352.94 c	8.58 d	1.11 b	41.14 a	7.73 c	317.96 b
2a	450.19 b	11.04 c	1.28 b	40.78 a	8.63 b	351.71 a
3a	479.26 b	14.51 b	1.55 a	33.03 b	9.36 b	309.20 b
5a	490.04 a	17.81 a	1.32 b	27.51 c	13.49 a	371.24 a
7a	510.77 a	15.19 b	1.79 a	33.63 b	8.49 b	285.35 c

2.2　不同林龄桉树人工林凋落物碳氮磷含量及生态化学计量学特征

由表 5-6 可知，不同林龄桉树凋落物 C、N、P 含量的平均值分别为 396.01 g/kg、10.31 g/kg 和 0.88 g/kg。与叶片 C 含量一致，不同林龄桉树凋落物 C 含量的大小关系表现为 7a > 5a > 3a > 2a > 1a，即随着林分林龄的增大而增大，7a 叶片 C 含量是 1a 的 1.73 倍、2a 的 1.23 倍，3a 与 5a 间没有显著差异。N 含量的大小关系表现为 5a >

7a > 2a > 3a > 1a，P 含量的大小关系为 5a > 3a > 7a > 2a > 1a，均随着林龄的增大表现为先增大后减小，N、P 均在 5a 有最大值。

不同林龄桉树凋落物 C/N、N/P 和 C/P 的平均值分别为 41.86，11.74 和 467.64。C/N 的大小关系表现为 1a > 3a > 7a > 5a > 2a，随着林龄的增加没有明显的变化规律，1a 的 C/N 是 5a 的 1.96 倍，1a、3a、5a 间的差异均显著（$P < 0.05$）。N/P、C/P 的大小关系分别表现为 2a > 7a > 5a > 3a > 1a、7a > 2a > 1a > 3a > 5a，随着林龄的增加均表现为先增加后减小再增加的变化趋势。

表 5-6 不同林龄桉树凋落物的碳氮磷含量及其化学计量学特征

林龄	C（g/kg）	N（g/kg）	P（g/kg）	C/N	N/P	C/P
1a	277.66 d	4.33 d	0.54 c	64.12 a	8.02 c	514.19 a
2a	376.37 c	11.59 b	0.71 b	32.47 c	16.32 a	530.10 a
3a	402.18 b	10.02 c	1.03 a	40.14 b	9.73 c	390.47 b
5a	443.69 b	13.54 a	1.24 a	32.77 c	10.92 b	357.81 b
7a	480.17 a	12.07 b	0.88 b	39.78 b	13.72 b	545.65 a

2.3 不同林龄桉树人工林土壤碳氮磷含量及生态化学计量学特征

表 5-7 是不同林龄桉树人工林土壤 C、N、P 含量及其化学计量学特征，可以看出，不同林龄桉树人工林土壤 C、N、P 含量的均值分别为 23.32 g/kg、1.21 g/kg 和 0.49 g/kg。随着林龄的变化，C 含量的大小关系表现为 7a > 5a > 3a > 2a > 1a，即随着林分林龄的增大而增大。N、P 含量的大小关系均表现为 5a > 7a > 3a > 2a > 1a，即随着林龄的增加先增加后减小。

不同林龄桉树人工林土壤 C/N、N/P 和 C/P 的平均值分别为 19.41、2.57 和 49.97。C/N 的大小关系表现为 7a > 1a > 5a > 3a > 2a，随着林龄的增加呈现先减小（1 ~ 2a）后增加（2 ~ 7a）的趋势，1a 和 7a 间没有显著差异。N/P、C/P 的大小关系分别表现为 1a > 2a > 3a > 7a > 5a、1a > 7a > 2a > 3a > 5a，均呈现出随林龄的增加先减小（1 ~ 5a）后增加（5 ~ 7a）的趋势。不同林龄桉树人工林土壤 C/N、N/P 和 C/P 的变化趋势，与叶片和凋落物既有相似之处，也各有不同的变化特征。

表 5-7 不同林龄桉树人工林土壤的碳氮磷含量及其化学计量学特征

林龄	C（g/kg）	N（g/kg）	P（g/kg）	C/N	N/P	C/P
1a	17.88 c	0.84 c	0.29 c	21.29 a	2.90 a	61.66 a

续表

林龄	C（g/kg）	N（g/kg）	P（g/kg）	C/N	N/P	C/P
2a	20.04 b	1.15 b	0.41 b	17.43 b	2.80 a	48.88 c
3a	23.24 b	1.29 a	0.48 b	18.02 b	2.69 a	48.42 c
5a	26.85 a	1.45 a	0.77 a	18.52 b	1.88 b	34.87 d
7a	28.57 a	1.31 a	0.51 b	21.81 a	2.57 a	56.02 b

2.4　桉树人工林植物叶片—凋落物—土壤碳氮磷含量及化学计量学的相关性

由表 5-8 可知，不同林龄桉树人工林叶片 C 含量与叶片 N、土壤 C 含量均显著正相关，与凋落物 C 显著负相关（$P < 0.05$）；叶片 N 含量与凋落物 N、土壤 N 含量均显著正相关（$P < 0.05$）；叶片 P 含量与凋落物 C、凋落物 P 含量均显著正相关（$P < 0.05$）。凋落物 C 含量与凋落物 P 含量显著正相关（$P < 0.05$），与土壤 C 含量极显著正相关（$P < 0.01$）；凋落物 N 含量与土壤 C、土壤 N 含量均显著正相关（$P < 0.05$）；凋落物 P 含量与土壤 P 含量显著正相关，土壤 C 含量与土壤 N 含量显著正相关（$P < 0.05$）。

表 5-8　不同林龄桉树人工林叶片—凋落物—土壤的碳氮磷含量的相关性

项目	LFC	LFN	LFP	LTC	LTN	LTP	SC	SN	SP
LFC	1								
LFN	0.75*	1							
LFP	0.42	0.37	1						
LTC	−0.66*	0.76	0.55*	1					
LTN	0.53	0.91*	0.62	0.53	1				
LTP	0.37	0.63	0.81*	0.63*	0.71	1			
SC	0.72*	0.48	0.38	0.78**	0.67*	0.68	1		
SN	0.55	0.75*	0.57	0.48	0.66*	0.44	0.74*	1	
SP	0.71	0.59	0.42	0.26	0.27	0.63*	0.48	0.32	1

注：* 表示显著相关（$P < 0.05$），** 表示极显著相关（$P < 0.01$）；全书下同。LFC、LFN、LFP 分别表示叶的 C、N、P；LTC、LTN、LTP 分别表示凋落物的 C、N、P；SC、SN、SP 分别表示土壤的 C、N、P。

由表 5-9 可知，不同林龄桉树人工林叶片 C/N 与叶片 C/P、凋落物 C/N 均呈显著正相关（$P<0.05$），与土壤 C/N 则呈极显著正相关（$P<0.01$）；叶片 N/P 与凋落物 C/N、凋落物 N/P 均显著正相关（$P<0.05$），与土壤 C/N 极显著正相关（$P<0.01$）；叶片 C/P 与凋落物 C/N 显著负相关，与凋落物 C/P 显著正相关。凋落物 C/N 与凋落物 N/P、土壤 C/P 均显著负相关（$P<0.05$），与土壤 C/N 极显著正相关（$P<0.01$）；凋落物 N/P 与凋落物 C/P 显著正相关（$P<0.05$），与土壤 N/P 极显著正相关（$P<0.01$）；凋落物 C/P 与土壤 C/P 显著正相关（$P<0.05$）。土壤 C/N 与土壤 N/P 显著负相关（$P<0.05$），与土壤 C/P 显著正相关（$P<0.05$）；土壤 N/P 与土壤 C/P 显著正相关（$P<0.05$）。

表 5-9　不同林龄桉树人工林叶片—凋落物—土壤的碳氮磷化学计量比的相关性

项目	LFC/N	LFN/P	LFC/P	LTC/N	LTN/P	LTC/P	SC/N	SN/P	SC/P
LFC/N	1								
LFN/P	–0.51	1							
LFC/P	0.68*	–0.58	1						
LTC/N	0.86*	0.71*	–0.68*	1					
LTN/P	0.54	0.62*	0.47	–0.77*	1				
LTC/P	0.42	–0.46	0.64*	0.49	0.64*	1			
SC/N	0.77**	0.74**	0.51	0.81**	0.39	0.55	1		
SN/P	0.44	0.51	0.39	0.35	0.73**	0.28	–0.72*	1	
SC/P	–0.37	0.44	0.44	–0.69*	–0.35	0.69*	0.66*	0.67*	1

注：LFC/N、LFN/P、LFC/P 分别表示叶的 C/N、N/P、C/P；LTC/N、LTN/P、LTC/P 分别表示凋落物的 C/N、N/P、C/P；SC/N、SN/P、SC/P 分别表示土壤的 C/N、N/P、C/P。

3　不同连栽代数桉树人工林碳氮磷生态化学计量学特征

3.1　连栽桉树人工林叶片碳氮磷含量及化学计量学特征

由表 5-10 可知，不同连栽代数桉树人工林叶片 C 含量为 352.94 ～ 496.79 g/kg，大小关系表现为Ⅲ＞Ⅳ＞Ⅱ＞Ⅰ，即随着连栽代数的先增大（Ⅰ～Ⅲ）后略有所减小（Ⅲ～Ⅳ），Ⅲ代、Ⅱ代、Ⅰ代林之间差异均显著，Ⅲ代、Ⅳ代林间的差异没有达到显著水平。叶片 N、P 含量分别为 8.19 ～ 10.14 g/kg、0.88 ～ 1.39 g/kg，大小关系表现为Ⅳ＞Ⅲ＞Ⅰ＞Ⅱ、Ⅳ＞Ⅰ＞Ⅲ＞Ⅱ，Ⅲ代、Ⅳ代林的氮含量均显著高于Ⅱ代、Ⅰ代林，Ⅳ代林的 P 含量显著高于Ⅲ代、Ⅱ代林。

不同连栽代数桉树人工林叶片 C/N 表现为Ⅲ＞Ⅱ＞Ⅳ＞Ⅰ，随着代数的增加先增加（Ⅰ～Ⅲ）后减小（Ⅲ～Ⅳ），Ⅲ代林比Ⅰ代林高 23.48%，差异显著（$P < 0.05$）。N/P、C/P 分别表现为Ⅲ＞Ⅱ＞Ⅰ＞Ⅳ、Ⅲ＞Ⅱ＞Ⅳ＞Ⅰ，均呈现出随代数的增加先增加（Ⅰ～Ⅲ）后减小（Ⅲ～Ⅳ）的趋势，Ⅲ代林的 N/P、C/P 比Ⅳ代分别高 38.27%、48.72%，Ⅰ代和Ⅳ代林的 N/P、C/P 均没有显著差异（$P > 0.05$）。

表 5-10　不同代数桉树叶片的碳氮磷含量及其化学计量学特征

代数（代）	C（g/kg）	N（g/kg）	P（g/kg）	C/N	N/P	C/P
Ⅰ	352.94 c	8.58 b	1.11 a	41.14 b	7.73 b	317.96 c
Ⅱ	413.35 b	8.19 b	0.88 b	50.47 a	9.31 a	469.72 b
Ⅲ	496.79 a	9.78 a	0.97 b	50.80 a	10.08 a	512.15 a
Ⅳ	478.69 a	10.14 a	1.39 a	47.21 b	7.29 b	344.38 c

通过分析表 5-11 可得，不同连栽代数桉树人工林叶片 C/P 化学计量比的季节变化是有差异的。整体来看，4 个连栽代数桉树叶片 C/P 在 3 月的均为最小。在 3 ～ 12 月生长时期内，Ⅰ代、Ⅳ代林叶片 C/P 的变化趋势是一致的，均表现为上升趋势，Ⅱ代、Ⅲ代林叶片 C/P 先上升后下降的趋势。在相同生长时期内，Ⅰ代林叶片 C/P 比值在各代次中是最小的。其中Ⅰ代、Ⅳ代林的 C/N 均在 6 月达到最大值，分别为 44.11 和 52.36，Ⅱ代、Ⅲ代林则均在 12 月达到最大值，且Ⅱ代林叶片 12 月的 C/N 是 4 个连栽代数桉树人工林在整个生长季节中的最大值，为 60.24，Ⅲ代林次之，为 56.03。

总的来看，4 个连栽代数桉树叶片的 N/P 在整个生长季节中呈现出先上升再下降的趋势，有所不同的是，除Ⅳ代林在 9 月升到最大值外，其他代数均在 6 月达最大值，且Ⅲ代林桉树叶片 N/P 最高。在 3 月和 12 月相同的生长时期中，除Ⅱ代林外，不同连栽代数桉树叶片 N/P 比值之间的差异性均不显著。在 6 月和 9 月，除Ⅱ代林外，其他连栽代数桉树叶片 N/P 之间差异均不显著。

在 3 月，4 个连栽代数桉树叶片 C/P 均为最小（表 5-11），最小值的变化为 285.69 ～ 446.58。随着桉树的生长，Ⅰ代林的 C/P 呈持续上升的趋势，在 12 月达到最大；Ⅱ代、Ⅲ代、Ⅳ代林均表现为先增加，在 6 月达到最大，Ⅱ代、Ⅲ代林随后开始持续下降，Ⅳ代林则是先升后降再升。不同连栽代数桉树叶片的 C/P 在 12 月均显著高于 3 月，6 月和 9 月之间的差异性显著（$P < 0.05$）。

就不同生长期桉树叶片 C、N、P 化学计量学特征的年平均值而言，不同连栽代数 C/N、C/P 按大小排列均为Ⅲ＞Ⅱ＞Ⅳ＞Ⅰ，N/P 则为Ⅲ＞Ⅱ＞Ⅰ＞Ⅳ。随连栽代数的增加，桉树人工林叶片 C、N、P 化学计量学特征呈现出先增加后减小的趋势。

表 5-11 不同代数桉树叶片的碳氮磷化学计量学特征的季节变化

代数（代）	指标	3月	6月	9月	12月	平均值
Ⅰ	C/N	39.19 b	44.11 a	40.04 a	41.22 a	41.14
	N/P	6.78 b	8.96 a	7.95 a	7.24 b	7.73
	C/P	285.69 c	312.94 b	326.61 a	346.59 a	317.96
Ⅱ	C/N	40.18 c	45.38 b	56.07 a	60.24 a	50.47
	N/P	9.56 b	10.86 a	9.34 b	7.46 c	9.31
	C/P	389.25 c	537.02 a	482.46 b	470.14 b	469.72
Ⅲ	C/N	44.66 b	52.74 a	49.75 b	56.03 a	50.80
	N/P	9.54 b	11.46 a	10.24 a	9.08 b	10.08
	C/P	446.58 c	574.56 a	514.78 b	512.69 b	512.15
Ⅳ	C/N	41.64 b	52.36 a	45.21 a	49.64 a	47.21
	N/P	6.23 a	7.58 a	8.50 a	6.85 a	7.29
	C/P	298.78 c	402.16 a	322.45 b	354.12 b	344.38

注：表中同一行不同字母表示不同树种间显著差异（$P < 0.05$）。本章下同。

3.2 连栽桉树人工林枝条碳氮磷含量及化学计量学特征

如表 5-12 所示，不同连栽代数桉树人工林枝条 C、N 和 P 含量变化分别为 309.78 ～ 415.78 g/kg、5.92 ～ 6.96 g/kg 和 0.58 ～ 1.01 g/kg。与叶片一致，不同连栽代数桉树人工林枝条 C 含量大小关系表现为Ⅳ>Ⅲ>Ⅱ>Ⅰ，即随连栽代数的增加而增加。N 含量大小关系表现为Ⅲ>Ⅳ>Ⅱ>Ⅰ，即随栽植代数的增加（Ⅰ～Ⅲ）先增加后减小（Ⅲ～Ⅳ）。P 含量表现为Ⅳ>Ⅰ>Ⅲ>Ⅱ，即随着代数的增加先减小（Ⅰ～Ⅱ）后增加（Ⅱ～Ⅳ）。Ⅳ代林枝条的 C、N 含量显著大于Ⅰ代林，P 含量则没有显著差异。不同连栽代数桉树人工林枝条 C/N 表现为Ⅳ>Ⅲ>Ⅱ>Ⅰ，随着代数的增加而增加，Ⅳ代林比Ⅰ代林高 21.47%，差异显著。N/P、C/P 均表现为Ⅱ>Ⅲ>Ⅳ>Ⅰ，均呈现出随代数的增加先增加（Ⅰ～Ⅱ）后减小（Ⅱ～Ⅳ）的趋势；4 个代数的 N/P 均具有显著差异；Ⅱ代林的 C/P 是Ⅰ代林的 1.82 倍。

表 5-12 不同代数桉树枝条的碳氮磷含量及其化学计量学特征

代数（代）	C（g/kg）	N（g/kg）	P（g/kg）	C/N	N/P	C/P
Ⅰ	309.78 b	5.92 b	0.97 a	52.33 b	6.10 c	319.36 c
Ⅱ	336.97 b	6.23 a	0.58 b	54.09 b	10.74 a	580.98 a

续表

代数（代）	C（g/kg）	N（g/kg）	P（g/kg）	C/N	N/P	C/P
Ⅲ	395.86 a	6.96 a	0.82 a	56.88 b	8.49 b	482.76 a
Ⅳ	415.78 a	6.54 a	1.01 a	63.57 a	6.48 c	411.66 b

由表 5-13 可得，各连栽代数桉树人工林枝条 C/N 的季节变化基本一致，3 ～ 12 月均呈现出上升的趋势，即表现为 12 月 > 9 月 > 6 月 > 3 月；在整个生长季节中，4 个连栽代数桉树枝条的 C/N 均是 12 月的显著大于 3 月，6 月和 9 月的差异性没有达到显著水平。4 个连栽代数桉树人工林枝条 N/P 的季节变化规律基本一致，均表现为先上升（3 ～ 9 月）后下降（9 ～ 12 月）的趋势，各代数枝条 N/P 均在 9 月达到最大，除Ⅳ代林的最小值出现在 12 月外，其他代数 N/P 的最小值均出现在 3 月，且 3 月的 N/P 均显著小于其他月。总的来看，不同连栽代数枝条的 C/P 季节变化均呈现出先上升后下降再上升的变化趋势，最小值均出现在 3 月；有所不同的是，除Ⅳ代林的最大值出现在 6 月外，其他代数的最大值均出现在 12 月，6 月和 12 月的均显著大于 3 月。从不同连栽代数桉树枝条 C、N、P 化学计量学特征的年平均值来看，随连栽代数的增加，桉树人工林枝条的 C/N 表现为逐渐增大的趋势，N/P 和 C/P 均表现为先上升后下降的趋势。

表 5-13　不同代数桉树人工林枝条的碳氮磷化学计量学特征的季节变化

代数（代）	指标	3 月	6 月	9 月	12 月	平均
Ⅰ	C/N	41.34 c	52.22 b	53.66 b	62.08 a	52.33
	N/P	5.12 c	5.94 b	7.13 a	6.22 b	6.10
	C/P	248.98 b	350.19 a	310.75 a	367.51 a	319.36
Ⅱ	C/N	38.81 b	59.16 a	55.24 a	63.16 a	54.09
	N/P	8.19 b	11.42 a	13.40 a	9.96 b	10.74
	C/P	485.87 c	605.87 b	528.96 c	703.20 a	580.98
Ⅲ	C/N	45.66 c	58.12 b	60.80 a	62.95 a	56.88
	N/P	6.65 b	8.88 a	9.35 a	9.08 a	8.49
	C/P	320.89 c	522.18 b	485.96 b	602.01 a	482.76
Ⅳ	C/N	51.02 c	63.64 b	64.75 b	74.86 a	63.57
	N/P	4.91 b	7.46 a	8.68 a	4.86 b	6.48
	C/P	342.25 b	494.22 a	384.06 b	426.11 a	411.66

3.3 桉树人工林凋落物碳氮磷含量及化学计量学特征

由表 5-14 可知，不同连栽代数桉树人工林凋落物 C、N、P 含量变化分别为 277.66～306.28 g/kg、4.05～4.92 g/kg、0.54～0.91 g/kg。C 含量表现为Ⅲ＞Ⅳ＞Ⅱ＞Ⅰ，即随着栽植代数的增加而先增大（Ⅰ～Ⅲ）后减小（Ⅲ～Ⅳ），Ⅰ代林凋落物的 C 含量显著低于Ⅱ代、Ⅲ代、Ⅳ代林。N 含量表现为Ⅳ＞Ⅲ＞Ⅰ＞Ⅱ，随代数的增加先减小后增大，Ⅱ代林显著低于其他 3 个代数，且其他 3 个代数间没有显著差异。P 含量表现为Ⅳ＞Ⅲ＞Ⅱ＞Ⅰ，随着连栽代数的增加而增加，Ⅳ代林显著高于其他 3 个代数。

不同代数桉树凋落物 C/N 表现为随着代数的增加先增加（Ⅰ～Ⅱ）后减小（Ⅱ～Ⅳ），Ⅱ代林与Ⅲ代林间没有显著差异，Ⅱ代林的 C/N 是Ⅰ代林的 1.14 倍和Ⅳ代林的 1.18 倍，差异均显著（$P < 0.05$）。N/P 随着代数的增加持续减小，与 P 含量相反，Ⅰ代林是Ⅳ代林的 1.48 倍，差异显著（$P < 0.05$），Ⅰ代、Ⅱ代和Ⅲ代林之间的差异没有达到显著水平。C/P 与 N/P 相似，随着代数的增加而持续减小，Ⅰ代林是Ⅲ代林的 1.06 倍和Ⅳ代林的 1.53 倍，差异均显著，而Ⅰ代林和Ⅱ代林间的差异没有达到显著水平。

表 5-14 不同代数桉树人工林凋落物的碳氮磷含量及化学计量学特征

代数（代）	C（g/kg）	N（g/kg）	P（g/kg）	C/N	N/P	C/P
Ⅰ	277.66 b	4.33 a	0.54 b	64.12 b	8.02 a	514.19 a
Ⅱ	296.75 a	4.05 b	0.58 b	73.27 a	6.98 a	511.64 a
Ⅲ	320.14 a	4.58 a	0.66 b	69.90 a	6.94 a	485.06 b
Ⅳ	306.28 a	4.92 a	0.91 a	62.25 b	5.41 b	336.57 c

从表 5-15 可知，在整个生长季节中，不同连栽代数桉树人工林凋落物 C/N 的变化规律基本一致，均呈现先升高后降低的变化趋势，最小值均出现在 3 月；略有所不同的是，除Ⅳ代林的最大值出现在 6 月外，其他代数的最大值均出现在 9 月。4 个代数的 3 月分别与 6 月、12 月的 C/N 具有显著差异（$P < 0.05$），Ⅰ代林和Ⅲ代林在 6 月和 9 月间差异均不显著，Ⅱ代林和Ⅳ代林在 6 月和 9 月间差异均显著（$P < 0.05$）。

不同连栽代数桉树人工林凋落物 N/P 的季节变化规律具有差异。在整个生长期，Ⅰ代林表现为先下降（3～6 月）后上升（9～12 月），在 12 月达到最大值，最小值出现在 6 月，6 月和 9 月的差异性显著。Ⅱ代林表现为先上升（3～6 月）后下降（9～12 月），最大值出现在 6 月，最小值出现在 3 月，除 3 月显著小于其他 3 个月外，其他月间 N/P 没有显著差异。Ⅲ代林表现为先上升（3～9 月）后下降（9～12 月），最大、最小值分别出现在 9 月和 3 月。Ⅳ代林表现为先降后升再降，最小值出现在 12 月。除Ⅳ代林外，其他 3 个代数的 C/P 均呈现出先上升（3～6 月）后下降（6～12 月）的变化趋势，最大均在6月，6月和9月的差异性显著；最小值在3月和12月，3月和12月的差异不显著。从不同栽植代数桉树凋落物代C、N、P化学计量学特征的年平均值来看，随连栽代数的增加，桉树人工林枝条的C/N表现为先增加后减小的趋势，而N/P和C/P均表现为逐渐减小的趋势。

表5-15　不同代数桉树人工林凋落物的碳氮磷化学计量学特征的季节变化

代数（代）	指标	3月	6月	9月	12月	平均值
Ⅰ	C/N	59.88 b	66.32 a	68.24 a	62.04 a	64.12
	N/P	7.35 b	6.48 b	8.59 a	9.66 a	8.02
	C/P	485.14 c	610.84 a	545.28 b	415.51 c	514.19
Ⅱ	C/N	56.25 c	75.38 b	88.29 a	73.16 b	73.27
	N/P	5.66 b	8.42 a	7.22 a	6.62 a	6.98
	C/P	445.89 c	588.76 a	511.52 b	500.39 b	511.64
Ⅲ	C/N	58.90 c	77.01 a	78.46 a	65.21 b	69.90
	N/P	5.96 b	7.26 a	8.24 a	6.28 b	6.94
	C/P	461.36 b	523.21 a	484.62 b	471.06 b	485.06
Ⅳ	C/N	53.26 c	71.16 a	64.42 b	60.16 b	62.25
	N/P	5.99 a	4.86 b	6.25 a	4.55 b	5.41
	C/P	298.58 b	380.62 a	400.19 a	266.88 b	336.57

3.4　桉树人工林土壤碳氮磷含量及化学计量学特征

由表5-16可知，不同栽植代数桉树人工林土壤C、N和P含量分别为14.22～20.14 g/kg、0.72～1.16 g/kg和0.29～0.56 g/kg。C含量表现为Ⅲ最高，Ⅰ代林和Ⅳ代林次之，Ⅱ代林最低，即随着栽植代数的增加先减小（Ⅰ～Ⅱ）后增大（Ⅱ～Ⅲ）再减小（Ⅲ～Ⅳ）的波动趋势，4个代数间土壤的C含量均具有显著差异。N含量表现为Ⅲ＞Ⅱ＞Ⅰ＞Ⅳ，随着栽植代数的增加而增加（至Ⅲ代林），到Ⅳ代林时减小。P含量表现为Ⅳ＞Ⅲ＞Ⅱ＞Ⅰ，随着栽植代数的增加而逐渐增加。

不同代数桉树人工林土壤C/N、N/P和C/P均值分别为14.97～21.29、1.29～2.90和31.59～61.66。随着代数的增加，C/N表现为先减小（Ⅰ～Ⅱ）后增加（Ⅱ～Ⅳ），Ⅰ代林与Ⅳ代林没有显著差异，Ⅳ代林比Ⅱ代林和Ⅲ代林分别高64.13%、41.53%，差异均显著（$P < 0.05$）。与凋落物N/P的变化规律一致，桉树土壤N/P随着代数的增加持续减小，同样与土壤P含量相反，Ⅰ代、Ⅱ代和Ⅲ代林的N/P分别比Ⅳ代高124.81%、104.65%

和66.67%，差异均显著（$P < 0.05$）；而Ⅰ代、Ⅱ代和Ⅲ代林部分间有显著差异。与N/P相似，C/P随着代数的增加而持续减小，Ⅰ代林比Ⅱ代、Ⅲ代、Ⅳ代林分别高56.10%、65.31%、95.19%，差异均显著，而Ⅱ代、Ⅲ代、Ⅳ代林间没有显著差异。

表5-16 不同代数桉树土壤的碳氮磷含量及其化学计量学特征

代数（代）	C（g/kg）	N（g/kg）	P（g/kg）	C/N	N/P	C/P
Ⅰ	17.88 b	0.84 b	0.29 b	21.29 a	2.90 a	61.66 a
Ⅱ	14.22 c	0.95 a	0.36 b	14.97 b	2.64 a	39.50 b
Ⅲ	20.14 a	1.16 a	0.54 a	17.36 b	2.15 a	37.30 b
Ⅳ	17.69 b	0.72 b	0.56 a	24.57 a	1.29 b	31.59 b

由表5-17可知，Ⅰ代林和Ⅱ代林的C/N呈现先上升后下降的变化趋势，有所区别的是，Ⅰ代林在6月有最大值，Ⅱ代林的最大值出现在9月；Ⅲ代、Ⅳ代林呈现先下降后上升的趋势，均在6月有最小值、12月有最大值，且6月的C/N均显著小于12月。Ⅰ代林土壤的N/P呈现一直上升的变化趋势；Ⅱ代、Ⅲ代和Ⅳ代林均表现为先上升后下降的趋势，且均在9月达到最大值、3月有最小值。Ⅰ代林和Ⅳ代林土壤的C/P均呈现先降后升再降的变化趋势，且在9月达到最大值；Ⅱ代林和Ⅲ代林则表现为先上升后下降，最大值也是出现在9月。随着连栽代数的增加，桉树人工林枝条的C/N表现为先减小后增加的趋势，而N/P和C/P均表现为逐渐减小的趋势。

表5-17 不同代数桉树土壤的碳氮磷化学计量学特征的季节变化

代数（代）	指标	3月	6月	9月	12月	平均值
Ⅰ	C/N	21.27 a	24.98 a	20.33 a	18.59 b	21.29
	N/P	2.68 b	2.85 b	2.96 b	3.12 a	2.90
	C/P	64.42 a	60.61 b	68.02 a	53.60 b	61.66
Ⅱ	C/N	11.82 b	15.69 a	17.64 a	14.71 a	14.97
	N/P	2.23 b	2.76 b	3.12 a	2.46 b	2.64
	C/P	33.63 b	40.55 a	42.88 a	40.93 a	39.50
Ⅲ	C/N	18.26 a	15.38 b	16.56 a	19.22 a	17.36
	N/P	1.88 a	2.16 a	2.48 a	2.06 a	2.15
	C/P	32.16 b	38.49 a	40.22 a	38.31 a	37.30
Ⅳ	C/N	23.25 b	20.59 b	25.75 a	28.68 a	24.57
	N/P	1.12 b	1.29 a	1.53 a	1.22 a	1.29
	C/P	31.22 b	30.25 b	35.29 a	29.58 b	31.59

3.5　桉树人工林叶片、枝条、凋落物和土壤碳氮磷化学计量学的相关性

由表5-18可知，不同连栽代数桉树人工林叶片C与P的含量显著正相关（$P < 0.05$），与C/N和C/P均极显著正相关（$P < 0.01$）。N与C/N显著负相关（$P < 0.05$），与N/P显著正相关（$P < 0.05$）。P与C/P极显著负相关（$P < 0.01$）。C/N与C/P显著正相关（$P < 0.05$）。

表5-18　不同栽植代数桉树叶片碳氮磷化学计量比的相关性

项目	C	N	P	C/N	N/P	C/P
C	1					
N	0.58	1				
P	0.67*	0.49	1			
C/N	0.71**	−0.68*	0.38	1		
N/P	0.66	0.71*	−0.53	−0.72	1	
C/P	0.79**	0.55	−0.88**	0.66*	0.42	1

由表5-19可知，不同栽植代数桉树人工林枝条C与N、P、C/N和C/P均显著正相关（$P < 0.05$）。N与C/N显著负相关（$P < 0.05$），与N/P显著正相关（$P < 0.05$）。P与N/P显著负相关，与C/P极显著负相关（$P < 0.01$）。C/N、N/P分别与C/P显著正相关（$P < 0.05$）。

表5-19　不同栽植代数桉树枝条碳氮磷化学计量比的相关性

项目	C	N	P	C/N	N/P	C/P
C	1					
N	0.62*	1				
P	0.71*	0.57	1			
C/N	0.82*	−0.82*	0.51	1		
N/P	0.41	0.63*	−0.69*	0.52	1	
C/P	0.55*	0.49	−0.92**	0.71*	0.73*	1

由表5-20可知，不同栽植代数桉树人工林凋落物C与N、P均显著正相关（$P < 0.05$），与C/N极显著正相关（$P < 0.01$）。N与N/P显著正相关（$P < 0.05$）。P与N/P极显著负相关（$P < 0.01$），与C/P显著负相关（$P < 0.05$）。C/N、N/P与C/P间的相关性均没有达到显著水平。

表 5-20　不同栽植代数桉树凋落物碳氮磷化学计量比的相关性

项目	C	N	P	C/N	N/P	C/P
C	1					
N	0.69*	1				
P	0.55*	0.44	1			
C/N	0.95**	−0.53	0.47	1		
N/P	0.51	0.71*	−0.77**	0.44	1	
C/P	0.57	0.39	−0.61*	0.68	0.59	1

由表 5-21 可知，不同栽植代数桉树人工林土壤 C 与 N、C/P 均显著正相关（$P < 0.05$），与 C/N 极显著正相关（$P < 0.01$）。N 与 C/N 极显著负相关（$P < 0.01$），与 N/P 显著正相关（$P < 0.05$）。P 与 N/P、C/P 极显著负相关（$P < 0.01$）。

表 5-21　不同栽植代数桉树土壤碳氮磷化学计量比的相关性

项目	C	N	P	C/N	N/P	C/P
C	1					
N	0.78*	1				
P	0.61	0.53	1			
C/N	0.87**	−0.68*	0.28	1		
N/P	0.49	0.69*	−0.91**	−0.47	1	
C/P	0.63*	0.41	−0.75**	0.44	0.74	1

由表 5-22 可知，不同栽植代数桉树人工林叶片 C 与土壤 P、C/N 均显著正相关（$P < 0.05$）。叶片 N 与土壤 N/P 显著正相关（$P < 0.05$）。叶片 P 与土壤 N 显著负相关（$P < 0.05$），与土壤 P 显著正相关（$P < 0.05$）。叶片 N/P 与土壤 N、土壤 N/P 均显著正相关（$P < 0.05$）。叶片 C/P 与土壤 C/P 显著正相关（$P < 0.05$）。

表 5-22　不同栽植代数桉树叶片与土壤碳氮磷含量及化学计量比的相关性

土壤	叶片 C	叶片 N	叶片 P	叶片 C/N	叶片 N/P	叶片 C/P
C	0.45	0.43	−0.27	0.25	0.28	0.56
N	0.37	0.59	−0.81*	0.61	0.88*	0.34
P	0.64*	−0.39	0.55*	0.37	−0.38	0.28
C/N	0.54*	0.55	0.39	−0.35	0.52	0.41
N/P	0.33	0.71*	−0.41	−0.29	0.57*	−0.45
C/P	0.47	0.66	−0.53	0.47	0.49	0.62*

由表 5-23 可知，不同栽植代数桉树枝条 C 与土壤 C/N 显著正相关（$P < 0.05$）。枝条 N 与土壤 N/P 显著正相关（$P < 0.05$）。枝条 P 与土壤 N/P 显著负相关（$P < 0.05$）。枝条 C/N 与土壤 C/N 显著负相关（$P < 0.05$）。枝条 N/P 与土壤 N、土壤 N/P 均显著正相关（$P < 0.05$）。枝条 C/P 与土壤 C 显著正相关（$P < 0.05$）。

表 5-23　不同栽植代数桉树枝条与土壤碳氮磷含量及化学计量比的相关性

土壤	枝条 C	枝条 N	枝条 P	枝条 C/N	枝条 N/P	枝条 C/P
C	0.41	0.59	0.27	0.44	0.34	0.55*
N	0.39	−0.48	−0.55	0.59	0.77*	0.48
P	−0.52	0.68	0.74	0.62	−0.55	−0.41
C/N	0.66*	−0.62	0.61	−0.62*	0.47	−0.67
N/P	0.49	0.57*	−0.82*	0.53	0.63*	0.61
C/P	0.71	0.36	−0.57	0.41	0.37	0.59

由表 5-24 可知，不同栽植代数桉树凋落物 C 与土壤 C、C/N 和 C/P 均显著正相关。凋落物 N 与土壤 N/P 显著正相关。凋落物 P 与土壤 P 显著正相关。凋落物 C/N 与土壤 C、C/N 显著正相关（$P < 0.05$）。凋落物 C/P 与土壤 C 显著正相关（$P < 0.05$）。

表 5-24　不同栽植代数桉树凋落物与土壤碳氮磷含量及化学计量比的相关性

土壤	凋落物 C	凋落物 N	凋落物 P	凋落物 C/N	凋落物 N/P	凋落物 C/P
C	0.88*	0.29	0.24	0.51*	0.41	0.75*
N	0.67	0.55	−0.53	0.42	0.52	0.46
P	0.48	0.63	0.69*	−0.36	0.23	−0.42
C/N	0.56*	−0.49	0.48	0.71*	0.41	0.51
N/P	0.42	0.81*	−0.57	0.55	0.56	0.29
C/P	0.73*	0.34	−0.32	0.63	−0.35	0.67

4　不同地区桉树人工林碳氮磷生态化学计量学特征

4.1　桉树人工林叶片—凋落物—土壤的碳氮磷含量及化学计量学特征

由表 5-25 可以看出，不同地区尾巨桉人工林的叶片、凋落物和土壤 C 含量变化分别为 422.19 ~ 431.05 g/kg、397.68 ~ 420.25 g/kg、21.74 ~ 33.15 g/kg。各地区尾巨桉人工林 C 含量的平均值均表现为叶片＞凋落物＞土壤。不同地区尾巨桉人工林的叶片、凋落物和土壤N含量变化分别为16.88～22.36 g/kg、6.84～7.35 g/kg、1.88～2.24 g/kg。与碳相似，各地区尾巨桉人工林N含量的平均值均表现为叶片＞凋落物＞土壤。不同地区尾巨桉人工林的叶片、凋落物和土壤P含量变化分别为0.97～1.66 g/kg、0.12～0.22 g/kg、0.33～0.81 g/kg。与C、N不同的是，各地区尾巨桉人工林P含量的平均值均表现为叶片＞土壤＞凋落物。

通过本研究中广西尾巨桉人工林3个主要种植地区的比较，叶片、凋落物和土壤的C、N含量在不同地区间的变化趋势相似，相对而言，表现为在高纬度的桂林地区最大，中纬度的南宁地区次之，低纬度的钦州地区最低。而叶片、凋落物和土壤的N含量，则表现为在低纬度的钦州地区最大，中纬度的南宁地区次之，高纬度的桂林地区最低。

同时，由表5-25可以看出，不同地区尾巨桉人工林的叶片、凋落物和土壤C/N变化分别为18.88～25.54、54.11～61.44、9.71～17.63。各地区尾巨桉林C/N含量平均值均表现为凋落物＞叶片＞土壤。尾巨桉人工林的叶片、凋落物和土壤的C/P变化分别为259.67～435.25、1910.23～3314.00、40.93～65.88。各地区尾巨桉林C/P含量平均值均表现为凋落物＞叶片＞土壤。尾巨桉人工林的叶片、凋落物和土壤的N/P变化分别为10.17～23.05、31.09～61.25、2.32～6.79。各地区尾巨桉林C/P含量平均值均表现为凋落物＞叶片＞土壤。

通过不同地区的比较，叶片、凋落物和土壤的C/N，相对而言，表现为在高纬度的桂林地区最大，中纬度的南宁地区次之，低纬度的钦州地区最低。叶片、凋落物和土壤的C/P和N/P的变化趋势相一致，表现为在低纬度的钦州地区最大，中纬度的南宁地区次之，高纬度的桂林地区最低。

表5-25　桉树叶片、凋落物和土壤的碳氮磷含量及其化学计量学特征

地点	类型	C（g/kg）	N（g/kg）	P（g/kg）	C/N	C/P	N/P
桂林	叶片	431.05	16.88	1.66	25.54	259.67	10.17
	凋落物	420.25	6.84	0.22	61.44	1910.23	31.09
	土壤	33.15	1.88	0.81	17.63	40.93	2.32
南宁	叶片	425.35	20.11	1.21	21.15	351.53	16.62
	凋落物	401.11	7.26	0.16	55.25	2506.94	45.38
	土壤	28.59	2.10	0.57	13.61	50.16	3.68
钦州	叶片	422.19	22.36	0.97	18.88	435.25	23.05
	凋落物	397.68	7.35	0.12	54.11	3314.00	61.25
	土壤	21.74	2.24	0.33	9.71	65.88	6.79

4.2　桉树人工林叶片—凋落物—土壤碳氮磷及其比值的相关性

由表5-26可知，叶片C与叶片N、凋落物C、凋落物N和土壤N均显著正相关（$P<0.05$），与土壤C极显著正相关（$P<0.01$）；叶片N与叶片P、凋落物N和土壤N均显著正相关（$P<0.05$）；叶片P与土壤P显著正相关（$P<0.05$）。凋落物C与土壤C显著正相关（$P<0.05$）；凋落物N与凋落物P显著正相关（$P<0.05$）。凋落物P与土壤P显著正相关（$P<0.05$）。土壤C与土壤N显著正相关（$P<0.05$）。

表5-26　桉树人工林叶片、凋落物和土壤碳氮磷化学计量的相关性

项目	指标	叶片			凋落物			土壤		
		C	N	P	C	N	P	C	N	P
叶片	C	1								
	N	0.641*	1							
	P	0.236	0.587*	1						
凋落物	C	0.548*	0.221	–0.114	1					
	N	0.612*	0.562*	–0.365	0.212	1				
	P	0.214	0.236	0.366	0.303	0.559*	1			
土壤	C	0.845**	0.449	0.415	0.488*	0.152	0.167	1		
	N	0.564*	0.718*	0.236	–0.221	0.447	0.302	0.745*	1	
	P	0.149	0.415	0.661*	0.169	0.118	0.559*	0.416	0.317	1

由表5-27可知，叶片C/N与叶片C/P、凋落物C/N和土壤C/N均显著正相关（$P<0.05$），与叶片N/P显著负相关（$P<0.05$）；叶片C/P与凋落物C/P和土壤C/P显著正相关（$P<0.05$）；叶片N/P分别与凋落物N/P和土壤N/P显著正相关（$P<0.05$）。

凋落物C/N与凋落物C/P显著正相关（$P<0.05$）；凋落物C/P分别与凋落物N/P、土壤C/P显著正相关（$P<0.05$）；凋落物N/P与土壤N/P显著正相关（$P<0.05$）。土壤C/N分别与土壤C/P和土壤N/P显著正相关（$P<0.05$）；土壤C/P与土壤N/P显著正相关（$P<0.05$）。

表5-27　桉树人工林叶片、凋落物和土壤C/N、C/P、N/P的相关性

项目	指标	叶片			凋落物			土壤		
		C/N	C/P	N/P	C/N	C/P	N/P	C/N	C/P	N/P
叶片	C/N	1								
	C/P	0.558*	1							
	N/P	–0.591*	0.410	1						

续表

项目	指标	叶片			凋落物			土壤		
		C/N	C/P	N/P	C/N	C/P	N/P	C/N	C/P	N/P
凋落物	C/N	0.581*	0.132	0.115	1					
	C/P	0.115	0.647*	−0.232	0.558*	1				
	N/P	0.204	0.136	0.601*	0.121	0.784*	1			
土壤	C/N	0.636*	0.228	0.112	0.462	0.264	0.336	1		
	C/P	0.210	0.712*	0.305	0.223	0.559*	0.120	0.655*	1	
	N/P	0.411	0.148	0.558*	0.088	0.147	0.558*	0.613*	0.745*	1

5 讨论与小结

5.1 不同人工林叶片—凋落物—土壤的碳氮磷的分布特征

化学元素作为生物体的组成部分，在生物体的结构组成、生长发育及其各项功能的发挥中有重要作用，其中碳（C）、氮（N）和 磷（P）作为植物生长发育必需营养元素，其在植物体内的含量影响着植物的生长、养分循环、物种多样性等，是维持生态系统结构和功能稳定性的重要指标（Tian 等，2018）。

在植物个体中，又以植物叶片的营养元素特征及自身结构与植物生长发育之间的关系最为密切（Aerts 等，2000）。本研究中，不同人工林叶片 C、N、P 含量分别表现为马尾松＞木荷＞杉木＞桉树、木荷＞桉树＞马尾松＞杉木、桉树＞杉木＞马尾松＞木荷；桉树人工林叶片的 C、N 含量较低，P 含量较高。不同树种叶片养分含量差异受到树种特性影响，本研究中针叶树种的 C 含量大于阔叶树种，阔叶树种的 N、P 含量均显著大于针叶树种，这与王家妍等（2019）的研究结果相同，说明不同生活型植物营养需求存在差异。在相同环境下，各生活型树种有不同的养分吸收策略，阔叶树种比针叶树种对 N 和 P 的需求更高。另外，本研究中桉树叶片 C 含量显著低于马尾松，N 含量显著低于木荷，而 P 含量显著高于其他 3 个树种。有研究表明，针叶树种叶片的 C 含量比阔叶树种高（马钦彦等，2002），本研究结果与其相似。而桉树作为外来引入的树种，叶片 P 含量的丰富与其快速生长的生物学特征有关；此外，桉树叶片 N 含量低于木荷，可能是受自身属性和树种生物学特性的影响（Elser 等，2000）。

凋落物是联系植物体和土壤的载体，其 C、N、P 含量水平在一定程度上可以反映植物对养分的利用效率及土壤养分的供应状况（姜沛沛等，2017）。本研究的 4 种人工林凋落物 C、N、P 含量分别表现为杉木＞桉树＞马尾松＞木荷、木荷＞桉树＞马尾松＞杉木、桉树＞杉木＞马尾松＞木荷。桉树人工林凋落物 C、N、P 含量均较高，特别是 N、P 含量与叶片 N、P 含量表现出一致的规律，这可能是因为桉树 N、P 的释放方式与其他 3 个树种存在显著差异（Huang 等，2012）。

本研究中 4 个人工林土壤的 C、N、P 含量分别表现为木荷林＞马尾松林＞桉树林＞杉木林、木荷林＞马尾松林＞桉树林＞杉木林、马尾松林＞杉木林＞桉树林＞木荷林；桉树人工林土壤的 C、N、P 含量居中。这与土壤中的养分与其覆盖植被种类和生长状况及凋落物的矿化密切相关（白雪娟等，2016），其中桉树人工林土壤 C、N、P 含量较低，表明试验区桉树林土壤贮存养分的能力较差，这与桉树林下有人类活动的频繁干扰有关。相较于马尾松和木荷林，桉树林下的灌木和草本等经常被人为除去，导致其凋落物的种类和数量少于其他人工林，不利于土壤 C、N、P 的积累。

植物种类、群落组成和结构等因子直接或间接地影响着植物化学元素含量（张海鑫等，2017），因此营养元素含量差异很大。总的来看，相比于马尾松人工林、木荷人工林和杉木人工林，桉树叶片和土壤中的 C、N 含量均较低，凋落物中的 C、N、P 含量均较高。可能是因为桉树在快速生长的过程中将 C、N 转移到了其他器官，而较高的 C、N 转移率也导致了凋落物中 C、N 含量的降低；另一方面可能是桉树叶片在进行光合作用的过程中消耗了大量的 C、N，从而导致回归到土壤里面的 C、N 量较少（Wardle 等，2004）。桉树叶片和凋落物中 P 含量均较高，而土壤 P 含量较低，可能是因为桉树叶片在凋落前对 P 进行了重吸收，导致回归到土壤中的 P 含量减少（姜沛沛等，2016）；P 是叶绿体中的主要组成元素，参与植物多方面的生理生化活动，在植物生长发育方面起到重要作用，因而其在树叶和凋落物中的含量最高。这或许是桉树提高养分利用率和对环境适应的一种养分利用策略。

5.2 桉树人工林叶片—凋落物—土壤生态化学计量比及与碳氮磷的相关性

叶片—凋落物—土壤的 C/N、C/P、N/P 代表了不同组分为维持生态平衡及其为适应环境满足自身需求所面临的竞争，表征着总生产率在元素水平的变化，而这些差异为解释生态系统结构提供了依据（任书杰等，2007）。季节变化（张海鑫等，2017）、植被类型（喻林华等，2016）等都是影响土壤 C、N、P 含量及其化学计量比的重要因素。叶片的 C/N 和 C/P 分别与植物对 N 和 P 的利用效率即损失或贮存单位养分所造成总有机物的损失量成反比（Vitousek，2003）。本研究表明，不同人工林叶片的 C/N、C/P 表现分别为杉木＞马尾松＞桉树＞木荷、木荷＞马尾松＞杉木＞桉树；凋落物 C/N、C/P

表现分别为杉木＞马尾松＞桉树＞木荷、木荷＞杉木＞马尾松＞桉树，这与 Mcgroddy 等（2004）研究得出的针叶树种凋落物的 C/N 和 C/P 会高于阔叶树种的结论相似；土壤的 C/N 在马尾松林略高于其他林分，C/P 为木荷＞桉树＞马尾松＞杉木。可见不同树种不同组分的 C/N、C/P 的差异明显。其中桉树的 C/N、C/P 均较小，因此桉树林较其他 3 个人工林有较低的 N、P 利用效率。据研究表明，C/N、C/P 作为重要的生理指标能够反映植物生长的速度，一般认为低的 C/N、C/P 表征植物生长速率较快（Elser 等，2000）。桉树的 C/N、C/P 均较小，表明桉树的生长速率较快，这正是桉树作为“三大速生”树种的特性之一。

有研究认为，植物生长对 N、P 养分元素的缺乏能体现在叶片 N/P 的变化上，因此，可以用 N/P 作为判别其限制性养分因子的指标之一（Tang 等，2018）。本研究得出不同人工林的叶片、凋落物、土壤的 N/P 大小关系分别为木荷＞马尾松＞桉树＞杉木、木荷＞马尾松＞杉木＞桉树、木荷＞桉树＞马尾松＞杉木（桉树、马尾松、杉木之间没有显著差异）。叶片、凋落物、土壤对环境变化反应较敏感，它们是生态系统中生物与环境因子的代表，它们的 N/P 存在差异，是由土壤与植物各自执行不同的功能决定的。不同树种的叶片、凋落物、土壤的 N/P 存在差异，可能是因为不同树种的生活型对其养分利用策略的影响，不同植物根据本身所需营养元素选择性地吸收土壤中的营养元素，进而影响其养分含量（李家湘等，2017）。与 C/N、C/P 相似，桉树叶片、凋落物和土壤的 N/P 均较小，表明桉树林可能受氮限制，该结果与崔高阳等（2015）、白雪娟等（2016）的研究结果相似。在桉树人工林的经营中，为使氮得到有效的供应，可与具有固氮功能的树种（如刺槐等）混交，在降低成本的同时还可以提高资源的利用率和经济效益。

相关性分析发现，同一种人工林的 C、N、P 和 C/N、C/P、N/P 在叶片、凋落物、土壤间之间的相关性具有很大的差异。如桉树，除了叶片与土壤的 P 含量、N/P 和 C/P 间无显著相关性外，其他两两间具有显著或极显著的相关性。杉木的 C、N 含量及 C/N 在凋落物与土壤间均有显著的正相关。马尾松的 C、N 含量及 N/P 均在凋落物与土壤间有显著的正相关，P 含量和 C/N 在各组分间均有显著的正相关。木荷的 C、N 含量均在叶片与土壤、凋落物与土壤间有显著的正相关，P 含量和 C/P 均在凋落物与土壤间有显著的正相关，C/N 和 N/P 在各组分间均有显著的正相关性。这主要是因为不同林型的树种组成会影响叶片、凋落物的数量和质量，从而影响土壤养分的分布，所以化学计量比有所不同。比较一致的是，4 种人工林的 C、N 含量在凋落物与土壤间均具有显著的正相关，这是由于相当一部分凋落物中的有机质及 N 等元素会被释放到土壤中，是土壤养分库的主要来源之一（姜沛沛等，2017）。植物以光合作用固定有机质，并在完成自身生活后以凋落物的形式将营养元素返还到土壤中，植物的养分再吸收过程不仅提高了植物对养分的利用效率，还降低了植物对土壤环境的依赖，是植物在养分限制的生境下适应的结果（Koerselman 等，1996）。如在林分营建过程中的整地、清林、割灌、伐木后将整棵树带走等措施，带走了部分凋落物养分，归还到土壤中的凋落物就会减少，土壤养分累积受限。总体上，不同树种的 C、N、P、C/N、C/P 和 N/P 在不同组分间有较密切的相关性。特别是阔叶树种的木荷林（C、N、C/N、N/P）和桉树林（C、N、C/N）在叶片—凋落物—土壤间显著相关，该结果与赵伊博等（2020）、张萍等（2018）的研究结果一致。

5.3　不同林龄桉树人工林叶片—凋落物—土壤的碳氮磷的分布特征

植物构成及生长是由植物体的 C、N、P 相互作用决定的，若植物有较高的 C/N、C/P，则通常表现为较高的 N、P 利用率（李明军等，2018）。本研究中，桉树叶片的 C、N 和 P 平均含量分别为 456.64 g/kg、13.42 g/kg、1.41 g/kg。C 含量介于国内阔叶树叶片碳（427.5 ～ 506.37 g/kg）的范围内（曾昭霞等，2015；Elser 等，2000），略高于刺槐林叶片 C（413.81 g/kg）（白雪娟等，2016），与同为广西地区的桉树林叶片 C（521.06 g/kg）（朱育锋等，2019）相比，本试验区的显著较低。N 低于国内阔叶树种的氮含量（20 ～ 23.3 g/kg）、刺槐的 N（29.74 g/kg）及同为广西的桉树林的 N（16.44 g/kg）。P 与同为广西的桉树林一致，介于国内阔叶树（1.33 ～ 1.99 g/kg），显著低于刺槐（2.43 g/kg）。桉树人工林叶片整体呈现低碳、低氮的元素格局。凋落物是植物养分返回土壤的主要路径，其分解速率决定养分释放量（赵伊博等，2020）。本研究中，桉树凋落物 C、N、P 平均含量分别为 396.01 g/kg、10.31 g/kg、0.88 g/kg，处于全球水平、国内多数陆地植物凋落物的 C（371.1 ～ 522.1 g/kg）、N（8.0 ～ 16.6 g/kg）、P（0.4 ～ 1.3 g/kg）（曾昭霞等，2015;Elser 等，2000）的范围内；与广西地区桉树林的 C(502.65 g/kg)、N(8.86 g/kg)、P（1.08 g/kg）相比，本研究的桉树凋落物 C、P 处于平均水平下限，N 较高；整体呈现高氮，低碳、低磷的元素格局。土壤养分是植物养分的主要来源，影响植物生长，同时也受到凋落物养分归还的影响（赵伊博等，2020）。本研究中，土壤 C、N、P 平均含量分别为 23.32 g/kg、1.21 g/kg、0.49 g/kg，与广西地区的研究（C、N、P 分别为 24.32 g/kg、1.13 g/kg、0.32 g/kg）相比，本研究区桉树土壤 C 含量较低，N、P 较高；整体呈现高氮、高磷、低碳的元素格局。

随着林龄的增长，桉树叶片、凋落物、土壤的 C 含量均随林龄的增大而增加，均在 7a 达到最大值。这是因为本研究区桉树 1 ～ 7a 阶段生长较快，凋落物的量相对也增加，加上桉树不断生成干物质，故C含量增加。该结果与宋思梦等（2020）的结果一致，与朱育锋等（2019）略有不同，其得出C含量随着林龄的增长先增加后减小，但是其后减小的C含量比前3年均高。这表明，随着桉树人工林林龄的延长，能提高土壤C含量（滕秋梅等，2020）。本实验中叶片、凋落物、土壤中的N、P含量随着林龄的增加先增加后减小，均在5a时到最大值；该结果与朱育锋等（2019）的结果一致，与宋思梦等（2021）略有不同；不同研究结果有差异，可能与所在研究区的气候或环境及林下的抚育措施有关（常小峰等，2013）。

随林龄增加，桉树人工林生长发育对养分需求由大变小，引起土壤库中养分由减少变为增加；在生长初期，桉树人工林林分密度过大，凋落物分解缓慢、土壤养分不足及磷素限制，加剧了桉树人工林生态系统的养分供需矛盾，6～7a期，建议提高林下灌草的植物多样性保护措施，以改善林下凋落物的化学质量，促进凋落叶分解及养分释放，有效促进桉树人工林生态系统的养分循环。

5.4 不同林龄桉树人工林叶片—凋落物—土壤的生态化学计量比及其与碳、氮、磷的相关性

不同林龄桉树叶片C/N、N/P、C/P的均值分别为35.22、9.54、327.09。随着林龄的增加，C/N表现为先减小（1～5a）后增加（5～7a），N/P为先增加（1～5a）后减小（5～7a），C/P则没有明显的规律性（5a最大，7a最小）。C/N的变化趋势与王平安等（2020）的研究结论相似，与朱育锋等（2019）、赵亚芳等（2015）的研究结果不同；而N/P、C/P与王平安等（2020）、赵亚芳等（2015）、朱育锋等（2019）的研究结果（随林龄增大呈上升趋势）均有所不同。研究结果有所差异，可能是采样时间、研究林龄、局域气候环境因子不同造成的。

植物N/P可用作N饱和以及P缺乏的诊断指标，不仅被用于确定养分限制的阈值，也可以用来反映土壤对植物生长的养分供应状况（Koerselman.，1996；Agreng.，2008）。以往研究认为，叶的N/P $<$ 14反映植物受氮限制，N/P $>$ 16反映植物受P限制，14 $<$ N/P $<$ 16表示N、P的共同限制（Tessier等，2003）。本研究结果显示，桉树人工林不同生长阶段N/P的均值（9.54）明显小于全国平均水平（14.4）和全球平均水平（13.8）（Reich等，2004），说明桉树整个生长过程中始终受N的限制，此结果与朱育锋等（2019）的结论一致。这可为研究区桉树林培育管理提供科学指导，如建议合理施用氮肥以改善土壤养分供给的同时也可引入固氮植物来提高地力。

有研究表明，凋落物的分解速率与C/N、C/P呈正相关关系，与N/P呈负相关关

系（马任甜等，2016）。不同林龄桉树凋落物 C/N、N/P、C/P 的平均值分别为 41.86、11.74、467.64，随着林龄的增加，C/N 没有明显的变化规律，说明凋落物 C/N 受林龄的影响不显著，这与王平安等（2020）、马任甜等（2016）研究得出的结果一致；但在 1 ～ 2a 及 1 ～ 7a，C 和 N 含量均增加，C/N 显著降低，可能有利于凋落物分解。凋落物 N/P、C/P 呈现随林龄的增加先增加后减小，与姜沛沛等（2016）对不同林龄油松人工林凋落物的研究相似。这进一步验证了上文提到的凋落物的 N、P 含量随林龄的变化趋势。本研究区桉树人工林凋落物 C/P 低于全国和全球的森林生态系统凋落物 C/P（Mcgroddy 等，2004），这与前文中分析到的凋落物呈现低碳的格局一致。潘复静等（2014）的研究结果表明，N/P 大于 25 和 P 含量低于 0.22 g/kg 时凋落物分解受 P 的限制性强。本研究中 N/P 的均值小于 25、P 含量高于 0.22 g/kg，说明本研究中桉树叶片的主要限制性元素是 N，而凋落物分解的主要限制性元素是 P。

土壤 C/N 是衡量土壤 C、N 平衡状况的指标，土壤 C/N 越高，有机态氮分解速率越低（Majdi 等，2010）。本研究区土壤 C/N 高于我国土壤 C/N 均值 11.9（Tian 等，2010），表明土壤有机态氮分解速率低，不利于土壤有机态氮释放。土壤 C/N 随林龄的增加而降低，这与王平安等（2020）的研究结果一致。土壤 N/P 可作为养分限制及 N、P 饱和诊断有效预测指标（Mcgroddy 等，2004）。5 个林龄桉树人工林土壤 N/P 均值低于我国土壤平均值 5.2（Tian 等，2010），且本研究区土壤 C/N 偏高，说明有机态氮释放少。土壤 C/P 是衡量微生物矿化土壤有机物质释放 P 或从环境中吸收固持 P 潜力的一个指标，较高的 C/P 说明土壤中 P 有效性低（王绍强等，2008）。本研究中 C/P 随林龄的增加先减小后增加，1a 显著高于 5a 和 7a，表明随着林龄增加，土壤中 C 含量升高，土壤中有效磷含量也升高，与前面土壤中 P 含量的变化相对应。

本研究中桉树叶—凋落物—土壤的 C、N、P 含量及 C/N、N/P、C/P 受林龄的影响显著，表明桉树叶—凋落物—土壤之间有着密切的联系。从相关分析结果也看到，不同林龄桉树人工林 C、N、P 含量及 C/N、N/P、C/P 在叶片、凋落物和土壤中存在显著或极显著的相关性，如叶片 N 与凋落物 N、土壤 N 均显著正相关；凋落物 C 与凋落物 P 显著正相关，与土壤 C 极显著正相关，凋落物 P 与土壤 P 显著正相关。表明桉树叶片—凋落物—土壤之间呈现显著或极显著相关关系，说明各林龄桉树林土壤 C、N、P 含量依赖于凋落物、叶片 C、N、P 含量，同时也说明桉树叶和凋落物 C、N、P 含量可能是受土壤的 C、N、P 含量的影响。桉树叶片、凋落物和土壤的化学计量比之间也均存在显著相关关系。如叶片 C/N 与叶片 N/P、凋落物 C/N 均显著正相关，与土壤 C/N 极显著正相关；叶片 N/P 与凋落物 C/N、凋落物 N/P 均显著正相关，与土壤 C/N 极显著正相关。说明了叶片、凋落物的养分和土壤养分，三者具有非常紧密的关联。

以上结果说明，桉树人工林生态系统的 C、N、P 在桉树叶—凋落物—土壤 3 个库之间不断地转换（Mcgroddy 等，2004），但其内在的维持机制需要进一步深入研究。

5.5 不同连栽代数桉树人工林叶片—枝条—凋落物—土壤的碳、氮、磷的分布特征

本研究中不同连栽代数桉树人工林叶片年平均 C、N、P 含量分别为 352.94 ～ 496.79 g/kg、8.19 ～ 10.14 g/kg、0.88 ～ 1.39 g/kg，均分别低于朱育锋等（2019）研究桉树叶片的 C（521.06 g/kg）、N（16.44 g/kg）、P（1.41 g/kg），以及略低于王家妍等（2019）报道的南方 9 个主要人工林树种叶片的 N（13.9 g/kg）、P（1.39 g/kg），和低于全国平均值（N：20.2 g/kg；P：1.46 g/kg）和全球平均值（N：20.1 g/kg，P：1.77 g/kg）（Reich 等，2004）。说明本研究区桉树人工林具有较低的 C、N、P 含量。原因是试验地降水量充足，使有效态 C、N 发生淋溶，从而造成桉树人工林叶片所能吸收的 C、N 减少。

随着栽植代数的增加，桉树叶片 C 含量表现为先增大后趋向于减小，N 含量为持续增加，P 为先减小后增加。但总体上还是连栽到Ⅲ代时叶片 C、N、P 含量均略高于Ⅰ代和Ⅱ代，特别Ⅲ代的 C、N 含量均显著高于Ⅰ代和Ⅱ代。可能是因为连栽代数高的桉树人工林叶片的光合作用比较强，有机碳化合物的合成水平较高，储存碳的能力较强。不同栽植代数桉树人工林枝条 C 含量随栽植代数的变化与叶片一致。N 含量则为先增加后减小（Ⅲ～Ⅳ），P 为先减小（Ⅰ～Ⅲ）后增加（Ⅲ～Ⅳ）。Ⅳ代林枝条的 C、N 含量显著大于Ⅰ代林，P 含量也是Ⅳ代林略高于Ⅰ代林，说明桉树枝条 C、N、P 含量表现为高栽植代数大于低栽植代数。另外，不同栽植代数桉树枝条的 C、N、P 含量均明显低于叶片。凋落物 C 含量随着栽植代数的增加而先增大（Ⅰ～Ⅲ）后减小（Ⅲ～Ⅳ），N 含量为先减小后增大、P 含量为持续增加。与枝条相似，不同栽植代数桉树凋落物的 C、N、P 含量明显低于叶片，也表现为高栽植代数大于低栽植代数。总体上看，不同栽植代数桉树其他器官 C、N、P 含量排序均为叶片＞枝条＞凋落物，说明叶片在凋落时 C、N、P 基本未发生转移。

叶片、枝条、凋落物的 C/N、C/P 的最小值均出现在 3 月，最大值出现的月份没有明显的规律。叶片 N/P 除Ⅳ代林的最大值出现在 9 月外，其他代数均在 6 月。枝条 N/P 均在 9 月达到最大，除Ⅳ代林的最小值出现在 12 月外，其他均出现在 3 月。凋落物的 N/P 因代数和生长季节的不同有差异，如Ⅰ代、Ⅱ代、Ⅲ代和Ⅳ代林的最大值分别出现在 12 月、6 月、9 月和 9 月，最小值分别在 6 月、3 月、3 月和 12 月。综上，同一器官化学计量比在不同生长季节间存在显著差异，表明桉树化学计量学特征不仅与

器官类型有关，在不同生长季节也表现出较大的差异。该结果与封焕英等（2019）、赵亚芳等（2015）的研究结果相似。进一步说明桉树器官分化过程中各器官对元素的吸收利用具有特异性，其化学计量学特征在一定程度上受到了生长季节的影响。桉树 C、N、P 的分配同时受到生长季节的影响，除了植物自身生物学特性的原因，还与生长季节中温度、降水等环境因子变化有关，夏季高温多雨，冬季低温干旱，影响了桉树对 C、N、P 元素的吸收利用。同一化学计量比在不同代数间也存在差异。从年平均值来看，叶片、枝条、凋落物的化学计量比随着栽植代数的增加总体上呈现先增大后减小或者持续减小的趋势，与其 C 含量的变化规律（先增大后减小）相对应。综合分析桉树叶片、枝条和凋落物的 C/N、N/P 和 C/P 化学计量比特征，表明连栽代数过多会导致桉树叶片、枝条和凋落物同化吸收 C 元素的能力降低而导致生长速度下降。本研究中，为了桉树能快速生长及保持较高的产生经济效益，桉树人工林以连栽 2 ～ 3 次为宜。

土壤 C、N、P 含量分别为 14.22 ～ 20.14 g/kg、0.72 ～ 1.16 g/kg 和 0.29 ～ 0.56 g/kg。C 含量随栽植代数的增加而先减小后增大再减小，N 含量为先增加后减小，P 含量为持续增加。C/N 作为土壤质量的敏感指标，能影响土壤 C、N 养分的循环，土壤中 C/N 比值越低，土壤微生物的分解作用越明显，氮矿化作用越强。本研究中土壤 C/N 为 14.97 ～ 21.29，高于全国土壤（Tian 等，2010）C/N 平均值（10 ～ 12）。本试验的结果与朱育锋等（2019）对广西桉树人工林土壤的研究结果一致，表明桉树人工林土壤有机碳分解缓慢（王绍强等，2008），不利于有机氮释放，将影响植物对养分的吸收利用，表明土壤 N 具有较慢的矿化作用。N/P 与 C/P 相似，均随着代数的增加持续减小，其比值分别为 1.29 ～ 2.90 和 31.59 ～ 61.66，低于我国土壤（Tian 等，2010）N/P（5.2）和 C/P（105）的平均值，表明土壤中会出现有机磷的净矿化，使得 N 含量升高。土壤 C/P、N/P 与 P 含量均呈负显著相关性，说明该区域土壤中 P 含量受到限制。

不同代数桉树土壤 N/P 的季节变化有所差异，在 9 月或者 12 月达到最大值，3 月有最小值。可能是由于在 3 月凋落物分解时 P 的大量归还造成 P 含量增加，导致 N/P 比值减小。Ⅰ、Ⅱ、Ⅲ、Ⅳ代林土壤的 C/P 的最大值均出现在 9 月或 12 月，表明在 9 月或 12 月土壤氮矿化能力最强。不同栽植代数桉树人工林土壤的 C/N 季节变化的年平均值表现为Ⅳ＞Ⅰ＞Ⅲ＞Ⅱ，N/P、C/P 均表现为Ⅰ＞Ⅱ＞Ⅲ＞Ⅳ，各比值均随代数的增加而减小。

5.6 不同连栽代数桉树人工林叶片—枝条—凋落物—土壤的生态化学计量比及其与碳、氮、磷的相关性

森林生态系统中，植物叶片、枝条、凋落物与土壤之间有着密切的关系，植物叶片利用光合作用合成有机碳化合物，并通过叶枝的凋落为土壤微生物提供碳源，土壤微生物的分解作用及土壤本身也为植物生长提供着必需的营养物质（崔高阳等，2015）。它们之间与化学计量比间的互为关联，是生态系统中养分循环的内在调控机制（Hobbie 等，2002）。相关性分析可以揭示不同组分 C、N、P 化学计量比指标变量之间的关联，有助于对养分之间的耦合过程做出合理的解释（封焕英等，2019）。本研究中，叶片、枝条、凋落物的 C、N 均分别与土壤中的 C/N 显著正相关。表明桉树叶片、枝条、凋落物对 C、N 的吸收和利用受土壤中 N 含量影响比较明显。叶片 C 与土壤 P 显著正相关，表明叶片光合作用合成有机质的过程受土壤 P 磷含量限制较明显，叶片光合作用时伴随着大量的物质转换，必然涉及 P 的利用，叶片 P 主要由根系从土壤吸收运送而来，因此土壤 P 含量限制着光合作用的强弱（王绍强等，2008）。另外，叶片、凋落物 P 与土壤 P 显著正相关；叶片、枝条的 N/P 与土壤 N、N/P 均显著正相关；叶片 C/P 与土壤 C/P、凋落物 C/N 与土壤 C/N 显著正相关。这进一步说明植物通过叶片光合作用制造有机物，并从土壤中吸收相关养分促进其生长，最后植物以凋落物的形式将养分返还地表土壤（贺金生等，2010）。

综上所述，本章主要小结如下。

（1）不同人工林叶片 C、N、P 含量大小关系分别表现为马尾松＞木荷＞杉木＞桉树、木荷＞桉树＞马尾松＞杉木、桉树＞杉木＞马尾松＞木荷。凋落物 C、N、P 的含量分别表现为杉木＞桉树＞马尾松＞木荷、木荷林＞桉树＞马尾松＞杉木、桉树＞杉木＞马尾松＞木荷。土壤 C 和 N 含量表现为木荷＞马尾松＞桉树＞杉木，土壤 P 含量表现为马尾松＞杉木＞桉树＞木荷。叶片 C/N 表现为杉木＞马尾松＞桉树＞木荷，N/P 表现为木荷＞马尾松＞桉树＞杉木，C/P 表现为木荷＞马尾松＞杉木＞桉树。凋落物的 C/N 表现为杉木＞马尾松＞桉树＞木荷，N/P 表现为木荷＞马尾松＞杉木＞桉树，C/P 表现为木荷＞杉木＞马尾松＞桉树。土壤的 C/N 表现为马尾松＞杉木＞桉树＞木荷，N/P 表现为木荷＞桉树＞马尾松＞杉木，C/P 表现为木荷＞桉树＞马尾松＞杉木。同一种人工林 C、N、P 和 C/N、C/P、N/P 在叶片、凋落物、土壤间的相关性具有很大的差异。试验区不同类型林分的养分吸收策略存在差异，阔叶树种的 N、P 含量大于针叶树种。

（2）随着林龄的增加，叶片、凋落物和土壤的 C 含量均随林龄的增大而增加，均

在 7a 达到最大值；除叶片 P 在 7a 达到最大值外，叶片、凋落物和土壤的 N、P 含量均表现为先增加后减小，在 5a 时有最大值。桉树人工林叶片整体呈现低碳、低氮，磷较高；凋落物整体呈现高氮，低碳、磷；土壤整体呈现高氮、磷，低碳的元素分布特征。不同林龄桉树叶片 C/N、N/P、C/P 的均值分别为 35.22、9.54、327.09，随着林龄的增加，C/N 表现为先减小后增加；N/P 表现为先增加后减小；C/P 则没有明显的变化规律。凋落物 C/N、N/P、C/P 的平均值分别为 41.86、11.74、467.64；随着林龄的增加，C/N 没有明显的规律，N/P、C/P 表现为先增加后减小再增加的变化趋势。土壤 C/N 随林龄的增加而降低，N/P、C/P 均表现为先减小后增加的趋势。桉树的叶片—凋落物—土壤的 C、N、P 含量及 C/N、N/P、C/P 受林龄的影响显著。

（3）不同连栽代数桉树人工林叶片 C、N、P 含量年平均值分别为 352.94 ～ 496.79 g/kg、8.19 ～ 10.14 g/kg、0.88 ～ 1.39 g/kg。随着栽植代数的增加，枝条的 C 含量表现为逐渐增大，N 含量表现为先增大后减小，P 含量表现为先减小后增加的趋势。凋落物的 C 含量表现为先增加后减小，N 含量表现为先减小后增大，P 含量表现为持续增加的趋势。土壤的 C 含量表现先减小后增大再减小，N 含量表现为先增加后减小，P 含量表现为持续增加的趋势。桉树的叶片、枝条和凋落物的 C/N、C/P 化学计量比均表现为随连栽代数的增加而先升高后降低。不同连栽代数桉树不同器官 C、N、P 含量排序均为叶片＞枝条＞凋落物，C/N、C/P 比值反映了桉树的生长速度，连栽代数过多会引起桉树叶片、枝条和凋落物同化吸收 C 能力的降低而导致生长速度下降。为了桉树的快速生长及产生较大的经济效益，建议桉树人工林以连栽Ⅱ～Ⅲ代为宜。

（4）在本试验不同纬度区域的小尺度上，凋落物 C/N（54.11）＞ 27、C/P（1910.23）＞ 186、N/P（31.09）＞ 25，可知研究区桉树人工林凋落物养分的释放相对较慢，且凋落物的分解主要受 P 限制。钦州和南宁尾巨桉人工林叶片的 N/P（23.05、16.62）＞ 16，表明钦州和南宁地区桉树受磷元素的限制。尾巨桉人工林叶片、凋落物和土壤的 C、N 平均含量从大到小均表现为叶片＞凋落物＞土壤，P 平均含量从大到小均表现为叶片＞土壤＞凋落物，C/N、C/P、N/P 从大到小均表现为凋落物＞叶片＞土壤。尾巨桉人工林叶片、凋落物、土壤的 C、P 含量和 C/N 均表现为在高纬度的桂林最大，中纬度的南宁次之，低纬度的钦州最低，随纬度增加而增大。而 N 含量、C/P 和 N/P 的变化趋势相一致，则均表现为在低纬度的钦州最大，中纬度的南宁次之，高纬度的桂林最低，随纬度增加而减小。纬度小尺度上的水热条件和植被生产力变化，影响着尾巨桉人工林土壤 C/N/P 的空间变化格局，在不同尺度空间范围的主要影响因素存在差异性。

（5）桉树人工林叶片和土壤中的 C、N 含量均较低，叶片中 P 含量较高，凋落物中的 C、N、P 含量均较高，而土壤 P 含量较低，这是桉树人工林为提高养分利用率、适应环境的一种养分利用策略。桉树人工林叶片 N 含量和 P 含量呈显著正相关，说明桉树吸收 N 和 P 存在协同作用。桉树人工林在快速生长过程中，消耗了大量的 C、N，有较高的 C、N 转移率。本试验区桉树林下的人类干扰活动，降低了桉树林土壤贮存养分的能力。

（6）本研究中，桉树人工林叶片、凋落物和土壤的 C/N、C/P 和 N/P 均较小，表明桉树林人工林有较低的 N、P 利用效率，桉树叶片的主要限制性元素是 N，而凋落物的主要限制性元素是 P。桉树人工林土壤 C/N 较高，表明有机态氮分解速率较低，不利于土壤有机态氮释放。土壤 C/P 随林龄的增加而先减小后增加，表明土壤中 C 含量和有效磷含量随之升高。建议在 5 ～ 7a 林龄后期的管理上，应加强增施氮肥，并合理匹配不同营养元素肥料的比例，以防止土壤地力的下降。

参考文献

[1] 白雪娟，曾全超，安韶山，等．黄土高原不同人工林叶片－凋落叶－土壤生态化学计量特征［J］．应用生态学报，2016，27（12）：3823-3830.

[2] 常小峰，汪诗平，徐广平，等．土壤有机碳库的关键影响因素及其不确定性［J］．广西植物，2013，33（5）：710-716.

[3] 封焕英，杜满义，辛学兵，等．华北石质山地侧柏人工林 C、N、P 生态化学计量特征的季节变化［J］．生态学报，2019，39（5）：1572-1582.

[4] 崔高阳，曹扬，陈云明．陕西省森林各生态系统组分氮磷化学计量特征［J］．植物生态学报，2015，39（12）：1146-1155.

[5] 贺金生，韩兴国．生态化学计量学：探索从个体到生态系统的统一化理论［J］．植物生态学报，2010，34（1）：2-6.

[6] 姜俊，陆元昌，秦永胜，等．北京平原地区不同人工林叶片－凋落物－土壤生态化学计量特征［J］．生态环境学报，2020，29（4）：702-708.

[7] 姜沛沛，曹扬，陈云明，等．不同林龄油松（*Pinus tabulaeformis*）人工林植物、凋落物与土壤 C、N、P 化学计量特征［J］．生态学报，2016，36（19）：6188-6197.

[8] 姜沛沛，曹扬，陈云明，等．陕西省 3 种主要树种叶片、凋落物和土壤 N、P 化学计量特征［J］．生态学报，2017，37（2）：443-454.

[9] 李家湘，徐文婷，熊高明，等．中国南方灌丛优势木本植物叶的氮、磷含量及其影响因素［J］．植物生态学报，2017，41（1）：31-42.

[10] 李明军，喻理飞，杜明凤，等．不同林龄杉木人工林植物－凋落叶－土壤 C、N、P 化学计量特征及互作关系［J］．生态学报，2018，38（21）：7772-7781.

[11] 马钦彦，陈遐林，王娟，等．华北主要森林类型建群种的含碳率分析［J］．北京林业大学学报，2002，24（5）：96-100.

[12] 马任甜，方瑛，安韶山，等．黑岱沟露天煤矿优势植物叶片及凋落物生态化学计量特征［J］．土壤学报，2016，53（4）：1003-1014.

[13] 宁志英，李玉霖，杨红玲，等．沙化草地土壤碳氮磷化学计量特征及其对植被生产力和多样性的影响［J］．生态学报，2019，39（10）：3537-3546.

[14] 潘复静，张伟，王克林，等．典型喀斯特峰丛洼地植被群落凋落物 C：N：P 生态化学计量特征［J］．生态学报，2011，31（2）：335-343.
[15] 秦海龙，付旋旋，卢瑛，等．广西猫儿山不同海拔土壤碳氮磷生态化学计量特征［J］．应用生态学报，2019，30（3）：711-717.
[16] 任书杰，于贵瑞，陶波，等．中国东部南北样带 654 种植物叶片氮和磷的化学计量学特征研究［J］．环境科学，2007（12）：2665-2673.
[17] 任悦，高广磊，丁国栋，等．沙地樟子松人工林叶片－凋落物－土壤氮磷化学计量特征［J］．应用生态学报，2018，30（3）：743-750.
[18] 宋佳龄，盛浩，周萍，等．亚热带稻田土壤碳氮磷生态化学计量学特征［J］．环境科学，2019，41（1）：405-413.
[19] 宋思梦，周扬，张健．立地和龄组对四川省柏木人工林叶生态化学计量特征的影响［J］．植物研究，2021，49（6）：38-53.
[20] 滕秋梅，沈育伊，徐广平，等．桂北不同林龄桉树人工林土壤碳库管理指数和碳组分的变化特征［J］．广西植物，2020，40（8）：1111-1122.
[21] 王家妍，魏国余，韦铄星，等．9 个主要南方人工林树种叶片化学计量学特征研究［J］．广东农业科学，2019，46（5）：48-53.
[22] 王平安，宫渊奇，王琪武，等．不同林龄华北落叶松人工林针叶－凋落叶－土壤碳氮磷生态化学计量特征［J］．西北林学院学报，2020，35（6）：1-9.
[23] 王绍强，于贵瑞．生态系统碳氮磷元素的生态化学计量学特征［J］．生态学报，2008，28（8）：3937-3947.
[24] 喻林华，方晰，项文化，等．亚热带 4 种林分类型凋落物层和土壤层的碳氮磷化学计量特征［J］．林业科学，2016，52（10）：10-21.
[25] 俞月凤，彭晚霞，宋同清，等．喀斯特峰丛洼地不同森林类型植物和土壤 C、N、P 化学计量特征［J］．应用生态学报，2014，25（4）：947-954.
[26] 曾昭霞，王克林，刘孝利，等．桂西北喀斯特森林植物－凋落物－土壤生态化学计量特征［J］．植物生态学报，2015，39（7）：682-693.
[27] 张海鑫，曾全超，安韶山，等．黄土高原子午岭林区主要林分生态化学计量学特征［J］．自然资源学报，2017，32（6）：1043-1052.
[28] 张珂，何明珠，李欣荣，等．阿拉善荒漠典型植物叶片碳、氮、磷化学计量特征研究［J］．生态学报，2014，34（22）：6538-6547.
[29] 张萍，章广琦，赵一娉，等．黄土丘陵区不同森林类型叶片－凋落物－土壤生态化学计量特征［J］．生态学报，2018，38（14）：5087-5098.

[30] 赵其国，黄国勤，王礼献．中国南方森林生态系统的功能、问题及对策 [J]．森林与环境学报，2015，35（4）：289-296.

[31] 赵亚芳，徐福利，王渭玲，等．华北落叶松针叶碳、氮、磷含量及化学计量比的季节变化 [J]．植物营养与肥料学报，2015，21（5）：1328-1335.

[32] 赵伊博，方皓月，江光林，等．川西高山峡谷区不同类型彩叶林凋落物和土壤生态化学计量特征 [J]．四川农业大学学报，2020，38（6）：685-692.

[33] 朱育锋，吴玲，彭晚霞，等．广西不同林龄桉树人工林叶－凋落物－土壤 C、N、P 生态化学计量特征 [J]．中南林业科技大学学报，2019，39（6）：92-98，106.

[34] Aerts R, Chapin F. The mineral nutrition of wild plants revisited : A re-evaluation of processes and patterns [J]. Advances in Ecological Research, 2000, 30 : 1-67.

[35] Agreng I. Stoichiometry and nutrition of plant growth in natural communities [J]. Annual Review of Ecology Evolution & Systematics, 2008, 39 (1): 153-170.

[36] Elser J J, Fagan W F, Denno R F, et al. Nutritional constraints in terrestrial and freshwater food webs [J]. Nature, 2000, 408 (6812): 578-580.

[37] Hobbie S E, Gough L. Foliar and soil nutrients in tundra on glacial landscapes of contrasting ages in northern Alaska [J]. Oecologia (Berlin), 2002, 131 (3): 453-462.

[38] Huang L J, Zhu W X, Ren H, et al. Impact of atmospheric nitrogen deposition on soil properties and herb-layer diversity in remnant forests along an urban-rural gradient in Guangzhou, southern China [J]. Plant Ecology, 2012, 213 (7): 1187-1202.

[39] Koerselman W, Meuleman A F. The vegetation N : P ratio : a new tool to detect the nature of nutrient limitation [J]. Journal of Applied Ecology, 1996, 33 (6): 1441-1450.

[40] Majdi H, John öhrvik. Interactive effects of soil warming and fertilization on root production, mortality, and longevity in a Norway spruce stand in Northern Sweden [J]. Global Change Biology, 2010, 10 (2): 182-188.

[41] Mcgroddy M E, Daufresne T, Hedin L O. Scaling of C : N : P stoichiometry in forests worldwide : implications of terrestrial redfield-type ratios [J]. Ecology, 2004, 85 (9): 2390-2401.

[42] Reich P B, Oleksyn J. Global patterns of plant leaf N and P in relation to temperature and latitude [J] . Proceedings of the National Academy of Sciences, 2004, 101 (30): 11001-11006.

[43] Sterner R W, Elser J J. Ecological Stoichiometry : The Biology of Elements From Molecules to The Biosphere [M] // Ecological Stoichiometry : the Biology of Elements from Molecules to the Biosphere, 2002.

[44] Tang Z Y, Xu W T, Zhou G Y, et al. Patterns of plant carbon, nitrogen, and phosphorus concentration in relation to productivity in China's terrestrial ecosystems [J] . Proceedings of the National Academy of Sciences, 2018, 115 : 4033-4038.

[45] Tessier J T, Raynal D J. Use of nitrogen to phosphorus ratios in plant tissue as an indicator of nutrient limitation and nitrogen saturation [J] . Journal of Applied Ecology, 2003, 40 (3): 12.

[46] Tian D, Yan Z B, Karl J N, et al. Global leaf nitrogen and phosphorus stoichiometry and their scaling exponent [J] . National Science Review, 2018, 3: 728-739.

[47] Tian H, Chen G, Zhang C, et al. Pattern and variation of C : N : P ratios in China's soils : a synthesis of observational data [J] . Biogeochemistry, 2010, 98 (1-3): 139-151.

[48] Vitousek P M. Stoichiometry and flexibility in the Hawaiian model system [M] . Melillo J M, Field C B, Moldan B eds. Scope 61 : Interactions of the Major Biogeochemical Cycles : Global Change and Human Impacts. Washington D C : Island Press, 2003 : 117-134.

[49] Warren C R, Adams M A. Evergreen trees do not maximize instantaneous photosynthesis [J] . Trends in Plant Science, 2004, 9 (6): 270-274.

[50] Westheimer F H. Why nature chose phosphates [J] . Science, 1987, 235 (4793): 1173-1178.

第六章

桉树人工林生物量及微量元素的分配特征

生物量作为森林生态系统中最基本的数量特征（林力，2011），是森林系统能正常运行的营养物质来源和能量基础，也是计量植被碳库、森林生态系统物质元素循环的重要参数之一（付威波等，2014）。通过森林生物量的计算，可以推算出森林的碳排量，从而为研究森林碳平衡提供数据支撑和理论依据。因此，准确地计算森林生物量及其分配特征，成为森林碳循环研究中的关键问题（张浩等，2013）。植物叶片养分再吸收是植物保存养分、增强竞争力、提高养分吸收力和生产力的主要作用机制之一，反映了林木养分循环的内在规律，在植物生长发育过程中普遍存在且与其关系密切，是人工林生态系统养分循环的特征之一。我国是人工林面积最大的国家，桉树在中国主要分布在华南和西南的几个省份，如广西、广东、福建、海南和云南等省区。与氮（N）、磷（P）、钾（K）等大量营养元素一样，铁（Fe）、锰（Mn）、铜（Cu）、锌（Zn）等微量元素作为桉树营养的重要组成部分，对桉树人工林生物生产力及其生态系统的稳定性和持续性起着重要的作用。

微量元素是植物生长必需的养分，它与生物分子蛋白、多糖、核酸、维生素等物质密切相关，在植物的各种生理代谢过程中起调控作用（冯茂松等，2010），当微量元素超过植物耐受阈值时，便会对植物的生长发育产生胁迫作用。尾巨桉（*Eucalyptus urophylla* × *E. grandis*）是由尾叶桉（*E. urophylla*）和巨桉（*E. grandis*）杂交获得的杂交种，具有适应性强、生长快、干型通直、轮伐期短等优点，是目前我国南方大面积推广种植的桉树主要优良品种之一，经济效益显著。对尾巨桉人工林叶片养分再吸收特征的研究，可以为改善人工管理经营方式和提高养分管理水平提供理论技术依据，从而提高尾巨桉人工林的服务功能和价值。因此，本章以广西典型桉树人工林为研究对象，通过对 5 个林龄（1a、2a、3a、5a 和 7a）的尾巨桉人工林生物量分配调查的基础上，对各林龄尾巨桉不同器官（干、皮、枝、叶、根）和林地不同土层（0 ～ 20 cm、20 ～ 40 cm 和 40 ～ 60 cm）土壤的微量元素含量进行了测定：①探讨林龄和种植密度对尾巨桉人工林生物量分配特征的影响；②分析桉树人工林土壤微量元素的分配特征；③揭示尾巨桉人工林生长过程中与微量元素间的相互关系。

1　不同林龄桉树人工林林分生物量分配特征

1.1　尾巨桉人工林乔木层生物量及其分配

基于第二章中的生物量估算方程，估算了尾巨桉人工林各林分的生物量。从表 6-1 可以看出，随着林龄的增大，不同林龄尾巨桉人工林乔木层各部分器官的生物量均相应地增加。5a 与 7a 尾巨桉林分乔木层的树干、树根、树枝、树皮和树叶的生物量及单株总生物量均显著大于其他 3 个林龄，7a 大于 5a。对于尾巨桉林分乔木层各个部分器官中的树叶来说，2a 和 3a、5a 和 7a 尾巨桉林之间差异不显著（$P > 0.05$）；对于树枝、树干和单株来说，2a 和 3a 尾巨桉林之间差异不显著（$P > 0.05$）；对于树根和树皮来说，5a 和 7a 尾巨桉林之间差异不显著（$P > 0.05$）；就各林龄尾巨桉总生物量增长幅度来看，3 ～ 5a 增长最为迅速（114.24 t/hm^2），5 ～ 7a 次之（106.58 t/hm^2），再次为 1 ～ 2a（25.85 t/hm^2），2 ～ 3a 增长最慢，增幅仅为 18.96 t/hm^2，这可能主要是由不同林龄下林分的保存率和施肥等抚育措施的时间节点不同引起。1a 尾巨桉林分各器官生物量从大到小的关系为树根、树干、树叶、树枝和树皮；2a 尾巨桉林分各器官生物量从大到小的关系为树干、树根、树枝、树叶和树皮；3a、5a 和 7a 尾巨桉林分各器官生物量的大小关系为树干、树根、树枝、树皮和树叶。在尾巨桉生物量分配中，3 ～ 7a 树干的生物量在 4 个林龄中均最大，随林龄的增加而增大。

表 6-1　不同林龄尾巨桉人工林乔木层各器官生物量分配（t/hm^2）

林龄	树叶	树枝	树干	树根	树皮	单株小计
1a	1.17 ± 0.18 c	1.05 ± 0.22 d	1.24 ± 0.32 d	1.31 ± 0.29 d	0.26 ± 0.09 d	5.03 d
2a	2.32 ± 0.33 b	3.11 ± 0.45 c	15.88 ± 1.56 c	7.42 ± 1.01 c	2.15 ± 0.21 c	30.88 c
3a	2.46 ± 0.25 b	4.42 ± 0.63 c	25.99 ± 2.74 c	12.88 ± 0.65 b	4.09 ± 0.33 b	49.84 c
5a	5.18 ± 0.47 a	16.85 ± 2.48 b	81.27 ± 2.66 b	50.77 ± 6.21 a	10.01 ± 0.75 a	164.08 b
7a	6.23 ± 0.36 a	22.63 ± 2.96 a	177.59 ± 5.04 a	52.36 ± 3.75 a	11.85 ± 1.09 a	270.66 a

注：表中同列不同字母表示不同林龄间显著差异（$P < 0.05$）。本章下同。

从表 6-2 可以看出，随着林龄的增大，尾巨桉的枝叶比呈现增大的趋势，从 1a 时的 3.46 增大到 7a 时的 6.82，表明尾巨桉枝叶伸展发育的空间较大，有利于促进单株和林分生长量的增加。林分枝叶指数呈现先增大后减小的趋势，这可能主要是由于 3a 后，尾巨桉生物量的增加以树干和树皮生物量的增加为主，而树枝和树叶生物量的年增加量相对较小，因此林分枝叶指数随着林龄的增加而降低。光合器官与非光合器官生物量比值随林龄的增大而减小，说明 1 ～ 7a 时，尾巨桉的生长以树干的生长为主，树叶生物量的增加量较小，其树叶生物量可达到生长所需营养的积累。干材与地上部分生物量比值随着林龄的增加而趋于升高，到林龄为 7a 时最大，说明尾巨桉光合作用的主要产物都用来增加树干的生物量，这有利于尾巨桉木材蓄积量的增加。

表 6-2　不同林龄尾巨桉人工林生物量结构特征

林龄	1a	2a	3a	5a	7a
枝叶比	3.46 b	4.97 b	5.88 a	6.37 a	6.82 a
林分枝叶指数	0.15 a	0.20 a	0.16 a	0.14 b	0.12 b
光合器官与非光合器官生物量比值	0.038 a	0.031 a	0.028 a	0.024 b	0.014 b
干材与地上部分生物量比值	0.55 b	0.61 a	0.64 a	0.66 a	0.71 a

注：表中同行不同字母表示不同林龄间显著差异（$P < 0.05$）。本章下同。

1.2　草本层和凋落物层的生物量及其分配

由表 6-3 可知，5 个林龄尾巨桉林的林下地被层生物量存在一定的差异。草本层的生物量在 1 ～ 7a 随林龄的增大呈现先减少后上升的趋势，1 ～ 3a 彼此差异不显著，5 ～ 7a 显著高于 1 ～ 3a。不同林分下的凋落物层差异较明显，从大到小依次为 7a > 5a > 3a > 2a > 1a，随林龄增大凋落物层地被物呈不断增加的变化趋势。不同林分下草本层和凋落物层生物量的和，也是呈现随林龄增大而不断增加的变化趋势。

表 6-3　不同林龄尾巨桉林下草本层和凋落物层生物量分配（t/hm^2）

林龄	草本层	比例（%）	凋落物层	比例（%）	小计	比例（%）
1a	2.26 ± 0.31 b	42.80	3.02 ± 0.17 d	57.20	5.28 d	100
2a	2.03 ± 0.18 b	29.81	4.78 ± 0.44 c	70.19	6.81 c	100
3a	2.19 ± 0.17 b	26.94	5.94 ± 0.19 b	73.06	8.13 b	100
5a	4.11 ± 0.78 a	39.29	6.35 ± 0.22 b	60.71	10.46 b	100
7a	5.25 ± 0.19 a	39.68	7.98 ± 1.01 a	60.32	13.23 a	100

1.3　尾巨桉人工林总生物量组成及其分配

由表 6-4 可知，5 个林龄尾巨桉人工林总生物量表现出随着林龄的增大而累计增加的趋势，除 3a 与 5a 差异不显著以外，其他林龄间均达到了显著性差异（$P < 0.05$）。从各层生物量所占比例来看，5 个林龄均为乔木层所占比例最大（48.79% ～ 95.34%）。草本层和凋落物层的生物量占的比例均随着林龄的增大而不断减小，草本层的生物量占的比例在各个林龄中从大到小表现为 1a > 2a > 3a > 5a > 7a，这主要是由于人为抚育措施和林分保留密度差异共同作用。各个层次中的生物量所占比例，在 1 ～ 7a 尾巨桉林中从大到小的关系一致表现为乔木、凋落物层和草本层。总体上，5 个林龄尾巨桉的地上植物生物量（乔木层和草本层）比例变化为 70.71% ～ 97.19%，凋落物层比例变化为 2.81% ～ 29.29%。

表 6-4　不同林龄尾巨桉人工林各层次生物量分配（t/hm^2）

林龄	乔木层	比例（%）	草本层	比例（%）	凋落物层	比例（%）	总计	比例（%）
1a	5.03 d	48.79	2.26 b	21.92	3.02 d	29.29	10.31 d	100
2a	30.88 c	81.93	2.03 b	5.39	4.78 c	12.68	37.69 c	100
3a	49.84 c	85.98	2.19 b	3.78	5.94 b	10.24	57.97 b	100
5a	164.08 b	94.01	4.11 a	2.35	6.35 b	3.64	174.54 b	100
7a	270.66 a	95.34	5.25 a	1.85	7.98 a	2.81	283.89 a	100

2　不同林龄桉树人工林各器官微量元素含量特征

2.1　不同林龄尾巨桉各器官微量元素含量

由表 6-5 可知，不同元素在不同林龄尾巨桉人工林各器官的含量大小不同，不同元素含量从大到小的关系依次为 Mn > Fe > Zn > Cu。Fe 在 1a 的尾巨桉各器官总量最大（245.88 mg/kg），3a 含量最小（209.56 mg/kg），1 ～ 2a 趋于减少，3 ～ 7a 则趋于增加。Mn 在 1a 尾巨桉各器官总量最大（806.08 mg/kg），2a 含量最小（668.46 mg/kg），3 ～ 7a 随林龄的增加而增加。Cu 在 3a 的尾巨桉各器官总量最大（22.03 mg/kg），5a 含量最小（16.27 mg/kg），在尾巨桉各个林龄无明显变化规律。Zn 在 1a 的尾巨桉各器官总量最大（44.06 mg/kg），7a 含量最小（33.41 mg/kg），1 ～ 7a 随林龄的增加而总体上减少。

Fe 在 1 ～ 7a 林龄的尾巨桉各器官间存在显著性差异（$P < 0.05$），1 ～ 2a 林龄从大到小的关系表现为树根 > 树叶 > 树皮 > 树干 > 树枝，3 ～ 7a 林龄含量从大到小的关系表现为树叶 > 树根 > 树皮 > 树枝 > 树干。Mn 含量在 1 ～ 7a 林龄各器官间存在显著性差异（$P < 0.05$），1 ～ 7a 林龄含量大小关系一致表现为树叶 > 树皮 > 树枝 > 树根 > 树干。Cu 含量在 1a 林龄从大到小的关系表现为树叶、树枝、树根、树皮 > 树干，2 ～ 7a

林龄含量大小关系为树叶>树枝>树皮>树根>树干。Zn 含量在 1 ～ 2a 林龄从大到小的关系一致表现为树叶>树根>树皮>树枝>树干，3a 林龄含量大小关系表现为树叶>树皮>树根>树枝>树干，5 ～ 7a 林龄含量大小关系一致表现为树叶>树枝>树皮>树根>树干。

表 6-5　尾巨桉各器官微量元素含量（mg/kg）

元素	器官	1a	2a	3a	5a	7a
Fe	树叶	60.39 cB	77.29 bA	63.35 cA	72.65 bA	81.26 aA
	树枝	20.14 bC	19.88 bB	18.96 bB	28.55 aB	22.01 bC
	树干	25.77 aC	21.01 aB	15.78 bB	15.49 bC	16.34 bC
	树根	98.56 aA	80.22 bA	59.99 dA	66.58 dA	72.26 cA
	树皮	41.02 bB	34.55 cB	51.48 aA	40.23 bB	34.36 cB
Mn	树叶	316.55 bA	305.66 bA	302.39 bA	350.24 aA	362.01 aA
	树枝	150.02 aB	77.68 bC	146.98 aB	160.02 aC	122.48 aC
	树干	30.94 aC	24.66 aD	19.05 bC	16.35 bD	15.88 bD
	树根	52.68 aC	50.21 aC	66.35 aC	44.78 bD	66.92 aD
	树皮	255.89 aA	210.25 aB	245.55 aA	225.64 aB	205.65 aB
Cu	树叶	7.12 aA	6.11 bA	7.02 aA	5.44 cA	6.39 bA
	树枝	4.89 bB	4.53 bA	5.49 aA	3.79 cA	3.11 cB
	树干	2.36 aC	2.54 aB	2.16 aB	1.74 bB	1.99 bC
	树根	3.32 aC	2.98 aB	2.44 bB	2.09 bB	2.56 bB
	树皮	2.84 cC	3.19 bB	4.92 aA	3.21 bA	2.86 cB
Zn	树叶	13.99 bA	16.25 aA	12.78 bA	15.89 aA	11.97 bA
	树枝	7.85 aB	6.35 bC	5.54 bB	8.25 aB	7.11 aB
	树干	5.89 aC	4.76 bC	2.34 cC	3.16 cC	2.36 cC
	树根	8.32 aB	7.82 aB	8.78 aB	4.22 bC	5.12 bB
	树皮	8.01 bB	7.32 bB	10.01 aA	6.15 cB	6.85 bB

注：表中同行不同小写字母表示同一器官不同林龄间差异显著（$P < 0.05$），同列不同大写字母表示同一林龄不同器官间差异显著（$P < 0.05$）。

2.2 不同林龄尾巨桉人工林微量元素积累与分布

由表 6-6 可知，尾巨桉 1 ～ 7a 林龄的单株林木营养元素的积累总量随着林龄的增加而逐渐增加，微量元素总量合计依次为 8.865 kg/hm^2、12.456 kg/hm^2、17.529 kg/hm^2、18.035 kg/hm^2 和 22.557 kg/hm^2，微量元素合计总量呈现出与各微量元素在不同林龄间类似的变化规律。除去草本层和凋落物层，乔木层是桉树人工林有机物的主要生产者，所积累的微量元素占林分的大部分比例，其养分总量分别为 5.897 kg/hm^2、8.080 kg/hm^2、10.999 kg/hm^2、11.283 kg/hm^2 和 14.036 kg/hm^2；不同微量元素的含量大小顺序依次为 Mn ＞ Fe ＞ Zn ＞ Cu。

Fe 主要贮存量以树干最高，其次是树根、树皮和树叶，最低为树枝；Mn 主要贮存量以树皮最高，其次是树叶、树干和树根，最低为树枝；Zn 主要贮存量以树干最高，其次是树根、树皮和树叶，最低为树枝；Cu 主要贮存量以树干最高，其次是树根、树皮和树枝，最低为树叶。总体上，尾巨桉林木中不同器官微量元素贮存量以树干较高，其次是树根、树皮和树叶，最低为树枝。

桉树林下草本层的生物量相对于乔木层较小，其所积累的营养元素亦少很多。1 ～ 7a 尾巨桉人工林草本层养分含量总计分别为 1.199 kg/hm^2、1.670 kg/hm^2、2.771 kg/hm^2、2.986 kg/hm^2 和 3.71 kg/hm^2，草本层营养元素积累量随林龄的增大而逐渐增加。凋落物层包括死地被物和粗腐殖质，这一层所积累的营养元素分别达到 1.769 kg/hm^2、2.706 kg/hm^2、3.759 kg/hm^2、3.766 kg/hm^2 和 4.811 kg/hm^2，占林分养分总量的 19.96%、21.72%、21.44%、20.88% 和 21.33%，说明不同林龄的尾巨桉人工林通过凋落物归还给土壤的养分达 20% 左右，且随着林龄的增大而增加，这有利于维持人工林生态系统的稳定。

表 6-6 不同林龄尾巨桉人工林微量元素积累与分布（kg/hm^2）

元素	器官	1a	2a	3a	5a	7a
Fe	树叶	0.172	0.412	0.256	0.302	0.379
	树枝	0.105	0.176	0.144	0.171	0.254
	树干	0.701	0.944	1.112	1.117	1.824
	树根	0.723	0.837	1.002	1.005	1.236
	树皮	0.162	0.211	0.399	0.512	0.412
	草本层	0.155	0.399	0.647	0.660	0.664
	凋落物层	0.218	0.431	0.522	0.522	0.765
	小计	2.236	3.410	4.082	4.289	5.534

续表

元素	器官	1a	2a	3a	5a	7a
Mn	树叶	0.721	1.252	1.602	1.524	1.803
	树枝	0.429	0.601	1.438	1.499	1.378
	树干	0.812	1.149	1.225	1.225	2.205
	树根	0.685	0.484	1.001	0.988	1.224
	树皮	0.984	1.306	2.114	2.115	1.632
	草本层	1.011	1.198	1.997	2.208	2.887
	凋落物层	1.488	2.165	3.115	3.102	3.901
	小计	6.130	8.155	12.492	12.661	15.030
Cu	树叶	0.041	0.027	0.029	0.023	0.024
	树枝	0.024	0.036	0.038	0.044	0.036
	树干	0.155	0.135	0.164	0.138	0.188
	树根	0.059	0.044	0.054	0.052	0.066
	树皮	0.031	0.017	0.041	0.045	0.047
	草本层	0.019	0.024	0.045	0.039	0.044
	凋落物层	0.041	0.038	0.031	0.051	0.052
	小计	0.370	0.321	0.402	0.392	0.457
Zn	树叶	0.022	0.072	0.059	0.063	0.059
	树枝	0.015	0.053	0.044	0.044	0.074
	树干	0.069	0.189	0.202	0.202	0.228
	树根	0.024	0.091	0.119	0.133	0.901
	树皮	0.009	0.044	0.072	0.081	0.066
	草本层	0.014	0.049	0.082	0.079	0.115
	凋落物层	0.022	0.072	0.091	0.091	0.093
	小计	0.129	0.570	0.553	0.693	1.536
合计	树叶	0.934	1.763	1.946	1.912	2.265
	树枝	0.573	0.866	1.620	1.758	1.742
	树干	1.737	2.417	2.703	2.682	4.445
	树根	1.467	1.456	2.176	2.178	3.427
	树皮	1.186	1.578	2.554	2.753	2.157
	草本层	1.199	1.670	2.771	2.986	3.710
	凋落物层	1.769	2.706	3.759	3.766	4.811
	小计	8.865	12.456	17.529	18.035	22.557

2.3 不同林龄尾巨桉人工林微量元素生物循环

表 6-7 列出了 5 个林龄的 1 ～ 7a 尾巨桉人工林营养元素年吸收量、存留量、归还量及其循环速率。可以看出，5 个林龄的尾巨桉对微量元素的吸收量分别为 4.766 kg/hm^2 · a、4.919 kg/hm^2 · a、5.584 kg/hm^2 · a、4.977 kg/hm^2 · a 和 4.490 kg/hm^2 · a，年归还量分别为 1.938 kg/hm^2 · a、2.303 kg/hm^2 · a、2.974 kg/hm^2 · a、2.759 kg/hm^2 · a 和 2.42 kg/hm^2 · a，循环速率分别为 0.407、0.468、0.533、0.554 和 0.540。随着林龄的增大，微量元素的吸收量呈现为先增加后减少的趋势，在 3a 最高；存留量呈现为逐渐减少的趋势；各元素的归还量和循环速率的大小关系与吸收量表现出相似的变化规律，即先增加后减小，归还量在 3a 最高，循环速率在 5a 最高。

表 6-7 尾巨桉人工林微量元素生物循环（kg/hm^2 · a）

元素	器官	1a	2a	3a	5a	7a
Fe	吸收量	1.227	1.332	1.144	1.204	1.12
	存留量	0.903	0.799	0.721	0.688	0.67
	归还量	0.324	0.533	0.423	0.516	0.45
	循环速率	0.264	0.400	0.370	0.429	0.40
Mn	吸收量	3.225	3.204	4.112	3.488	3.12
	存留量	1.699	1.601	1.699	1.379	1.28
	归还量	1.526	1.603	2.413	2.109	1.85
	循环速率	0.473	0.500	0.587	0.605	0.59
Cu	吸收量	0.103	0.127	0.124	0.103	0.10
	存留量	0.068	0.067	0.072	0.042	0.05
	归还量	0.035	0.060	0.052	0.061	0.05
	循环速率	0.340	0.472	0.419	0.592	0.53
Zn	吸收量	0.211	0.256	0.204	0.182	0.15
	存留量	0.158	0.149	0.118	0.109	0.08
	归还量	0.053	0.107	0.086	0.073	0.07
	循环速率	0.251	0.418	0.422	0.401	0.45
合计	吸收量	4.766	4.919	5.584	4.977	4.49
	存留量	2.828	2.616	2.610	2.218	2.07
	归还量	1.938	2.303	2.974	2.759	2.42
	循环速率	0.407	0.468	0.533	0.554	0.54

3　不同种植密度桉树人工林微量元素分配特征

3.1　不同种植密度尾巨桉人工林微量元素积累与分布

由表 6-8 可知，3 种不同种植密度的尾巨桉人工林微量元素积累的总量随林分密度的增加而减少，说明低密度有利于单株木微量元素的积累，与李志辉（2000）的研究结果相反，可能原因是密度过大不利于植株生长，导致林木生长受限；乔木层从低密度到高密度微量元素的吸收积累量分别为 90.231 kg/hm^2、82.113 kg/hm^2 和 80.362 kg/hm^2，分别占林分养分总量的 78.36%、85.40% 和 84.90%。

草本层积累的营养元素量比乔木层要小很多，积累的养分总量为 3.914 kg/hm^2、2.303 kg/hm^2 和 1.821 kg/hm^2，分别占林分养分总量的 3.40%、2.40% 和 1.92%。草本层营养元素积累量随密度的增大而减少，这是因为林分密度大，郁闭度高、光透性差导致林下植被生长受限制。草本层的微量元素积累量中，Mn 的含量最高。

对于桉树人工林不同密度下的凋落物层，该层所积累的营养元素分别达到 20.98 kg/hm^2、11.74 kg/hm^2 和 12.469 kg/hm^2，分别占林分养分总量的 18.22%、12.21% 和 13.17%。说明高密度种植下的尾巨桉人工林，凋落物层所积累的营养元素较少，可能不利于其归还给土壤的凋落物量和养分含量，密度过大，将对维持人工林生态系统的稳定产生不利的影响。在 1100 株 /hm^2 密度下，各微量元素在各器官的含量由大到小依次为树根、树干、树皮、树枝和树叶；在 1600 株 /hm^2 和 2500 株 /hm^2 密度下，各微量元素在各器官的含量由大到小依次为树干、树根、树枝、树皮和树叶。说明林分密度越大，微量元素的积累偏向于树干，在采伐林木时，将带走较多的微量元素，这不利于地力养分的维持。

表 6-8　不同种植密度尾巨桉人工林微量元素积累与分布（kg/hm^2）

密度	器官	Fe	Mn	Cu	Zn	合计
1100（株 /hm^2）	树叶	0.401	5.114	0.044	0.102	5.661
	树枝	0.497	10.025	0.201	0.174	10.897
	树干	6.883	16.884	0.489	0.852	25.108
	树根	1.224	14.698	0.177	14.225	30.324
	树皮	0.711	8.853	0.088	8.589	18.241
	草本层	0.165	1.869	0.033	1.847	3.914
	凋落物层	1.022	9.369	1.014	9.576	20.981
	小计	10.903	66.812	2.046	35.365	115.126

续表

密度	器官	Fe	Mn	Cu	Zn	合计
1600（株 /hm^2）	树叶	0.448	6.214	0.055	0.134	6.851
	树枝	0.665	15.886	0.215	0.179	16.945
	树干	7.463	18.694	0.637	0.936	27.73
	树根	1.604	17.041	0.196	0.304	19.145
	树皮	0.902	10.321	0.094	0.125	11.442
	草本层	0.199	1.964	0.074	0.066	2.303
	凋落物层	1.204	10.011	0.237	0.288	11.74
	小计	12.485	80.131	1.508	2.032	96.156
2500（株 /hm^2）	树叶	0.603	6.998	0.047	0.152	7.800
	树枝	0.668	12.045	0.264	0.197	13.174
	树干	7.895	18.879	0.638	0.987	28.399
	树根	1.667	17.448	0.224	0.243	19.582
	树皮	0.904	10.352	0.017	0.134	11.407
	草本层	0.177	1.554	0.035	0.055	1.821
	凋落物层	1.026	11.042	0.133	0.268	12.469
	小计	12.94	78.318	1.358	2.036	94.652

3.2 不同种植密度尾巨桉人工林微量元素生物循环

表 6-9 列出了 3 种不同种植密度下尾巨桉人工林微量元素的年吸收量、存留量、归还量及其循环速率，3 种不同种植密度下尾巨桉对微量元素的吸收量总量合计分别为 14.978 kg/hm^2 · a、27.935 kg/hm^2 · a 和 14.905 kg/hm^2 · a，存留量分别为 10.168 kg/hm^2·a、20.305 kg/hm^2·a 和 11.190 kg/hm^2·a，归还量分别为 4.810 kg/hm^2·a、7.630 kg/hm^2 · a 和 3.715 kg/hm^2 · a，均呈现先增大后减小的趋势，以 1600 株 /hm^2 密度林分为最高。可见，调整好适当的林分密度对尾巨桉人工林的生长、木材产出及保持种植地的地力平衡均具有重要意义。微量元素在 3 种不同密度林分的循环速率随密度增加而减小，表明密度越高，其林分微量元素归还给土壤的量越少，对维系林地的微量营养元素循环越不利。可见，1600 株 /hm^2 的造林密度，将有利于维持尾巨桉林分的地力和获得较高的林分生产力。

表 6-9　不同种植密度尾巨桉人工林微量元素生物循环（kg/hm²·a）

种植密度	项目	Fe	Mn	Cu	Zn	合计
1100（株 /hm²）	吸收量	2.114	12.342	0.188	0.334	14.978
	存留量	1.685	8.124	0.154	0.205	10.168
	归还量	0.429	4.218	0.034	0.129	4.810
	循环速率	0.203	0.342	0.181	0.386	0.321
1600（株 /hm²）	吸收量	2.235	13.421	0.234	12.045	27.935
	存留量	1.889	9.578	0.163	8.675	20.305
	归还量	0.346	3.843	0.071	3.370	7.630
	循环速率	0.155	0.286	0.303	0.280	0.273
2500（株 /hm²）	吸收量	2.205	12.114	0.234	0.352	14.905
	存留量	1.763	9.032	0.168	0.227	11.190
	归还量	0.442	3.082	0.066	0.125	3.715
	循环速率	0.200	0.254	0.282	0.355	0.249

3.3　尾巨桉人工林微量元素间的相关性分析

由表 6-10 可知，尾巨桉叶片 Fe 与 N、K、Ca、Mg 呈极显著正相关（$P < 0.01$）；Mn 与 N、Mg、Fe 呈极显著正相关（$P < 0.01$），与 P 和 Ca 呈显著正相关（$P < 0.05$）；Cu 与 P、K、Ca、Mg、Fe 呈极显著正相关（$P < 0.01$），与 N 和 Mn 呈显著正相关（$P < 0.05$）；Zn 与 P、K、Ca、Fe、Mn 呈极显著正相关（$P < 0.01$），与 Mg 呈显著正相关（$P < 0.05$）。微量元素含量之间大多有显著的正相关，这说明尾巨桉叶片的微量元素可以相互促进吸收，微量元素对提高 K、P、Ca、Mg 等大中量元素营养含量有一定的积极作用，反之，K、P、Ca、Mg 等营养元素的改善，也有助于微量元素的吸收。因此，改善尾巨桉大中量元素营养，将有助于促进尾巨桉树木的营养平衡。

表 6-10　尾巨桉人工林叶片微量元素含量间的相关性分析

元素	N	P	K	Ca	Mg	Fe	Mn	Cu	Zn
Fe	0.625**	-0.449	0.611**	0.742**	0.778**	1.000			
Mn	0.706**	0.611*	0.336	0.699*	0.901**	0.711**	1.000		
Cu	0.553*	0.725**	0.718**	0.814**	0.875**	0.698**	0.662*	1.000	
Zn	0.441	0.841**	0.8497**	0.808**	0.765*	0.821**	0.614**	0.711	1.000

3.4 桉树人工林植物-凋落物的氮磷重吸收率特征

由表6-11可知，桉树N重吸收率在0.354～0.785，P重吸收率在0.408～0.695，随林龄增加均呈现先增加后减小的趋势，两者均在1～3a的数值大小变化明显，相比而言，3a林具有较高的N、P重吸收率。桉树的N重吸收率显著低于P重吸收率，两者在2a、3a和7a间差异不显著（$P > 0.05$），1a和5a差异显著（$P < 0.05$）。7a叶重吸收率P大于N，说明对P的利用效率可能高于N。

表6-11 不同林龄桉树氮磷养分重吸收率特征

林龄	N	P	*P*值
1a	0.415 ± 0.016 bB	0.522 ± 0.021 aB	0.001
2a	0.557 ± 0.026 aA	0.667 ± 0.024 aA	0.002
3a	0.785 ± 0.064 aA	0.695 ± 0.041 aA	0.004
5a	0.401 ± 0.033 bB	0.612 ± 0.032 aB	0.002
7a	0.354 ± 0.028 aC	0.408 ± 0.020 aC	0.001
均值	0.502	0.581	

注：不同小写字母表示同一林龄N与P的重吸收率间差异显著（$P < 0.05$），不同大写字母表示不同林龄间同一N或P的重吸收率差异显著（$P < 0.05$）。

4 桉树人工林土壤微量元素分配特征

4.1 不同林分桉树人工林土壤微量元素全量特征

表6-12列出了4种不同林分人工林0～20 cm、20～40 cm和40～60 cm土壤微量元素的全量含量。可以看出，桉树人工林土壤中Fe、Mn和Cu的含量随土壤深度的增加而减少，各层含量存在差异。微量元素全量在桉树人工林含量由高到低依次为Fe、Mn、Zn和Cu；天然次生林微量元素全量在0～20 cm、20～40 cm和40～60 cm土壤含量变化规律与桉树人工林的变化规律相似。马尾松人工林与针叶混交林微量元素全量在0～20 cm、20～40 cm和40～60 cm土壤含量变化规律相似，Fe、Mn和Cu的含量随土壤深度的增加而减少，各层含量部分间存在显著差异。

桉树人工林Fe、Mn、Cu和Zn在土壤中的含量均高于马尾松林和针叶混交林，差异显著，这也说明桉树人工林将微量元素归还土壤的量比马尾松林和针叶混交林要明显。桉树人工林 Fe 含量高于天然次生林，但 Mn、Cu 和 Zn 的含量均低于天然次生林。

表 6-12　不同林分土壤微量元素的全量含量

指标	土层（cm）	桉树人工林	马尾松人工林	针叶混交林	天然次生林
Fe（g/kg）	0 ～ 20	13.64 ± 1.43 aA	10.11 ± 1.03 aB	9.55 ± 0.43 aB	12.15 ± 1.22 aA
	20 ～ 40	8.22 ± 1.15 bA	4.97 ± 0.75 bB	4.33 ± 0.29 bB	6.89 ± 1.01 bA
	40 ～ 60	6.25 ± 0.88 bA	3.22 ± 0.31 bB	3.41 ± 0.37 bB	5.26 ± 0.74 bA
Mn（mg/kg）	0 ～ 20	516.58 ± 55.79 aA	97.88 ± 26.97 aC	305.14 ± 31.39 aB	588.74 ± 70.01 aA
	20 ～ 40	398.77 ± 62.34 bA	112.65 ± 40.02 aB	199.58 ± 41.06 bB	411.35 ± 29.97 aA
	40 ～ 60	245.99 ± 71.25 cA	55.48 ± 12.25 bC	100.44 ± 23.71 bB	272.55 ± 34.89 bA
Cu（mg/kg）	0 ～ 20	23.97 ± 4.35 aB	17.59 ± 3.67 aB	20.13 ± 1.36 aB	36.25 ± 3.44 aA
	20 ～ 40	20.44 ± 2.78 aA	12.81 ± 4.14 aB	16.05 ± 2.94 bB	25.19 ± 4.67 bA
	40 ～ 60	16.74 ± 2.69 bA	10.22 ± 2.36 aB	14.11 ± 2.25 bB	19.88 ± 5.26 bA
Zn（mg/kg）	0 ～ 20	168.55 ± 36.55 aA	112.36 ± 29.54 aB	84.56 ± 20.14 aB	201.23 ± 56.24 aA
	20 ～ 40	87.48 ± 24.68 bB	132.55 ± 22.48 aA	99.86 ± 26.25 aB	124.16 ± 46.35 bA
	40 ～ 60	115.26 ± 18.89 aA	88.94 ± 20.17 bB	64.59 ± 17.77 bC	87.59 ± 28.56 bB

注：数值为平均值 ± 标准偏差；表中同列不同小写字母表示土层间差异显著（$P < 0.05$），同行不同大写字母表示林分间差异显著（$P < 0.05$）。本章下同。

4.2　不同林龄桉树人工林土壤微量元素有效含量

表 6-13 列出了桉树人工林、马尾松人工林、针叶混交林和天然次生林 4 种林分土壤微量元素的有效含量。可以看出，4 种林分微量元素有效含量在土壤中随土层深度增加而减少，4 种微量元素有效成分在 40 ～ 60 cm 含量最低，与 0 ～ 20 cm 和 20 ～ 40 cm 中的含量存在显著差异（$P < 0.05$）。除马尾松的有效铁外，其他树种有效铁、有效锰和有效铜在 4 种林分中，同一林分的 0 ～ 20 cm 和 20 ～ 40 cm 土壤中含量彼此之间不存在差异，与 40 ～ 60 cm 土壤中含量差异显著；有效铁、有效锰和有效铜在桉树人工林和天然次生林 0 ～ 60 cm 的土壤中含量变化规律相同，彼此之间的差异显著（$P < 0.05$）。4 种不同林分微量元素有效含量在土层中的分布呈现出比较明显的“表聚性”特征。

微量元素 Fe 的有效含量从大到小的关系表现为天然次生林、针叶混交林、桉树人工林和马尾松人工林；微量元素 Mn 的有效含量从大到小的关系表现为天然次生林>

马尾松人工林>桉树人工林>针叶混交林；微量元素 Cu 的有效含量从大到小的关系表现为天然次生林>桉树人工林>针叶混交林>马尾松人工林；微量元素 Zn 的有效含量从大到小的关系表现为桉树人工林>天然次生林>马尾松人工林>针叶混交林。可见，在不同林分间，微量元素的有效含量有显著差异性。

表 6-13　不同林分土壤微量元素的有效含量

指标	土层（cm）	桉树人工林	马尾松人工林	针叶混交林	天然次生林
有效铁（mg/kg）	0 ~ 20	82.35 ± 34.25 aB	75.02 ± 20.16 aB	91.26 ± 20.16 aA	112.25 ± 36.25 aA
	20 ~ 40	66.45 ± 30.67 aB	44.26 ± 17.01 bB	70.15 ± 33.24 aA	87.98 ± 22.78 aA
	40 ~ 60	36.55 ± 14.29 bB	20.11 ± 9.48 bC	37.88 ± 11.59 bB	50.66 ± 11.78 bA
有效锰（mg/kg）	0 ~ 20	2.87 ± 0.45 aB	4.55 ± 0.19 aA	2.23 ± 0.21 aB	6.29 ± 0.84 aA
	20 ~ 40	2.01 ± 0.23 aC	3.19 ± 0.24 aB	1.88 ± 0.15 aC	4.55 ± 1.01 aA
	40 ~ 60	1.14 ± 0.18 bB	2.11 ± 0.13 bA	1.36 ± 0.17 bB	2.79 ± 0.77 bA
有效铜（mg/kg）	0 ~ 20	0.58 ± 0.12 aA	0.26 ± 0.12 aB	0.44 ± 0.08 aB	0.71 ± 0.32 aA
	20 ~ 40	0.27 ± 0.09 aB	0.23 ± 0.09 aB	0.23 ± 0.05 bB	0.52 ± 0.18 aA
	40 ~ 60	0.15 ± 0.07 bB	0.14 ± 0.08 bB	0.14 ± 0.09 cB	0.26 ± 0.12 bA
有效锌（mg/kg）	0 ~ 20	11.13 ± 1.54 aA	6.25 ± 1.23 aB	4.68 ± 1.35 aB	9.88 ± 2.26 aA
	20 ~ 40	6.95 ± 2.02 bA	3.74 ± 1.48 bB	3.22 ± 1.21 aB	5.94 ± 3.02 aA
	40 ~ 60	4.26 ± 1.14 cA	3.02 ± 0.98 bB	2.02 ± 1.14 bC	3.75 ± 2.19 bB

4.3　桉树人工林土壤微量元素有效含量与理化性质的相关性

由表 6-14 可知，桉树人工林土壤中有效铁与含水率和有机碳呈极显著正相关（$P < 0.01$）；Mn 与 pH 值、有机碳和 Fe 含量呈显著正相关（$P < 0.05$）；Cu 与含水率、有机碳、铁和锰呈显著正相关（$P < 0.05$）；Zn 与有机碳呈极显著正相关（$P < 0.01$），与 pH 值、Fe、Mn 和 Cu 呈显著正相关（$P < 0.05$）。微量元素含量彼此之间大多数呈现显著的正相关（$P < 0.05$），表明桉树人工林土壤微量元素之间存在相互促进作用和密切的关系。

表 6-14　土壤微量元素有效含量与理化性质的相关性

元素	pH 值	含水率	有机碳	Fe	Mn	Cu	Zn
pH 值	1.000						
含水率	0.315	1.000					

续表

元素	pH 值	含水率	有机碳	Fe	Mn	Cu	Zn
有机碳	−0.248	0.745**	1.000				
Fe	−0.536	0.886**	0.699**	1.000			
Mn	0.625*	0.210	0.475*	0.321*	1.000		
Cu	0.329	0.477*	0.516*	0.519*	0.512*	1.000	
Zn	0.611*	0.441	0.901**	0.671*	0.709*	0.477*	1.000

4.4 不同林龄桉树人工林土壤微量元素全量特征

表 6-15 表明，土壤微量元素 Fe、Mn、Cu 和 Zn 含量以 Fe 为最高，Zn 和 Mn 次之，Cu 最少。2 ～ 7a 不同林龄阶段的桉树人工林土壤 Fe、Mn、Cu 和 Zn 含量均随土层深度的增加而增加，这与袁颖红（2009）研究的结果相似。

各林龄桉树人工林不同层次土壤 Mn 和 Cu 含量呈现出相同的变化规律，由高到低的顺序为 1a、7a、2a、5a、3a；随着林分林龄的增加，土壤 Mn、Zn 和 Cu 含量从 1 ～ 2a 下降幅度较大；7a 桉树人工林土壤除与 5a Cu 在 40 ～ 60 cm、Zn 在 0 ～ 40 cm 含量存在不显著差异外，7a 桉树人工林土壤其他各层 Mn、Zn 和 Cu 含量与 3a、5a 存在显著性差异。

表 6-15 不同林龄桉树人工林土壤微量元素含量特征

元素	土层（cm）	1a	2a	3a	5a	7a
Fe（g/kg）	0 ～ 20	39.88 ± 4.58 aA	31.19 ± 1.57 aB	28.65 ± 3.22 aB	34.25 ± 3.22 bB	45.69 ± 3.78 bA
	20 ～ 40	41.36 ± 6.02 aB	32.36 ± 2.15 aC	29.78 ± 2.15 aC	40.26 ± 1.69 aB	47.84 ± 1.52 bA
	40 ～ 60	46.98 ± 3.74 aB	35.49 ± 3.32 aC	31.08 ± 1.97 aC	42.38 ± 1.07 aB	50.02 ± 2.38 aA
Mn（mg/kg）	0 ～ 20	103.25 ± 10.75 aA	74.19 ± 10.01 bA	55.48 ± 8.59 aB	61.77 ± 2.34 aB	78.49 ± 10.02 aA
	20 ～ 40	97.88 ± 6.15 aA	81.95 ± 8.74 aB	57.59 ± 3.08 aC	63.87 ± 3.29 aC	80.78 ± 8.63 aB
	40 ～ 60	116.49 ± 8.25 aA	92.24 ± 5.71 aA	62.74 ± 2.97 aC	66.95 ± 2.88 aC	82.67 ± 9.35 aB

续表

元素	土层(cm)	1a	2a	3a	5a	7a
Cu(mg/kg)	0～20	22.14±2.37 aA	16.25±1.15 bB	14.79±2.35 bB	16.25±1.66 bB	18.66±2.31 aA
	20～40	20.24±1.14 aA	18.22±2.01 bB	15.33±1.97 bB	18.15±2.38 bB	21.85±3.39 aA
	40～60	16.32±3.15 bB	20.35±4.11 aA	17.73±3.59 aB	20.36±1.08 aA	19.97±1.55 aA
Zn(mg/kg)	0～20	218.58±11.36 bA	151.25±9.58 bC	169.79±4.15 aB	187.22±6.69 aA	194.35±4.01 aA
	20～40	210.25±16.89 bA	162.02±10.02 aB	171.38±2.35 aB	196.18±3.35 aA	206.74±1.98 aA
	40～60	266.95±14.85 aA	173.55±11.47 aB	180.35±4.01 aB	191.98±5.04 aB	211.46±3.77 aA

4.5 不同林龄桉树人工林土壤微量元素与养分含量间的相关性

一般情况下，土壤元素含量与植物营养的关系颇为密切，土壤中营养元素含量受多种因素的影响，其中以 pH 的影响最显著（杨定国等，1985）。表 6-16 列出的桉树人工林土壤微量元素与养分元素之间的关系表明，微量元素 Fe、Mn、Cu 和 Zn 在土壤各层次与 pH 值存在显著正相关关系，证明了上述观点。微量元素 Cu 和 Zn 在土壤 0～20 cm 土层与 SOC 存在显著正相关关系（$P < 0.05$），SOC 在土壤各层与微量元素 Fe 和 Mn 不存在相关性。微量元素 Fe、Mn、Cu 和 Zn 在大部分土层间，与 TK、Ca、Mg 存在显著正相关关系（$P < 0.05$），表明 Mn 和 Fe 具有富集微量元素的作用。不同林龄桉树人工林土壤微量元素 Fe、Mn、Cu 和 Zn 两两间具有显著相关性，表明微量元素之间存在相互促进的作用。

表 6-16　不同林龄桉树人工林土壤微量元素与养分元素间的相关性

微量元素	土层(cm)	pH 值	SOC	TN	TP	TK	Ca	Mg	Fe	Mn	Cu	Zn
Fe	0～20	0.69*	0.52	0.61	0.74*	0.77*	0.92*	0.84*		0.95*	0.88*	0.77*
	20～40	0.87*	0.44	0.42	0.33	0.68*	0.83*	0.66*		0.84*	0.72*	0.86*
	40～60	0.79*	0.39	0.36	0.42	0.56	0.67*	035		0.90*	0.66*	0.81*

续表

微量元素	土层（cm）	pH 值	SOC	TN	TP	TK	Ca	Mg	Fe	Mn	Cu	Zn
Mn	0 ~ 20	0.81*	0.26	0.32	0.59*	0.88*	0.86*	0.71*	0.93*		0.92*	0.93*
	20 ~ 40	0.88*	0.33	0.41	0.36	0.74*	0.74*	0.59*	0.89*		0.81*	0.86*
	40 ~ 60	0.90*	0.41	0.39	0.27	0.92*	0.69*	0.34	0.91*		0.67*	0.59*
Cu	0 ~ 20	0.79*	0.55*	0.54*	0.44	0.58*	0.72*	0.45	0.66*	0.68*		0.84*
	20 ~ 40	0.93*	0.36	0.22	0.27	0.61*	0.66*	0.58*	0.72*	0.71*		0.63*
	40 ~ 60	0.88*	0.18	0.31	0.33	0.43	0.32	0.33	0.68*	0.52		0.72*
Zn	0 ~ 20	0.89*	0.71*	0.68*	0.62*	0.89*	0.91*	0.91*	0.88*	0.93*	0.86*	
	20 ~ 40	0.91*	0.54*	0.57*	0.71*	0.92*	0.88*	0.88*	0.93*	0.87*	0.94*	
	40 ~ 60	0.78*	0.36	0.28	0.44*	0.75*	0.68*	0.67*	0.79*	0.82*	0.55*	

5　讨论与小结

5.1　不同林龄尾巨桉人工林生物量的分配特征

在森林群落生物量的调查中，常见的预测模型包括以胸径为单变量、以胸径和树高为变量及以胸径、高度还有密度为变量的模型，在大多数调查中可以较准确地获得胸径数值，并且胸径与生物量之间存在着很好的相关关系（付威波等，2014）。本研究所采用的以胸径为自变量，以尾巨桉生物量为因变量的数学模拟方程是达到了一定的准确度要求的，可以对广西北部低山丘陵地区尾巨桉各器官及总生物量进行比较准确的预测和评估。可以看出，林分的总生物量随着林龄的变大而增大，1a、2a、3a、5a 和 7a 的总生物量分别为 10.31 t/hm^2、37.69 t/hm^2、57.97 t/hm^2、174.54 t/hm^2 和 283.89 t/hm^2。

5 个林龄中 3 ~ 7a 的尾巨桉林分的总生物量均大于时忠杰等（2011）在海南测定的尾细桉（*Eucapyptus urophylla* × *E. tereticornis*）林分总生物量（49.72 t/hm^2）；5 ~ 7a 的林分总生物量较付威波等（2014）在广西东南部桉树主产区测定的 8 年生尾巨桉林分（137.51 t/hm^2）和温远光等（2000）测得的 10 年生尾叶桉（*E. urophylla*）林分（144.85 t/hm^2）高，这可能主要是由立地、桉树品种、栽植密度及人为经营管理的不同导致的。7a 的尾巨桉林分总生物量较李高飞等（2004）测得的亚热带常绿阔叶林的生物量均值（221.94 t/hm^2）和热带林生物量均值（272.96 t/hm^2）都要高，但低于郑征等（2006）对西双版纳的热带山地雨林（312.6 t/hm^2）和唐建维等（2003）对热带人工雨林（390.4 t/hm^2）的研究结果。

与其他人工林树种相比，本研究中 5 ～ 7a 尾巨桉林分总生物量要高于 12 年生马尾松（*Pinus massoniana* Lamb.）林（89.94 t/hm^2）（丁贵杰等，2002）、6 ～ 40 年生湿地松（*Pinuselliottii*）（42.19 ～ 165.40 t/hm^2）（汪企明等，1990）、18 年生樟树 [*Cinnamomum Camphora*（L.）Presl.]（111.08 t/hm^2）（姚迎九等，2003）、23 年生杉木林 [*Cunninghamia lanceolata*（Lamb.）Hook.]（141.65 t/hm^2）（俞月凤等，2013）、11 年生杨树林（*Populus* L.）（90.2 t/hm^2）（吴泽民等，2001）和 4.5 年生厚荚相思林（*Acacia crassicarpa*）（75.45 t/hm^2）（秦武明等，2008），略高于张利丽（2016）在广东湛江尾巨桉人工林的研究结果（170.54 ～ 272.9 t/hm^2）。可见，桂北尾巨桉人工林是生长较快和具有较大碳汇潜力的速丰人工林。

由于尾巨桉各组分器官的生物量在林龄变化过程中的增幅存在差异，因此各林龄尾巨桉器官的生物量的分配比值也存在差异，这与付威波等（2014）研究结果一致。1a 尾巨桉林分分布较小、空间比较大、光照也比较充足，所以草本层的生物量较大，1 ～ 3a 随着林龄增长桉树林的林分树冠密度逐渐变大，加上前 3 年的人工抚育强度最大，因此 1 ～ 3a 草本层呈逐渐减少趋势。随后人工抚育强度下降，林分保留密度减小，给林下草本层的扩张提供了一定的空间，因此 5a 后的草本层生物量略有增加，7a 时林下草本层植株的生物量最大。

养分再吸收在植物养分保存方面具有重要作用，尤其是对长期生活在贫瘠生境中的植被。研究表明，低纬度地区的植物相对而言更易受 P 的限制，高纬度地区的植物更易受 N 的限制，被认为应具有更高的 P 或 N 的再吸收效率（Aerts 等，2000）。本研究中，桉树人工林 N 的养分再吸收率略低，而 P 的养分再吸收率明显较高，随林龄增加，桉树人工林 N 和 P 重吸收率均呈先增加后减小的变化趋势。本研究中 5 个林龄的尾巨桉乔木层总生物量在 5.03 ～ 270.66 t/hm^2，随着林龄的变化而变化，林龄越大，生物量也不断增大，各器官（树根、树干、树叶、树枝和树皮）的生物量均随林龄增大而增大。这主要是由于桉树萌芽能力强，同时人为抚育措施尤其是施肥对桉树快速生长有重要影响。就整个尾巨桉林分来看，桉树林下草本层比例较小，凋落物层比例较大，草本层和凋落物层分别占总生物量的 26.94% ～ 42.80% 和 57.20% ～ 73.06%，两者变化规律是相似的，凋落物层随着林龄的变化所占比例逐渐增大，草本层则呈现先减小后增大的趋势。草木层在 1a 中所占比例最大，为 42.8%；在 3a 时占的比例最小，为 26.94%。凋落物层在 1a 中所占比例最小，为 57.20%；在 3a 时占的比例最大，为 73.06%。尾巨桉人工林林下凋落物以枯死的林下植被为主，而后期草本的比例增加，这均有利于实现和维护尾巨桉人工林林地养分的物质循环，这也更进一步证明，社会流传的“桉树林下不长草”的指责是没有科学依据的。

5.2　不同林龄尾巨桉人工林微量元素积累及分布特征

人工林微量元素的生物循环通过林分吸收、存留和归还 3 个过程来维持其平衡。本研究中归还量仅估算了凋落物，没有包括雨水淋洗和树干径流及死根等归还量，因此所得的归还量结果比林分实际归还量要偏小。林下草本层是桉树人工林生态系统的重要组成部分，尾巨桉人工林生长前期即造林后前 2a，由于受到林地除草抚育措施的影响，林下草本层植物发育较差，其生物量及微量元素贮存量均较小；中、后期即 3 ～ 7a 尽管也进行铲草抚育，但林下植被生长加快，其生物量和微量元素贮存量均表现出随林龄增加而增大的趋势，其中微量元素贮存量占林分总微量元素贮存量的比例也趋于增大。凋落物作为森林生态系统养分归还的主要途径之一，其生物量和微量元素贮存量均表现出随林龄增加而增大的趋势。本研究中，微量元素在尾巨桉各器官中的含量存在着差异，Fe 以树叶或树根含量最高，其次是树皮，树干中含量最低；Mn 以树叶中含量最高，其他器官中含量依次是树皮、树枝、树根和树干；Cu 和 Zn 同样在树叶中含量最高，树干中含量最低。

微量元素在植物体内有着重要的作用，如 Fe 是许多氧化还原酶的重要组成部分和合成叶绿素所必需的元素，Zn 与植物生长素的合成、光合作用及干物质的积累有关，Cu 是多种酶的组成成分并参与呼吸作用与氧化还原过程，Mn 是许多酶的活化剂和叶绿体的结构成分（王凌晖等，2009）。本研究结果表明，林木对微量元素的吸收作用随林龄的增长发生变化，因此，不同微量元素在尾巨桉各器官中含量也因林龄不同而存在差异。Fe 在 1 ～ 7a 林龄的尾巨桉各器官元素含量存在显著差异（$P < 0.05$），树叶中的 Fe 含量随林龄增加（1 ～ 2a）呈显著升高然后显著下降（2 ～ 3a）再逐渐升高（3 ～ 7a）的变化趋势，与何斌（2016）的研究成果相似。Mn 含量在 1 ～ 7a 林龄间存在显著性差异（$P < 0.05$），其含量在 1 ～ 3a 林木中基本稳定，随后至 5a 随林龄其含量升高，1 ～ 7a 树叶中 Mn 含量部分有显著差异。Cu 含量在 1 ～ 7a 林龄间的含量存在显著差异性，在 3a 的尾巨桉各器官总量最大，5a 含量最小。Zn 含量在 1 ～ 7a 林龄间存在显著性差异（$P < 0.05$），Zn 在 1a 的尾巨桉各器官总量最大，在 7a 含量最小。

尾巨桉 1 ～ 7a 林龄的单株林木营养元素的积累总量随着林龄的增加而逐渐增加，微量元素积累总量分别为 8.865 kg/hm^2、12.456 kg/hm^2、17.529 kg/hm^2、18.035 kg/hm^2 和 22.557 kg/hm^2，以 1 ～ 2a 和 2 ～ 3a 林木积累总量增长速率最快达 28.8% 和 28.9%，以 3 ～ 5a 增长速率最小仅为 2.8%；乔木层作为有机物的主要生产者，所积累的微量元素总量分别为 5.897 kg/hm^2、8.08 kg/hm^2、10.999 kg/hm^2、11.283 kg/hm^2 和 14.036 kg/hm^2，占整个林分积累量的 62.2% ～ 66.5%。

5.3 不同种植密度尾巨桉人工林微量元素积累及分布特征

在森林生态系统中，植物根系从土壤中摄取需要的微量元素，并将其固定在自身有机体中，从而完成了微量元素的贮存与分配。在新陈代谢过程中，每年有部分器官枯落，经过分解将释放的微量元素归还给土壤，这种生物循环过程，可用吸收量 = 存留量 + 归还量进行表达。适宜的种植密度，对桉树人工林微量元素的积累产生正面且积极的影响。本研究中 3 种不同种植密度的尾巨桉林分微量元素积累的总量随林分密度的增加而减少，乔木层从低密度到高密度微量元素积累量分别为 90.231 kg/hm^2、82.113 kg/hm^2 和 80.362 kg/hm^2，分别占林分养分总量的 78.36%、85.40% 和 84.90%。凋落物层积累的微量元素分别为 20.98 kg/hm^2、11.74 kg/hm^2 和 12.469 kg/hm^2，分别占林分养分总量的 18.22%、12.21% 和 13.17%，说明高密度种植的尾巨桉不利于土壤养分的稳定性。草本层积累的营养元素量最小，积累的养分总量为 3.914 kg/hm^2、2.303 kg/hm^2 和 1.821 kg/hm^2，仅占林分养分总量的 3.40%、2.40% 和 1.92%。

李志辉等（2000）的研究结果表明，桉树林分种植密度越大，树枝和树叶养分元素的相对积累量就越少，树枝和树叶归还给林地的养分就越少，这将不利于尾巨桉人工林地自我养分循环机制的形成，林分密度过高不利于林地生产力的维持。本研究中，林分密度对各器官养分元素积累总量有一定影响，尾巨桉作为短轮伐期人工林，采伐带走的主要是干材，也是微量元素储存较多的器官。建议桉树人工林确定合理的造林密度，这样采伐时所带走的微量元素，包括养分输出量可相应减少，有利于林地养分的平衡。

5.4 不同人工林土壤微量元素全量与有效量的分布特征

人工林木中不同器官的微量元素含量主要取决于不同树种的生物学特性，同时也受到环境条件的影响。由于不同微量元素在人工林生长过程中所起的作用不同，林木对各微量元素的吸收和累积作用也有所不同，导致各器官中不同微量元素的含量和储存量也不同。本研究中，尾巨桉人工林生长迅速，不同林龄各器官微量元素含量因组织器官不同和林龄不同而存在差异，4 种微量元素在各器官中的含量均以同化器官树叶最高，非同化器官树干最低；各器官不同微量元素含量均以 Fe 和 Mn 最高，其次是 Zn，Cu 最低。不同器官的结构和生理特征不同，其微量元素含量存在一定的差异。这与其他研究结果相一致（李跃林等，2001；荣薏等，2009；何斌等，2016），与贵阳市喀斯特地貌杨树人工林（Mn ＞ Zn ＞ Cu ＞ Fe）（王新凯等，2011）有所不同。这反映了桂北尾巨桉对微量元素的吸收和累积特性，也说明与研究区域中红壤的 Mn 和 Fe 含量及其活性程度高，Zn、Cu 含量及其有效性低有一定关联性。因此，在尾巨桉人工林建设中，应根据林地土壤中微量元素含量的实际水平，基于尾巨桉不同生长阶段对微量元素的需求，适时适地施用微量元素肥料，提高其利用效率，促进桉树人工林的快速生长。

天然次生林微量元素全量在 0 ～ 20 cm、20 ～ 40 cm、40 ～ 60 cm 土壤含量变化与桉树人工林的变化规律相似，两者土壤中 Fe、Mn 和 Cu 的含量随土壤深度的增加而减少；两者的 Fe、Mn 各层含量彼此间不存在差异性（$P > 0.05$），两者在 Cu 含量上除 0 ～ 20 cm 存在显著差异外，其余各层间彼此不存在显著差异。马尾松人工林与针叶混交林微量元素全量在 0 ～ 20 cm、20 ～ 40 cm、40 ～ 60 cm 土壤含量的变化规律相近，两者的 Fe、Mn 和 Cu 的含量随土壤深度的增加而减少，Fe 和 Cu 各层含量彼此间差异不显著。桉树人工林 Fe、Mn、Cu 和 Zn 在土壤中的含量均高于马尾松林和针叶混交林，说明桉树人工林将微量元素归还于土壤较马尾松林和针叶混交林明显，除 Cu 0 ～ 20 cm 与 Zn 20 ～ 60 cm 存在显著差异外，其他各层差异不显著。桉树人工林、马尾松人工林、针叶混交林和天然次生林 4 种林分土壤微量元素的有效含量随土层深度增加而减少，4 种微量元素有效成分均在 40 ～ 60 cm 含量最低，与 0 ～ 20 cm 和 20 ～ 40 cm 中的含量存在显著差异（$P < 0.05$）；有效铁、有效锰和有效铜在 4 种林分中，同一林分的 0 ～ 20 cm 和 20 ～ 40 cm 土壤中含量彼此之间不存在差异，与 40 ～ 60 cm 土壤中含量差异显著；有效铁、有效锰和有效铜在桉树人工林和天然次生林 0 ～ 60 cm 土壤中含量变化规律相同，彼此之间的差异显著（$P < 0.05$）。

4 种林分微量元素有效量在土层中的分布呈现出比较明显的“表聚性”特征，这主要是林地凋落物的分解、养分的释放与归还补充土壤有效态微量元素的原因（董宁宁等，2017），而且这种释放与归还作用明显作用于土壤表层，同时也说明下层土壤的淋溶淀积作用较弱。赵串串等（2017）研究发现土壤有机质对微量元素有效性影响较大，土壤有机质较高时有利于土壤微量元素活化。尾巨桉不同林龄微量元素的储量为 8.865 ～ 22.557 kg/hm^2，随林分生长过程生物量增加而增大，明显高于相同或相近林龄的秃杉人工林（荣薏等，2009）。表明尾巨桉人工林生长速度更快，其对微量元素的吸收和积累能力也更强。由于在桉树人工林采伐时，一般把树皮和树干一起作为经济生物量取走，仅把部分树根和部分枝、叶作为采伐剩余物留在林地，这无疑会导致土壤养分的损失。从本研究结果看，如果在 5a 或 7a 采伐尾巨桉时能把树皮与树枝、树叶和树根等留在林地内，那会有更多的微量元素通过分解归还到林地土壤中，将更有利于加快林地微量元素的循环过程，维持林地土壤的养分平衡，有助于防止或减缓桉树人工林土壤地力的衰退。

因此，在桉树人工林的经营过程中，应通过合理施加微量元素肥料，同时减少对林下植被和凋（枯）落物的清除，增加林下采伐剩余物，以维持林地的持久生产力，这也将有利于实现桉树人工林的可持续经营与绿色发展。

综上所述，本章主要小结如下。

（1）随着林龄的增大尾巨桉人工林总生物量随之增加，总生物量大小在 10.31 ～ 283.89 t/hm^2 变化，尾巨桉人工林生物量在 7a 时达到最大值。各个林龄中乔木生物量占总生物量的 48.79% ～ 95.34%，且随着林龄的增加生物量不断增大；尾巨桉林下的草本层和凋落物层的生物量总和，亦随林龄增加趋于增大。

（2）尾巨桉不同器官 4 种微量元素含量存在差异，树叶中微量元素含量最高，其次是树皮，树枝和树根，最低是树干；5 个林龄尾巨桉人工林各器官微量元素含量的大小关系依次为 Mn ＞ Fe ＞ Zn ＞ Cu。不同器官的结构和生理特征不同，其微量元素含量存在一定的差异。

（3）1 ～ 7a 尾巨桉人工林微量元素贮存量分别为 8.865 kg/hm^2、12.456 kg/hm^2、17.529 kg/hm^2、18.035 kg/hm^2 和 22.557 kg/hm^2，随林分生长过程而逐渐增加，乔木层是桉树林有机物的主要生产者，所积累的微量元素占林分的大部分比例，其总量分别为 5.897 kg/hm^2、8.08 kg/hm^2、10.999 kg/hm^2、11.283 kg/hm^2 和 14.036 kg/hm^2。尾巨桉林木中不同器官微量元素贮存量以树干最高，其次是树根，树皮和树叶，最低为树枝。

（4）5 个林龄尾巨桉人工林微量元素 Fe、Mn、Cu 和 Zn 的年吸收量分别为 4.766 kg/hm^2 · a、4.919 kg/hm^2 · a、5.584 kg/hm^2 · a、4.977 kg/hm^2 · a 和 4.49 kg/hm^2 · a，年归还量分别为 1.938 kg/hm^2 · a、2.303 kg/hm^2 · a、2.974 kg/hm^2 · a、2.759 kg/hm^2 · a 和 2.42 kg/hm^2 · a，循环系数为 0.407、0.468、0.533、0.554 和 0.54。尾巨桉人工林早期生长过程中微量元素利用率较低，归还量较小，中后期归还的微量元素较多，循环速率较快。

（5）5 种不同林龄的桉树人工林微量元素与土壤中的 pH、TK、Ca、Mg 存在显著正相关关系，微量元素 Fe、Mn、Cu 和 Zn 之间具有显著相关性和相互促进作用。不同种植密度下尾巨桉不同器官的养分元素含量各异，单株木微量元素的积累量随林分密度的增大而减小，微量元素归还林地的量以中低密度林分为高。不同种植密度下各微量元素在各器官的含量大小主要集中树干，其次是树根、树枝和树皮，最小是树叶，林分密度越大，微量元素的积累偏向于树干。种植密度不仅影响乔木层微量元素的积累，同时也会限制草本层和凋落物层微量元素的积累，3 种不同种植密度的尾巨桉林分微量元素积累的总量以 1600 株 /hm^2 林分为最高。

参考文献

[1] 丁贵杰，王鹏程．马尾松人工林生物量及生产力变化规律研究Ⅱ［J］．不同林龄生物量及生产力林业科学研究，2002，15（1）：54-60.

[2] 董宁宁，李哲，侯琳，等．秦岭山地华山松和锐齿栎典型林分化学计量特征分析［J］．西南林业大学学报，2017，37（3）：81-87.

[3] 冯茂松，杨万勤，钟宇，等．四川巨桉人工林微量元素养分诊断［J］．林业科学，2010，46（9）：20-27.

[4] 付威波，彭晚霞，宋同清，等．不同林龄尾巨桉人工林的生物量及其分配特征［J］．生态学报，2014，34（18）：5234-5241.

[5] 李高飞，任海．中国不同气候带各类型森林的生物量和净第一性生产力［J］．热带地理，2004，24（4）：306-310.

[6] 李跃林，李志辉，谢耀坚．巨尾桉人工林养分循环研究［J］．生态学报，2001，21（10）：1734-1740.

[7] 李志辉，李跃林，谢耀坚．巨尾桉人工林营养元素积累、分布和循环的研究［J］．中南林学院学报，2000，20（3）：11-19.

[8] 林力．马尾松人工林生物量模型的研究［D］．福州：福建农林大学，2011.

[9] 何斌，廖倩苑，杨卫星，等．连续年龄序列尾巨桉人工林微量元素积累及其生物循环特征［J］．水土保持学报，2016，30（2）：200-207.

[10] 秦武明，何斌，覃世赢．厚荚相思人工林生物量和生产力的研究［J］．西北林学院学报，2008，23（2）：17-20.

[11] 荣薏，何斌，秦武明，等．厚荚相思人工林微量元素的生物循环［J］．东北林业大学学报，2009，37（12）：30-34.

[12] 时忠杰，徐大平，高吉喜，等．海南岛尾细桉人工林碳贮量及其分布［J］．林业科学，2011，47（10）：21-28.

[13] 唐建维，张建侯，宋启示，等．西双版纳热带人工雨林生物量及净第一性生产力的研究［J］．应用生态学报，2003，14（1）：1-6.

[14] 汪企明，石有光．江苏省湿地松人工林生物量的初步研究［J］．植物生态学与地植物学学报，1990，14（1）：1-12.

[15] 王凌晖，何斌．南宁马占相思人工林微量元素分布与生物循环［J］．林业科学，2009，45（5）：27-33.

[16] 王新凯，田大伦，闫文德，等．喀斯特城市杨树人工林微量元素的生物循环［J］．生态学报，2011，31（13）：3691-3699.

[17] 温远光，梁宏温，招礼军，等．尾叶桉人工林生物量和生产力的研究［J］．热带亚热带植物学报，2000，8（2）：123-127.

[18] 吴泽民，孙启祥，陈美工．安徽长江滩地杨树人工林生物量和养分积累［J］．应用生态学报，2001，12（6）：806-810.

[19] 杨定国，成延鏊，温琰茂，等．四川盆地土壤中微量元素的含量分布及其有效性的研究［J］．土壤学报，1985，22（2）：157-166.

[20] 姚迎九，康文星，田大伦．18 年生樟树人工林生物量的结构与分布［J］．中南林学院学报，2003，23（1）：1-5.

[21] 俞月凤，宋同清，曾馥平，等．杉木人工林生物量及其分配的动态变化［J］．生态学杂志，2013，32（7）：1660-1666.

[22] 袁颖红，樊后保，黄荣珍，等．连续年龄序列桉树人工林土壤微量元素含量及其影响因素［J］．生态环境学报，2009，18（1）：268-273.

[23] 张浩，宋同清，王克林，等．桂西地区不同林龄栎类群落的生物量及其分配格局［J］．农业现代研究，2013，34（6）：758-762.

[24] 张利丽．不同林龄尾巨桉人工林 C、N、P、K 生态化学计量特征［D］．北京：中国林业科学研究院，2016.

[25] 赵串串，王媛，高瑞梅．青海省黄土丘陵区主要林分土壤微量元素丰缺状况研究［J］．干旱区资源与环境，2017，31（3）：130-135.

[26] 郑征，刘宏茂，冯志立．西双版纳热带山地雨林生物量研究［J］．生态学杂志，2006，25（4）：347-353.

[27] Aerts R, Chapin FS Ⅲ. The mineral nutrition of wild plants revisited：a re-evaluation of processes and patterns［J］. Advances in Ecological Research, 2000, 30：1-67.

第七章

桉树人工林热值和灰分含量的变化特征

植物通过光合作用将太阳辐射能转化为化学能是生态系统中能量转换效率最高的过程，能进一步将获得的能量储存于植物体的各组分器官中，并用于新陈代谢活动。能量是生态学功能研究中的基本概念之一，能量及能流效率与过程是近代生态学研究的重要课题。植物热值是植物含能产品能量水平的一种度量，反映了绿色植物在光合作用中转化日光能的能力，热值高低体现了植物的能量代谢水平的高低，各种环境因子对植物生长的影响，可以从热值的变化上反映出来，热值是衡量植物体生命活动及组成成分的重要指标（鲍雅静等，2003）。热值与干物质产量结合可以用来评估生态系统初级生产力的性状特征（祖元刚，1990），热值也是评价植物营养成分及木材燃烧性能的特征之一（杨成源等，1996）。生态系统中能量流动的测定是生产力研究的一项关键内容，植物个体、器官、种群和群落热值的研究可以指示森林生态系统中能量的转化规律。一般热值分干质量热值和去灰分热值 2 种，其中干质量热值可用于生物量与能量之间的转化，由于种间各组分的灰分含量不同，应排除灰分以获得更准确的单位干物质所含能量（Reiners.，1972）。因此，研究热值的变化对于提高森林生态系统生产力与改进系统能量输入、提高生态系统能量输出与效率有重要的意义。

桉树是我国南方重要的速生商品林树种，也是优良的能源树种，其抗旱能力、耐贫瘠能力、抗盐碱、耐水浸、抗风和耐寒性都很强，适应性广，且具有高效的光合作用机制，桉树人工林是世界上生长最快、生物量最大的一种人工林生态体系（陈少雄等，2006）。目前对于桉树在能源利用方面及燃烧特性等方面的研究还较少，木质能源以其能量密度相对较高、环境污染小、便于就地利用等优点已成为人类可以依靠的重要能源，有效地利用木质燃料来解决我国煤炭、石油等石化能源资源的短缺具有重要意义，而发热量是木质燃料的重要参数之一。热值的研究，可为全面了解桉树林分特征，为提高生产力提供基础数据，为我国南方桉树人工林生态系统能量流动和物质循环的研究提供科技支撑作用。因此，本章以广西典型桉树人工林为研究对象：①对不同树种林分、不同品种桉树、不同林龄桉树和不同种植密度桉树人工林的热值、灰分和能量进行研究；②总结桉树人工林能量结构特征，探讨能量属性与物质成分的相互关系。

1 不同林分类型各组分灰分含量、热值和能量

1.1 不同树种不同器官组分的灰分和热值

由表 7-1 可知，桉树等 7 类树种的灰分含量，相比于其他器官，均为树叶最高，树皮和树枝次之，树干最小。其中枫香树、毛竹叶灰分含量显著高于其他树种（$P < 0.05$）；树枝灰分含量从大到小的关系依次为马占相思、枫香、青冈栎、桉树、毛竹、杉树和马尾松；树干部灰分含量从大到小为枫香、毛竹、马占相思、桉树、青冈栎、马尾松和杉木；树皮部灰分含量从大到小为枫香、桉树、青冈栎、马占相思、杉木和马尾松。可见桉树的灰分含量整体居中。

表 7-1 不同树种不同器官的灰分含量（%）

树种	树叶	树枝	树干	树皮	平均值
杉木	4.05 b	1.55 c	0.54 c	2.45 c	2.15
马尾松	2.22 c	1.34 c	0.59 c	1.62 c	1.44
毛竹	8.19 a	3.05 b	1.35 b	—	4.20
青冈栎	4.96 b	4.02 a	1.06 b	3.45 b	3.37
枫香	10.01 a	4.23 a	2.05 a	9.16 a	6.36
马占相思	4.52 b	4.44 a	1.22 b	3.35 b	3.38
桉树	4.59 b	3.24 b	1.18 b	3.77 b	3.20

注：同列不同小写字母表示同一器官不同树种间差异显著（$P < 0.05$）。本章下同。

从去灰分热值来看（见表 7-2），树叶均高于其他部位，树叶去灰分含量从大到小的关系依次为马尾松、杉木、马占相思、青冈栎、枫香、桉树和毛竹；不同树种去灰分热值的平均值介于 17.24 ~ 19.45 kJ/g，从大到小依次为马尾松、杉木、青冈栎、毛竹、桉树、马占相思和枫香。综上，桉树去灰分热值含量居中，桉树树叶所含的高能有机物质比其他组织器官多。

表 7-2 不同树种不同器官的去灰分热值（kJ/g）

树种	树叶	树枝	树干	树皮	平均值
杉木	21.86 a	17.16 c	19.34 a	18.22 a	19.15
马尾松	22.31 a	20.04 a	17.09 b	18.34 a	19.45
毛竹	20.32 c	19.13 b	14.44 c	—	17.96
青冈栎	20.85 b	19.23 b	15.88 b	16.62 b	18.15

续表

树种	树叶	树枝	树干	树皮	平均值
枫香	20.66 b	19.14 b	13.23 c	15.91 b	17.24
马占相思	21.28 b	18.78 b	14.34 c	16.52 b	17.73
桉树	20.46 b	19.15 b	14.55 c	17.65 a	17.95

1.2　不同树种的林分能量现存量

由表 7-3 可知，不同树种、不同器官的总能量介于 963.46 ～ 2626.74 GJ/hm^2，由大到小依次为马尾松、桉树、枫香、马占相思、青冈栎、杉木和毛竹；不同树种中树干的能量均显著高于其他部位，数值为 588.99 ～ 1315.49 GJ/hm^2；7 类树种根部能量均为最低，数值为 7.52 ～ 81.97 GJ/hm^2。不同器官的能量大小关系总体依次为树干、枯枝、树叶、树枝、树皮和根，桉树有较高的能量现存量。

表 7-3　不同树种各林分中不同器官的能量（GJ/hm^2）

组分	杉木	马尾松	毛竹	青冈栎	枫香	马占相思	桉树
树叶	223.62 c	265.24 b	120.21 b	166.98 c	200.24 b	216.89 c	259.58 c
树枝	210.04 c	233.07 b	66.59 c	230.15 b	216.89 b	244.57 c	20.41 d
树干	952.14 a	1022.15 a	588.99 a	1315.49 a	1277.48 a	1015.48 a	1040.89 a
树皮	166.24 d	198.67 c	—	240.11 b	226.88 b	172.02 d	598.97 b
枯枝	642.19 b	886.57 a	180.15 b	220.34 b	286.97 b	599.78 b	360.39 b
根	14.24 e	21.04 d	7.52 d	80.17 d	74.25 c	30.81 e	81.97 d
小计	2208.47	2626.74	963.46	2253.24	2282.71	2279.55	2362.21

1.3　不同树种灰分含量与去灰分热值的相关性

在表 7-4 中，对于枫香和马占相思，树干等 4 个部位处灰分含量与去灰分热值呈显著和极显著负相关（$P < 0.05$，$P < 0.01$）。桉树树干、树枝、树叶灰分含量与去灰分热值呈显著和极显著负相关；杉木树干、树皮灰分含量与去灰分热值显著负相关（$P < 0.05$）；青冈栎的树枝和树叶灰分含量与去灰分热值极显著负相关（$P < 0.01$），毛竹树叶的灰分含量与去灰分热值极显著负相关。

表 7-4　不同树种灰分含量与去灰分热值的相关性

树种	树干	树枝	树叶	树皮
	相关系数	相关系数	相关系数	相关系数
桉树	−0.56*	−0.85**	−0.61*	−0.48
杉木	−0.51*	−0.39	−0.44	−0.53*
马尾松	−0.39	−0.62*	−0.55*	−0.38
毛竹	−0.37	−0.55	−0.75**	—
青冈栎	−0.39	−0.92**	−0.73**	−0.51*
枫香	−0.77**	−0.89**	−0.69*	−0.51*
马占相思	−0.66*	−0.82**	−0.77**	−0.56*

2　不同品种桉树人工林热值的变化特征

2.1　不同品种桉树不同器官组分的热值

由表 7-5 可知，赤桉树叶的灰分（AC）含量显著高于其他品种桉树，尾巨桉、尾叶桉、尾细桉和雷林 1 号桉树叶去灰分热值（AFCV）显著高于其他品种桉树。尾巨桉、赤桉、尾细桉树枝灰分含量和去灰分热值含量显著高于其他品种桉树；对于树干，尾巨桉、巨桉、赤桉的灰分含量显著高于其他品种桉树，而尾巨桉和巨桉的去灰分热值显著低于其他树种；对于树皮，尾叶桉和尾细桉的灰分含量较其他树种低，去灰分热值含量则较高。

总体上，赤桉、尾叶桉和雷林 1 号桉的灰分含量和去灰分热值含量显著高于其他品种。不同品种桉树的灰分含量，不同器官间从大到小依次为树叶、树皮、树枝、树根和树干；去灰分热值，不同器官间从大到小依次为树叶、树枝、树根、树皮和树干。

表 7-5　不同桉树不同器官的灰分和热值

树种	树叶		树枝		树干		树皮		树根	
	AC（%）	AFCV（kJ/g）	AC（%）	AFCV（kJ/g）	AC（%）	AFCV（kJ/g）	AC（%）	AFCV（kJ/g）	AC（%）	AFCV（kJ/g）
尾巨桉	4.59 b	20.46 a	3.24 a	19.15 a	1.18 a	14.55 b	3.77 a	17.65 b	1.44 b	19.24 a
巨桉	3.65 c	20.02 b	2.11 b	18.46 b	1.01 a	13.64 b	3.35 a	16.59 b	1.43 b	18.31 b

续表

树种	树叶		树枝		树干		树皮		树根	
	AC（%）	AFCV（kJ/g）	AC（%）	AFCV（kJ/g）	AC（%）	AFCV（kJ/g）	AC（%）	AFCV（kJ/g）	AC（%）	AFCV（kJ/g）
赤桉	6.57 a	19.71 b	2.68 a	20.15 a	0.96 a	17.95 a	3.54 a	19.26 a	2.85 a	19.09 a
尾叶桉	4.36 b	20.74 a	2.12 b	19.02 b	0.68 b	18.66 a	2.67 b	19.11 a	2.15 a	19.68 a
尾细桉	4.83 b	21.35 a	2.75 a	20.11 a	0.35 b	18.74 a	3.29 b	20.18 a	1.52 b	19.04 a
粗皮桉	5.42 b	19.68 b	2.10 b	19.01 b	0.22 c	18.41 a	4.99 a	18.16 a	1.12 b	17.98 b
雷林 1 号桉	4.59 b	21.86 a	1.35 c	19.66 a	0.52 b	17.95 a	3.97 a	18.77 a	2.55 a	19.54 a

注：AC，AFCV 分别表示灰分含量和去灰分热值含量。下同。

对于不同器官的灰分、干重热值和去灰分热值的平均值来说（见表 7-6），不同桉树不同器官的灰分含量介于 2.31% ～ 3.32%，赤桉显著高于其他树种，从大到小依次为赤桉、尾巨桉、粗皮桉、雷林 1 号桉、尾细桉、尾叶桉和巨桉。尾细桉和雷林 1 号桉的去灰分热值显著高于其他品种（$P < 0.05$），分别为 19.88 kJ/g 和 19.56 kJ/g。干重热值介于 17.00 ～ 19.38 kJ/g，其中巨桉的干重热值显著低于其他桉树品种。不同品种桉树平均去灰分热值和平均干重热值的变化趋势相同，从大到小依次为尾细桉、雷林 1 号桉、尾叶桉、赤桉、粗皮桉、尾巨桉和巨桉。

表 7-6　不同桉树不同器官的灰分、干重热值和去灰分热值的平均值

树种	平均灰分含量（%）	平均去灰分热值（kJ/g）	平均干重热值（kJ/g）
尾巨桉	2.84 b	18.21 c	17.69 b
巨桉	2.31 c	17.40 c	17.00 c
赤桉	3.32 a	19.23 b	18.59 a
尾叶桉	2.40 c	19.44 b	18.98 a
尾细桉	2.55 b	19.88 a	19.38 a
粗皮桉	2.77 b	18.65 b	18.13 b
雷林 1 号桉	2.60 b	19.56 a	19.05 a

2.2 不同品种桉树各器官灰分含量、热值的相关性

由表 7-7 可知，不同桉树的灰分含量、干重热值和去灰分热值的相关性，桉树灰分含量分别与干重热值（$R=-0.902$）和去灰分热值（$R=-0.923$）极显著负相关（$P < 0.01$）；干重热值和去灰分热值极显著正相关（$R=0.876$，$P < 0.01$）。

表 7-7 不同桉树的灰分含量、干重热值和去灰分热值的相关性

	灰分含量（AC）	干重热值（GCV）	去灰分热值（AFCV）
灰分含量（AC）	1		
干重热值（GCV）	−0.902**	1	
去灰分热值（AFCV）	−0.923**	0.876**	1

3 不同林龄桉树各器官灰分含量与热值特征

3.1 不同林龄尾巨桉不同器官组分的灰分和热值

由表 7-8 可知，不同林龄尾巨桉灰分含量均值为 2.21% ～ 3.28%。对于树叶和树枝，2a、3a 和 5a 林龄分别显著高于 1a 和 7a；树干 1a、2a 和 3a 分别显著高于 5a 和 7a；树皮 1a、2a、3a 和 5a 的灰分含量显著高于 7a；在树根，3a 和 7a 的灰分含量显著低于其他林龄的灰分含量（$P < 0.05$）。

表 7-8 不同林龄尾巨桉灰分含量（%）

林龄（a）	树叶	树枝	树干	树皮	树根	均值
1	4.04 b	1.98 b	1.45 a	3.95 a	2.35 a	2.75
2	4.23 a	3.11 a	1.62 a	4.52 a	2.93 a	3.28
3	4.59 a	3.24 a	1.18 a	3.77 a	1.44 b	2.84
5	4.36 a	2.76 a	0.85 b	3.89 a	2.26 a	2.82
7	4.12 b	2.13 b	0.44 b	3.12 b	1.22 b	2.21

对于去灰分热值含量（见表 7-9），随着林龄的增长，树叶、树枝和树干的去灰分热值表现为先增大后略有所减小的趋势，树皮的去灰分热值趋于增大，树根没有明显的变化规律。不同器官部位随着林龄增长呈现出不完全一致的变化趋势，均值介于

12.83 ～ 19.66 kJ/g，平均值从大到小依次为 2a、5a、7a、3a 和 1a。树叶、树干和树皮在 3a、5a 和 7a 的去灰分热值含量显著高于 1a 和 2a；1a 尾巨桉林不同部位的去灰分热值含量均低于其他林龄。不同器官部位的去灰分热值含量，在 1a 和 2a，从大到小依次为树根、树叶、树枝、树皮和树干；在 3a，从大到小依次为树叶、树根、树枝、树皮和树干；在 5a，从大到小依次为树枝、树叶、树根、树皮和树干；在 7a，从大到小依次为树叶、树根、树皮、树枝和树干。可见，不同器官部位的去灰分热值含量在不同林龄间呈现不完全一致的变化趋势。

表 7-9　不同林龄尾巨桉去灰分热值含量（kJ/g）

林龄（a）	树叶	树枝	树干	树皮	树根	均值
1	18.01 b	17.43 c	12.83 c	14.23 b	18.19 b	12.83
2	19.22 b	18.87 b	14.12 b	15.42 b	19.66 a	19.66
3	20.46 a	19.15 b	14.55 a	17.65 a	19.24 a	14.55
5	20.95 a	21.26 a	14.61 a	17.88 a	19.63 a	19.63
7	20.31 a	18.55 a	14.45 a	18.95 a	19.10 a	16.7

由表 7-10 可知，不同林龄尾巨桉单株的能量现存量介于 268.56 ～ 995.43 MJ/ind，林分总能量介于 310.05 ～ 1801.45 GJ/hm^2，均表现出随林龄增长而增加的趋势，7a 的尾巨桉单株能量显著高于其他林龄尾巨桉；对于林分总能量，7a 的尾巨桉显著高于其他林分，3a 和 5a 之间差异不显著，显著高于 1a、2a 林分，2a 林分显著高于 1a。不同林龄尾巨桉各器官的能量现存量，在 1a 和 7a，从大到小依次为树干、树根、树枝、树皮和树叶；在 2a、3a 和 5a，从大到小依次为树干、树枝、树根、树皮和树叶。表明尾巨桉人工林不同器官部位的能量值，在不同林龄呈现不一致的变化趋势。

表 7-10　不同林龄尾巨桉单株和林分的能量现存量

林龄（a）	树叶（MJ/ind）	树枝（MJ/ind）	树干（MJ/ind）	树皮（MJ/ind）	树根（MJ/ind）	单株小计（MJ/ind）	林分总能量（GJ/hm^2）
1	9.88 c	32.85 d	160.02 c	22.97 d	42.84 c	268.56 c	310.05 d
2	11.24 c	49.03 c	180.11 c	29.35 d	37.85 c	307.58 c	968.56 c
3	16.08 b	85.77 b	318.59 b	47.68 c	66.37 b	534.49 b	1150.24 b
5	18.79 a	89.28 b	411.88 b	69.71 b	80.24 b	669.87 b	1355.98 b
7	20.44 a	110.21 a	641.25 a	94.86 a	128.67 a	995.43 a	1801.45a

注：1 MJ=1000 kJ；1 GJ=1000 MJ。

3.2 不同林龄桉树灰分含量、热值的相关性

林龄、灰分含量和热值的相关性见表 7-11。林龄分别与干重热值和去灰分热值显著正相关（$P < 0.05$），相关系数分别为 0.684 和 0.712。灰分含量与干重热值呈显著负相关（$P < 0.05$），与去灰分热值极显著负相关（$P < 0.01$），相关系数分别为 −0.688 和 −0.754。干重热值和去灰分热值极显著正相关（$P < 0.01$）。

表 7-11　林龄、灰分含量和热值的相关性

	林龄	灰分含量	干重热值	去灰分热值
林龄	1			
灰分含量	0.615	1		
干重热值	0.684*	−0.688*	1	
去灰分热值	0.712*	−0.754**	0.922**	1

4 不同种植密度各组分灰分含量、热值和能量

由表 7-12 可知，不同密度各器官的灰分含量存在显著差异，随着种植密度的增加，树叶的灰分含量先减小后增大再减小；枝条和树干的灰分含量以及平均值，呈现先增大后减小，总体上趋于增大。相对在 1600 株 /hm^2 时，尾巨桉树叶、树枝、树干不同器官的灰分含量及平均值都最高。

表 7-12　尾巨桉不同种植密度不同器官的灰分（%）

密度（株 /hm^2）	树叶	树枝	树干	平均值
1100	7.21 b	1.77 b	1.06 b	3.35
1250	7.12 b	1.89 b	1.11 a	3.37
1600	8.45 a	2.44 a	1.25 a	4.05
2000	8.02 a	2.02 b	1.28 a	3.77
2500	7.93 a	2.51 a	1.24 a	3.89

由表 7-13 可知，不同种植密度各器官的去灰分热值达到显著差异，随着种植密度的增加，树叶、枝条和树干的去灰分热值呈现先增大后略有减小的趋势，平均值则总体趋于增大。类似于不同器官灰分的变化特征，相对在 1600 株 /hm^2 时，尾巨桉树叶、树枝和树干的去灰分热值较高。

表 7-13　尾巨桉不同种植密度不同器官的去灰分热值（kJ/g）

密度（株 /hm^2）	树叶	树枝	树干	平均值
1100	18.45 b	18.42 b	17.52 b	18.13
1250	20.83 a	18.77 a	18.83 a	19.47
1600	20.94 a	19.02 a	19.02 a	19.66
2000	20.33 a	18.95 a	18.79 a	19.36
2500	20.52 a	18.91 a	18.74 a	19.39

由表 7-14 可知，树叶的灰分与去灰分热值之间极显著负相关，灰分与干重热值显著负相关，去灰分热值与干重热值显著正相关；树枝的干重热值与密度、去灰分热值与干重热值均显著正相关；树干的去灰分热值与干重热值显著正相关。树枝和树干的灰分与密度、去灰分热值与密度之间均显著正相关。

表 7-14　尾巨桉各器官灰分含量、热值与密度之间的相关系数

相关系数	灰分与密度	去灰分热值与密度	干重热值与密度	灰分与去灰分热值	灰分与干重热值	去灰分热值与干重热值
树叶	0.43	0.52	0.38	−0.75**	−0.66*	0.83**
树枝	0.55*	0.49*	0.62*	−0.62*	−0.57*	0.91*
树干	0.67*	0.54*	0.41	−0.55	0.49	0.74*

5　讨论与小结

5.1　不同树种灰分、热值和能量的差异

热值一般包括干重热值和去灰分热值 2 种表示方法。去灰分热值是去掉灰分含量后求算的热值，能比较正确地反映单位有机物中所含的热量，消除含灰分多少不同的干扰，在能量生态学研究中，需根据研究目的不同采用不同的表示方法。植物热值受物种本身生物学特征的制约，不同植物种有其自身的遗传特性，具有不同生长发育节律和对环境的同化能力，反映在热值上也有差异。本研究表明，桉树和其他不同树种的热值存在较大差异，不同器官的灰分含量、去灰分热值以树叶最高，皮、枝或干次之，该结果与多数研究结论一致（胡喜生等，2008；周群英等，2009）。本研究区域的去灰分热值，由大到小依次为马尾松、杉木、青冈栎、毛竹、桉树、马占相思和枫香，表

现为针叶树均比阔叶树高，这一结果与林益明（2001a）的研究结果相似，这可能与针叶树含有较多的脂类物质有关。Larcher（2003）对针叶树种、双子叶和单子叶植物器官去灰分热值的研究表明，除果实和种子外，植物叶片的热值高于其他器官，本研究结果与其相一致。植物叶片的热值均高于其他器官，较高的热值一般都预示着高能物质（如脂类等）的大量存在（祖元刚，1990）。桉树含有一定量的高能物质，桉树叶部位所含的矿质元素较多。

许多学者的研究表明，植物群落中不同层次的热值大小关系依次为乔木、灌木、草本层（Whittaker 等，1975；任海等，1999；许永荣等，2003）。从生活型看，常绿树种热值往往高于落叶树种。如林承超（1999）的研究表明，常绿乔木叶热值高于落叶乔木。王得祥等（1999）对秦岭林区 11 种树木各器官的干重热值测定表明，针叶树各器官的热值普遍高于阔叶树，尤以树干最为明显。这反映了植物的热值受到植物生物学特性的制约。不同的植物有不同的遗传特性，具有不同的生长发育节律和对环境的同化能力。乔木层植物高大，根系发达，接受的太阳能多，光合作用生产的有机物质量大，体内积累的高能化合物也相应较多，对环境的同化能力比灌木、草本植物强，因此它们的热值含量比灌木、草本植物高；灌木植物比草本植物具有更强的环境同化能力，因此灌木植物比草本植物热值含量也高，而草本层在林冠郁闭的情况下接受的太阳能仅为乔木上层的 2%，林下草本经常处于光照不足状态，体内能量积累有限，高能物质含量相对匮乏，这是造成其热值较低的直接原因，表现出受太阳辐射越弱，则热值越低的趋势。

由于植物热值的高低受植物对太阳能转化效率的影响（孟春等，2008），从植物生理学角度看，叶是植物体生理活动最活跃的器官，是植物进行光合作用的场所，含有较多的高能化合物，如蛋白质和脂肪等物质；干、枝和皮是植物体的支持或营养运输器官，组成以纤维素和木质素为主，而纤维素和木质素的热值相对蛋白质和脂肪低（孙军等，2003），因此树种器官热值一般以叶片最高，其他器官相对较低。由于树皮的主要功能是保护木质部并与外界进行水分交换等，其有机物含量较小并在水分交换时存在一定的能量损失，因此其热值较低（王娜等，2011）。本研究中，不同树种平均去灰分热值由大到小依次为马尾松、杉木、青冈栎、毛竹、桉树、马占相思、枫香，桉树热值较居中，但桉树具有速生、培育周期短、生物量大等优点，作为生物质能源利用优势显著（陈少雄等，2006）。相关性分析表明，桉树人工林灰分含量与去灰分热值呈负相关，这与前人（Bliss，1962）的研究结论相符，说明植物去灰分热值的不同，与其所含粗纤维、粗蛋白、粗脂肪和营养元素 N 的数量有关。热值角度进一步证明，桉树人工林可作为较好的能源树种用来种植和开发利用。

5.2　不同桉树品种对灰分、热值的影响

植物光合作用固定的太阳能除被呼吸作用消耗外，其余部分以有机物的形式积累为植物生长提供生物潜能，该潜能可以用热值来表示，即单位干物质所含的能量（kJ/g），它比植物有机物能更直观地反映了植物对太阳能的固定和转化效率。热值分干重热值和去灰分热值2种，其中干重热值可用于生物量与能量之间的转化。由于去灰分热值能更准确地反映单位干物质所含能量，因此植物的去灰分热值更具可比性。目前，关于植物热值的报道多以干重热值为主，同时结合灰分的研究相对较少。本研究全面测定了7种桉树的灰分含量、去灰分热值及干重热值，结果表明不同桉树的灰分含量依次为赤桉、尾巨桉、粗皮桉、雷林1号桉、尾细桉、尾叶桉、巨桉；平均去灰分热值和平均干重热值的变化趋势相一致，从大到小依次为尾细桉、雷林1号桉、尾叶桉、赤桉、粗皮桉、尾巨桉和巨桉，这主要是由于各品种树种的灰分含量的变化趋势接近所致。

对于大多数植物来说根的能值要低于立枯，而绿色枝条的能值最高。林光辉等（1988）对海莲（*Bruguiera sexangula*）、秋茄（*Kandelia candel*）2种红树的测定，刘世荣等（1992）对落叶松人工林测定，结果均表现为根的热值最低。对于同种植物来说，往往是地上部分热值高于地下部分（任海等，1999），叶的热值高于茎的热值（Sundriyal，1992）。胡宝忠等（1998）对白三叶（*Trifolium repens*）种群的能值测定表明，能值与年龄相关，特别是根的能值与年龄显著相关，年龄越大，能值越高。影响植物热值的因素很多，光照可能是影响叶热值的重要因素之一，热值的高低与该植物所处的小生境光强大小有关，如从林冠乔木到地被层草本，因光强减弱而导致叶热值下降。

不同物种和组分间热值差异主要是受自身组成（所含的营养物质）、结构和功能影响，其次还受光照强度、日照长短及土壤类型和植物年龄影响，灰分含量的高低对植物的干重热值也有一定的影响（林益明等，2001a，2001b）。本研究中桉树灰分含量分别与干重热值和去灰分热值显著负相关，桉树各器官的干重热值和去灰分热值的大小排序并不完全一致，主要是由于各器官灰分含量不同所致，同一树种不同器官间也存在较大差异。不同品种桉树的灰分含量，不同器官间从大到小依次为树叶、树皮、树枝、树根、树干，这是由于树叶生理活动较为活跃，积累了较多的矿质元素的缘故，而树干高度木质化，其主要由纤维素组成，矿质含量很低，因此灰分含量少（林益明等，2001a）。

Whittaker等（1977）的研究认为世界陆生植物的平均去灰分热值为17.7905 kJ/g。本研究中7种桉树去灰分热值在17.40～19.88 kJ/g，略高于世界陆生植物的平均去灰分热值。理想的植物燃料应具备热值高与灰分含量低的特点（Bhatt等，1990）。本试

验中，不同桉树不同器官的平均去灰分热值和平均干重热值的变化趋势相同，从大到小依次为尾细桉>雷林 1 号桉>尾叶桉>赤桉>粗皮桉>尾巨桉>巨桉。灰分含量，从大到小依次为赤桉>尾巨桉>粗皮桉>雷林 1 号桉>尾细桉>尾叶桉>巨桉。从本试验的研究结果来看，尾细桉、雷林 1 号桉和尾叶桉的干重热值较高而灰分含量较低，符合理想植物燃料的要求，有较大的开发利用潜能。

5.3 不同林龄对桉树灰分、热值的影响

能量现存量是根据各器官的平均干质量热值与现存生物量相乘累加而得，它比生物量能更好地体现植物在现有环境条件下所固定的太阳能总量（张清海等，2005）。本研究中，桉树各器官及林分生物量随林龄增加而显著增加，其中叶、枝、根和皮的生物量所占总生物量比例随林龄增加表现出下降的趋势，而树干则相反。主要原因是在桉树生长的初期需较大叶量才能满足桉树整体生长的需求，随着林龄的增加，当叶片的光合产物积累后用于桉树的快速生长，生物量的积累就以树干为主，其他器官的生物量增幅减缓。各林龄不同器官能量的大小关系与生物量的排列顺序基本一致，即林分生物量的大小及变化趋势直接决定了林分能量现存量的大小及变化规律。虽然桉树树叶中的热值最大，但它的生物量较小，影响了其能量的积累，而树干则相反，尽管热值很低，但能量现存量仍很高。有研究表明植物体内高能产品在输送过程中的积累浓度由叶→枝→干→根逐渐降低，故热值也相应逐渐减小，各器官干重热值应形成叶>枝>干>根的顺序（Whittaker 等，1977）。

本研究区域，林龄对热值有一定的影响，林分总能量随林龄的增大而增大，林分现存量在各器官的分配均随林龄的增加而增大，但各器官所占比重随林龄变化规律却不一致，树干所占比重逐年增大，这说明在桉树人工林生长过程中营养生长逐渐以树干的快速生长为主，这时候光合作用的主要产物都用来增加树干的现存量，促进了林分现存量的有效积累。巨尾桉树在我国拥有较长种植历史，具有生长迅速、总生物量大、轮伐期短、经济效益好等优点，已逐渐成为我国南方重要的工业原料林树种和能源原材料，能直接作为薪材使用或用于生物质发电及生产生物柴油等。本研究全面分析了不同林龄（1a、2a、3a、5a、7a）尾巨桉林的单株、林分的能量现存量、灰分含量、干重热值和去灰分热值。植物热值受多种因素影响，除与植物自身物质元素组成密切相关外，还受光照、土壤理化性质、日照时间、实验采样季节等外界因素共同作用，因此不同植物的热值不是恒定的。于同一种桉树而言，其灰分含量与所处生境有关，也不是固定不变的。

总体来说，尾巨桉林单株和林分总能量表现出随林龄增长而增加的趋势，增长的原因应该是群落光能利用效率的增加。自然生态系统随着生长演化，群落需要发展具有更多能量流动渠道的更复杂的结构，增加物质循环能力，发展更复杂的生物多样性，产生更多的等级结构来增加能量的耗散。本研究中林龄和干重热值、去灰分热值显著正相关。越成熟的生态系统耗散得到能量的能力越强（Schneider 等，1994），而热值随着群落年龄的增加而增加，恰是能量耗散能力增强的重要基础。周群英等（2009）对广东省遂溪县北坡林场 1 ～ 4a 尾细桉人工林的生物量和能量进行研究，结果表明随林龄增长，各组分和林分能量现存量增加，且各组分能量分配比例的变化趋势与生物量相同。胡喜生等（2008）也发现，随着林龄的增大，马尾松人工林生物量与能量现存量逐渐增大，均与本文研究结果相似。

综上所述，本章主要小结如下。

（1）马占相思、枫香、青冈栎、桉树、毛竹、杉树和马尾松等树种的灰分含量，均为树叶部最高，树皮和树枝次之，树干最小；不同树种各器官的去灰分热值含量顺序为叶＞枝＞皮＞干。不同树种之间热值存在较大差异，桉树具有较高的热值。

（2）7 个品种桉树的灰分含量和去灰分热值因品种而异。不同品种桉树的灰分含量，不同器官间从大到小依次为树叶＞树皮＞树枝＞树根＞树干；去灰分热值，不同器官间从大到小依次为树叶＞树枝＞树根＞树皮＞树干。不同品种桉树平均去灰分热值和平均干重热值的变化趋势相同，从大到小依次为尾细桉＞雷林 1 号桉＞尾叶桉＞赤桉＞粗皮桉＞尾巨桉＞巨桉。

（3）不同密度各器官的灰分含量和去灰分热值有显著差异，随种植密度增加，灰分含量和去灰分热值表现为随之增加后逐渐减小的趋势。桉树灰分含量分别与干重热值和去灰分热值显著负相关，尾细桉、雷林 1 号桉和尾叶桉的干重热值较高而灰分含量较低，有较大开发利用潜能。林龄对热值有一定的影响，尾巨桉林单株和林分总能量表现出随林龄增长而增加的趋势。

参考文献

[1] 鲍雅静，李政海，韩兴国，等．植物热值及其生物生态学属性［J］．生态学杂志，2006，25（9）：1095-1103.

[2] 陈少雄，刘杰锋，孙正军，等．桉树生物质能源的优势、现状和潜力［J］．生物质化学工程，2006，27（S1）：119-128.

[3] 胡宝忠，刘娣，周以良，等．白三叶无性系植物种群分株间的资源分配［J］．东北林业大学学报，1998，26（2）：25-28.

[4] 胡喜生，宋辛森，洪伟，等．不同年龄马尾松林能量及空间分布特征［J］．森林与环境学报，2008，28（3）：208-211.

[5] 林承超．福州鼓山季风常绿阔叶林及其林缘几种植物叶热值和营养成分［J］．生态学报，1999，19（6）：832-836.

[6] 林光辉，林鹏．海莲、秋茄两种红树能量的研究［J］．植物生态学与地植物学学报，1998，12（1）：31-39.

[7] 林益明，黎中宝，陈奕源，等．福建华安竹园一些竹类植物叶的热值研究［J］．植物学通报，2001a，18（3）：356-362.

[8] 林益明，杨志伟，李振基．武夷山常绿林研究［M］．厦门：厦门大学出版社，2001b.

[9] 刘世荣，王文章．落叶松人工林生态系统净初级生产力形成过程中的能量特征［J］．植物生态学与地植物学学报，1992，16（3）：209-218.

[10] 孟春，王立海，游祥飞．人工林樟子松发热量与碳氢含量的关系分析［J］．森林工程，2008，24（4）：11-15.

[11] 任海，彭少麟．鼎湖山森林生态系统演替过程中的能量生态特征［J］．生态学报，1999，19（6）：817-822.

[12] 孙军，邹玲．木质燃料发热量的研究［J］．可再生能源，2003（6）：10-11.

[13] 王得祥，雷瑞德，尚廉斌，等．秦岭林区主要乔灌木种类能量背景值测定分析［J］．西北林学院学报，1999，14（1）：54-58.

[14] 王娜，孙墨珑，王立海，等．桉树、厚荚相思和马占相思树种热值比较分析［J］．森林工程，2011，27（4）：1-2.

[15] 许永荣，张万钧，冯宗炜，等．天津滨海盐渍土上几种植物的热值和元素含量及其相关性[J]．生态学报，2003，23(3)：450-455.
[16] 杨成源，张加研，李文政，等．滇中高原及干热河谷薪材树种热值研究[J]．西南林学院学报，1996，16(4)：294-302.
[17] 张清海，叶功富，林益明，等．福建东山县赤山滨海沙地厚荚相思林与湿地松林生物量和能量的研究[J]．厦门大学学报：自然科学版，2005，44(1)：123-127.
[18] 周群英，陈少雄，韩斐扬，等．不同林龄尾细桉人工林的生物量和能量分配[J]．应用生态学报，2010，21(1)：16-22.
[19] 祖元刚．能量生态学引论[M]．长春：吉林科学技术出版社，1990.
[20] Whittaker R H. 群落与生态系统[M]姚壁君，等译．北京：科学出版社，1977.
[21] Bhatt B P, Todaria N P. Fuel wood characteristics of some. mountain trees and shrubs[J]. Biomass, 1990(21): 233-238.
[22] Bliss L C. Caloric and lipid content in Alpine Tundra plants[J]. Ecology, 1962, 43(4): 753-757.
[23] Larcher W. Physiological Plant Ecology: Ecophysiology and Stress Physiology of Functional Groups (4th edition)[M]. Berlin: Springer-Verlag, 2003.
[24] Reiners W A. Comparison of oxygen-bomb combustion with standard ignition techniques for determining total ash[J]. Ecology, 1972, 53: 132-136.
[25] Schneider E D, Kay J J. Life as a manifestation of the second law of thermodynamics[J]. Mathematical and Computer Modelling, 1994(19), 25-48.
[26] Sundriyal R C. Structure, productivity and energy flow in an alpine grassland in the Garhwal Himalaya[J]. Journal of Vegetation Science, 1992, 3: 15-20.
[27] Whittaker R H, Niering W A. Vegetation of the Santa Catalina Mountains, Arizona 5.Biomass, production and diversity along the elevation gradient[J]. Ecology, 1975, 56: 771-790.

第八章

桉树人工林土壤种子库特征

森林天然更新是生态系统中森林资源再生的一个自然生物学过程，是森林生态系统能够实现自我繁衍和恢复的重要手段，森林天然种子更新（有性繁殖）必须具备充足且有活力的种源，以适合种子萌发、幼苗存活生长和幼树建植的环境条件（刘足根等，2005）。种源是森林天然更新的物质基础和保障，而一个物种的种源数量取决于种子生产、种子雨密度和土壤种子库动态。其中，土壤种子库指存在于土壤表层枯枝落叶层及土壤基质中所有具有活力的种子总和（于顺利等，2003）。研究种子库特征可以确定森林生态系统的种源储备是否充足，并为准确、有效地判断森林生态系统更新潜力和植被演替进程和方向提供重要依据（力志，2016）。地上植被种子雨是土壤种子库的直接来源，地上植被的种子产量直接影响土壤种子库的数量动态；另外，土壤种子库的种子通过天然更新，又影响着植被组成及物种多样性的维持（韩彦军等，2013）。因此，土壤种子库在森林生态系统天然更新中具有不可或缺的地位，其研究日益受到重视。

土壤种子库的研究内容主要包括种子库的动态（Harper.，1977）、种子库与地上植被的关系（唐勇等，1999；朱晨曦等，2019）、干扰对种子库的影响（张咏梅等，2003）、种子库对植被恢复的作用（刘静逸等，2020）等，研究范围主要以森林的土壤种子库为主（张敏等，2015），也有对湿地、丘陵、农田、盐碱地、草地、沼泽、矿业废弃地、沙地的土壤种子库进行的研究（潘俊峰等，2013；尹新卫等，2019）。桉树是我国南方重要的速生造林树种之一，大部分的桉树人工林都是在阔叶林皆伐迹地上营造。近年来，随着人工林经营从过去单纯强调木材生产转向人工林生态功能的发挥，对人工林天然更新等方面的研究愈发引起重视，而人工林是否具备潜在的天然更新能力是实现可持续经营的关键（刘庆等，2010）。本课题组前期的研究发现，桉树人工林林下较少发现有落种更新的实生幼苗，可能存在天然更新障碍，是土壤种子库还是林下生长环境因子的影响目前尚不清楚。因此，本章以广西典型桉树人工林为研究对象，在对 5 个林龄（1a、2a、3a、5a、7a）的尾巨桉人工林开展调查的基础上，对桉树人工林土壤种子库进行研究：①探讨桉树人工林土壤种子库大小、组成特征及其垂直变化；②揭示土壤种子库与地上植被的关系。

1 桉树人工林土壤种子库物种组成特征

1.1 不同林龄尾巨桉人工林土壤种子库物种组成

由表 8-1 可知，1a 尾巨桉人工林土壤种子库共 18 种，隶属 13 科 18 属，其中，草本的优势种主要为求米草［*Oplismenus undulatifolius*（Arduino）Beauv.］、糯米团［*Gonostegia hirta*（Bl.）Miq.］、水蓼（*Polygonum hydropiper* L.）、繁缕［*Stellaria media*（L.）Cyr.］；常见种为七星莲（*Viola diffusa* Ging.）、鼠鞠草（*Gnaphalium affine* D. Don）、叶下珠（*Phyllanthus urinaria* L.）、马唐［*Digitaria sanguinalis*（L.）Scop.］、通泉草［*Mazus pumilus*（N. L. Burman）Steenis］、三轮草（*Cyperus orthostachyus* Franch. et Savat.）、空心莲子草［*Alternanthera philoxeroides*（Mart.）Griseb.］、秋分草［*Aster verticillatus*（Reinwardt）Brouillet］、水蜈蚣（*Kyllinga polyphylla* Kunth）、皱叶狗尾草［*Setaria plicata*（Lam.）T. Cooke］、夏枯草（*Prunella vulgaris* L.）等。2a 尾巨桉人工林土壤种子库共 14 种，隶属 12 科 13 属，其中，草本的优势种主要为画眉草［*Eragrostis pilosa*（L.）Beauv.］、水蓼、求米草、鱼眼草［*Dichrocephala integrifolia*（Linnaeus f.）Kuntze］；常见种为莎草（*Cyperus rotundus* L.）等。3a 尾巨桉人工林土壤种子库共 17 种，隶属 15 科 16 属，其中，草本的优势种主要为地耳草（*Hypericum japonicum* Thunb. ex Murray）、马唐、求米草、糯米团；常见种为三轮草、水蓼、叶下珠、水蜈蚣、酢浆草（*Oxalis corniculata* L.）、秋分草等。5a 尾巨桉人工林土壤种子库共 28 种，隶属 22 科 26 属，其中，草本的优势种主要为水蓼、秋分草；常见种为马唐、莎草、鼠鞠草、酢浆草、糯米团、土牛膝（*Achyranthes aspera* L.）、蛇莓［*Duchesnea indica*（Andr.）Focke］、石生繁缕（*Stellaria vestita* Kurz）、龙芽葱木［*Aralia elata*（Miq.）Seem.］等。7a 尾巨桉人工林土壤种子库共 34 种，隶属 25 科 32 属，其中，草本的优势种主要为画眉草、马唐、求米草、莎草；常见种为蒲公英（*Taraxacum mongolicum* Hand.-Mazz.）、七星莲、石生繁缕、爵床（*Justicia procumbens* Linnaeus）、地耳草、雀稗（*Paspalum thunbergii* Kunth ex Steud.）、光高粱［*Sorghum nitidum*（Vahl）Pers.］等。

表 8-1 尾巨桉人工林土壤种子库物种组成（个）

林龄	1a	2a	3a	5a	7a
科	13	12	15	22	25
属	18	13	16	26	32
种	18	14	17	28	34

1.2 不同林龄桉树人工林土壤种子库密度的变化特征

由表 8-2 可知，随着林龄的增大，桉树人工林林下草本层土壤种子库呈现出先减小后增大的波动变化特征，1a 时最高，2a 时最低。不同的是，桉树林下灌木层土壤种子库则随着林龄的增大而逐渐趋于增大，7a 时最高，1a 时最低。各林龄尾巨桉人工林地土壤种子库物种组成主要以草本层中的植物种子占较大比例。总体上，草本层和灌木层的土壤种子库总量，随着林龄的增大，呈现先减小后逐渐增大的趋势。

表 8-2　不同林龄桉树人工林土壤种子库密度（个 /m²）

类型	1a	2a	3a	5a	7a
草本层	2107	1376	1607	1423	1511
灌木层	56	133	150	198	242
合计	2163	1509	1757	1621	1753

由表 8-3 可知，随着林龄的增大，凋落物层土壤种子库波动较大，没有明显的变化规律，但相对于 1a，总体上趋于减小。沿着土层的垂直变化，各林龄桉树人工林土壤种子库具有表聚性特征，在 0 ～ 5 cm 土层明显高于 5 ～ 10 cm 土层。0 ～ 5 cm 表层土壤中平均种子数量占种子总数的比例较大，其次是凋落物层，可见枯枝落叶层也会保存一定量的种子。

表 8-3　不同林龄桉树人工林土壤种子库垂直分布（个 /m²）

层次	1a	比例 %	2a	比例 %	3a	比例 %	5a	比例 %	7a	比例 %
凋落物层	664	20.89	312	13.07	453	14.02	253	12.34	260	11.31
0 ～ 5 cm	2417	76.03	2043	85.55	2670	82.64	1732	84.49	1976	85.95
5 ～ 10 cm	98	3.08	33	1.38	108	3.34	65	3.17	63	2.74
合计	3179	100	2388	100	3231	100	2050	100	2299	100

2 桉树人工林土壤种子库多样性变化特征

2.1 不同林龄桉树人工林土壤种子库灌木层多样性指数

由表 8-4 可知，随着林龄的增大，桉树人工林土壤种子库灌木层香农指数（H′）逐渐增大，Pielou 指数呈现先增大后略有所减小的趋势，而优势度指数（C）则逐渐减小。

表 8-4　不同林龄桉树人工林土壤种子库灌木层多样性指数

层次	1a	2a	3a	5a	7a
香农指数（H′）	1.623	1.784	1.967	2.088	2.129
Pielou 指数	0.656	0.842	0.956	0.902	0.895
优势度指数（C）	0.302	0.211	0.195	0.182	0.177

2.2　不同林龄桉树人工林土壤种子库草木层多样性指数

由表 8-5 可知，随着林龄的增大，桉树人工林土壤种子库草本层香农指数（H′）没有明显的变化特征，Pielou 指数呈现逐渐增大的趋势，而优势度指数（C）则逐渐减小。

表 8-5　不同林龄桉树人工林土壤种子库草本层多样性指数

层次	1a	2a	3a	5a	7a
香农指数（H′）	2.273	1.697	2.157	1.985	2.345
Pielou 指数	0.728	0.822	0.846	0.866	0.875
优势度指数（C）	0.197	0.225	0.196	0.187	0.183

从表 8-6 可以看出，随着林龄的增大，桉树人工林土壤种子库草本层香农指数（H′）和 Pielou 指数的变化趋势一致，表现为先减小后逐渐增大的趋势，而优势度指数（C）则表现为先增大后略有所减小的趋势。

表 8-6　不同林龄桉树人工林土壤种子库物种多样性指数

层次	1a	2a	3a	5a	7a
香农指数（H′）	2.204	1.516	1.968	2.044	2.329
Pielou 指数	0.785	0.512	0.622	0.645	0.688
优势度指数（C）	0.134	0.241	0.178	0.182	0.156

3　桉树人工林土壤种子库与地上植被的相似性

表 8-7 为土壤种子库和地上植被的相似性，土壤种子库和林下植被组成相似性较低，这与其他研究结果类似（王正文等，2002）。这种差异产生的原因可能是占优势的

多年生物种对土壤种子库的贡献较小，这些物种的种子生产量低，它们有营养繁殖能力，甚至部分物种几乎全部通过营养繁殖来实现幼苗更新，或它们的种子在土壤中的稳定性较差（袁莉等，2008；Jaroszewicz 等，2017）。

本研究中，随着林龄的增加，桉树人工林植物群落结构逐渐复杂，地上植被与土壤种子库的共有物种数会逐渐增加，地上植被与土壤种子库群落组成上的差异性会逐渐减小。因为植物群落越复杂、群落结构越稳定，且群落中的地上植物生长良好及结种等繁衍过程均正常，可使土壤种子库与地上植被共有的物种种子储量趋于增多。

表 8-7　不同林龄桉树人工林土壤种子库与地上植被的相似性

层次	1a	2a	3a	5a	7a
地上植被物种数	19	16	36	29	28
种子库物种数	18	14	17	28	34
共有物种数	1	0	2	3	11
Jaccard 相似性系数	0.02	0	0.04	0.06	0.22

4　讨论与小结

4.1　桉树人工林土壤种子库的变化特征

桉树人工林林下草种在数量和种类上都占优势，这与以往的大部分研究相符，即土壤种子库的物种组成以草本植物为主，而木本植物的个体数量和物种数相对较少（Fenner.，1985）。究其原因，主要由于林下的草本植物的种子相对较小而产籽量高，并且草本种子淀粉含量较少，不易被动物取食（杨跃军等，2001；杜有新等，2007）。刘济明等（1999）研究发现，种子散落前后草本物种数基本无太大的差异。周先叶等（2000）的研究也表明，草本植物的种类与种子个体数目比例占到土壤种子库中的大多数。由于草本植物的种子能在经过一部分腐烂、一部分被昆虫和动物的啃食等影响后仍大量保存下来，经过雨水渗透、土壤缝隙和重力作用进入土壤，形成土壤种子库，而且草本植物种子的活力可以持续很长一段时间，这就使得植被的天然更新成为可能。本研究中，土壤种子库在造林初年密度较大，如在 1a 时，以草本物种为主，原因可能是来源于原来次生林或马尾松迹地本身所留有的草本种子，如本试验区域尾巨桉人工林造林之前为坡地、次生林或马尾松迹地，调查中发现其土壤种子库密度较大。桉树人工林林下草本植物占到总量的大多数，而灌木和木本植物的种类和数量相对较少，土壤种子库对于灌木层更新的贡献比较小，其原因与草本植物的繁殖能力强，能快速地繁育，并使其种子在土壤中大量积累有关。这与陈智平（2005）、唐庆兰等（2012）和不同类型桉树人工林（朱宇林等，2012）等的研究结果类似。

前人研究表明，人为干扰往往使土壤种子库以草本植物居多（王正文等，2002）。根据张志权（1996）的研究，森林的种子库含量为 10^2 ～ 10^3 粒 /m^2，草地的种子库含量为 10^3 ～ 10^6 粒 /m^2，耕作土的种子库含量为 10^3 ～ 10^5 粒 /m^2。本研究区域桉树人工林的种子库含量处于耕作土和森林土壤种子库之间，与唐庆兰等（2012）的结论相似。在 1a 时，尾巨桉林下种子库数量较高，这与林下环境及其水分、养分、光照的充足有关，而随着林龄的增大，尾巨桉人工林郁闭度升高，部分喜光植物的种子不能生存而导致数量减少，土壤养分、水分的竞争区域增强，因而导致土壤种子库密度出现降低。本研究中，草本土壤种子库密度呈现先降低后增加的趋势，尽管 7a 时密度仍不及造林初年高，但高林龄时其物种多样性较造林初期增加，土壤种子库储量较为丰富，且灌木层种子库物种随林龄增长而增加，这将有利于林下植被的恢复。

研究表明，较厚的枯枝落叶层对种子进入土壤具有物理阻碍作用（李朝婵等，2018），可能对土壤种子库的建成和空间分布结构产生一定的影响。凋落物遮挡林地上的光照，不利于种子萌发（胡蓉等，2011）。但其他研究认为，大量凋落物覆盖在林地表面，对种子库中的种子起到很好的遮蔽作用，增加动物取食难度，有利于种子保存，促进天然更新（Falcelli 等，1991）。有研究也发现，天然林中种子多集中在凋落物层和土壤表层（唐庆兰等，2012；陈勇等，2013）。本研究中，各林龄尾巨桉土壤种子库的密度随土层深度的加深而减少，造成这种情况的原因可能是枯枝落叶层的种子易被动物采食，也易霉烂变质，并且雨水冲刷使得枯枝落叶层中的大量种子流入土壤上层，而这些种子有凋落物的覆盖保护，在适宜的环境下容易萌发，所以表层土壤种子库相对较丰富。也可能与人为抚育过程中，土壤表层的种子随人为翻松而被埋藏在较低层次的土壤中，而深层土壤中的种子萌发概率相对较低有一定关系。本研究结果表明，桉树人工林林下种子多集中在土壤表层和凋落物层，凋落物覆盖在林地表面，对种子库中的种子有较好的保护作用，减少了动物的取食，有利于种子的保存。

4.2　桉树人工林土壤种子库与地上植被的相关性

在土壤种子库的研究中，通常将其与地上植被的物种组成进行比较，两者间的关系也成为目前学者们重点关注的生态学问题（王会仁等，2012）。虽然群落物种多样性与生态系统功能之间的关系还存在争论，但有不少研究认为高的多样性指数和均匀度意味着在生态系统中，有更长的食物链和更多的共生现象，可能对负反馈有更大的控制能力，从而增加群落结构的稳定性（李雪梅等，1998）。土壤种子库可能来自外来种子的入侵，但主要来源于地上植被的种子雨。当具有一定数量和组成的种子密度后，种子库中的种子就会萌发并占据一定的生态位，从而对地上植被的组成与性质产生一定的影响，因此研究土壤种子库与地上植被的关系，对人工林植被的恢复演替与更新具有重要的意义（张丹桔等，2012）。

本研究中，出现土壤种子库和林下植被组成相似性较低的现象，是因为桉树林下种子库种子的输入除来自种子雨外，还可能来自外来物种入侵，但这部分种子萌发较难，并且没有能占据一定的生态位。其他少部分通过风力传播而来的种子，可能由于气候条件所限或者由于多年生植物占优势而得不到足够的生态位，因而没有机会萌发。因此，这些种类就不会在植被中出现。从另一方面，也说明了土壤种子库将在尾巨桉人工林演替过程中发挥重要作用，更多地上植被中尚未出现的植物将由于土壤种子库的存在而得以保存，可能在外界环境成熟时而再萌发更新。陈莉等（2009）提出土壤种子库与地上植被相似度较低，和种子的命运有关。Bakker 等（2010）研究结果表明，植被的相似性及共有物种数相对较低，则物种组成差别较大，但土壤种子库对于退化植被的恢复和重建仍具有一定潜力。

Whipple（1978）认为土壤种子库与地上植被存在 4 种类型的关系：①有种子，也有植株；②没有种子，也没有植株；③有植株，但土壤中未发现种子的存在；④有种子，但地上植被中未发现植株。Thompson 等（1979）研究表明，土壤种子库与地表植被之间不存在必然联系，在成熟的森林中尤其如此。土壤种子库与地上植被的关系有 3 种情况，包括相似性高、相似性低和不具有相似性，但这两者之间的关系又受到环境等因素的影响（刘明洪，2010），但是目前为止还没有得出一个统一的结论，造成这种现状的原因可能与物种本身的生物学特性差异及不同的生长环境有关，也受到不同研究技术方法的影响。本研究中，土壤种子库与地上植被物种的相关性，随着林龄的增加而逐渐增大，这是由于桉树林内及林外环境因子所施加的干扰作用早期大于中后期，因而到了 5 ～ 7a 时期，桉树人工林土壤种子库与地上植被之间物种相似性将会增大。据此推测，随着林龄的进一步延长，土壤种子库中的种子将会对林内植被更新起到重要作用。可见，在培育桉树人工林过程中，采用中度干扰措施、因势利导、林下合理的植物景观搭配等措施，可为种子的萌发及幼苗的萌发提供更有利条件，有利于促进桉树人工林可持续利用。在样地调查时发现，3 ～ 7a 桉树人工林下草本植物的覆盖度达 95% 以上，这表明一些社会传言的“桉树林下不长草，是绿色沙漠”是没有科学依据的，本研究土壤种子库储量较大也证明了这一点。

森林土壤种子库的空间分布包括种子水平分布和垂直分布。种子水平分布越广，说明其传播能力越强，越有利于种子迅速找到适宜的生存环境，促进林分更新。土壤种子库的垂直结构使小部分种子处于下层土壤中，此部分种子发芽率一般都较低，但由于下层土壤水土环境较为稳定，种子可以存活较长时间，形成植物种群的天然基因库，这对树种保护及维护生物多样性具有重要意义。虽然桉树人工林造林前林地经过炼山、清山和整地等，但林地仍存在不少植物的种子库，包括被埋在土壤中的根蔸和繁殖体，当环境条件有利于其生长时，会很快恢复生长，重新占据林地空间。因此在桉树造林后，随着林龄的增加，林下植物种类增加或者恢复较快，而到林分后期（过熟林），林木直径和树高生长大大减慢，多数林分的林冠反而变成稀疏，促进了林下植物的生长。

本研究中，随着林龄的增加，尾巨桉人工林生长速率降低，对水分和养分竞争不大，更多资源分配给种子萌发和植物生长，加上耐阴性植物种子输入，因此种子库物种数、属数、科数及密度都逐渐增加，且土壤理化性质得以改善，土壤孔隙度增加，土壤动物和土壤微生物数量丰富，凋落物量多，这些都是土壤种子萌发的有利条件，地上植物物种和多样性的增加也证实了这一点。调查中发现，尽管尾巨桉人工林土壤种子库中具有足够活力的种源，但林下较少有种子更新的实生幼苗，这说明桉树人工林存在一定的天然更新障碍，主要是因为在人为高强度和集约化经营的措施下，如整地、炼山、喷施除草剂、人为刈割等，成为桉树林下不具备幼苗出土和后期生长的环境因子。此外，树种生物学特性、种植密度、间伐强度、水分、坡向、海拔、动物取食、连栽代数、林下微生境和群落恢复动态等因素对土壤种子库都有影响，需要在后续进一步深入探讨。

综上所述，本章主要小结如下。

（1）桉树人工林土壤种子库物种组成简单，种子库密度和多样性指数较低，但土壤种子库储量较大，这与研究区桉树人工林植被群落组成相对单一和种子植物相对较少有关。桉树人工林土壤种子库中物种数量较丰富，可为桉树人工林林下植被更新提供足够的种源。

（2）桉树人工林土壤种子库中一年生、多年生草本的物种和密度占优势，灌木所占比例较小，说明土壤种子库对林下灌木层、乔木层更新和演替的贡献较小。在垂直分布格局上，0 ～ 5 cm 土层分布的种子数多于枯枝落叶层和 5 ～ 10 cm 土层的种子数，随土壤深度增加而减小，具有表聚性特征。

（3）在不同林龄之间，幼龄林分（1a）土壤种子库中完整种子数最多，密度最大，从大到小的关系表现为 1a、3a、7a、5a、2a，中后期随着林龄的增加而增加。土壤种子库与地上植被的物种组成相似性不高，桉树人工林中地表植物与种子库植物存在不对应的现象，随着林龄的增加相似性指数逐渐增大。

参考文献

[1] 陈莉，程积民，万惠娥，等．子午岭辽东栎天然林土壤种子库研究 [J]．水土保持研究，2009，16（4）：150-155.

[2] 陈勇，刘海姣，张劲峰，等．西南桦人工林与天然林土壤种子库特征初步比较 [J]．林业调查规划，2013，38（2）：20-26.

[3] 陈智平，王辉，袁宏波．子午岭辽东栎林土壤种子库及种子命运研究 [J]．甘肃农业大学学报，2005，40（1）：7-12.

[4] 杜有新，曾平生．森林土壤种子库研究进展 [J]．生态环境，2007（5）：1557-1563.

[5] 韩彦军，许谦．金安桥水电站弃渣场土壤种子库与地面植被的关系 [J]．亚热带水土保持，2013，25（1）：19-23.

[6] 胡蓉，林波，刘庆．林窗与凋落物对人工云杉林早期更新的影响 [J]．林业科学，2011，47（6）：23-29.

[7] 李朝婵，钱沉鱼，全文选，等．迷人杜鹃群落天然更新障碍的化感研究 [J]．中南林业科技大学学报，2018，38（9）：9-13.

[8] 李雪梅，刘玉成，李旭光．缙云山森林次生演替序列群落结构、物种多样性与稳定性关系 [J]．西南师范大学学报（自然科学版），1998（1）：79-84.

[9] 力志．天鹅洲湿地退化区土壤种子库与地面植被的关系初探 [J]．水生态学杂志，2016，37（3）：34-41.

[10] 刘济明．梵净山山地常绿落叶阔叶林种子雨及种子库 [J]．华南农业大学学报，1999（2）：60-64，95.

[11] 刘静逸，牛艳东，郭克疾，等．南洞庭湖杨树清理迹地恢复初期土壤种子库特征及其与土壤因子的关系 [J]．应用生态学报，2020，31（12）：4042-4050.

[12] 刘明洪．长白山地区不同林型土壤种子库组成特征及与地上植被的关系 [D]．长春：东北师范大学，2010.

[13] 刘庆，尹华军，程新颖，等．中国人工林生态系统的可持续更新问题与对策 [J]．世界林业研究，2010，23（1）：71-75.

[14] 刘足根，姬兰柱，朱教君．松果采摘对种子库及动物影响的探讨 [J]．中国科学院大

学学报，2005，22（5）：596-603.
[15] 潘俊峰，程传鹏，章力干，等．施肥模式对农田杂草土壤种子库影响的研究进展［J］．中国土壤与肥料，2013（3）：1-5，42.
[16] 唐庆兰，朱宇林，张照远，等．桉树人工林土壤种子库研究［J］．中国农学通报，2012，28（1）：12-16.
[17] 唐勇，曹敏，张建候，等．西双版纳热带森林土壤种子库与地上植被的关系［J］．应用生态学报，1999，10（3）：279-282.
[18] 王会仁，黄茹，王洪峰．土壤种子库研究进展［J］．宁夏农林科技，2012，53（11）：57-59.
[19] 王正文，祝廷成．松嫩草地水淹干扰后的土壤种子库特征及其与植被关系［J］．生态学报，2002（9）：1392-1398.
[20] 杨跃军，孙向阳，王保平．森林土壤种子库与天然更新［J］．应用生态学报，2001（2）：304-308.
[21] 尹新卫，姜志翔，纪书华，等．利用土壤种子库的湿地植物恢复研究概述［J］．湿地科学，2019，17（6）：697-704.
[22] 袁莉，周自宗，王震洪．土壤种子库的研究现状与进展综述［J］．生态科学，2008，27（3）：186-192.
[23] 于顺利，蒋高明．土壤种子库的研究进展及若干研究热点［J］．植物生态学报，2003，27（4）：552-560.
[24] 张丹桔，宫渊波，张健．凉风坳亚热带次生常绿阔叶林土壤种子库和种子雨的特征研究［J］．西部林业科学，2012，41（4）：18-24.
[25] 张敏，宋晓阳．热带森林群落土壤种子库对海拔梯度的响应［J］．生态学杂志，2015，34（9）：2390-2400.
[26] 张咏梅，何静，潘开文，等．土壤种子库对原有植被恢复的贡献［J］．应用与环境生物学报，2003，9（3）：326-332.
[27] 张志权．土壤种子库［J］．生态学杂志，1996，15（6）：36-42.
[28] 周先叶，李鸣光，王伯荪，等．广东黑石顶自然保护区森林次生演替不同阶段土壤种子库的研究［J］．植物生态学报，2000，24（2）：222-230.
[29] 朱晨曦，刘志刚，王昌辉，等．土壤种子库特征及与地上植被的关系——以福建省三明市杉木人工林为例［J］．中国环境科学，2019，39（10）：4416-4423.
[30] 朱宇林，唐庆兰，张照远，等．不同类型桉树人工林土壤种子库特征研究［J］．热带作物学报，2012，33（3）：572-577.

[31] Bakker C, Graaf H F D, Wilfried H O E, et al. Does the seed bank contribute to the restoration of species-rich vegetation in Wet Dune Slacks? [J]. Applied Vegetation Science, 2010, 8(1): 39-48.

[32] Falcelli J M, Pickett S T A. Plant litter: its dynamics and effects on plant community structure [J]. Ecology, 1991, 57(1): 1-3.

[33] Fenner M. Seed Ecology [M]. Chapmam and hlal London: Academic Press, 1985: 263-276.

[34] Harper J L. Population Biology of Plant [M]. London: Academic Press, 1977: 256-263.

[35] Jaroszewicz B, Kwiecień K, Czortek P, et al. Winter supplementary feeding influences forest soil seed banks and vegetation [J]. Applied Vegetation Science, 2017, 20(4): 683-691.

[36] Thompson K, Grime J P. Seasonal variation in the seed banks of herbaceous species in ten contrasting habitats [J]. Journal of Ecology, 1979, 67(3): 893-921.

[37] Whipple S A. The relationship of buried, germinating seeds to vegetation in an old-growth Colorado subalpine forest [J]. Canadian Journal of Botany, 1978, 56(13): 1505-1509.

第九章

桉树人工林水源涵养功能研究

水源涵养功能是森林生态系统重要的服务功能之一，是森林与水的相互作用关系在生态系统服务的集中表现（周佳雯等，2018）。一般认为，森林的林冠层、凋落物层和土壤层等通过拦截和吸收降水的方式，将降水充分蓄积后进行重新分配，这种调节降水的能力就是水源涵养功能（龚诗涵等，2017）。影响森林水源涵养功能的主要因素包括林分特征（林龄、密度、树种组成、冠层结构、郁闭度、凋落物组成等）、立地条件等，其中水源涵养林的树种组成是影响水源涵养功能的关键因素（丁访军等，2009）。已有研究表明，天然阔叶林具有较高的水源涵养功能（贺淑霞等，2011），而人工林由于树种组成单一、林分层次结构简单等原因，其水源涵养功能相对较低。如何改善人工林的结构组成，提高现有人工林的水源涵养功能，是当前人工林绿色可持续经营面临的关键问题之一。不同林分的枯枝落叶层的储量、粗糙系数和分层结构也不同，因而在阻缓径流、增加径流入渗时间和入渗量、抑制土壤水分蒸发等方面的生态功能也有所不同（王晓荣等，2012）。不同森林类型由于其树种生物学特性与林分结构的不同，其水源涵养效应存在一定的差异（何斌等，2006；罗柳娟等，2012）。因此，研究不同森林类型水源涵养功能及其差异，对合理经营森林资源、实现人工林的可持续发展具有重要的现实意义。

区域代表性森林是优化环境、保证区域生态系统稳定的必要组成部分（杨盼盼等，2011）。桉树（*Eucalyptus*）是重要的工业用材树种之一，是我国南方短周期工业用材林的重要树种，一般造林后 3 ～ 4a 可以采伐，主伐后的第Ⅰ、第Ⅱ代萌芽林有 4 ～ 5a 的主伐期，具有速生、丰产、经济效益显著的特点。林地在调节气候、涵养水源、维持生态系统平衡等方面发挥着重要的作用。森林水循环依托土壤载体，桉树造林后林地土壤物理性质及水分调蓄功能会发生明显的变化，桉树人工林的广泛种植引起的林分地力退化、水资源匮乏及水土流失等生态环境问题越来越得到重视（王纪杰等，2012；侯宁宁等，2019）。因此，本章以广西典型桉树人工林为研究对象，通过与天然次生林、杉木人工林、马尾松人工林和厚荚相思林的比较：①探讨不同类型人工林水源涵养功能的差异；②研究不同林龄、不同种植密度和不同连栽代数的桉树人工林的水源涵养功能。

1　不同类型人工林水源涵养功能比较与分析

1.1　不同人工林林冠层持水能力的比较

林冠层持水能力是影响森林林冠截留过程的重要因素之一。林冠截留作为生态系统中水分再分配的起点，不仅对水分循环有调节作用，还对土壤水分、地表径流、植被生长及碳循环等过程均有一定的影响（彭焕华等，2011）。由表 9-1 可知，总体上来看，不同林分类型的持水量从大到小依次为次生林、厚荚相思林、桉树人工林、杉木人工林和马尾松人工林，桉树人工林的林冠持水量约是持水量最高的次生林的 38.7%。从树冠层不同组成来看，不同林分类型均表现为枝叶的持水量大于树皮的持水量。

相关性分析结果显示，杉木人工林、厚荚相思林和桉树人工林的枝叶鲜重之间无差异，而上述三者与次生林、马尾松林间存在显著差异；次生林和桉树人工林的树皮鲜重间无差异，杉木人工林和马尾松人工林的树皮鲜重无差异，厚荚相思林与其他林分的树皮鲜重之间存在着显著差异（$P < 0.05$）。此外，次生林、杉木人工林和厚荚相思林之间的枝叶持水量无差异，而与马尾松人工林和桉树人工林之间存在显著差异（$P < 0.05$）。从树皮的持水量上来看，次生林与厚荚相思林之间，杉木人工林与马尾松人工林之间均无明显差异，而上述四者与桉树人工林之间均存在显著差异（$P < 0.05$）。

表 9-1　不同林分林冠层持水量与枝叶重量（t/hm^2）

林分类型	枝叶		树皮		持水量合计
	鲜重	持水量	鲜重	持水量	
次生林	36.86 a	8.89 a	26.87 a	4.97 a	13.86
杉木人工林	22.31 c	7.41 a	6.14 c	0.67 c	8.08
马尾松人工林	29.75 b	6.09 b	3.88 c	0.26 c	6.35
厚荚相思林	24.33 c	7.72 a	17.69 b	3.81 a	11.53
桉树人工林	20.35 c	6.37 b	30.62 a	2.12 b	8.49

注：表中同列不同字母表示不同树种间显著差异（$P < 0.05$）。本章下同。

1.2 不同人工林林下植被持水能力的比较

林下植被是森林生态系统中重要的组成部分，它对水分进行拦截再分配，从而可以间接反映出林地内土壤水分状况（王莉等，2019）。从表 9-2 中林下植被的总持水量来看，从大到小的关系依次为次生林、杉木人工林、厚荚相思林、马尾松人工林、桉树人工林，其中次生林的总持水量最大，达 6 t/hm^2，桉树人工林总持水量仅为次生林的 7.67%，相对较小，这可能与桉树人工林林下植被被人为去除，导致其林下植被种类及数量减少，从而导致水分的截留能力降低有关。与其他林分相比，次生林的林下草本层鲜重最大，其持水量也最大；桉树人工林草本层鲜重和持水量均为最低，仅分别为次生林的 19.08%、13.64%。从各林分的灌木枝叶方面来看，均表现为次生林鲜重和持水量最大，桉树人工林林下灌木枝叶的鲜重和持水量最小，分别为次生林的 10.45%、5.19%。

分别对不同林型林分下的草本层和灌木枝叶的鲜重和持水量进行方差分析，结果发现，次生林、杉木人工林和厚荚相思林的草本层鲜重之间无明显差异；马尾松人工林和桉树人工林之间无显著差异，而这两者与上述 3 种林分间有显著差异（$P < 0.05$）。从草本层的持水量上来看，杉木人工林和厚荚相思林之间无明显差异，马尾松人工林和桉树人工林之间无明显差异，而次生林与上述 4 种林分之间存在显著差异。

从灌木枝叶的鲜重上来看，马尾松人工林、厚荚相思林和桉树人工林的鲜重之间无明显差异，而上述三者与次生林及杉木人工林之间存在明显差异（$P < 0.05$）。杉木人工林、马尾松人工林和厚荚相思林的持水量之间无差异，次生林与桉树人工林及上述三种林分之间的持水量均存在显著差异（$P < 0.05$）。总体上来看，桉树人工林林下植被的鲜重和持水量均处于 5 种林分类型里最低的一类，这可能与桉树人工林林下人为除草导致林下植被数量和种类稀少有关。

表 9-2 不同林分林下植被层持水量与枝叶重量（t/hm^2）

	草本层		灌木枝叶		
林分类型	鲜重	持水量	鲜重	持水量	持水量合计
次生林	3.25 a	1.76 a	9.95 a	4.24 a	6
杉木人工林	2.03 a	0.94 b	2.33 b	0.61 b	1.55
马尾松人工林	0.74 b	0.32 c	1.38 c	0.45 b	0.77
厚荚相思林	2.11 a	0.81 b	1.44 c	0.56 b	1.37
桉树人工林	0.62 b	0.24 c	1.04 c	0.22 c	0.46

1.3　不同人工林枯枝落叶层的持水能力

枯枝落叶层具有较好的透水性和持水性，是实现森林涵养水源、保持水土的主要作用层。它不仅能起到截留降水的作用，还在吸收和减少地表径流、保持水土和维持森林生态系统物质循环和水量平衡方面起着重要作用（黄承标等，2011；席晓艳，2016；宝虎等，2020）。

林地枯枝落叶层的持水能力与林下凋落物组成、数量及其分解速度具有很大关系。从表 9-3 可以看出，次生林林下的枯枝落叶层厚度最大达 3.27 cm，杉木人工林的最小为 1.65 cm，为次生林的 50.46%，而厚荚相思林、马尾松人工林和桉树人工林居中。从未分解、半分解及枯枝落叶总蓄积量上来看，从大到小均为次生林、厚荚相思林、马尾松人工林、桉树人工林、杉木人工林。

表 9-3　不同林分枯枝落叶层现存量（t/hm^2）

林分类型	厚度（cm）		总厚（cm）	蓄积量		总蓄积量
	未分解层	半分解层		未分解层	半分解层	
次生林	1.42	1.85	3.27	2.22	4.18	6.40
杉木人工林	0.62	1.03	1.65	1.23	1.99	3.22
马尾松人工林	1.01	1.26	2.27	1.54	2.66	4.20
厚荚相思林	1.13	1.44	2.57	1.87	3.01	4.88
桉树人工林	0.86	1.17	2.03	1.33	2.25	3.58

由表 9-4 可知，在 5 种林分类型中，次生林的凋落物鲜重最高达到 17.34 t/hm^2，其次是桉树人工林、厚荚相思林和马尾松人工林，杉木人工林的凋落物鲜重最小，仅为次生林的 7.9%。不同林分凋落物持水率从大到小依次为桉树人工林、厚荚相思林、次生林、杉木人工林、马尾松人工林。从凋落物持水量上来看，从大到小依次为厚荚相思林、次生林、桉树人工林、马尾松人工林、杉木人工林，厚荚相思林持水量最高达到 17.05 t/hm^2，而杉木人工林的持水量最低为 0.76 t/hm^2，仅为厚荚相思林的 4.46%。

从表中各林分的方差分析结果可以看出，次生林与桉树人工林的鲜重之间无显著差异，马尾松林和厚荚相思林之间无显著差异，但与杉木人工林之间有显著差异（$P < 0.05$）。次生林与厚荚相思林的持水量之间无显著差异，而分别与杉木人工林、马尾松人工林和桉树人工林之间均表现出显著差异（$P < 0.05$）。

从以上可以看出，鲜重比重大的林分，其持水量不是最高，这也间接说明了枯枝落叶层持水量的高低可能还受到林分组成、数量等因素的综合影响。

表 9-4　不同林分枯枝落叶层的持水量（t/hm²）

林分类型	鲜重（t/hm²）	持水率（%）	持水量（t/hm²）
次生林	17.34 a	76.18 a	13.21 a
杉木人工林	1.37 c	55.47 b	0.76 d
马尾松人工林	7.79 b	36.59 b	2.85 c
厚荚相思林	9.15 b	77.05 a	17.05 a
桉树人工林	12.44 a	78.94 a	9.82 b

1.4　不同人工林地上部分的持水能力

林地地上部分主要由林冠层、林下植被层和枯枝落叶层组成，其持水能力的大小也受到林分类型、植被类型、植被数量及生物量等众多因素的影响。林地降水首先被林冠层截留，林冠层的叶片面积、枝叶生物量、林分郁闭度等直接影响林冠层的持水能力的大小（吴钦孝等，1998；李俊清，2006；耿玉清等，2000；张顺恒等，2010）。

从表 9-5 可知，不同林分类型地上部分总持水量从大到小依次为次生林、厚荚相思林、桉树人工林、杉木人工林、马尾松人工林。林冠层持水量大小也依次为次生林、厚荚相思林、桉树人工林、杉木人工林、马尾松人工林。马尾松人工林林冠层持水量最小，为次生林的 45.82%，这可能是马尾松枝条及针叶死后易脱落，截留物较少，导致其林冠层持水量也小。

野外调查发现，与其他林型相比较，次生林的林下植被无论是植被组成还是植被数量上来看均最多，因此其林下植被层的持水量最高达 6 t/hm²，远高于其他 4 种林分类型。而桉树人工林林下植被层的持水量仅为次生林的 7.67%，这可能是由于桉树人工林主要以生产桉树木材为主，林下植被经过人为清理，因此其林下植物层少从而截留降水较少。

从表中还可以看出厚荚相思林林下的枯枝落叶层持水量最高，为 17.05 t/hm²，其次是次生林、桉树人工林和马尾松人工林，杉木人工林则最小，仅为次生林的 4.46%。这说明尽管桉树人工林的凋落物储量小于次生林和厚荚相思林的凋落物储量，但其仍表现出有较高的持水能力。

表 9-5　不同林分地上部分的持水量（t/hm²）

林分类型	林冠层	林下植被层	枯枝落叶层	地上部分总持水量
次生林	13.86	6.00	13.21	33.07

续表

林分类型	林冠层	林下植被层	枯枝落叶层	地上部分总持水量
杉木人工林	8.08	1.55	0.76	10.39
马尾松人工林	6.35	0.77	2.85	9.97
厚荚相思林	11.53	1.37	17.05	29.95
桉树人工林	8.49	0.46	9.82	18.77

1.5　不同人工林林下土壤层持水能力的差异

土壤是森林中储蓄水分的主要场所，为林木的生长发育提供水分、养分等，是林木赖以生存的物质基础，其持水量多少常被作为反映森林水源涵养能力的重要指标（张顺恒等，2010；洪宜聪等，2019）。土壤中有机质含量、疏松度、孔隙度等因素与土壤的储水能力密切相关，因此土壤质地、土壤层厚度、土壤结构等均会影响到林地土壤的持水量。

各林分林下土壤层的持水量详见表 9-6。各林分 0 ～ 40 cm 土壤层总贮水量介于 1455.72 ～ 2026.46 t/hm^2，其中次生林 0 ～ 40 cm 土层的贮水量最高，厚荚相思林和杉木人工林比较接近，均比次生林少 200 t/hm^2 左右，马尾松人工林次之，桉树人工林最低。从总体上来看，各林分的毛管持水量、非毛管持水量及饱和持水量均随着土壤深度的增加而降低。

表 9-6　不同林分林下土壤层的持水量（t/hm^2）

林分类型	土层（cm）	毛管持水量	非毛管持水量	饱和持水量	0 ～ 40 cm 总贮水量
次生林	0 ～ 20	1280.44	197.65	1478.09	2026.46
	20 ～ 40	465.22	83.15	548.37	
杉木人工林	0 ～ 20	1176.54	139.68	1316.22	1811.90
	20 ～ 40	434.76	60.92	495.68	
马尾松人工林	0 ～ 20	911.56	223.09	1134.65	1600.81
	20 ～ 40	365.95	100.21	466.16	
厚荚相思林	0 ～ 20	1009.87	250.21	1260.08	1881.16
	20 ～ 40	499.94	121.14	621.08	
桉树人工林	0 ～ 20	905.22	196.55	1101.77	1455.72
	20 ～ 40	278.47	75.48	353.95	

非毛管持水量常被用来指示土壤排水能力，从表 9-6 中可以看出，厚荚相思林的 0 ～ 20 cm 层土壤非毛管持水量最大为 250.21 t/hm^2；两层土壤非毛管持水量从大到小均为厚荚相思林、马尾松人工林、次生林、桉树人工林、杉木人工林。桉树人工林 0 ～ 20 cm 土层的土壤排水能力接近 200 t/hm^2。从非毛管持水量来看，可见桉树人工林并不是土壤排水能力最差的林分，尽管总贮水量较低，但这也并不能得出“桉树是抽水机”这一不科学的传言。

1.6　不同人工林的水源涵养能力

森林水源涵养作用主要表现在降水时吸收水分，从而减少地表径流量；在降水后通过土壤的渗透作用来释放储存的水分，从而增加地下径流量（高成德等，2000；姜文来，2003；林祖荣，2019），其功能是森林生态系统服务功能的重要组成部分（Xie 等，2010）。林地的立地条件，以及林龄、林木密度、树种组成、林木的冠层结构、林地郁闭度和凋落物组成等林分特征，共同影响着森林的水源涵养功能，其中树种组成是影响水源涵养功能的关键因素（丁访军等，2009；王利等，2015）。不同森林类型的树种组成不同，其树种的生物学特性不同，林分结构也存在一定的差异，因此其水源涵养能力也不同。

从表 9-7 中各林分总持水量来看，从大到小依次为次生林、厚荚相思林、杉木人工林、马尾松人工林、桉树人工林。地上部分总持水量从大到小为次生林、厚荚相思林、桉树人工林、杉木人工林、马尾松人工林；林下土壤总贮水量大小顺序为次生林、厚荚相思林、杉木人工林、马尾松人工林和桉树人工林。各林分的林下土壤总贮水量占林分总量的绝大部分，均为 98% 以上；而地上部分总持水量占比较小，均在 1.7% 以内；杉木人工林的地上部分总持水量仅占 0.57%。

表 9-7　不同林分地上部分水源涵养能力的比较（t/hm^2）

林分类型	地上部分总持水量	占总比（%）	林下土壤总贮水量	占总比（%）	林分总持水量
次生林	33.07	1.61	2026.46	98.39	2059.53
杉木人工林	10.39	0.57	1811.90	99.43	1822.29
马尾松人工林	9.97	0.62	1600.81	99.38	1610.78
厚荚相思林	29.95	1.57	1881.16	98.43	1911.11
桉树人工林	18.77	1.27	1455.72	98.73	1474.49

容重和土壤孔隙度常被作为反映土壤物理性质的重要指标。在森林生态系统中，土壤中供给植物吸收和土壤蒸发的水分主要靠毛管吸持力在毛管孔隙中贮存。非毛管孔隙对重力水的贮存可以有效地减少地表径流，因此具有较高的水源涵养功能（刘霞等，2004）。从涵养水源角度看，在饱和土壤中以重力水形式滞留贮存在非毛管空隙中的水分可以用于补充地下水和河水（陈琦等，2019）。

对不同林分表层土壤的理化性质（表 9-8）进行分析发现，各林分表层土壤容重从大到小依次为杉木人工林、马尾松人工林、桉树人工林、厚荚相思林、次生林。各林分的非毛管孔隙度、毛管孔隙度及土壤通气度从大到小均表现为次生林、厚荚相思林、马尾松人工林、桉树人工林、杉木人工林。非毛管孔隙度最高的次生林分别是杉木人工林、桉树人工林、马尾松人工林的 1.8 倍、1.6 倍、1.3 倍，表现出了良好的通透性。结果可以看出天然林的土壤容重较人工林低，这说明天然林具有良好的土壤结构和孔隙组成，其毛管孔隙和非毛管孔隙均优于人工林。从各林分的有机质含量从大到小为次生林、厚荚相思林、马尾松人工林、杉木人工林、桉树人工林。

方差分析显示，杉木人工林、马尾松人工林和桉树人工林的表层土壤容重之间无显著差异，次生林和厚荚相思林之间无显著差异，而与前述 3 种人工林之间存在显著差异（$P < 0.05$）。土壤有机质含量、非毛管孔隙度和通气度 3 个性状具有类似的结果，次生林、马尾松人工林和厚荚相思林之间无显著差异，杉木人工林和桉树人工林之间无明显差异，而与前述 3 种林分存在显著差异（$P < 0.05$）。因此，次生林表层土壤的水源涵养能力较高，桉树人工林处于中等水平，但可以有效地供给植物的水分需求及土壤养分需要，而不会大量消耗土壤水分，也不会影响土壤水分平衡。

表 9-8　不同林分表层土壤的理化性状

林分类型	容重（g/cm^3）	有机质含量（g/kg）	非毛管孔隙度（%）	毛管孔隙度（%）	通气度（%）
次生林	0.55 b	43.66 a	10.22 a	51.46 a	26.77 a
杉木人工林	1.01 a	33.24 b	5.77 b	22.85 b	15.96 b
马尾松人工林	0.87 a	38.96 a	8.13 a	30.07 b	20.38 a
厚荚相思林	0.62 b	42.73 a	9.45 a	47.29 a	23.51 a
桉树人工林	0.73 a	30.02 b	6.21 b	28.27 b	18.65 b

土壤渗透性能是林分水源涵养功能的重要指标之一（罗柳娟等，2012），它与土壤质地、结构、孔隙度、有机质含量、湿度和土壤温度等有关。雨水降落到森林后依次被林冠层、林下植被层、凋落物层和土壤层截留，除部分水分用以供应林木植被的生

长发育及蒸发外，大部分水通过林地土壤层渗透进入土壤，然后再以壤中流或地下水潜流的形式逐渐汇入江河。研究中常用土壤系数（K_{10}）来表示土壤渗透能力的大小（刘剑斌，2003）。

从表 9-9 各林分表层土壤的渗透性能结果来看，土壤渗透速度（初渗值和稳渗值）和土壤渗透系数（K_{10}）从大到小依次为次生林、厚荚相思林、马尾松人工林、桉树人工林、杉木人工林，次生林的稳渗值最大达到 12.51 mm/min，是杉木人工林的 2.4 倍。次生林、厚荚相思林和马尾松人工林之间的土壤初渗值无显著差异，但与杉木人工林和桉树人工林之间存在显著差异（$P < 0.05$）。相对来说，桉树人工林其土壤渗透性能较差，其水源涵养功能相对比另外 3 种林分低。究其原因，可能是桉树人工林林下存留的凋落物较少，影响了土壤有机质含量的提高，对改善土壤结构和其他物理性质不利，从而降低了桉树林地土壤的渗透能力，这可能加剧因超渗引起的地表径流产生。

表 9-9　不同林分表层土壤的渗透性能（mm/min）

林分类型	渗透速度（mm/min）		K_{10}（mm/min）	
	初渗值	稳渗值	初渗值	稳渗值
次生林	21.45 a	12.51 a	9.32 a	4.72 a
杉木人工林	15.33 b	5.24 b	6.11 b	1.95 b
马尾松人工林	18.54 a	6.34 b	8.44 a	2.86 a
厚荚相思林	20.15 a	10.96 a	8.98 a	4.11 a
桉树人工林	16.88 b	5.93 b	6.34 b	2.17 b

2　不同林龄桉树人工林水源涵养功能的差异

2.1　不同林龄尾巨桉人工林枯枝落叶层的持水量

森林凋落物形成了林地的枯枝落叶层，它可以有效削弱降水对森林土壤的溅蚀，并通过其自身良好的透水性和持水能力起到涵养水源的作用，是森林水文学重要的水文层次之一（Holdgate，1993；李辉，2017）。从表 9-10 可以看出，随着尾巨桉林龄的增加，枯枝落叶层的现存贮量呈现逐渐增多的趋势，其中 7a 的枯枝落叶层存贮量最高，达到 12.44 t/hm^2，是 1a 的 38.9 倍。尾巨桉人工林的自然含水率、自然含水量和最大持水深度则随着林龄的增加表现出逐渐增大的趋势，但最大持水率呈现逐渐降低的趋势。1a 尾巨桉的最大持水率最高为 409.88%，是 7a 的 1.4 倍。7a 尾巨桉的自然含水量是 1a

的 42.8 倍，其最大持水量和最大持水深度则分别为 1a 的 27.3 倍和 15.2 倍。这说明在自然状态下，尾巨桉林龄越大，其林地枯枝落叶层具有更强的保水能力。

从方差分析结果可以看出，2a 和 3a 的枯枝落叶现存贮量无差异，其余林龄之间存在显著差异（$P < 0.05$）。3a、5a、7a 的尾巨桉的自然含水率之间无显著差异，而与 1a、2a 间存在显著差异（$P < 0.05$）；2a、3a、5a 间最大持水率无差异，其余林龄之间存在显著差异（$P < 0.05$）。从最大持水量上来看，2a、3a 间无显著差异，7a 与其他 4 种林龄林之间存在显著差异（$P < 0.05$）。随着林龄的增加，桉树个体生长迅速，其剥落的树皮及其他枯枝落叶聚集加大了枯枝落叶层的保水能力，因此在本研究的林龄阶段里，随着林龄越大其持水量表现为逐渐增大的趋势。

表 9-10　不同林龄尾巨桉人工林枯枝落叶层的持水量

林龄	现存贮量（t/hm^2）	自然含水率（%）	自然含水量（t/hm^2）	最大持水率（%）	最大持水量（t/hm^2）	最大持水深度（mm）
1a	0.32 d	11.95 b	0.04 b	409.88 a	1.31 d	0.13 c
2a	3.56 c	12.27 b	0.44 b	336.75 b	11.99 c	0.89 b
3a	4.35 c	13.14 a	0.57 b	318.64 b	13.86 c	1.02 b
5a	9.27 b	13.49 a	1.25 a	309.81 b	28.72 b	1.67 a
7a	12.44 a	13.72 a	1.71 a	286.97 c	35.70 a	1.98 a

2.2　不同林龄尾巨桉人工林土壤的持水性能

土壤毛管孔隙吸持的毛管水，可以较长时间保持在土壤中，以供植物根系的吸收和土壤的蒸发，非毛管孔隙可以在短时间内保存降水（重力水）并很快下渗，有利于降低土壤地表的径流，防止水土流失。不同林龄尾巨桉人工林土壤的孔隙度及组成不同，持水能力也不同。从土壤垂直方向上来看，不同林龄尾巨桉的毛管孔隙度、非毛管孔隙度和总孔隙度均表现出随着土壤深度的增加而逐渐降低的趋势（表 9-11）。尾巨桉的毛管孔隙度、非毛管孔隙度和总孔隙度均表现出随着林龄的增加逐渐增大的趋势。在 0 ～ 20 cm 土壤中，7a 尾巨桉的毛管孔隙度、非毛管孔隙度和总孔隙度最大分别为 40.42%、14.77% 和 55.19%，分别为最低的 1a 尾巨桉的 1.43 倍、2.38 倍和 1.60 倍。这也说明，尾巨桉人工林的林龄越大，其林地的土壤结构趋于更好，有利于土壤持水能力的增强。

表 9-11　不同林龄尾巨桉人工林土壤物理性质

林龄（a）	土层（cm）	毛管孔隙度（%）	非毛管孔隙度（%）	总孔隙度（%）
1	0 ～ 20	28.27	6.21	34.48
	20 ～ 40	22.18	5.49	27.67
2	0 ～ 20	33.58	11.25	44.83
	20 ～ 40	26.57	7.89	34.46
3	0 ～ 20	38.23	13.98	52.21
	20 ～ 40	29.95	9.61	39.56
5	0 ～ 20	39.51	14.36	53.87
	20 ～ 40	32.15	12.63	44.78
7	0 ～ 20	40.42	14.77	55.19
	20 ～ 40	35.48	12.18	47.66

从 9-12 表不同林龄尾巨桉人工林土壤的持水性能结果来看，随着林龄的增加，各土层尾巨桉的最大持水量、毛管持水量、非毛管持水量和饱和持水量均呈现增大的趋势。同一林龄尾巨桉不同土层间，各指标值随着土壤深度的增加而呈现降低的趋势。

表 9-12　不同林龄尾巨桉人工林土壤的持水性能

林龄（a）	土层（cm）	最大持水量（g/kg）	毛管持水量（t/hm^2）	非毛管持水量（t/hm^2）	饱和持水量（t/hm^2）
1	0 ～ 20	200.44	299.76	88.43	166.95
	20 ～ 40	65.62	120.32	22.88	88.79
2	0 ～ 20	218.78	453.98	110.92	355.28
	20 ～ 40	90.98	188.94	36.39	121.81
3	0 ～ 20	279.32	635.23	139.23	594.38
	20 ～ 40	108.59	208.64	55.49	187.82
5	0 ～ 20	360.89	805.46	166.59	886.54
	20 ～ 40	120.65	230.76	63.30	240.12
7	0 ～ 20	465.95	905.22	196.55	1101.77
	20 ～ 40	152.18	278.47	75.48	353.95

从 1 ～ 7a 的土壤表层（0 ～ 20 cm），最大持水量为 200.44 ～ 465.95 t/hm^2，毛管持水量波动为 299.76 ～ 905.22 t/hm^2，其土壤表层的饱和持水量表现出 7a 最高，达到了 1101.77 t/hm^2，是 1a 的 6.60 倍。这说明随着林龄的增加，不同林龄尾巨桉人工林的土壤结构和土壤质地等均得到了改善，其土壤的持水性能也得到了大幅度的提高，这与 9-11 表中不同林龄尾巨桉人工林土壤物理性质的变化规律相对应。

2.3　不同林龄尾巨桉人工林土壤的渗透性能

土壤渗透性能与其物理性质存在重要的关系，渗透性较好的土壤可以将地表径流转化为壤中流，从而在一定程度上有效地控制林地的水土流失状况（王卫军等，2013；马小欣，2016）。土壤渗透性能是林分水源涵养功能的重要指标之一，通常用 10 ℃时的土壤渗透系数（K_{10}）表示，渗透系数越大说明渗透速率越高，将林下降雨转化为壤中流和地下径流的效率也越高。如表 9-13 所示，从渗透速度或渗透速率（K_{10}）的初渗值、稳渗值上来看，随着林龄的增加，尾巨桉的渗透速度均表现出逐渐增大的趋势。7a 渗透速度的初渗值是 1a 的 2.29 倍，稳渗值是 1a 的 3.54 倍。此外，7a 的 K_{10} 初渗值是 1a 的 3.44 倍，稳渗值是 1a 的 2.70 倍。从方差分析结果上来看，1a 和 2a 之间的表层土壤 K_{10}（初渗值和稳渗值）均无显著差异，3a、5a 和 7a 的表层土壤 K_{10}（初渗值和稳渗值）均无显著差异，而与其他 2 个林龄之间相互存在显著差异（$P < 0.05$）。随着林龄的增加，土壤渗透性提高，水土保持功能也得到提高，表明该地区桉树林在轮伐期内 7a 后，只要采取合理的经营管理措施，可以增强土壤的水土保持功能。

表 9-13　不同林龄尾巨桉人工林表层土壤的渗透性能

林龄（a）	渗透速度（mm/min）		K_{10}（mm/min）	
	初渗值	稳渗值	初渗值	稳渗值
1	9.98 c	1.14 c	4.43 c	1.03 b
2	12.65 b	1.56 c	8.07 c	1.17 b
3	17.51 b	2.24 b	11.71 a	2.06 a
5	20.47 a	3.12 a	12.65 a	2.45 a
7	22.86 a	4.03 a	15.22 a	2.78 a

2.4　不同林龄尾巨桉人工林土壤物理性质与水源涵养能力的相关性

人工林在逐步发育成熟过程中，会进一步改善土壤容重、土壤孔隙度、有机质含量、土壤养分、土壤渗透性等及其他理化性质。其中土壤孔隙度可以在一定程度上反映土壤孔隙状况和松紧程度，与土壤持水性能之间存在着重要的关系（王燕等，2013）。

表 9-14 对土壤容重、毛管孔隙度、非毛管孔隙度和总孔隙度与土壤持水指标之间进行相关分析，结果表明土壤容重分别与毛管持水量、最大持水量和饱和持水量之间存在着极显著的负相关关系（$P < 0.01$），这说明土壤容重低的尾巨桉林其土壤的持水能力较强。毛管孔隙度与毛管持水量、最大持水量和饱和持水量之间存在着极显著的正相关关系（$P < 0.01$），与非毛管持水量呈显著负相关关系（$P < 0.05$）。非毛管孔隙度与非毛管持水量之间存着极显著正相关关系（$P < 0.01$），而与其他 3 种指标间无显著相关性。从总孔隙度上来看，其与毛管持水量、最大持水量和饱和持水量之间存在着极显著的正相关关系（$P < 0.01$），说明尾巨桉人工林良好的土壤孔隙度与土壤具有较高持水能力之间有密不可分的关系。

表 9-14　不同林龄尾巨桉人工林土壤物理性质与土壤持水指标间相关性

指标	毛管持水量	非毛管持水量	最大持水量	饱和持水量
土壤容重	-0.796**	0.354	-0.876**	-0.8907**
毛管孔隙度	0.974**	-0.588*	0.799**	0.842**
非毛管孔隙度	-0.557	0.985**	-0.621	-0.523
总孔隙度	0.861**	0.462	0.945**	0.885**

3　不同林分密度桉树人工林水源涵养功能特征

3.1　不同林分密度尾巨桉人工林凋落物的持水能力

林分密度在林木生长发育过程中起着重要的作用，林分密度会影响树冠大小，也直接关系到林分郁闭度的高低，从而对林下枯枝落叶层的储量及林下植被的生长发育产生影响。一般来说，林分密度越大，林分郁闭越早，林内的营养空间越小，过小的空间将限制林木自身的生长发育，并影响到林下植被的生长繁殖，从而降低森林的水源涵养能力（柳晓娜等，2017）。

凋落物对降水的截留称之为凋落物的最大持水量，它和土壤最大持水量一起表征了林地持水性能的大小。从表 9-15 中可以看出，不同林分密度尾巨桉林凋落物的鲜重在 2.89 ～ 4.62 t/hm^2，从大到小的顺序为 1600 株 /hm^2、2500 株 /hm^2、1250 株 /hm^2 和 1100 株 /hm^2，即当尾巨桉种植密度为 1600 株 /hm^2 时，其枯枝落叶层的鲜重最大，而不是林分密度越大其鲜重越大。这主要是因为枯枝落叶层除受到林分密度的影响外，还会受到林龄、树种组成、林木生长季节等因素影响。

不同林分密度尾巨桉枯枝落叶层的自然持水量、最大自然持水率、最大自然持水量和有效拦截量从大到小均表现为 1600 株 /hm^2、1250 株 /hm^2、2500 株 /hm^2、1100 株 /hm^2；自然持水率从大到小表现为 1250 株 /hm^2、1600 株 /hm^2、1100 株 /hm^2、2500 株 /hm^2；有效拦截率从大到小表现为 1600 株 /hm^2、1250 株 /hm^2、1100 株 /hm^2、2500 株 /hm^2。最大自然持水量可以作为林分持水能力大小的指标之一，本实验中，1600 株 /hm^2 密度的尾巨桉林的最大自然持水量最高，为 19.28 t/hm^2，说明该密度林分的持水性能最好。有效拦截量是直接反应凋落物对一次降水拦蓄的能力，当林分密度为 1600 株 /hm^2 时，尾巨桉林有效拦截量最高，为 11.77 t/hm^2，为最低密度林分的 1.8 倍。除 1100 株 /hm^2 密度林外，其他 3 种密度林分的鲜重间无显著差异。1250 株 /hm^2 和 2500 株 /hm^2 密度林分之间的最大自然持水量无显著差异，而与其他 2 种密度林分之间存着显著差异（$P < 0.05$）。从有效拦截率上来看，1100 株 /hm^2、1600 株 /hm^2 和 1250 株 /hm^2 密度林之间无显著差异，而与 2500 株 /hm^2 密度林之间呈现显著差异（$P < 0.05$）。但有效拦截量与有效拦截率表现出不一致的变化规律，即 1100 株 /hm^2 与 2500 株 /hm^2 密度林分之间无差异，1600 株 /hm^2 和 1250 株 /hm^2 密度林分之间无差异，但与其他密度林分间存着显著差异（$P < 0.05$）。

表 9-15　不同林分密度尾巨桉枯枝落叶层的持水量

密度（株 /hm^2）	鲜重（t/hm^2）	自然持水率（%）	自然持水量（t/hm^2）	最大自然持水率（%）	最大自然持水量（t/hm^2）	有效拦截率（%）	有效拦截量（t/hm^2）
1100	2.89 b	8.99 b	0.26 b	256.86 b	7.42 c	220.62 a	6.38 b
1250	4.35 a	13.14 a	0.57 a	318.64 a	13.86 b	248.53 a	10.81 a
1600	4.97 a	11.58 a	0.58 a	387.92 a	19.28 a	236.76 a	11.77 a
2500	4.62 a	7.44 b	0.34 b	270.71 b	12.51 b	199.87 b	9.23 b

3.2　不同林分密度尾巨桉人工林土壤的持水能力

土壤毛管持水量主要用于林木植被自身的生长发育，除此之外的多余水分被贮存在土壤非毛管孔隙中，因此土壤非毛管持水量也反应土壤水源涵养能力的重要指标（柳晓娜等，2017）。不同密度尾巨桉人工林的表层土壤持水能力见表 9-16，不同林分密度尾巨桉人工林的非毛管孔隙度、毛管孔隙度、非毛管蓄水量、毛管蓄水量、最大自然持水量从大到小的关系均表现为 1600 株 /hm^2、2500 株 /hm^2、1250 株 /hm^2、1100 株 /hm^2 的趋势。即当林分密度为 1600 株 /hm^2 时，尾巨桉人工林的土壤持水性能最好，这与上节中枯枝落叶层的持水能力得出的结论相一致，随着林分密度的增加，土壤的最大持水量是先增加后减小，进一步表明 1600 株 /hm^2 是较适合的林分密度，在未来的桉树人工造林过程中可以加以推广应用。

表 9-16　不同林分密度尾巨桉人工林表层土壤的持水量

密度（株 /hm^2）	非毛管孔隙度（%）	毛管孔隙度（%）	非毛管蓄水量（t/hm^2）	毛管蓄水量（t/hm^2）	最大自然持水量（t/hm^2）
1100	6.21 b	28.27 b	88.43 c	299.76 b	200.44 b
1250	7.56 a	33.76 b	120.76 b	320.65 b	329.76 b
1600	9.82 a	52.76 a	319.66 a	431.13 a	456.82 a
2500	8.73 a	46.12 a	255.98 a	387.42 a	399.97 a

从 9-17 可以看出，不同林分密度尾巨桉人工林的土壤总毛管蓄水量、有效拦截量指数和水源涵养指数从大到小均表现为 1600 株 /hm^2、2500 株 /hm^2、1250 株 /hm^2、1100 株 /hm^2 的趋势。其土壤总毛管蓄水量指数和凋落物有效拦截量则呈现出随着种植密度的增加而逐渐增大的趋势，当林分密度为 2500 株 /hm^2 时，2 个指标达最大值，分别为 0.97 t/hm^2 和 14.13 t/hm^2，分别为最低值的 1.52 倍和 1.61 倍。

本研究参考归一法（王卫军等，2013；张建华等，2015），通过土壤总毛管蓄水量和凋落物有效拦蓄量的大小，来评价不同林分密度尾巨桉人工林的水源涵养功能，将以上各指数采用归一法记为水源涵养指数，其作为尾巨桉人工林的水源涵养功能的评判。总的来看，随林分密度的增加，尾巨桉人工林的水源涵养功能是呈现先增加后减小的趋势，当林分密度为 1600 株 /hm^2 时，尾巨桉人工林发挥的水源涵养能力在几种密度林分中最大。可在今后广西低山丘陵地区造林时，为营建合理的桉树人工林造林密度提供可靠的数据支持。

表 9-17　不同林分密度尾巨桉人工林水源涵养指数

密度（株 /hm^2）	土壤总毛管蓄水量（t/hm^2）	土壤总毛管蓄水量指数	凋落物有效拦截量（t/hm^2）	有效拦蓄量指数	水源涵养指数
1100	388.19	0.64	8.76	0.46	0.71
1250	441.41	0.75	11.44	0.62	0.84

续表

密度（株 /hm^2）	土壤总毛管蓄水量（t/hm^2）	土壤总毛管蓄水量指数	凋落物有效拦截量（t/hm^2）	有效拦蓄量指数	水源涵养指数
1600	750.79	0.88	13.07	0.96	0.98
2500	643.40	0.97	14.13	0.84	0.92

4　不同连栽代数桉树人工林水源涵养功能特征

4.1　不同连栽代数尾巨桉人工林林下凋落层的持水特征

连栽作为桉树人工林最主要的培育措施，极大地带动了桉树人工林产业的发展，同时具有速生、短轮伐期特征的桉树连栽可能改变了土壤的理化性质，造成了众多诸如土壤质量下降、生物多样性降低、人工林水源涵养功能降低等一系列生态环境退化问题（韩艺师等，2008；魏圣钊等，2019）。

不同连栽代数尾巨桉人工林凋落物贮量和持水性能见表 9-18。从凋落物厚度、凋落物贮量和最大持水量可以看出，随着连栽的代数增加其结果出现先增大后降低的趋势，从大到小依次表现为Ⅱ代、Ⅰ代、Ⅲ代和Ⅳ代。其中，Ⅱ代林凋落物贮量最大达 10.43 t/hm^2，其最大持水量最高为 32.47 t/hm^2，是Ⅳ代林最大持水量的 1.26 倍。最大持水率则与最大持水量表现出不一致的变化规律，其随着连栽代数的增加而呈现递增的趋势。

从方差分析结果上来看，Ⅰ代林和Ⅱ代林之间的林下凋落物贮量、最大持水率均无明显差异，Ⅲ代林和Ⅳ代林最大持水率之间也无明显差异，但与其他代数间存在显著差异（$P < 0.05$）。前三代尾巨桉人工林的凋落物最大持水量间无显著差异，而与Ⅳ代林之间存在显著差异（$P < 0.05$）。这说明，连栽措施可能改变了尾巨桉人工林群落结构特征，随着连栽代数的递增，在一定程度上降低了尾巨桉人工林林下凋落物的持水性能。

表 9-18　不同连栽代数尾巨桉人工林凋落物贮量及持水特性

代数	厚度（cm）	贮量（t/hm^2）	最大持水率（%）	最大持水量（t/hm^2）
Ⅰ	2.66 a	9.12 a	309.76 b	28.25 a
Ⅱ	2.73 a	10.43 a	311.34 b	32.47 a
Ⅲ	2.45 a	8.58 b	324.87 a	27.87 a
Ⅳ	2.08 b	7.64 b	337.43 a	25.78 b

4.2 不同连栽代数尾巨桉人工林土壤的持水量特征

从表9-19中可以看出，土壤容重随尾巨桉连栽代数的递增而增大，Ⅳ代林土壤容重最大，是Ⅰ代林的1.31倍，Ⅱ代、Ⅲ代和Ⅳ代林之间的土壤容重无显著差异。尾巨桉人工林土壤的毛管孔隙度、非毛管孔隙度、田间持水量及最大持水量则均表现为随着连栽代数的增加而逐渐降低的趋势，并且Ⅰ代林和Ⅱ代林之间无显著差异，Ⅲ代林与Ⅳ代林之间均无显著差异。其中Ⅰ代林的土壤容重最小，其土壤最大持水量则最大，为25.44%，是Ⅳ代林的1.69倍。这说明随着尾巨桉人工林连栽代数的增加，会导致尾巨桉人工林的土壤持水性能减弱，这与韩艺师等（2008）对海南岛连栽桉树的研究结果相一致。

表9-19 不同连栽代数尾巨桉人工林表层土壤的持水量

代数	容重（g/m^3）	毛管孔隙度（%）	非毛管孔隙度（%）	田间持水量（%）	最大持水量（%）
Ⅰ	1.24 b	38.89 a	22.11 a	22.39 a	25.44 a
Ⅱ	1.41 a	34.07 a	17.46 a	18.08 a	21.17 a
Ⅲ	1.49 a	29.88 b	14.09 b	15.49 b	18.44 b
Ⅳ	1.62 a	24.46 b	12.46 b	13.28 b	15.08 b

4.3 不同连栽代数尾巨桉人工林林下土壤渗透性

土壤入渗性能是土壤的重要物理特征参数之一，土壤的入渗性能越好，则地表径流越少，土壤层的蓄水功能越强（孙艳红等，2006）。不同连栽代数尾巨桉人工林表层土壤的渗透性能结果见表9-20。随着连栽代数的增加，表层土壤渗透速度的初渗值、渗透速率（K_{10}）的初渗值和稳渗值均表现为先增大后降低的趋势，其中在Ⅱ代尾巨桉人工林中达到最大值（14.86 mm/min、4.24 mm/min、2.22 mm/min），分别为Ⅳ代的3.32倍、3.19倍、2.20倍；而表层土壤渗透速度的稳渗值则均表现为随着连栽代数的增加逐渐降低的趋势。从K_{10}方差分析结果来看，Ⅰ代林与Ⅱ代林的土壤表层土壤K_{10}之间无显著差异，Ⅲ代林与Ⅳ代林间也无显著差异。而不同连栽代数的渗透速度之间部分差异显著。从结果上来看，桉树连栽代数明显影响了林下土壤的渗透性能，进一步影响到土壤的持水能力。随着连栽代数的增加，尾巨桉人工林土壤的入渗性能降低，表明土壤地表径流可能增加，土壤层的蓄水功能将减弱。

表 9-20　不同连栽代数尾巨桉人工林表层土壤的渗透性能

代数	渗透速度（mm/min）		K_{10}（mm/min）	
	初渗值	稳渗值	初渗值	稳渗值
Ⅰ	12.09 a	2.44 a	3.01 a	1.67 a
Ⅱ	14.86 a	1.78 b	4.24 a	2.22 a
Ⅲ	8.65 b	1.37 b	2.26 b	1.18 b
Ⅳ	4.48 c	1.16 b	1.33 b	1.01 b

5　讨论与小结

5.1　不同林型人工林水源涵养功能的变化

土壤作为森林发挥水文效应的主要场所，能调节 90% 的大气降水，是森林生态系统水源涵养功能的重要组成部分（Wang 等，2013）。本研究中，由于树种组成与林分结构的不同，5 种不同林型的林冠层、林下植被层和枯枝落叶层的生物量和持水量均存在一定的差异，因而这 5 种不同林型人工林的水源涵养功能存在明显的差异。林冠对降水具有截留作用，对降水起到再分配的效果，林冠的持水能力由林冠叶面积、林冠郁闭度、林叶生物量和其持水率的大小决定。本研究通过不同人工林林冠层持水能力的对比发现，桉树林的林冠持水能力处于 5 种不同人工林的中间水平，次生林的林冠持水量最大，马尾松林的林冠持水量最小。主要是因为次生林的植被冠幅大，且林冠郁闭度较大，所以对水分的吸附截留较多；而马尾松林林冠的郁闭度较低，且树皮特殊的材质对水分的吸附截留较少。

通过不同人工林林下植被持水能力的比较发现，桉树人工林林下植被持水量最小，次生林林下植被的持水量最大。一方面桉树作为当地速生经济林，为追求经济效益，在种植前会对土地进行清理，甚至炼山，将原有的植物种子、根系破坏，不利于它们发芽生长，同时，生长过程中会对桉树林进行一定的管理措施，如使用除草剂等，导致桉树人工林下的植被种类和数量较其他林分少。另一方面因为桉树种植的密度较大，其较大的郁闭度对林下植物的生长起到抑制作用，很多植物因得不到充足的阳光而生长缓慢。人为不合理的抚育管理，造成林下植被种类和数量较少，进而降低了拦蓄降水的能力。因此，在对桉树人工林进行抚育管理时，间阀的林下植被应尽量保留和用于覆盖于林地，以增加桉树人工林拦蓄降水的能力，减少土壤侵蚀。

枯枝落叶层包括人工林地上未腐烂分解的叶、枝、果实、树皮等的堆积层，是涵养水源的重要组成部分。枯枝落叶层能保护和改良土壤结构、维持和提高土壤肥力、增加土壤渗透率，在截留降水、减小地表径流方面也起到积极作用。凋落物的现存量一方面受到凋落物量的控制，另一方面也会受到土壤动物、微生物、气候、土壤等生物和非生物因素的影响，其持水性与凋落物的组成、数量和分解程度有关。本研究中，不同林分枯枝落叶的现存量最大为次生林，最小为杉木人工林，而桉树人工林处于中等水平，这主要受凋落物自身特性的影响，杉木木质较软，且杉木人工林凋落物之间孔隙较大，外界因素如风、降水、土壤动物等可以加速凋落物的分解，加上杉木因细长的叶片导致其凋落物少且易分解，使得杉木人工林凋落物现存量小，从而持水量较小。而厚荚相思因其材质坚硬，且枝上具鳞状附着物，使其分解较慢，这也是其现存量较大且持水量较大的原因。

土壤持水能力受植被、成土母岩、土壤物理性质、土壤厚度、非毛管孔隙度、土壤结构、小地形等因素及人为活动的影响。5 种林分的土壤贮水量都表现为表层土壤（0 ~ 20 cm）高于下层土壤（20 ~ 40 cm）的趋势，这主要是林地表层土壤多属于海绵状的疏松多孔结构，此因其表层土壤的贮水能力比下层土壤强，这从土壤容重的大小也可以得到间接的反应，表层土壤的容重一般都小于下层土壤。有机质含量大小通常被作为衡量土壤肥力水平高低的关键指标，其值越大越利于形成良好的土壤团聚体。桉树人工林土壤有机质含量最低，主要与种植前和种植过程中的土地管理有关，如采伐等高强度人为干扰减少了有机质的输入与转化。杉木和桉树人工林土壤渗透性较差，主要是由于人工林在造林过程中，为了追求经济价值而采取不合理的抚育措施，导致了人工林林地土壤水土流失增大的趋势，再加上林下植被被人为去除，枯枝落叶层储量较低，从而导致土壤结构不良，影响林地土壤的水源涵养功能。因此，桉树人工林经营中要注意保留地表覆盖，保护土壤结构以增强土壤渗透性，也表明桉树人工林林下的枯枝落叶层，对于减少、减缓地表径流，防止水土流失具有一定的保护作用。

人工林的营造会影响土壤水源涵养功能，其树种的不同可能是导致人工林土壤水源涵养功能差异的主要原因之一。我们在野外调查中发现，桉树人工林砍伐过后的部分剩余物被随意丢弃于低洼水沟或池塘、潮湿的溪水旁边，容易引发“黑水”现象，可能导致水质污染，进一步对人畜或水生生物产生危害。因此，建议大面积规划和种植桉树人工林时，应考虑适当远离水源地，并要妥善处理桉树砍伐过后的剩余物，减小对附近水源地产生可能的污染。

总体而言，不同林分的总持水量从大到小表现为次生林、厚荚相思林、杉木人工林、马尾松人工林、桉树人工林，这与不同林分的林下土壤总贮水量表现一致，次生林水源涵养能力明显高于人工林。通过计算发现，不同林分下土壤持水量占总持水量的98%以上，可见人工林林下的土壤对林地总持水量起着主导作用。这充分说明人工林生态系统中林地土壤是涵养水源的主体部分，地上部分主要是对降水进行拦截再分配，从而起到降低土壤的溅蚀并进一步优化土壤水分的物理特性的作用。尾巨桉人工林地上部分总持水量居中，而林分总持水量最小，这也说明尾巨桉人工林并不是传言的“大量耗水而不蓄水”，而是与郑郁善等（2000）研究结果近似，具有一定保水能力，而且其地上部分持水量高于杉木人工林和马尾松人工林林分的持水量。

5.2　不同林龄对桉树人工林涵养水源能力的影响

降水到达森林时，首先为林冠层所截持，林冠层持水能力的大小除了受降水特征影响外，还取决于林分特性，主要由林冠层枝叶生物量、叶面积指数、枝叶分枝角度、枝叶表面粗糙度及其持水率所决定，林下植被层的生物量和持水率共同决定林下植被层持水量的大小（罗柳娟等，2012）。在不同林龄尾巨桉人工林的枯枝落叶层，尾巨桉人工林的枯枝落叶层现存贮量在0.32～12.44 t/hm^2，且随着林龄的增大，尾巨桉人工林枯枝落叶层的现存贮量逐渐增加，在7a达到最高值12.44 t/hm^2，远大于1a的0.32 t/hm^2，尾巨桉人工林林下表层土壤的自然含水率、自然含水量和最大持水深度也表现出相似的变化趋势，但最大持水率呈现相反的变化趋势，即随着林龄的增大而逐渐降低。7a生尾巨桉林的自然含水量在1.71 t/hm^2，最大持水量达35.70 t/hm^2，其对应的最大持水深度达1.98 mm，这说明林龄与枯枝落叶层的各持水性能指标之间存在着密切联系，林龄高的桉树人工林在减少和减缓地表径流、防止水土流失、持水性能方面具有更大的优势。这与黄承标等（2011）的调查结果类似，他们发现1～6a桉树人工林凋落物贮量为0.35～10.98 t/hm^2，并且随着林龄序列增大而增大，林龄越大，林地的枯枝落叶层具有更强的保水能力。

土壤的物理性质如较大的团粒结构、疏松的土质可以增加水分的储存能力及水分入渗性能，从而起到降低水土流失、涵养水源的作用（马小欣等，2016）。从尾巨桉林的土壤纵向垂直结构上来看，随着土壤深度的增加，不同林龄尾巨桉人工林的毛管孔隙度、非毛管孔隙度、总孔隙度、最大持水量、毛管持水量、非毛管持水量和饱和持水量均表现出逐步降低的趋势。而随着林龄的增加，相同土壤层次的毛管孔隙度、非毛管孔隙度、总孔隙度、最大持水量、毛管持水量、非毛管持水量和饱和持水量则由大到小为7a、5a、3a、2a、1a。这说明林龄越大，桉树人工林的土壤结构得到改善，其林地的持水能力更强，因为随着林龄的增加，土壤毛管孔隙吸持保存的毛管水越多，更有助于供应植物根系的水分吸收和土壤蒸发的需要，林龄越大的林地其非毛管孔隙可以在短期内贮存更多的水并快速下渗，从而更有效地降低地表径流，其防止水土流失效果会更好。

本研究中尾巨桉人工林地表层土壤的渗透速度 / 速率（K_{10}）随着林龄的增大表现出逐渐增大的趋势。这一结果与上述土壤毛管孔隙度、非毛管孔隙度、最大持水量等的变化规律相吻合，林龄的增加改善了土壤的毛管孔隙度、非毛管孔隙度等物理结构，土壤的渗透性能提升在一定程度上起到更有效控制林地的水土流失状况的作用。林龄越大，尾巨桉人工林的土壤持水性能越高。王纪杰等（2012）对漳州市不同林龄的巨尾桉人工林土壤的持水性、渗透性、抗蚀性等水土保持功能研究也揭示了类似结果。有学者发现在初始造林时进行的炼山整地在短期内对桉树幼苗生长具有激肥效应，这在一定程度上促进了桉树生长（汤建福，2010），随着林龄的增加，桉树人工林土壤渗透性得到提高，其水土保持功能也相应得到提升。这一结果也说明，如果对本研究区域内轮伐期（6~7a）的尾巨桉人工林采取合理的经营管理措施，可以在一定程度上提高土壤的水土保持功能，有利于促进人工林的可持续经营。

5.3　不同林分密度对桉树人工林涵养水源能力的影响

森林地上部分的持水性能主要由林冠层、林下植被层和枯枝落叶层的持水性能三者的综合体现。尾巨桉人工林凋落物的鲜重在不同林分密度下表现不同，随着林分密度的增加呈现先增大后降低的趋势。林分密度为 1600 株 /hm^2 的尾巨桉人工林枯枝落叶层的鲜重最大，是 1100 株 /hm^2 林分密度的 1.70 倍。枯枝落叶层最大自然持水量是自身鲜重的 2.57 ～ 3.88 倍，最大持水率在 256.86% ～ 387.92%，枯枝落叶层的有效拦截量也表现出了先增大后降低的趋势，均在林分密度为 1600 株 /hm^2 时达到最大。有效拦截量是表示凋落物对一次降水拦蓄的能力，从结果上来看在林分密度为 1600 株 /hm^2 时尾巨桉人工林的凋落物的持水性能最高，其水源涵养能力也最强。因此，并不是林分密度越大，凋落物的水源涵养功能越强，这一结论与柳晓娜等（2017）对不同密度杨树的林地水源涵养功能的研究所得出的结论是一致的。林分密度增加到一定程度时，会导致林分郁闭度降低，影响到人工林及林下植被的生长发育，从而降低了整个森林的水源涵养功能。

土壤层在林地的水源涵养功能上起着重要的作用。土壤的毛管持水量和非毛管持水量组成了土壤的最大持水量，土壤的持水能力越强，土壤能够吸持更多的降水，充分发挥其水土保持功能（宝虎，2020）。从研究结果上来看，不同林分密度尾巨桉人工林的非毛管孔隙度、毛管孔隙度、非毛管蓄水量、毛管蓄水量、最大自然持水量从大到小均依次为 1600 株 /hm^2、2500 株 /hm^2、1250 株 /hm^2、1100 株 /hm^2，这与枯枝落叶层的持水量变化趋势相一致。此外，对不同林分密度尾巨桉人工林的土壤总毛管蓄水量、有效拦截量指数和水源涵养指数研究结果也得出相同的结论，1600 株 /hm^2 林分密度下尾巨桉人工林的水源涵养指数最高，1100 株 /hm^2 时最低。这一结果充分均说明林分密度为 1600 株 /hm^2 时，是尾巨桉人工林的较适合的种植密度，在该林分密度下土壤的持水性能最高，枯枝落叶层的持水性能最高，二者是林地水源涵养功能的重要组成部分。因此，在桉树人工林的营林中，要结合实际，采用较合适的种植密度，如 1600 株 /hm^2 的种植密度可以作为参考。

5.4　不同连栽代数对桉树人工林涵养水源能力的影响

通过对不同连栽代数尾巨桉人工林林下凋落物的厚度、贮存量及持水性能的分析发现，无论是林下凋落物的厚度还是贮存量都是在Ⅱ代林中达到最高值，然后再出现逐渐降低的趋势（见表 9-18）。Ⅱ代尾巨桉人工林凋落物贮量最大达 10.43 t/hm^2，其最大持水量最高为 32.47 t/hm^2。随着连栽代数的增加，人工林下最大持水量也表现出与凋落物贮量的波动趋势一致的规律，即先增大到Ⅱ代林最高，然后再逐渐降低。这与韩艺师等（2008）发现的随着连栽代数的增加凋落物量逐渐降低，Ⅰ代林的林下生物多样性最高、林下凋落物量最高稍显不同。这可能与本研究对象所在林场对Ⅰ代桉树林采用的良种壮苗、合理密度、科学施肥等管理措施有关（盛炜彤等，2003）。

从本研究结果可看出，桉树人工林在Ⅱ代时，其林下凋落物的持水能力最强，该代数林分的水源涵养能力也最高。这也许是因为在Ⅰ代桉树人工林造林前林地经过炼山清理、机耕全垦，然后在林木成长时期采用数量较大的肥料营养等人工管理措施，这在一定程度上改善了土壤理化性质在轮伐后遗留的枯枝落叶及树根、树皮等又逐渐进入土壤物质循环过程中，逐渐成为土壤有机质的组成部分，从而进一步改善了土壤肥力。一般一个轮伐期为 3 ～ 5 年，在Ⅱ代连栽桉树后，桉树在原有已经改善的环境中快速生长，其林下植被也如温远光等（2005）的研究所述，已经适应了桉树人工林的干扰逐渐趋于简单化草质化的模式逐渐成长起来。余雪标等（2000）对连栽桉树林的研究也认为，连栽代次的增加在一定程度上抑制了桉树林的生物量，从而影响到了林下凋落物的贮量的多寡。本研究中尾巨桉人工林在Ⅱ代时适应了当地的环境快速生长后形成较大的林冠且其树皮贮量也较高，林下多为草本植物生长，从而在Ⅱ代采伐后出现了林下凋落物量较大的现象。

连栽措施明显影响了尾巨桉人工林林下土壤的物理性状，这与魏圣钊等（2019，2020）、韩艺师等（2008）的研究结果相一致。随着连栽代数的增加，尾巨树人工林林下表层土壤容重逐渐增大，土壤的毛管孔隙度和非毛管孔隙度逐渐下降，土壤的田间持水量和最大持水量也表现出相似的变化规律。其中Ⅰ代连栽尾巨桉人工林孔隙度和持水量均明显高于Ⅲ代和Ⅳ代人工林，这一结果表明了多代连栽的种植方式可能更加容易造成桉树人工林的土壤板结现象，从而导致了土壤的持水性降低，最终将会降低林地调节和储蓄降水的能力。刘玉等（2004）的研究结果发现，人工林建植或连栽均会导致土壤的物理性状改变，比如土壤容重增加、土壤孔隙度降低、土壤持水量减弱等。究其原因，可能是因为在尾巨桉人工林的抚育过程中，人为压紧表层土壤，加速混合土壤与地表有机残留物及其他有机物的分解等措施，直接导致了土壤容重增加及土壤结构性状的变差（Powlson 等，1987；Blair 等，1995）。除此之外，随着连栽代数的增加，人工林的生物多样性降低（Jiang，1984；张浩等，2002；温远光等，2005），林下凋落层的结构组成和数量，以及植物根系在土壤中分布情况直接受到影响，从而影响了林地持水性能重要层次——土壤层的物理性状，如毛管孔隙度、非毛管孔隙度、田间持水量、土壤渗透性能等。因此，采取适当的连栽代数对于改善桉树人工林土壤板结、土壤质地、促进桉树人工林可持续发展具有重要的作用。

综上所述，本章主要小结如下。

（1）不同类型人工林持水量从大到小依次为次生林、厚荚相思林、杉木人工林、马尾松人工林、桉树人工林，不同林分的总持水量主要受林下土壤贮水量的控制，林冠层和枯枝落叶层影响所占的比例较小。桉树人工林生态系统中林地土壤是涵养水源的主体部分，林冠层和枯枝落叶层主要是对降水进行截留再分配，并进一步优化土壤物理化学特性的作用。

（2）不同林分类型的水源涵养能力存在差异，其中地上部分总持水量以次生林最佳，桉树人工林居中，马尾松人工林最小；林下土壤层总贮水量以次生林最高，桉树人工林最小；林分总持水量以次生林最高，桉树人工林较小。说明桉树人工林具有较强的持水能力，但由于人为扰动较大，水源涵养能力弱于其他林分类型。桉树人工林林冠层持水量低于林下植被和枯枝落叶层的持水量，表明桉树人工林的林分结构较好，有利于减缓林内降水的侵蚀力，有利于避免土壤的板结，可促进土壤的渗透功能。

（3）不同林龄尾巨桉人工林的水源涵养能力有较大差异，随着林龄的增加，枯枝落叶层的现存贮量呈现逐渐增多的趋势，其中 7a 最高达到 12.44 t/hm^2。枯枝落叶层的自然含水率和最大持水深度随着林龄的增加表现出逐渐增大的趋势。在不同土壤层，土壤中的毛管孔隙度、非毛管孔隙度、总孔隙度和渗透性均表现出随着林龄的增加而逐渐增大的趋势。

（4）桉树人工林不同层次的持水量从大到小依次为土壤层、枯枝落叶层、林冠层、林下植被层，加强对桉树林下植被层和枯枝落叶层的保护，是提高土壤层贮水量的关键措施。随着桉树人工林林龄的增加，林分郁闭度增大，枯枝落叶层增厚，其地上部分的持水能力逐渐增强，土壤渗透性提高。桉树人工林林分表现出较好的水源涵养价值。

（5）通过对不同林分密度尾巨桉枯枝落叶层和土壤层的持水量的比较发现，有效拦蓄量指数和水源涵养指数最大值均出现在林分密度为 1600 株 /hm^2 时，此林分密度是尾巨桉林较适合的林分密度，建议在未来的造林过程中加以推广应用。通过对不同连栽代数尾巨桉水源涵养功能的研究表明，随着连栽代数增大，其林下凋落物持水性能和林下土壤的渗透性能降低，在造林过程中建议进一步优化连栽模式。

本研究中，次生林具有较高的水源涵养功能，这从反面也说明，桉树人工林（包括杉木人工林，马尾松人工林和厚荚相思林）因树种组成单一、林分层次结构简单等原因，其水源涵养功能相对低于次生林。如何改善桉树人工林的结构组成，提高现有桉树人工林的涵养水源功能，是今后桉树人工林经营过程中要正确面对的一个问题。建议可采取适当的混交林、林下植物间作等结构调控措施，注重增加阔叶树种的合理配置，以充分发挥桉树人工林的水源涵养功能。

参考文献

[1] 宝虎，赵鹏武，周梅，等．大兴安岭南段典型天然林枯枝落叶层及土壤层持水特性研究［J］．干旱区资源与环境，2020，34（2）：175-181.

[2] 陈琦，刘苑秋，刘士余，等．杉木取代阔叶林后林下水源涵养功能差异评价［J］．水土保持学报，2019，33（2）：244-250.

[3] 丁访军，王兵，钟洪明，等．赤水河下游不同林地类型土壤物理特性及其水源涵养功能［J］．水土保持学报，2009，23（3）：179-183.

[4] 高成德，余新晓．水源涵养林研究综述［J］．北京林业大学学报，2000，22（5）：78-82.

[5] 耿玉清，王保平．森林地表枯枝落叶层涵养水源作用的研究［J］．北京林业大学学报，2000，22（5）：53-56.

[6] 龚诗涵，肖洋，郑华，等．中国生态系统水源涵养空间特征及其影响因素［J］．生态学报，2017，37（7）：2455-2462.

[7] 韩艺师，魏彦昌，欧阳志云，等．连栽措施对桉树人工林结构及持水性能的影响［J］．生态学报，2008，28（9）：4609-4617.

[8] 何斌，秦武明，戴军，等．马占相思人工林不同年龄阶段水源涵养功能及其价值研究［J］．水土保持学报，2006，20（5）：5-8.

[9] 黄承标，杨钙仁，魏国余，等．桉树林地枯枝落叶层的水文特性及养分贮量［J］．福建林学院学报，2011，31（4）：289-294.

[10] 贺淑霞，李叙勇，莫菲，等．中国东部森林样带典型森林水源涵养功能［J］．生态学报，2011，31（12）：3285-3295.

[11] 洪宜聪，王启其，黄健韬，等．闽楠人工林土壤肥力及其涵养水源功能［J］．东北林业大学学报，2019，47（3）：68-73.

[12] 侯宁宁，苏晓琳，杨钙仁，等．桉树造林的土壤物理性质及其水文效应［J］．水土保持学报，2019，33（3）：101-107，114.

[13] 姜文来．森林涵养水源的价值核算研究［J］．水土保持学报，2003，17（2）：34-36，40.

[14] 李辉．不同林龄人工油松林枯枝落叶层差异及其对林下土壤的影响 [D]．泰安：山东农业大学，2017.
[15] 李俊清．森林生态学 [M]．北京：高等教育出版社，2006：100-110.
[16] 林祖荣．桉树与米老排混交林的水源涵养功能 [J]．亚热带农业研究，2019，15 (4)：229-233.
[17] 刘剑斌．杉木天然林和人工林涵养水源功能研究 [J]．福建林业科技，2003，30 (3)：19-22.
[18] 刘霞，张光灿，李雪蕾，等．小流域生态修复过程中不同森林植被土壤入渗与贮水特征 [J]．水土保持学报，2004，18 (6)：1-5.
[19] 刘玉，李林立，赵珂，等．岩溶山地石漠化地区不同土地利用方式下的土壤物理性状分析 [J]．水土保持学报，2004，18 (5)：142-145.
[20] 柳晓娜，贾国栋，余新晓．不同密度杨树人工林的林地涵养水源功能研究 [J]．环境科学与技术，2017，40 (10)：8-13.
[21] 罗柳娟，韦理电，何斌，等．尾巨桉和厚荚相思人工林水源涵养功能研究 [J]．华南农业大学学报，2012，3 (2)：220-224.
[22] 马小欣，赵鹏飞，陆贵巧，等．冀北山区华北落叶松人工林水源涵养功能评价 [J]．中南林业科技大学学报，2016，36 (4)：85-89.
[23] 彭焕华，赵传燕，许仲林，等．祁连山青海云杉林冠层持水能力 [J]．应用生态学报，2011，22 (9)：2233-2239.
[24] 盛炜彤，杨承栋，范少辉．杉木人工林的土壤性质变化 [J]．林业科学研究，2003，16 (4)：377-385.
[25] 孙艳红，张洪江，程金花．缙云山不同林地类型土壤特性及其水资源涵养功能 [J]．水土保持学报，2006，20 (2)：106-109.
[26] 汤建福．桉树不同更新方式效果与效益分析 [J]．福建林业科技，2010，37 (4)：93-97.
[27] 王纪杰，张友育，俞元春，等．不同林龄巨尾桉人工林土壤的水土保持功能 [J]．福建农林大学学报（自然科学版），2012，41 (1)：46-52.
[28] 王莉，林莎，李远航，等．青海大通不同林地类型林下植被与土壤水分的关系 [J]．中国水土保持科学，2019，17 (5)：25-35.
[29] 王利，于立忠，张金鑫，等．浑河上游水源地不同林型水源涵养功能分析 [J]．水土保持学报，2015，29 (3)：249-255.
[30] 王卫军，赵婵璞，姜鹏，等．塞罕坝华北落叶松人工林水源涵养功能研究 [J]．中南

林业科技大学学报，2013，33（2）：66-68，72.
[31] 王晓荣，唐万鹏，刘学全，等．丹江口湖北库区不同林分类型凋落物储量及持水性能[J]．水土保持学报，2012，26（5）：244-248.
[32] 王燕，宫渊波，尹艳杰，等．不同林龄马尾松人工林土壤水土保持功能[J]．水土保持学报，2013，27（5）：23-27，31.
[33] 魏圣钊，李林，骆晓，等．不同连栽代次的巨桉人工林土壤酶活性及其土壤理化性质的关系[J]．应用与环境生物学报，2019，25（6）：1312-1318.
[34] 魏圣钊，李林，曹芹，等．巨桉连栽对土壤微生物生物量和数落的影响[J]．热带亚热带植物学报，2020，28（1）：35-43.
[35] 温远光，刘世荣，陈放．连栽对桉树人工林下物种多样性的影响[J]．应用生态学报，2005，16（9）：1667-1671.
[36] 吴钦孝，赵鸿雁，刘向东，等．森林枯枝落叶层涵养水源保持水土的作用评价[J]．水土保持学报，1998，4（2）：24-29.
[37] 席晓艳．探讨水受森林枯枝落叶层的影响[J]．内蒙古林业调查设计，2016，39（2）：129-130.
[38] 杨盼盼，于法展，曾晨，等．苏北山丘区森林群落枯枝落叶层的生态功能分析[J]．水土保持研究，2011，18（5）：152-155，160.
[39] 余雪标，徐大平，龙腾，等．连栽桉树人工林生长特性和树冠结构特征[J]．林业科学，2000，36（专刊1）：137-142.
[40] 张浩，潘介昌，唐光大，等．广东天井山森林群落植物多样性与土壤持水性研究[J]．广东林业科技，2020，18（1）：25-30.
[41] 张建华，郭宾良，张宁，等．滦河上游不同密度油松林水源涵养功能研究[J]．水土保持研究，2015，22（6）：47-50.
[42] 张顺恒，陈辉．桉树人工林的水源涵养功能[J]．福建林学院学报，2010，30（4）：300-303.
[43] 郑郁善，陈礼光，洪长福，等．沿海丘陵巨尾桉人工林水源涵养功能研究[J]．江西农业大学学报，2000，22（2）：220-224.
[44] 周佳雯，高吉喜，高志球，等．森林生态系统水源涵养服务功能解析[J]．生态学报，2018，38（5）：1679-1686.
[45] Blair G J, Lefrey D B, Lisle L. Soil carbon fractions based on their degree of oxidation and the development of a carbon management index for agricultural systems[J]. Australi an Journal of Agricultural Research, 1995, 46: 1459-

1466.

[46] Holdgate M. Sustainability in the forest [J]. Commonwealth Forestry Review, 1993, 72 (4): 217-225.

[47] Jiang Z L. Soil and water conservation of forest services [J]. Chinese Journal of Ecology, 1984, 3 (3): 61-64.

[48] Powlson D S, Brookes P C, Christensen B T. Measurement of soil microbial biomass provides an early indication of changes in total soil organic matter due to straw incorporation [J]. Soil Biology and Biochemistry, 1987, 19: 159-164.

[49] Wang C, Zhao C Y, Zhonglin X U, et al. Effect of vegetation on soil water retention and storage in a semi-arid alpine forest catchment [J]. Journal of Arid Land, 2013, 5 (2): 207-219.

[50] Xie G D, Li W H, Xiao Y, et al. Forest ecosystem services and their values in Beijing [J]. Chinese Geographical Science, 2010, 20 (1): 51-58.

第十章

桉树人工林土壤养分含量及生物学变化特性

土壤是森林生态系统中生命活动的主要场所，土壤养分、微生物与土壤酶作为森林生态系统的重要组成部分，对森林的生长发育起着至关重要的作用。土壤养分为植物提供了必需的营养元素，是土壤肥力的重要物质基础，直接影响林木的生长（薛立等，2003；王吉秀等，2016），也是评价土壤肥力水平的重要内容之一。土壤微生物是土壤肥力与健康程度的指标，是森林生态系统不可或缺的分解者，其影响着土壤生态系统的养分能量循环（宋贤冲等，2017）。土壤酶作为一种生物催化剂，参与了土壤中许多重要的生物化学过程，反映了土壤中进行的各种生物活动的强度与方向，是评价土壤肥力的重要指标（Puglisi 等，2006；王理德等，2016）。土壤生物学特征与土壤肥力状况的关系备受学者的关注。

桉树（*Eucalyptus*）是桃金娘科桉属植物，常绿高大乔木，种类繁多，适应性强，用途广。在桉树人工林带来巨大经济效益的同时，其导致的生态环境脆弱、土壤肥力衰退、土壤性状恶化、林木生长减缓等问题也被广泛关注（温远光等，2005a；Liu 等，2010；黄国勤等，2014；张凯等，2015；Wassie 等，2016）。目前对桉树的研究主要集中在桉树人工林的生物多样性（温远光等，2005b）、生物量及生产力（余雪标等，1999；王吉秀等，2016）、土壤有机碳氮特征（史进纳等，2015；朱美玲等，2015；吕小燕等，2017）、根际土壤微生物与酶活性（李志辉等，2000；牛芳华等，2011）等。但在桉树广泛种植的广西北部低山丘陵地区，尤其在 1 ～ 5a 短期时间内，对土壤养分含量的变化特征、微生物数量、微生物生物量及酶活性之间关系的研究尚不足，而这对准确评价桉树林地土壤肥力及制订合理的管理措施十分重要。由于土壤碳（C）、氮（N）、磷（P）、钾（K）含量之间存在紧密的关系，C、N、P、K 含量特征反映了土壤内部之间的循环与平衡，是土壤有机质和质量评价的一个重要指标（程滨等，2010；王晓光等，2016）。因此，本章通过时空互代法，选择广西黄冕林场 1 ～ 5a 不同林龄的桉树人工林为研究对象，以马尾松林（*Pinus massoniana* Lamb，10a）为对照：①探讨不同林龄桉树土壤养分变化、微生物数量特征、土壤酶活性的变化特征；②揭示土壤养分变化、土壤微生物生物量特征、土壤酶活性等之间的相关性。

1 不同林龄桉树人工林土壤养分及 pH 变化

由表 10-1 可知，桉树人工林的 5 个林龄 0 ～ 40 cm 土壤有机碳含量随着林龄的增大整体表现为上升的趋势。各林龄的土壤有机碳含量均显著低于马尾松对照样地，均随着土层的加深而降低。方差分析表明，同一土层的不同林龄中，0 ～ 10 cm 土层中有机碳含量在各林龄之间差异显著（$P < 0.05$）；10 ～ 20 cm 土层中，对照组与各林龄之间差异性显著；20 ～ 30 cm 土层中，1a 与 2a、3a 与 4a 差异不显著（$P > 0.05$）；对照组均显著大于不同林龄的各土层（$P < 0.05$）。同一林龄不同土层中，4a 中 10 ～ 40 cm 土层与其他土层间有机碳含量差异不显著（$P > 0.05$），其他林龄、对照组与不同土层间差异显著（$P < 0.05$）。土壤全氮含量在同一土层不同林龄间变化较小，同一林龄中，对照样地与 5 个林龄的土壤全氮含量均随着土层深度的增加而逐渐降低，且不同土层之间存在显著差异（$P < 0.05$）。土壤全磷含量随林龄的增大、土层的加深均趋于减小，马尾松对照样地也随土层的加深而降低。同一土层中，桉树不同林龄的全磷含量明显高于对照组（$P < 0.05$），在 0 ～ 10 cm 土层中，3a、4a、5a 林龄之间差异不显著；在 10 ～ 20 cm 土层中，1a 与 2a、3a 与 4a 之间差异较小；同一林龄和对照组在不同土层中存在较大差异（$P < 0.05$）。桉树 5 个林龄土壤全钾含量随着林龄的增大表现为先减小后增大的趋势，且土壤全钾含量均随着土层深度的加深而降低。同一林龄不同土层中，全钾含量除 5a 的 0 ～ 10 cm 与 10 ～ 20 cm 土层间差异不显著外（$P < 0.05$），其他林龄、对照组的不同土层之间都有显著差异（$P < 0.05$）；同一土层的不同林龄中，在 0 ～ 10 cm 土层中，3a 和 5a 之间差异较小（$P > 0.05$）；在 10 ～ 20 cm 土层中，1a 和 2a 之间差异不显著（$P > 0.05$）；在 20 ～ 30 cm 土层中，2a 分别与 3a、5a 差异不显著；在 30 ～ 40 cm 土层中，5a 与其他林龄均差异不显著（$P > 0.05$）。在桉树人工林中，速效氮含量与速效钾含量的变化规律相似，土壤表层含量较大，随着土层的加深，含量逐渐下降；随着林龄的增大表现为先增加后降低再增加的趋势；但两者不同的是，马尾松对照样地中速效氮含量显著大于桉树人工林中速效氮的含量，而桉树人工林各林龄速效钾含量大于马尾松对照样地中的速效钾含量。0 ～ 40 cm 不同土层的桉树人工林有效磷含量分别为 1.42 ～ 1.48 g/kg、1.19 ～ 1.25 g/kg、0.99 ～ 1.04 g/kg、0.61 ～ 0.65 g/kg，随着土层深度的加深而下降；马尾松对照样地小于桉树人工林各林龄的含量。土壤 pH 值的大小直接影响到土壤酶活性的变化，从而使微生物分解反应的快慢受到很大的影响。桉树人工林与马尾松林在不同的土层之间，pH 值均表现为较小的差异；桉树林的 pH 值较小，随林龄的增大而趋于减小，土壤呈现出酸化的趋势。

表 10-1　不同林龄桉树人工林土壤养分特征

元素	土层（cm）	1a	2a	3a	4a	5a	CK
有机碳	0～10	5.79±0.24 dA	6.32±0.09 dB	8.35±0.23 cD	7.61±0.32 bC	9.85±0.22 dE	13.19±0.25 dF
	10～20	4.24±0.11 cA	5.14±0.30 cA	7.04±0.68 cADE	6.48±0.86 abABC	8.40±0.31 cBD	11.04±0.13 cCE
	20～30	3.22±0.19 bA	3.67±0.43 bA	5.50±0.89 bB	4.91±0.42 aB	6.60±0.32 bC	7.60±0.30 bC
	30～40	1.10±0.02 aA	2.06±0.05 aB	3.27±0.20 aC	3.20±0.04 aC	3.79±0.28 aD	4.17±0.22 aE
全氮	0～10	1.24±0.04 dA	1.25±0.03 dA	1.23±0.04 dA	1.24±0.05 dA	1.27±0.03 dA	1.42±0.02 dB
	10～20	0.91±0.04 cA	0.90±0.04 cA	0.91±0.05 cA	0.92±0.06 cA	0.92±0.03 cA	1.14±0.07 cB
	20～30	0.56±0.05 bA	0.57±0.05 bA	0.55±0.07 bA	0.56±0.06 bA	0.58±0.05 bA	0.73±0.03 bB
	30～40	0.19±0.02 aA	0.20±0.02 aA	0.16±0.02 aA	0.18±0.02 aA	0.20±0.02 aA	0.28±0.02 aB
全磷	0～10	0.36±0.01 dD	0.33±0.01 dC	0.30±0.02 dB	0.29±0.01 dB	0.28±0.01 dB	0.23±0.01 dA
	10～20	0.33±0.01 cD	0.31±0.01 cD	0.27±0.02 cC	0.24±0.01 cC	0.21±0.02 cB	0.18±0.01 cA
	20～30	0.24±0.01 bD	0.23±0.01 bD	0.22±0.01 bCD	0.20±0.02 bC	0.16±0.02 bB	0.13±0.00 bA
	30～40	0.16±0.01 aB	0.15±0.005 aB	0.13±0.01 aB	0.12±0.01 aB	0.09±0.03 aAB	0.07±0.003 aA
全钾	0～10	10.07±0.17 dD	9.12±0.24 dC	7.66±0.18 dB	6.44±0.26 dA	7.93±0.20 cB	11.95±0.20 dE
	10～20	8.76±0.30 cD	8.15±0.46 cD	5.89±0.47 cB	4.90±0.19 cA	7.16±0.15 cC	9.82±0.35 cE
	20～30	5.68±0.34 bC	5.27±0.61 bBC	4.48±0.34 bB	3.26±0.45 bA	4.26±0.51 bB	7.20±0.37 bD
	30～40	3.29±0.18 aB	3.03±0.07 aB	2.29±0.13 aA	1.67±0.11 aA	2.43±0.51 aAB	4.52±0.30 aB

续表

元素	土层(cm)	1a	2a	3a	4a	5a	CK
速效氮	0～10	41.82±1.70 dA	69.72±0.67 dC	56.7±0.68 dB	70.91±1.05 cC	80.0±1.24 dD	110.9±0.91 dE
	10～20	35.62±0.99 cA	51.05±1.14 cB	48.4±1.45 cB	60.62±4.48 bcABC	70.3±0.91 cC	94.35±3.40 cD
	20～30	23.33±0.62 bA	37.27±2.16 bB	33.5±1.39 bB	46.73±3.99 bABCD	56.2±1.82 bC	66.48±0.79 bD
	30～40	16.95±0.45 aA	22.16±0.69 aBC	19.9±1.07 aB	23.98±0.94 aC	34.0±2.12 aD	42.65±0.44 aE
有效磷	0～10	1.48±0.05 dB	1.42±0.04 dB	1.43±0.07 dB	1.43±0.04 cB	1.43±0.06 bB	0.95±0.06 dA
	10～20	1.24±0.04 cB	1.22±0.01 cB	1.25±0.05 cB	1.21±0.02 cB	1.19±0.01 bB	0.81±0.05 cA
	20～30	1.02±0.10 bB	1.04±0.08 bB	1.02±0.12 bB	0.99±0.08 bB	1.04±0.13 abB	0.48±0.03 bA
	30～40	0.65±0.09 aB	0.64±0.07 aB	0.64±0.13 aB	0.65±0.08 aB	0.61±0.07 aB	0.24±0.01 aA
速效钾	0～10	50.04±0.74 dE	55.29±0.68 dF	45.6±0.55 dC	39.52±0.44 dB	47.0±0.37 dD	36.46±0.62 cA
	10～20	41.42±0.88 cD	44.73±1.57 cE	38.4±1.50 cC	35.03±1.86 cB	41.3±0.57 cD	30.87±0.42 bA
	20～30	32.95±0.90 bB	36.98±1.68 bC	30.0±1.13 bB	26.53±2.48 bA	32.8±0.25 bB	25.02±1.85 abA
	30～40	20.08±0.14 aC	22.72±0.57 aD	18.7±0.21 aB	16.03±0.57 aA	19.8±0.22 aC	19.53±0.55 aBC
pH	0～10	5.68±0.005 aE	5.60±0.01 aD	5.49±0.02 aC	5.34±0.03 aB	5.13±0.04 aA	5.71±0.01 abE
	10～20	5.53±0.21 aACD	5.59±0.04 aCE	5.49±0.02 aBC	5.39±0.02 aAB	5.16±0.05 aA	5.69±0.02 aDE
	20～30	5.57±0.14 aACD	5.64±0.01 aCE	5.50±0.03 aBC	5.40±0.04 aAB	5.20±0.06 aA	5.76±0.03 bDE
	30～40	5.57±0.15 aACD	5.63±0.04 BD	5.53±0.03 aBC	5.39±0.05 aAB	5.24±0.03 aA	5.75±0.02 bD

说明：同行不同大写字母表示同一土层不同林龄间差异显著（$P<0.05$）；同一列不同小写字母表示同林龄不同土层间差异显著（$P<0.05$）。本章下同。

2 不同林龄桉树人工林土壤生物学变化特征

2.1 不同林龄桉树人工林土壤微生物数量、微生物生物量的变化

由表 10-2 看出，在不同林龄的桉树人工林及马尾松对照组中，随着土层厚度的加深，土壤微生物生物量碳、微生物生物量氮、微生物生物量磷和微生物数量（细菌，放线菌和真菌）均逐渐减小，不同的土层之间总体上存在显著差异。同一土层之间，不同林龄的微生物生物量之间的变化表现出不同趋势，随林龄的增大，微生物生物量碳从大到小表现为 5a、4a、2a、3a、1a、马尾松；微生物生物量氮从大到小表现为 0 ～ 10 cm，4a、马尾松、5a、1a、2a、3a；10 ～ 20 cm、20 ～ 30 cm、30 ～ 40 cm 从大到小表现为 4a、马尾松、1a、5a、2a、3a；微生物生物量磷从大到小表现为 5a、3a、4a、1a、2a 和马尾松。

细菌数量的变化，0 ～ 10 cm 土层从大到小表现为 1a >马尾松> 2a > 5a > 3a > 4a，而在 10 ～ 20 cm、20 ～ 30 cm 和 30 ～ 40 cm 土层细菌数量从大到小表现为马尾松> 1a > 2a > 5a > 3a > 4a，各土层中 4a 均为最小值。各土层放线菌数量的变化表现为马尾松> 1a > 2a > 4a > 3a > 5a，马尾松显著大于各林龄。0 ～ 10 cm 和 10 ～ 20 cm 土层真菌数量的变化表现为 1a > 5a > 2a >马尾松> 3a > 4a；20 ～ 30 cm 土层真菌数量的变化表现为 1a > 5a >马尾松> 2a > 3a > 4a；30 ～ 40 cm 土层真菌数量的变化表现为马尾松> 1a > 5a > 2a > 3a > 4a，各土层中 4a 均为最小值。

表 10-2　不同林龄桉树人工林土壤微生物数量及生物量特征

元素	土层（cm）	1a	2a	3a	4a	5a	CK
MBC	0 ～ 10	91.2 ± 0.14 cA	132.8 ± 0.28 bA	116.9 ± 0.33 bA	165.5 ± 0.51 aA	187.7 ± 0.31 aA	75.8 ± 0.19 dA
	10 ～ 20	70.1 ± 0.22 cB	120.6 ± 0.19 bA	101.5 ± 0.22 bA	138.7 ± 0.45 aA	141.5 ± 0.22 aB	61.0 ± 0.11 dB
	20 ～ 30	47.7 ± 0.25 dC	88.8 ± 0.21 cB	86.3 ± 0.17 cB	95.6 ± 0.28 bB	113.4 ± 0.21 aC	45.5 ± 0.19 dC
	30 ～ 40	19.8 ± 0.16 dD	49.4 ± 0.18 bC	38.8 ± 0.15 cC	67.5 ± 0.19 aC	70.5 ± 0.17 aD	12.5 ± 0.09 dD
MBN	0 ～ 10	62.15 ± 0.87 bA	58.59 ± 0.61 cA	49.89 ± 0.39 dA	75.87 ± 0.66 aA	65.88 ± 0.71 bA	66.78 ± 0.71 bA
	10 ～ 20	55.06 ± 0.48 aA	48.57 ± 0.44 cB	40.77 ± 0.35 cB	57.95 ± 0.71 aA	52.14 ± 0.55 bB	55.47 ± 0.67 aB
	20 ～ 30	44.12 ± 0.55 aB	37.79 ± 0.37 bC	30.78 ± 0.84 cC	46.79 ± 0.48 aB	42.99 ± 0.52 aC	44.58 ± 0.32 aC
	30 ～ 40	28.99 ± 0.61 bC	21.89 ± 0.55 bD	16.89 ± 0.45 cD	31.22 ± 0.55 aC	22.38 ± 0.45 bD	31.79 ± 0.28 aD
MBP	0 ～ 10	16.78 ± 0.25 bA	14.99 ± 0.54 cA	19.78 ± 0.61 aA	17.88 ± 0.69 bA	22.15 ± 0.16 aA	12.32 ± 0.48 cA
	10 ～ 20	14.02 ± 0.22 bB	12.24 ± 0.48 cB	14.85 ± 0.48 bB	13.22 ± 0.45 cB	16.88 ± 0.27 aA	6.88 ± 0.35 dB
	20 ～ 30	11.75 ± 0.34 aC	7.77 ± 0.36 bC	12.97 ± 0.22 aB	11.79 ± 0.41 aB	13.16 ± 0.42 aB	6.02 ± 0.19 cC
	30 ～ 40	6.98 ± 0.47 bD	6.01 ± 0.33 dD	8.77 ± 0.15 bC	6.55 ± 0.34 cC	11.79 ± 0.35 aC	4.99 ± 0.15 eD
细菌	0 ～ 10	11.83 ± 0.24 aA	10.79 ± 0.23 aA	8.32 ± 0.39 bA	7.55 ± 0.34 cA	9.45 ± 0.12 bA	11.08 ± 0.11 aA
	10 ～ 20	7.23 ± 0.21 aA	6.19 ± 0.17 cB	5.74 ± 0.14 cA	5.21 ± 0.06 dA	6.06 ± 0.05 bB	9.13 ± 0.06 aB
	20 ～ 30	4.63 ± 0.30 bB	3.15 ± 0.07 cC	2.63 ± 0.19 cB	2.20 ± 0.02 dB	2.71 ± 0.24 cC	6.15 ± 0.10 aC
	30 ～ 40	1.55 ± 0.15 bC	1.11 ± 0.03 bD	1.00 ± 0.02 cC	0.93 ± 0.03 cC	1.05 ± 0.05 bD	3.57 ± 0.23 aD
真菌	0 ～ 10	0.68 ± 0.02 aA	0.58 ± 0.02 aA	0.45 ± 0.02 bA	0.34 ± 0.01 cA	0.59 ± 0.02 aA	0.47 ± 0.009 bA
	10 ～ 20	0.51 ± 0.02 aA	0.40 ± 0.03 aB	0.35 ± 0.02 bB	0.28 ± 0.007 cA	0.40 ± 0.01 aB	0.37 ± 0.01 bA
	20 ～ 30	0.39 ± 0.02 aB	0.29 ± 0.01 bC	0.25 ± 0.01 bC	0.21 ± 0.10 cB	0.33 ± 0.007 aC	0.31 ± 0.01 aB
	30 ～ 40	0.22 ± 0.02 aC	0.13 ± 0.003 bD	0.12 ± 0.003 cD	0.10 ± 0.01 dC	0.16 ± 0.01 bD	0.25 ± 0.01 aC
放线菌	0 ～ 10	1.12 ± 0.06 aA	0.94 ± 0.01 bA	0.68 ± 0.01 cA	0.76 ± 0.04 cA	0.43 ± 0.02 dA	1.31 ± 0.01 aA
	10 ～ 20	0.69 ± 0.04 aB	0.63 ± 0.05 aB	0.52 ± 0.03 bA	0.58 ± 0.02 bA	0.34 ± 0.02 cA	0.78 ± 0.003 aB
	20 ～ 30	0.45 ± 0.007 aB	0.39 ± 0.03 bC	0.35 ± 0.01 bB	0.38 ± 0.02 bB	0.22 ± 0.006 cB	0.46 ± 0.02 aC
	30 ～ 40	0.23 ± 0.01 aC	0.20 ± 0.02 aD	0.16 ± 0.02 C	0.16 ± 0.03 bC	0.11 ± 0.01 cC	0.23 ± 0.01 aD

2.2 不同林龄桉树人工林土壤酶活性的变化特征

由表 10-3 可知，4 种土壤酶在垂直分布上具有较为明显的特征，不同土层间差异显著，随着土层的加深，土壤酶的活性降低。不同林龄之间，土壤酶活性也存在较大的差异，同一土层中，蔗糖酶的活性均随着林龄的增大而趋于增大，且马尾松对照组的含量最高。0 ～ 10 cm 和 10 ～ 20 cm 土层酸性磷酸酶活性从大到小为 5a ＞ 4a ＞马尾松＞ 2a ＞ 3a ＞ 1a，20 ～ 30 cm 土层酸性磷酸酶活性大小顺序为马尾松＞ 5a ＞ 4a ＞ 2a ＞ 3a ＞ 1a，30 ～ 40 cm 土层表现为 5a ＞马尾松＞ 4a ＞ 2a ＞ 3a ＞ 1a。

过氧化氢酶活性在 0 ～ 10 cm、20 ～ 30 cm 和 30 ～ 40 cm 土层大小依次为 5a ＞马尾松＞ 4a ＞ 3a ＞ 1a ＞ 2a，10 ～ 20 cm 土层过氧化氢酶活性则为马尾松＞ 5a ＞ 4a ＞ 3a ＞ 1a ＞ 2a。对于脲酶而言，2a、3a 之间差异较小，与其他林龄之间差异较大，各土层脲酶活性随着 1 ～ 5a 林龄的增加呈现先减小后增大的趋势，但小于马尾松对照组的脲酶活性，大小顺序依次为马尾松＞ 5a ＞ 4a ＞ 1a ＞ 2a ＞ 3a。

本研究采用加权求和指数 ADD FQI（Additive Fertility Quality Index）对土壤肥力进行综合评价。计算得出本研究区土壤肥力的指数变化情况，结果见表 10-4。各林龄人工林地土壤肥力指数介于 0.34 ～ 1.19。随着林龄的增大，土壤肥力呈现先降低后升高的趋势，10a 桉树人工林的土壤质量最好。本研究结论与黄承标（2012）的研究结果相似，其认为由于尾巨桉人工林表水土流失量较大及生长耗肥量较大等因素，因而其林地土壤出现肥力下降的现象，桉树人工林对土壤养分的耗肥量比厚荚相思人工林和灌草坡植被稍大，但差异不显著。坡耕地转变为尾巨桉人工林后随着栽种时间的增长，土壤养分含量将逐步提高（杜虹蓉等，2014）。

表 10-3　不同林龄桉树人工林土壤酶活性特征

元素	土层（cm）	1a	2a	3a	4a	5a	CK
蔗糖酶	0 ～ 10	7.79 ± 0.13 dA	10.70 ± 0.32 cA	13.63 ± 0.32 bA	14.45 ± 0.16 bA	17.68 ± 0.20 aA	19.08 ± 0.26 aA
	10 ～ 20	5.01 ± 0.08 dB	8.81 ± 0.16 cB	10.74 ± 0.17 bB	11.01 ± 0.12 bB	13.55 ± 0.22 aB	15.17 ± 0.14 aB
	20 ～ 30	4.20 ± 0.08 dC	5.53 ± 0.27 cC	6.98 ± 0.05 bC	7.04 ± 0.13 bC	10.46 ± 0.13 aC	11.10 ± 0.08 aC
	30 ～ 40	2.32 ± 0.18 dD	3.39 ± 0.13 cD	4.64 ± 0.23 bD	4.94 ± 0.19 bD	7.00 ± 0.10 aD	7.74 ± 0.03 aD
脲酶	0 ～ 10	10.29 ± 0.10 dA	7.76 ± 0.10 eA	7.49 ± 0.13 eA	16.78 ± 0.14 cA	21.62 ± 0.09 bA	30.27 ± 0.20 aA
	10 ～ 20	7.52 ± 0.15 dB	4.37 ± 0.14 eB	4.54 ± 0.09 eB	12.46 ± 0.20 cB	16.34 ± 0.18 bB	22.19 ± 0.19 aB
	20 ～ 30	5.71 ± 0.17 cB	3.09 ± 0.09 dB	2.39 ± 0.08 dC	6.86 ± 0.15 bC	12.24 ± 0.17 aC	14.39 ± 0.08 aC
	30 ～ 40	3.17 ± 0.09 dC	1.86 ± 0.04 eC	1.72 ± 0.08 eD	4.32 ± 0.12 cD	6.49 ± 0.13 bD	8.46 ± 0.16 aD
酸性磷酸酶	0 ～ 10	11.34 ± 0.13 cA	12.99 ± 0.15 bA	12.56 ± 0.26 bA	15.38 ± 0.19 aA	16.90 ± 0.16 aA	15.36 ± 0.07 aA
	10 ～ 20	8.50 ± 0.18 cB	11.24 ± 0.10 bA	8.84 ± 0.12 cB	12.59 ± 0.10 aB	13.16 ± 0.09 aB	12.58 ± 0.25 aB
	20 ～ 30	6.20 ± 0.10 cC	8.47 ± 0.14 bB	6.41 ± 0.15 cC	8.50 ± 0.14 bC	9.23 ± 0.10 aC	9.45 ± 0.24 aC
	30 ～ 40	4.25 ± 0.05 cD	5.35 ± 0.57 bC	4.94 ± 0.31 cD	5.47 ± 0.23 bD	7.27 ± 0.11 aD	6.48 ± 0.13 aD
过氧化氢酶	0 ～ 10	8.61 ± 0.19 bA	6.63 ± 0.05 bA	10.69 ± 0.37 aA	11.28 ± 0.59 aA	12.35 ± 0.22 aA	12.14 ± 0.17 aA
	10 ～ 20	6.13 ± 0.04 cB	4.28 ± 0.09 dB	7.15 ± 0.10 bB	7.23 ± 0.11 bB	9.28 ± 0.08 aB	9.45 ± 0.12 aB
	20 ～ 30	4.15 ± 0.07 cC	3.04 ± 0.06 cC	5.37 ± 0.07 bC	6.39 ± 0.10 aB	7.62 ± 0.21 aB	7.02 ± 0.07 aC
	30 ～ 40	2.38 ± 0.14 cD	2.41 ± 0.10 cD	4.34 ± 0.13 bD	4.40 ± 0.06 bC	5.12 ± 0.08 aC	4.43 ± 0.13 bD

表 10-4　不同林龄桉树人工林土壤 ADDFQI 指数分布

指标	1a	2a	3a	5a	7a	10a
ADDFQI	0.56	0.47	0.34	0.44	0.89	1.19

3 土壤养分与微生物数量、微生物生物量和酶活性的相关性

由表 10-5 可知，土壤有机碳、全氮、全钾和速效氮分别与微生物生物量碳、微生物生物量氮、微生物生物量磷、细菌、放线菌、真菌、蔗糖酶、脲酶、酸性磷酸酶和过氧化氢酶呈极显著正相关（$P < 0.01$）。全磷与蔗糖酶呈显著正相关（$P < 0.05$），与脲酶相关性不显著，均与其他土壤酶、微生物数量和微生物生物量呈极显著正相关（$P < 0.01$）。有效磷除了与脲酶无显著相关性之外，与其他土壤酶、微生物数量和微生物生物量呈极显著正相关（$P < 0.01$）。速效钾与土壤酶、微生物数量和微生物生物量呈显著正相关（$P < 0.05$，$P < 0.01$）。

pH 与微生物生物量氮、细菌、放线菌、蔗糖酶、脲酶和酸性磷酸酶之间相关性较小，与微生物生物量碳、微生物生物量磷、过氧化氢酶之间存在极显著负相关（$P < 0.01$），与真菌存在极显著正相关（$P < 0.01$）。土壤养分与微生物数量、微生物生物量和土壤酶之间存在较大的相关性，而 pH 对土壤酶和微生物生物量而言，负贡献率居多。

表 10-5 土壤养分与微生物数量、微生物生物量和酶活性的相关性

项目	有机碳	全氮	全磷	全钾	速效氮	有效磷	速效钾	pH
MBC	0.479**	0.635**	0.572**	0.305**	0.498**	0.787**	0.690**	−0.610**
MBN	0.720**	0.906**	0.662**	0.802**	0.782**	0.666**	0.739**	−0.094
MBP	0.526**	0.729**	0.686**	0.444**	0.435**	0.835**	0.744**	−0.593**
细菌	0.727**	0.939**	0.710**	0.942**	0.729**	0.622**	0.812**	0.182
真菌	0.627**	0.854**	0.699**	0.881**	0.638**	0.555**	0.691**	0.341**
放线菌	0.530**	0.839**	0.790**	0.854**	0.518**	0.720**	0.893**	0.035
蔗糖酶	0.956**	0.796**	0.279*	0.655**	0.945**	0.404**	0.485**	−0.197
脲酶	0.878**	0.674**	0.121	0.656**	0.909**	0.190	0.294*	−0.090
酸性磷酸酶	0.835**	0.907**	0.559**	0.736**	0.874**	0.650**	0.725**	−0.228
过氧化氢酶	0.892**	0.828**	0.411**	0.644**	0.830**	0.538**	0.540**	−0.278*

4　不同连栽代数桉树人工林土壤养分变化特征

4.1　不同栽植代数桉树人工林的土壤理化性质

从表 10-6 可知，本研究区域不同土层、土壤容重和自然含水量随土层深度的增加而增大，总孔隙度、有机碳含量和全氮含量则随土层深度的增加而减小，这可能与本研究区域中的桉树在造林前多采用高强度机械整地措施，对土壤容重和孔隙状况的影响有关。随着栽植代数的增加，土壤容重呈现先减小后略增大，但整体上趋于减小；含水量呈现先增大后减小的趋势；总孔隙度、有机碳含量和全氮含量则随栽植代数的增加而趋于减小，不同栽植代数之间的差异显著（$P < 0.05$）。

表 10-6　不同栽植代数桉树人工林土壤理化性质

代数（代）	土层（cm）	容重（g/cm^3）	总孔隙度（%）	含水量（g/cm^3）	有机碳含量（g/kg）	全氮含量（g/kg）
Ⅰ	0 ～ 20	1.22	60.11	24.16	16.22	1.02
	20 ～ 40	1.35	54.36	25.37	8.97	0.54
Ⅱ	0 ～ 20	1.14	56.48	25.18	14.22	0.85
	20 ～ 40	1.26	52.14	26.22	7.02	0.36
Ⅲ	0 ～ 20	1.02	52.34	22.49	12.16	0.66
	20 ～ 40	1.14	49.68	23.45	5.14	0.25
Ⅳ	0 ～ 20	1.12	51.74	21.35	10.88	0.47
	20 ～ 40	1.16	46.89	22.71	3.88	0.22

4.2　不同栽植代数桉树人工林土壤有机碳、全氮含量与 C/N 间的相关性

从表 10-7 可知，桉树Ⅰ～Ⅳ代林土壤有机碳含量与土壤全氮含量均存在极显著正相关关系（$P < 0.01$），说明土壤中氮可能主要以有机氮的形式存在于土壤有机碳中，不同栽培代数桉树人工林土壤有机碳含量和全氮含量分别与土壤 C/N 存在极显著正相关关系（$P < 0.01$）。

表 10-7 不同栽植代数桉树人工林土壤有机碳、全氮含量与 C/N 间的相关性

项目	Ⅰ			Ⅱ			Ⅲ			Ⅳ		
	SOC	TN	C/N	SOC	TN	C/N	SOC	TN	C/N	SOC	TN	C/N
SOC	1			1			1			1		
TN	0.92**	1		0.95**	1		0.89**	1		0.97**	1	
C/N	0.89**	0.87**	1	0.91**	0.93**	1	0.96**	0.87**	1	0.98**	0.94**	1

5 讨论与小结

5.1 桉树人工林土壤养分含量的变化特征

桂北低山丘陵地区桉树人工林土壤有机碳、全氮、全磷、全钾、速效氮、有效磷、速效钾含量及 pH 随着土层的加深和林龄的增大均表现出差异性，表层土壤养分含量大于中下层含量，这与其他学者（刘立龙等，2013；李永涛等，2018）的研究结果相似，主要是由于桉树林地的凋落物主要分布于土壤表层，在土壤表层释放了大量的营养元素，随着土层深度的增加，凋落物量越来越少，而且土壤表层相比中下层温度高，土壤微生物数量较多，微生物生物量也较大，土壤微生物的活性加强，因此呈现出土壤养分随着土层深度的增加而降低的趋势。Lima 等（2006）和 Chen 等（2013）的研究表明，桉树造林显著降低了土壤有机碳和氮素等养分含量；史进纳等（2015）的研究表明，桉树人工林林地土壤有机碳含量随着栽植代数的增加而呈现先增加后减少再增加的趋势。本研究中，不同林龄桉树人工林土壤有机碳含量在 5a 林地中较高，这与 5a 林分样地有较多的枯枝落叶蓄积有关，增加了土壤有机质的输入。相对于马尾松林，桉树人工林多采用粗放型营林管理措施，定期清除地表植被和凋落物或施用农药，导致不同林龄桉树林下植被凋落物（立枯物）较少，并且多 4 ~ 5a 林龄就开始采伐，减少了土壤碳的输入，不能较大幅度地提高有机质含量，而马尾松人工林对照为多年演替的次生林，较多的凋落物增加了土壤碳的输入，因而其有机碳含量显著高于不同林龄的桉树人工林。

土壤碳、氮主要来源于凋落物的分解，当林内光照增强时，温度升高，凋落物分解速率加快，凋落物碳、氮归还土壤加速，导致土壤碳、氮含量增加。土壤磷主要受母岩的影响，钾来主要源于矿物质风化、凋落物分解和降水淋溶等（全国土壤普查办公室，1998）。本研究中，有机碳与全氮随林龄的增大表现为上升的趋势，全磷随林龄

增大表现为逐渐降低的趋势，全钾和速效钾呈先减小后增加趋势，全氮和有效磷在林龄方面未表现出明显的规律性。参考全国第二次土壤普查养分分级标准，全磷、全钾、有效磷、速效钾含量处于“很缺乏”甚至“极缺乏”的状态，与黄河三角洲地区（李永涛等，2018）、秦岭山区（付刚等，2008）相比差距较大，与黄土丘陵沟壑区（刘钊等，2016）相比，都属于磷、钾含量缺乏，这是因为本研究地处广西中低海拔丘陵地区，也属于水土流失较重的地区，地表径流的加剧，容易造成土壤中磷、钾的缺失。南方土壤磷的供应整体不足（倪志强等，2018），本研究中全磷的含量均低于 0.4 g/kg。相对于马尾松，桉树人工林种植后土壤全磷和有效磷含量有所增加，这主要与桉树人工林通过施肥输入磷素有关。

土壤 pH 随着桉树林龄的增大而逐渐降低，呈现出桉树人工林土壤进一步酸化的趋势，这与刘立龙等（2013）的研究结果相似，表明桉树随林龄的增加使土壤进一步酸化，这除了与广西北部气候及低山丘陵土壤类型有关之外，桉树林根系分泌物含单宁及其一些酸性物质对此也有一定影响。pH 数值大小比刘立龙等（2013）研究中的值要高，说明不同地点、不同林龄、不同的经营模式都可能影响土壤的 pH。马尾松林不同土层的土壤 pH 均高于不同林龄的桉树人工林，这是因为伴随马尾松林大量凋落物的回归土壤，增加了有机质，在一定程度缓和了土壤的酸性。本研究土壤微生物生物量碳、微生物生物量氮、微生物生物量磷、细菌、放线菌、真菌及土壤酶在土壤剖面上呈现较为明显的垂直分布规律，随土层的加深，均逐渐下降。表层土壤微生物数量和土壤酶活性要高于中下层土壤，说明土层的营养状况对微生物数量和酶活性有较大的影响，可能由于土层越深，土壤的通气状况越差。土壤微生物是土壤磷的消耗者和供应者（陈葵仙等，2017），由于该地区土壤缺磷，因此桉树林地土壤微生物数量相对较少。在谭宏伟等（2014）的研究中：桉树人工林（7 ～ 8a）的微生物数量大于马尾松林，在土壤中物质的转化能力也大于其马尾松林，这同时也说明微生物数量与林型和林龄均有密切的关系。调查中发现，由于桉树人工林主要是短周期经营，随着集约经营水平的不断提高，轮伐期越来越短，木材利用率提高，但林地养分的移走量增多，这无疑加剧了林地土壤地力的下降。

5.2　桉树人工林土壤生物学的变化特征

土壤磷酸酶是一类催化土壤有机磷化合物矿化的酶，可加速有机磷的脱磷速度，其活性的高低直接影响有机磷的转化，积累磷酸酶对土壤磷素的有效性具有重要作用（和文祥等，2003）；土壤脲酶能够将土壤中的尿素水解转化为有效养分以供植物体吸收利用，在促进土壤氮素循环中具有重要的意义（梁卿雅等，2017）；过氧化氢酶能促进土壤中的过氧化氢分解成氧气和水，使得过氧化氢不与氧气产生有害的 –OH，防止其对生物体发生毒害作用及达到保护植物体和土壤中生物体的作用（刘立龙等，2013）。本研究中，蔗糖酶、脲酶、酸性磷酸酶和过氧化氢酶数量在不同林龄之间表现出较大的差异性，随林龄的增大呈现增加的趋势，活性也增大。这可能是因为林龄越大，土壤中相对容易形成茂密的根系，土壤表层中枯枝等凋落物及根系代谢释放的酶类物质，促进了土壤酶含量的增加。加之表层土壤根系较多，分泌出较多酶，并且土壤酶与土壤有机碳存在一定的正相关关系，而一般土壤酶主要是以物理或化学的形式吸附在有机或无机颗粒上，因此表层土壤的有机碳与土壤酶均高于中下层。不同的是，胡凯等（2015）在重庆研究桉树人工林时发现，3 ～ 5a 桉树人工林酶活性反而低于 1a 桉树人工林；梁卿雅等（2017）在海南研究中发现脲酶活性随林龄的增大呈递减的趋势。这可能是由于不同桉树人工林种植区域存在差异性，以及立地条件和管理措施等相差较大。

通常土壤肥力大小和酶活性成正比，肥力越高，酶活性越大（Liu 等，2010）。土壤养分能够通过影响土壤中微生物的变化从而影响土壤酶活性（虎德钰等，2014），而土壤酶活性的大小也在一定程度上影响土壤养分的有效性（徐广平等，2014）。本研究相关性表明，土壤主要养分与土壤微生物数量、微生物生物量和土壤酶三者之间表现出相互密切的关系，其中土壤微生物生物量碳、微生物生物量氮、微生物生物量磷、土壤酶与土壤 pH 之间呈负相关，细菌、放线菌、真菌与土壤 pH 之间呈正相关，说明土壤 pH 对桉树人工林土壤微生物生物量和酶活性有一定的抑制作用。这与其他一些学者（Chen 等，2013；李永涛等，2018；孟和其其格等，2018）的研究不很一致，存在一定的差异。不同林龄桉树人工林土壤养分与土壤微生物数量、微生物生物量和土壤酶之间存在显著正相关，这说明土壤养分对土壤微生物、土壤酶的影响显著，与朱彩丽等（2015）的研究结果接近，表明土壤养分能够通过影响土壤中微生物的变化从而影响土壤酶的活性，而土壤酶活性的大小也在一定程度上影响土壤微生物和土壤养分。桂北桉树人工林土壤有机碳含量具有明显表聚现象，这与热带典型森林类型（香蒲桃天然次生林、椰子人工林、大叶相思人工林、木麻黄人工林）的土壤有机碳特征类似（陈小花等，2017）。因此，在桉树人工林经营中，建议采取必要的措施，如合理控制氮肥，增施磷肥和钾肥等复合肥或有机肥等，防止土壤酸化，并适当保留林下植被和凋（枯）落物，可在林下间种绿肥作物，延长采伐期，坚持既有利于林地土壤质量的提升，又可以实现桉树人工林的可持续经营和发展。

5.3 连栽措施对桉树人工林土壤养分含量的影响

森林土壤有机碳和氮素含量受森林类型、栽种时间和土壤深度等影响，其中0 ～ 20 cm 土层受植物及其残体、植物根系等聚集、分解及土壤微生物作用的影响要比 20 ～ 40 cm 土层强。唐万鹏等（2009）对杨树人工林的研究表明，连栽会造成土壤有机碳和全氮含量不同程度地下降，其中 0 ～ 20 cm 土层有机碳和全氮含量下降幅度较其他土层更大。何佩云等（2011）的研究则表明，连栽马尾松人工林 0 ～ 20 cm 和 20 ～ 40 cm 土层有机碳、全氮含量和储量均呈现随栽植代数增加而明显增加的趋势，表现出与上述杨树等相反的变化特征。Chen 等（2013）的研究表明，桉树造林显著降低了土壤有机碳和氮素等养分含量；从而引起土地退化（何斌等，2009）。邓荫伟等（2010）研究发现，10 年生桉树人工林土壤有机碳、全氮等养分含量均接近或超过马尾松林；以上结果表明，桉树人工林对土壤有机碳和全氮等养分的影响可能会因为造林前区域环境、土壤类型、轮伐时间及施肥量等管理措施的不同而存在差异。本研究中，0 ～ 20 cm 土层有机碳和全氮含量均显著高于 20 ～ 40 cm 土层（$P < 0.05$），随着栽植代数的增加，相邻两土层之间有机碳和全氮含量的差异逐渐减小。可见，连栽桉树土壤有机碳和全氮含量呈现出下降趋势，在桉树人工林连续栽种Ⅳ代后，连栽对桉树人工林土壤有机碳和全氮含量的影响主要发生在 0 ～ 20 cm 土壤层，其对 20 ～ 40 cm 土层有机碳和全氮的影响相对较小。土壤有机碳、全氮和 C/N 两两之间分别存在极显著的相关关系（$P < 0.01$），说明土壤有机碳和土壤氮素存在密切的相互关系。在桂北试验区域，桉树取代马尾松及其连栽过程中，土壤有机碳和全氮含量减少。

究其原因，一方面，可能与桉树的经营管理措施有关，首先是桉树的短轮伐期经营（轮伐期为 3 ～ 5 年，个别 5 ～ 7 年），养分需求量大，加上桉树采伐时采取全树利用，包括树干、枝、叶、皮和根等，所带走的养分量包括氮素占全树的 80% 以上（朱宇林等，2012），造成林地土壤养分消耗过度和土壤有机碳、氮库的亏损（黄国勤等，2014）。另一方面，可能是桉树连栽过程中采取的炼山、翻耕全垦整地，虽然有利于疏松土壤，加快土壤有机质的分解和有机氮的转化与释放，但强度过大，破坏了地表植被、凋落物层和土壤结构，包括桉树栽植后使用除草剂除草，破坏和抑制了林下植被的生长，致使林地微环境变差，可能导致地表土壤裸露，易受降水侵蚀，造成水土及土壤有机碳、氮等养分的大量流失。因此，建议在桉树人工林经营过程中，应采用科学合理的经营措施，如改变单一纯林经营模式，可与固氮树种等混交措施造林（Huang 等，2014）。培育经济价值更高的桉树新品种，合理施用有机复合肥，适当保留林下植被和凋落物，同时延长采伐期，在林地中注意保留采伐剩余物，将有助于维持桉树人工林的土壤养分平衡，实现桉树人工林的可持续经营和发展。种植大面积桉树人工林是否有利于改善生态环境，关键在于是否保存有林下凋（枯）落物，如凋（枯）落物不保存，则林地裸露面积加大，生态效益显著受到影响，甚至导致地力下降，林木生长缓慢，桉树人工林生产力降低。

通过对土壤肥力指数的比较可知，桂北试验区域不同林龄桉树人工林土壤肥力指数数值为 0.34 ～ 1.19，这与吴玉红等（2010）研究的研究结果相接近，略高于叶回春等（2013）的研究结果。主要原因可能是不同地区、不同选取指标及权重计算方法的差异。本研究区土壤肥力整体质量不高，随着林龄的增加，土壤肥力表现出先降低后增加的趋势。因此，根据需要在桉树人工林地适当延长采伐期和补充碳、氮、磷、钾等营养元素显得尤为重要。有学者采用可持续性指数法、灰色关联度法、多指标综合评价法研究了桉树人工林不同代次、不同林龄土壤质量总体的变化趋势，结论表明桉树人工林在非集约化经营条件下也能显著发挥其保水保土的作用，因此桉树本身并不是“吸水器”“吸肥机”（王纪杰，2011）。但桉树的生长比较快，单位时间内对于养分的需求量也比较大，因此桉树才给人一种“抽肥机”的错觉（王楚彪等，2013）。

有研究表明，桉树人工林出现较多问题的都是经济欠发达国家和发展中国家，而巴西、澳大利亚和欧洲等经济发展较好的国家和发达国家的桉树人工林的问题较少，因此可以说，造成桉树人工林养分循环出现紊乱的主要原因是人为经营水平和收获方式，并非桉树本身（杨民胜等，2002）。由于桉树经营周期短，在短时间内对土壤中营养元素的消耗较多，同时，由于不合理的经营措施，如不合理的施肥、施用除草剂和炼山等破坏性的抚育管理措施，以及全树利用造成生态系统中物质循环移出量大于归还量。桉树人工林采伐后，因炼山整地等措施导致的水土流失会带走部分养分，引起林地土壤养分收支的不平衡，这不只是桉树独有的特殊问题，是国内绝大多数人工林所面临的普遍问题。可见，造成桉树人工林地力下降的原因主要是不科学的经营措施，而通过延长采伐期、营建混交林、改变营林模式等措施，可以有效地改善桉树种植对土壤的负面影响。

综上所述，本章主要小结如下。

（1）相对于马尾松林次生林，改种桉树人工林后土壤有机碳、全氮、全钾、速效氮的含量和 pH 值均呈现降低的趋势，而全磷、有效磷和速效钾高于马尾松林。土壤有机碳、全氮、全磷、全钾、速效氮、有效磷和速效钾都表现出表聚现象。随着林龄增加，土壤有机碳和速效氮含量均呈现增加的趋势，全磷的含量和 pH 值呈现减小的趋势，全钾和速效钾的含量呈先减小后增加趋势，全氮和有效磷的含量未表现出明显的变化规律。桉树人工林存在肥力下降的趋势，主要原因是不合理的经营管理措施，而不是桉树树种本身。

（2）随着林龄增加，细菌和真菌数量表现为先减小再增加的趋势，放线菌数量趋于减小，微生物生物量碳逐渐增大，微生物生物量氮和微生物生物量磷呈现先减小再增加的趋势，土壤酶活性表现出增加的趋势，其中表层土壤酶活性大于中下层。林龄反映了短期轮伐下存在的营林措施，对桉树人工林土壤养分及生物学特性有显著影响和干扰，土壤生物学特征（微生物数量，微生物生物量和酶活性）与土壤有机碳、全氮、全磷、全钾、速效氮、有效磷、速效钾等因子显著相关，在一定程度上可以表征桉树人工林土壤肥力水平的变化趋势。

（3）随着桉树人工林栽植代数的增加，土壤容重和自然含水量呈现先减小后增大但总体趋于减少的趋势，总孔隙度、有机碳和全氮的含量则随栽植代数的增加而趋于减小，不同栽植代数之间的差异显著。

（4）本研究区土壤肥力整体质量不高，土壤肥力随林龄的增大表现出先降低后增加的趋势，10a桉树立地土壤肥力最好。因此，建议根据需要在桉树人工林地适当延长采伐期和科学补充碳氮磷钾等复合营养元素肥料。通过整地措施的改进、科学施肥、树种的改良和凋（枯）落物的保留等措施，将有利于减缓桉树人工林的地力衰退。

参考文献

[1] 程滨，赵永军，张文广，等．生态化学计量学研究进展［J］．生态学报，2010，30（6）：1628-1637.

[2] 陈葵仙，叶永昌，莫罗坚，等．间伐对尾叶桉人工林土壤理化性质、土壤微生物和土壤酶活性的影响［J］．西南农业学报，2017，30（10）：2277-2283.

[3] 陈小花，杨青青，余雪标，等．热带海岸典型森林类型土壤有机碳储量和碳氮垂直分布特征［J］．热带作物学报，2017，38（1）：38-44.

[4] 邓荫伟，李凤，韦杰，等．桂林市桉树、马尾松、杉木林下植被与土壤因子调查［J］．广西林业科学，2010，39（3）：140-143.

[5] 杜虹蓉，易琦，赵筱青．桉树人工林引种的生态环境效应研究进展［J］．云南地理环境研究，2014，26（1）：30-39.

[6] 付刚，刘增文，崔芳芳．秦岭山区典型人工林土壤酶活性、微生物及其与土壤养分的关系［J］．西北农林科技大学学报（自然科学版），2008，36（10）：88-94.

[7] 何斌，黄承标，秦武明，等．不同植被恢复类型对土壤性质和水源涵养功能的影响［J］．水土保持学报，2009，23（2）：71-75.

[8] 何佩云，丁贵杰，谌红辉．连栽马尾松人工林土壤肥力比较研究［J］．林业科学研究，2011，24（3）：357-362.

[9] 和文祥，蒋新，余贵芬，等．生态环境条件对土壤磷酸酶的影响［J］．西北农林科技大学学报（自然科学版），2003，31（2）：81-83.

[10] 胡凯，王微．不同种植年限桉树人工林根际土壤微生物的活性［J］．贵州农业科学，2015，43（12）：105-109.

[11] 虎德钰，毛桂莲，许兴．不同草田轮作方式对土壤微生物和土壤酶活性的影响［J］．西北农业学报，2014，23（9）：106-113.

[12] 黄承标．桉树生态环境问题的研究现状及其可持续发展对策［J］．桉树科技，2012，29（3）：44-47.

[13] 黄国勤，赵其国．广西桉树种植的历史、现状、生态问题及应对策略［J］．生态学报，2014，34（18）：5142-5152.

[14] 李永涛，王振猛，李宗泰，等．黄河三角洲不同林龄柽柳人工林土壤养分及生物学特性研究 [J]．干旱区资源与环境，2018，32（4）：89-94.
[15] 李志辉，李跃林，杨民胜，等．桉树人工林地土壤微生物类群的生态分布规律 [J]．中南林学院学报，2000，20（3）：24-28.
[16] 梁卿雅，王旭，刘文杰，等．不同林龄桉树人工林的土壤理化性质及脲酶活性 [J]．热带作物学报，2017，38（3）：450-455.
[17] 刘立龙，杨彩玲，蒋代华，等．连栽桉树人工林不同代次土壤养分与酶活性的分析[J]．热带作物学报，2013，34（11）：2117-2121.
[18] 刘钊，魏天兴，朱清科，等．黄土丘陵沟壑区典型林地土壤微生物、酶活性和养分特征 [J]．土壤，2016，48（4）：705-713.
[19] 吕小燕，何斌，吴永富，等．连栽桉树人工林土壤有机碳氮储量及其分布特征 [J]．热带作物学报，2017，38（10）：1874-1880.
[20] 孟和其其格，刘雷，姚庆智，等．大青山不同树种土壤微生物数量及酶活性的研究[J]．中国农学通报，2018，34（17）：89-94.
[21] 牛芳华，李志辉，周德明，等．尾巨桉幼苗根际土壤微生物分布特点及酶活性 [J]．中南林业科技大学学报，2011，31（3）：151-155.
[22] 倪志强，郜斌斌，石伟琦，等．供磷型土壤调理剂在酸性土壤应用效果研究 [J]．热带作物学报，2018，39（4）：809-815.
[23] 全国土壤普查办公室，中国土壤 [M]．北京：中国农业出版社，1998.
[24] 史进纳，蒋代华，肖斌，等．不同连栽代次桉树林土壤有机碳演变特征 [J]．热带作物学报，2015，36（4）：748-752.
[25] 宋贤冲，项东云，杨中宁，等．广西桉树人工林根际土壤微生物群落功能多样性 [J]．中南林业科技大学学报，2017，37（1）：58-61.
[26] 谭宏伟，杨尚东，吴俊，等．红壤区桉树人工林与不同林分土壤微生物活性及细菌多样性的比较 [J]．土壤学报，2014，51（3）：575-584.
[27] 唐万鹏，李吉跃，胡兴宜，等．江汉平原杨树人工林连栽对林地土壤质量的影响 [J]．华中农业大学学报，2009，28（6）：750-755.
[28] 王楚彪，刘丽婷，莫晓勇．30 个桉树无性系人工林碳储量分析 [J]．林业科学研究，2013，26（5）：661-667.
[29] 王纪杰．桉树人工林土壤质量变化特征 [D]．南京：南京林业大学，2011.
[30] 王吉秀，刘孝文，吴炯，等．不同种植年限桉树林土壤养分的变化趋势研究 [J]．云南农业大学学报（自然科学版），2016，31（5）：917-922.

[31] 王理德，王方琳，郭春秀，等．土壤酶学研究进展［J］．土壤，2016，48（1）：112-121.

[32] 王晓光，乌云娜，宋彦涛，等．土壤与植物生态化学计量学研究进展［J］．大连民族大学学报，2016，18（5）：437-442.

[33] 温远光，刘世荣，陈放．桉树工业人工林的生态问题与可持续经营［J］．广西科学院学报，2005a，21（1）：13-18.

[34] 温远光，刘世荣，陈放，等．桉树工业人工林植物物种多样性及动态研究［J］．北京林业大学学报，2005b，27（4）：17-22.

[35] 吴玉红，田霄鸿，同延安，等．基于主成分分析的土壤肥力综合指数评价［J］．生态学杂志，2010，29（1）：173-180.

[36] 徐广平，顾大形，潘复静，等．不同土地利用方式对桂西南岩溶山地土壤酶活性的影响［J］．广西植物，2014，34（4）：460-466.

[37] 薛立，邝立刚，陈红跃，等．不同林分土壤养分、微生物与酶活性的研究［J］．土壤学报，2003，40（2）：280-285.

[38] 杨民胜，陈少雄．桉树生态问题的来源与对策［J］．桉树科技，2002（2）：9-16.

[39] 叶回春，张世文，黄元仿，等．北京延庆盆地农田表层土壤肥力评价及其空间变异［J］．中国农业科学，2013，46（15）：3151-3160.

[40] 余雪标，徐大平，龙腾，等．连栽桉树人工林生物量及生产力结构的研究［J］．华南热带农业大学学报，1999，（2）：11-14，16-18.

[41] 张凯，郑华，陈法霖，等．桉树取代马尾松对土壤养分和酶活性的影响［J］．土壤学报，2015，52（3）：646-653.

[42] 朱彩丽，黄宝灵，黄娟萍，等．广西 3 种珍贵树种人工林土壤养分状况及酶活性比较［J］．南方农业学报，2015，46（11）：1953-1957.

[43] 朱美玲，王旭，王帅，等．海南岛典型地区桉树人工林生态系统碳、氮储量及其分配格局［J］．热带作物学报，2015，36（11）：1943-1950.

[44] 朱宇林，何斌，杨钙仁，等．尾巨桉人工林营养元素积累及其生物循环特征［J］．东北林业大学学报，2012，40（6）：8-11.

[45] Chen F，Zheng H，Zhang Ki，et al. Soil microbial community structure and function responses to successive planting of *Eucalyptus*［J］. Journal of Environmental Sciences，2013，25（10）：2102-2111.

[46] Huang X M，Liu S R，Wang H，et al. Changes of soil microbial biomass carbon and community composition through mixing nitrogen-fixing species with *Eucalyptus*

urophylla in subtropical China [J] . Soil Biology & Biochemistry, 2014, 73 : 42-48.

[47] Lima A M N, Silva I R, Neves J C L, et al. Soil organic carbon dynamics following afforestation of degraded pastures with *Eucalyptus* in southeastern Brazil [J] . Forest Ecology and Management, 2006, 235 (1): 219-231.

[48] Liu H, Li J H. The study of the ecological problems of *Eucalyptus* plantation and sustainable development in Maoming Xiaoliang [J] . Journal of Sustainable Development, 2010, 3 (1): 197.

[49] Puglisi E, Re A A M D, Rao M A, et al. Development and validation of numerical indexes integrating enzyme activities of soils [J] . Soil Biology & Biochemistry, 2006, 38 (7): 1673-1681.

[50] Wassie A, Wubalem A, Liang J, et al. Effects of exotic *Eucalyptus* spp. plantations on soil properties in and around sacred natural sites in the northern Ethiopian Highlands [J] . Aims Agriculture & Food, 2016, 1 (2): 175-193.

第十一章

基于 ^{137}Cs 示踪的桉树人工林土壤侵蚀特征

中国南方红壤丘陵地区由于地形破碎、降水量大且集中及人为活动干扰等原因，使得该地区土壤水土流失非常严重，总水土流失面积约 6.0×10^5 km^2（苏春丽等，2011），其土壤侵蚀严重程度仅次于我国黄土高原区（王玉婷等，2020）。加上长期对该地区低山坡地资源的不合理开发利用，导致了土壤质量严重退化和土壤环境急剧恶化。通过近几十年来大规模的植树造林和局部的退耕还林工程，中国南方红壤区森林覆盖率已接近 60%（刘启明等，2016），不仅有效拦截了降水，减少了土壤侵蚀现象，还改善了土壤的理化性质，在一定程度上控制了水土流失。

人工林是控制水土流失、提高土壤养分和增强生态系统稳定性的重要途径（Sun 等，2018）。但这些林地有很大比例为经济林，尤其是在闽、粤、赣等地，红壤山坡地普遍种植马尾松、桉树、杉木、毛竹等经济林（刘启明等，2016）。目前，红壤丘陵区桉树人工林和马尾松林区域水土流失和植被恢复备受关注，林下水土流失规律、影响因素、植被特征、植被恢复限制性因子及恢复途径等都得到了不同程度的研究（何绍浪等，2017；王玉婷等，2020），但林下土壤侵蚀对土壤质地和土壤有机碳含量及分布的影响与机制的研究还不足，基于铯同位素示踪技术（^{137}Cs）对南方低山丘陵地区桉树人工林土壤侵蚀效应的研究相对较少。

铯同位素示踪技术（^{137}Cs）被广泛应用于土壤侵蚀的研究，成为测定土壤侵蚀量的一种重要方法（Su 等，2016；Li 等，2019）。近年来，相继报道了 ^{137}Cs 示踪技术应用于人工林土壤侵蚀的研究，李小宇等（2015）、陆树华等（2016）采用 ^{137}Cs 示踪法研究了人工林中土壤侵蚀的情况，表明 ^{137}Cs 示踪技术适用于人工林土壤侵蚀的研究。广西低山丘陵区桉树人工林分布面积广，林下植被稀少，水土流失和土地退化严重，限制了林地的生产力，也加剧人工土壤侵蚀程度（赵其国等，2013）。探讨杂木林转变为马尾松林和桉树林后的土壤侵蚀状况，有利于该地区水土保持、改善土壤质量和维持区域生态系统稳定。因此，本章以广西低山丘陵地区典型桉树人工林为研究对象，对土壤 ^{137}Cs 的剖面分布特征和空间分布特征进行了测定：①分析桉树人工林区域不同林地类型下土壤侵蚀的坡位分布及在不同土壤深度的变化特征；②探析土壤侵蚀与土壤有机碳及土壤质地的相关性，土壤侵蚀与坡面、林型的内在关联。

1　桉树人工林土壤 ^{137}Cs 质量活度的分布特征

1.1　试验区土壤铯同位素（^{137}Cs）的背景值

根据样点相邻原则，背景值地块选择在研究区西边区域的一个山坡坡顶，此处是平坦且无侵蚀、无人为扰动、植被覆盖度高达 99% 的草地，符合背景值样点的选取条件，作为本研究背景值相对可信度高。在 0.25 m^2 范围内，选取 12 个背景值样点，进行网格采样，并求得研究区 ^{137}Cs 背景值含量。图 11-1 为 ^{137}Cs 背景值的垂直分布特征，可看出 ^{137}Cs 的质量活度随着土壤深度的增加呈指数下降的趋势，主要集中在 0 ～ 10 cm 深度内，25 cm 深度之后背景值的 ^{137}Cs 质量活度极显著减小。本研究区土壤 ^{137}Cs 的背景值为 1565.90 Bq/m^2。

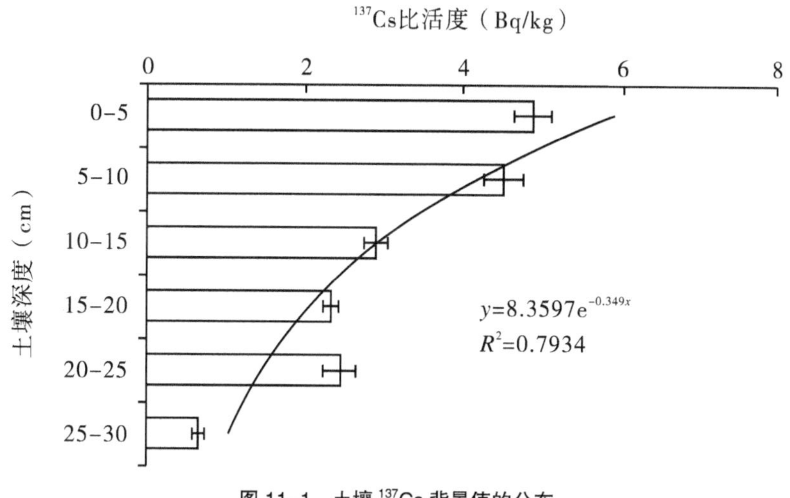

图 11–1　土壤 ^{137}Cs 背景值的分布

1.2　土壤 ^{137}Cs 质量活度的剖面分布特征

由图 11-2 可知，在 0 ～ 30 cm 深度内，桉树人工林、马尾松林地、杂木林地坡上部位土壤剖面 ^{137}Cs 质量活度均值分别为 1.39 Bq/kg、2.00 Bq/kg、2.54 Bq/kg；坡中分别为 2.15 Bq/kg、3.49 Bq/kg、3.21 Bq/kg；坡下分别为 2.65 Bq/kg、9.33 Bq/kg、3.66 Bq/kg，表明坡上的质量活度较小，坡中和坡下的较大。随土层深度增加，^{137}Cs 质量活度逐渐降低，表现出明显的表聚现象。桉树人工林林地的坡上、坡中、坡下各土层深度

^{137}Cs 质量活度均小于马尾松林和杂木林的各土层，桉树人工林 0 ～ 5 cm 土层 ^{137}Cs 质量活度较马尾松林和杂木林趋于降低，坡上分别减少了 39.72%、48.43%，坡中分别减少 48.52%、40.41%，坡下分别减少 69.33%、32.01%，差异均显著（$P < 0.05$）。

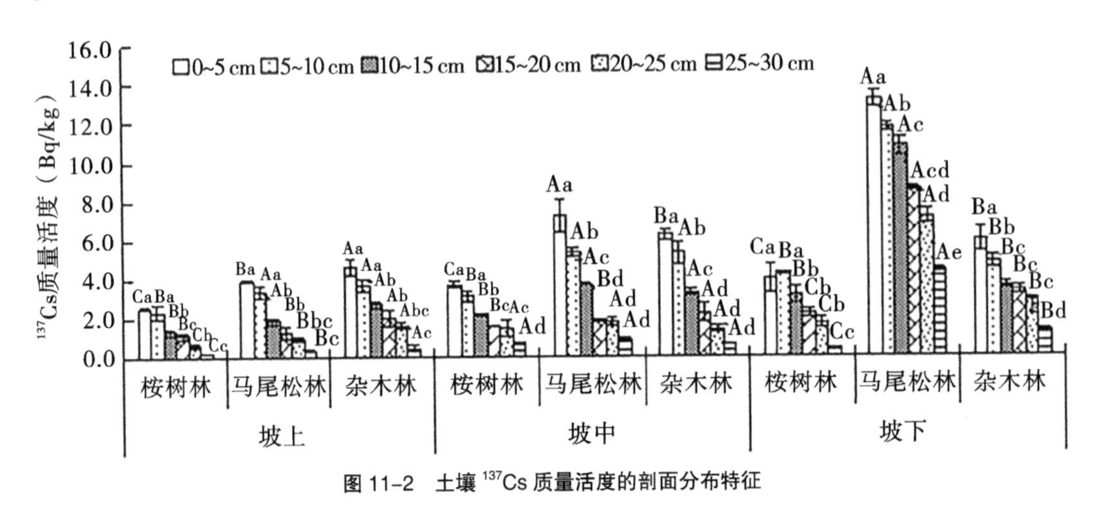

图 11-2　土壤 ^{137}Cs 质量活度的剖面分布特征

注：图中不同大写字母表示同一土层不同林分类型间差异显著（$P < 0.05$），不同小写字母表示同一林分类型不同土层间差异显著（$P < 0.05$）。下同。

1.3　桉树人工林土壤侵蚀模数特征

通过土壤 ^{137}Cs 质量活度，可计算其面积活度（^{137}Cs 含量）。整个研究区各个林地样点土壤 ^{137}Cs 含量差异较大，其中桉树人工林 ^{137}Cs 含量为 847.75 ～ 1456.51 Bq/m^2，马尾松人工林为 939.11 ～ 1844.48 Bq/m^2，杂木林为 1054.68 ～ 1920.92 Bq/m^2，在不同坡位均表现为坡下＞坡中＞坡上，表明桉树人工林林地的坡上、坡中和坡下均发生了土壤侵蚀现象（均小于背景值 1565.90 Bq/m^2），马尾松人工林和杂木林的坡下均发生了土壤沉积。对于各林地土壤 ^{137}Cs 含量的平均值，不同林地间土壤 ^{137}Cs 含量从大到小的关系表现为杂木林（1491.84 Bq/m^2）、马尾松林（1443.35 Bq/m^2）、桉树人工林（1134.95 Bq/m^2）。

根据 ^{137}Cs 的含量计算出每个采样点的土壤侵蚀模数，3 个林地的土壤侵蚀模数的变化为 −956.02 ～ 3349.55 t/km^2·a。不同坡位的土壤侵蚀模数表现为坡上＞坡中＞坡下，马尾松林坡上土壤侵蚀模数是坡中部位的 54.43 倍，桉树人工林和杂木林坡上的土壤侵蚀模数则分别是坡中的 1.72 倍、10.71 倍，差异均显著（$P < 0.05$）。

2 桉树人工林土壤侵蚀对土壤有机碳含量特征的影响

图 11-3 是不同林地土壤有机碳含量的剖面分布特征。不同林地不同坡位的平均值一致表现为坡下＞坡中＞坡上，桉树人工林林地不同坡位各土层有机碳含量均显著小于马尾松林和杂木林各土层，马尾松林和杂木林之间的差异不明显。不同林型同一坡位的有机碳含量均随土壤深度的增加逐渐减少，存在表聚现象，即 0 ～ 5 cm 土层的有机碳含量均高于其他土层，最大值出现在杂木林坡下的 0 ～ 5 cm 土层（13.82 g/kg）。表层有机碳含量较高，这可能与表层有机碳主要来源于植物凋落物和表层根系的凋亡有关，同时表层适宜的温度和水分有利于凋落物分解转化，因此有机碳含量较高；而较深层因植物根系对土壤矿质营养的强烈吸收，加速了土壤有机碳的分解，使有机碳含量较低。

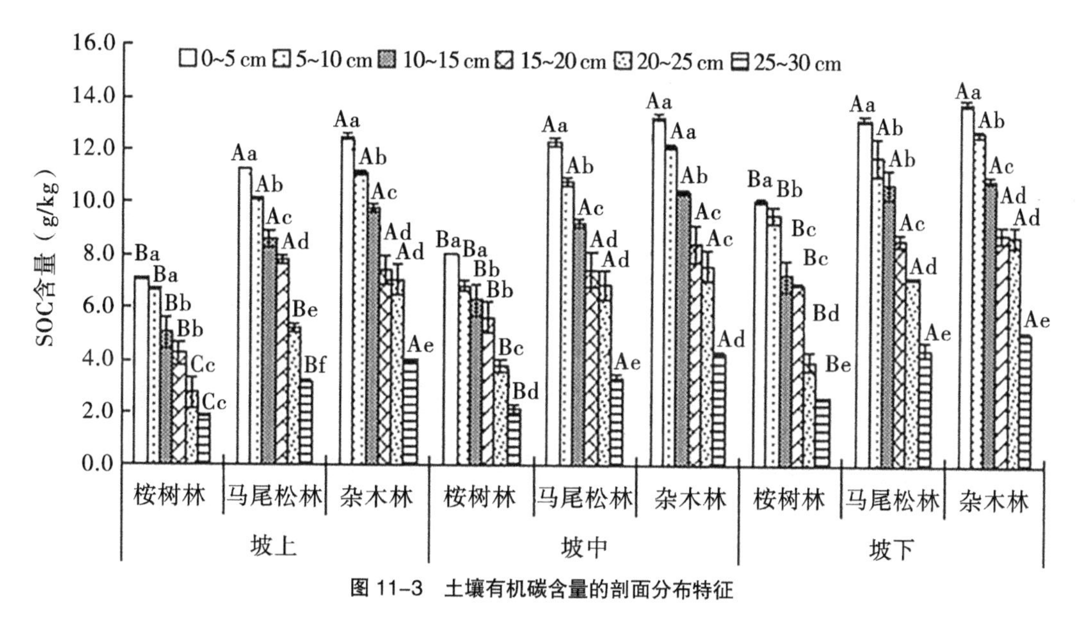

图 11-3 土壤有机碳含量的剖面分布特征

对桉树林地、马尾松林地和杂木林地剖面分布深度内 ^{137}Cs 含量与有机碳含量进行相关性分析（图 11-4），结果表明，两者呈极显著正相关，R 分别为 0.8853、0.9187、0.8472 和 0.9263（$P < 0.01$）。结合图 11-3 的研究结果，表明土壤有机碳含量的变化规律与 ^{137}Cs 相似，两者的相关性分析也表明，土壤有机碳含量和 ^{137}Cs 含量在土壤的分布特征可能具有相似的转移特征，可用 ^{137}Cs 含量来定量评价桉树人工林土壤侵蚀下有机碳含量的分布特征。

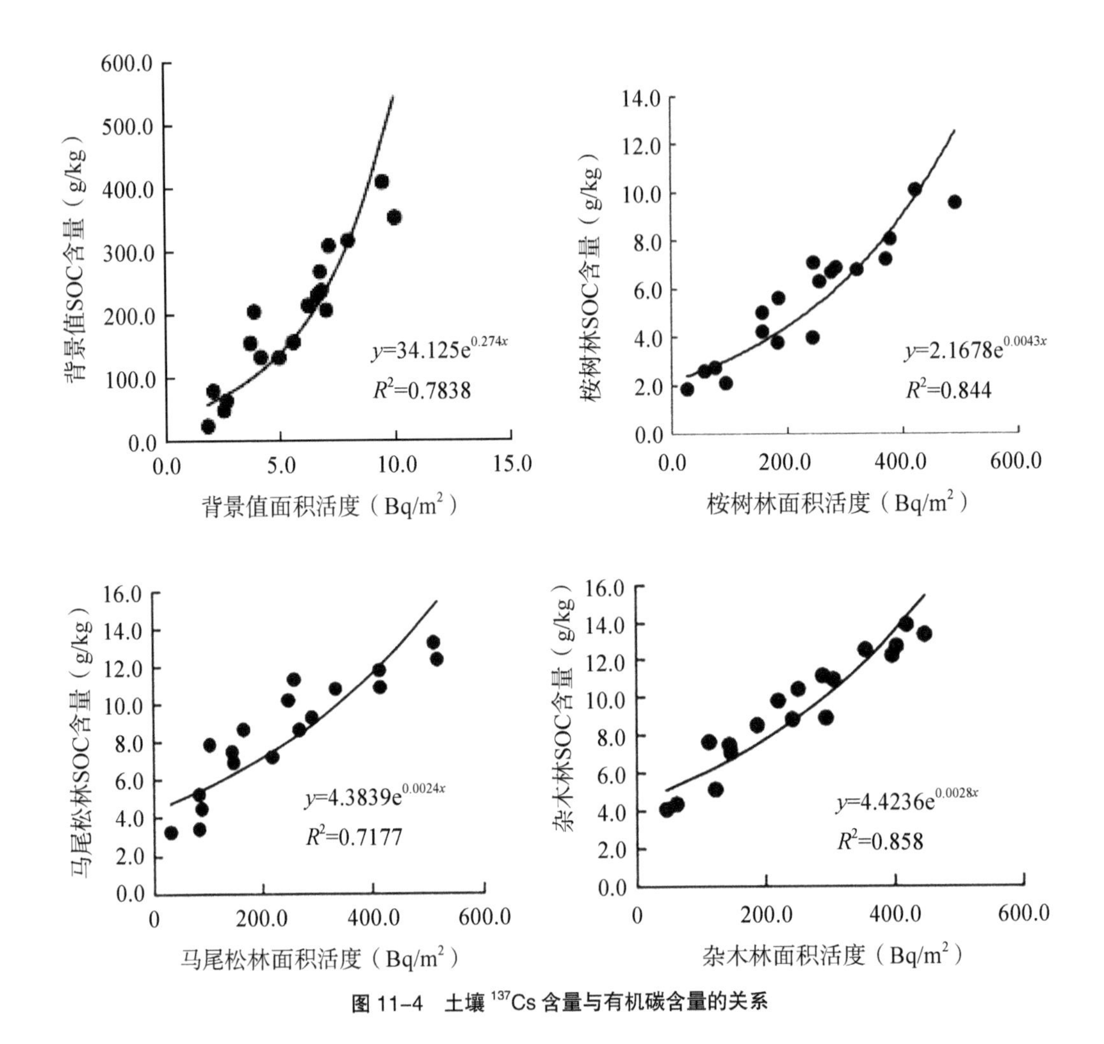

图 11-4 土壤 ^{137}Cs 含量与有机碳含量的关系

3 桉树人工林土壤侵蚀对土壤粒径组成特征的影响

不同林地土壤颗粒含量的剖面分布情况见图 11-5。随着土壤深度的增加，黏粒的百分比随之下降，坡上桉树林黏粒含量从 0 ～ 5 cm 的 20.34% 到 25 ～ 30 cm 的 6.69%（$P < 0.01$）；相反，砂粒则随土壤深度的增加而增加；坡上的马尾松林和杂木林从 0 ～ 5 cm 到 25 ～ 30 cm 增加的百分比分别为 39.82% 和 46.69%；粉粒的变化规律不明显。与土壤有机碳含量的剖面分布相似，同一坡位桉树人工林各土层的黏粒含量均小于马尾松林和杂木林的相应土层，坡上桉树林的黏粒含量比杂木林少 33.61%；坡上和坡中的桉树人工林各土层砂粒含量均大于马尾松林和杂木林。

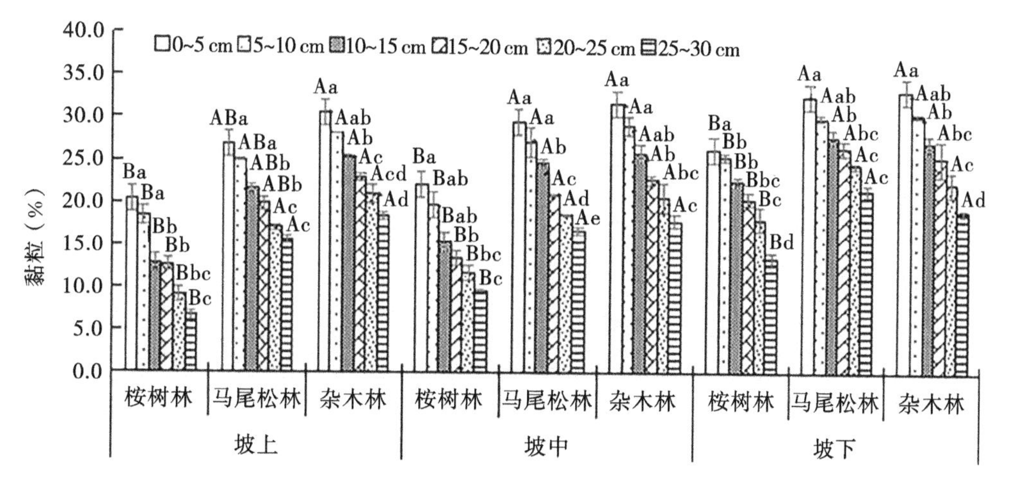

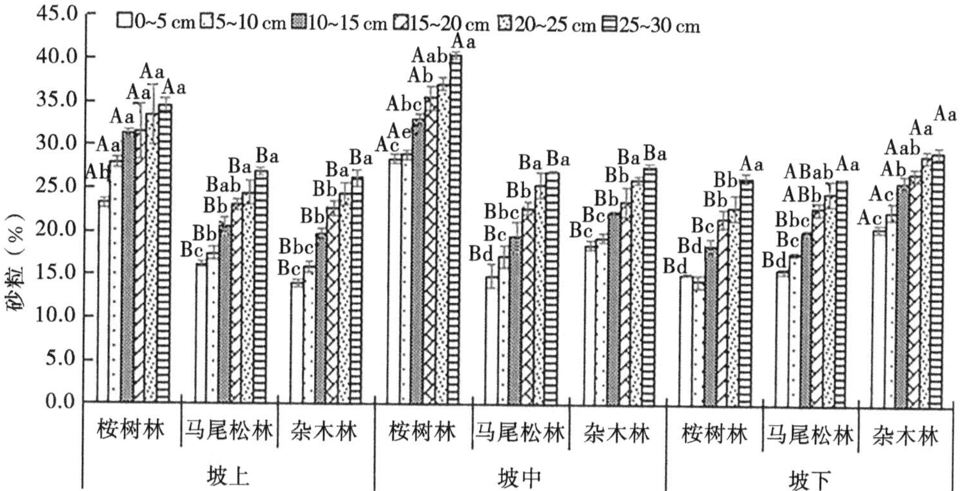

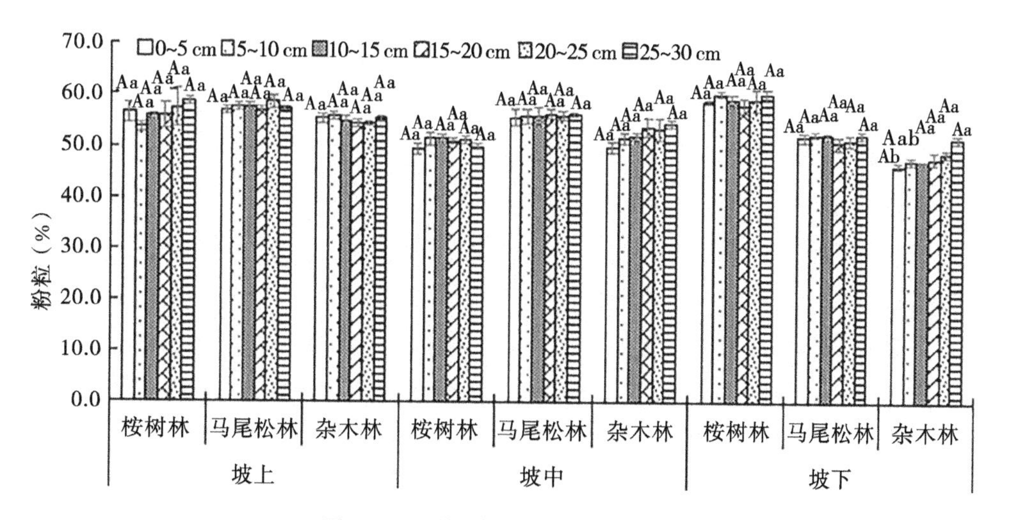

图 11-5　土壤颗粒含量的剖面分布特征

从表 11-1 可以看出，土壤侵蚀模数因林型不同具有显著差异，桉树人工林土壤侵蚀模数为 219.2 ～ 3349.55 t/km^2 · a，平均值为 1837.96 t/km^2 · a；马尾松林为 –584.34 ～ 2080.17 t/km^2·a，平均值为 512.09 t/km^2·a；杂木林为 –956.02 ～ 1481.49 t/km^2 · a，平均值为 221.27 t/km^2 · a，总体表现为桉树人工林＞马尾松林＞杂木林。其中最大值出现在桉树人工林林地的坡上，是马尾松林坡上的 1.61 倍和杂木林的 2.26 倍。桉树林地的年平均侵蚀厚度的平均值达到 0.96 mm，分别是马尾松林和杂木林的 3 倍和 6.5 倍。可见，桉树人工林的种植对土壤侵蚀的影响比马尾松人工林和杂木林严重。

表 11-1　不同林龄尾巨桉人工林土壤的抗蚀性指数

林型	部位	面积活度（Bq/m^2）	土壤侵蚀速率（t/km^2 · a）	等级
杂木林	坡上	1054.68	1481.49	轻度
	坡中	1499.92	138.34	微度
	坡下	1920.92	–956.02	—
马尾松人工林	坡上	939.11	2080.17	轻度
	坡中	1546.45	40.45	微度
	坡下	1844.48	–584.34	—
桉树人工林	坡上	847.75	3349.55	中度
	坡中	1100.59	1945.09	轻度
	坡下	1456.51	219.24	轻度

4　不同林地土壤理化性质和 ^{137}Cs 含量的相关性分析

多因素方差分析表明（表 11-2），坡位、林型、土层及它们的交互效应显著。特别是判决系数均在 0.81 以上，说明 ^{137}Cs、有机碳、容重、黏粒、粉粒、砂粒的变异能被坡位、林型、土层及它们的交互效应解释的部分均在 81% 以上。其中坡位、林型、土层作为独立因子均显著或极显著影响了 ^{137}Cs、有机碳、黏粒、粉粒和砂粒。

坡位和林型的交互效应显著影响了 ^{137}Cs、黏粒、粉粒和砂粒，但对容重的影响没有达到显著水平；而坡位和土层的交互效应显著影响了 ^{137}Cs 和有机碳，对土壤颗粒的影响没有达到显著水平（$P > 0.05$）；林型和土层的交互效应仅极显著影响了 ^{137}Cs 含量；坡位、林型和土层三者的交互作用显著影响了 ^{137}Cs 含量、有机碳含量和黏粒，对容重、粉粒和砂粒的效应没有达到显著水平（$P > 0.05$）。

表 11-2 土壤 ^{137}Cs 含量与土壤理化性质的相关性

项目		坡位	林型	土层	坡位 × 林型	坡位 × 土层	林型 × 土层	坡位 × 林型 × 土层	R^2
^{137}Cs	*df*	3	3	6	9	18	18.00	54	0.92
	F	104.67	23.33	175.27	3.55	2.90	3.70	1.50	
	P	***	***	***	**	**	***	***	
容重	*F*	4.62	38.44	12.37	0.40	0.22	0.44	0.45	0.81
	P	*	***	***	ns	ns	ns	ns	
SOC	*F*	113.67	602.65	652.72	2.20	8.14	1.42	1.67	0.98
	P	***	***	***	**	***	ns	*	
黏粒	*F*	185.47	534.63	291.69	21.30	0.71	1.06	0.58	0.97
	P	***	***	***	***	ns	ns	*	
粉粒	*F*	46.38	49.10	2.36	63.61	0.80	0.62	0.94	0.82
	P	***	***	*	***	ns	ns	ns	
砂粒	*F*	56.71	197.74	143.20	133.63	0.39	0.46	0.89	0.94
	P	***	***	***	***	ns	ns	ns	

注：ns、*、**、*** 分别表示 $P > 0.05$、$0.01 < P < 0.05$、$0.001 < P < 0.01$、$P \leq 0.001$。R^2、F、P 分别表示多因素方差模型的判决系数、统计量和显著性。

5 讨论与小结

5.1 桉树人工林土壤 ^{137}Cs 含量分布特征

^{137}Cs 是 20 世纪 60 年代核试验产生的一种人工放射性同位素，环境中本来不存在，伴随降水沉降到地面，然后被表层土壤吸附，基本不被雨水淋溶和植物摄取，迁移变化主要依赖土壤侵蚀或土壤沉积等活动过程。^{137}Cs 示踪技术测定土壤侵蚀量，其原理为某研究区土壤剖面的 ^{137}Cs 含量小于或大于其背景值，也就是该处发生了土壤侵蚀或沉积。通过 ^{137}Cs 的流失量和土壤流失量之间的定量关系（土壤侵蚀的模型）估算该处的土壤侵蚀量或沉积量。背景值是指自沉降期开始没有发生过土壤侵蚀（沉积），同时也没有经受过人类干扰的研究点土壤 ^{137}Cs 的含量（g/kg）或者活度（Bq/m^2）（刘宇等，2010）。本研究中，相较于马尾松林和杂木林，桉树人工林林土壤 ^{137}Cs 的含量较小。一般来说，土壤中 ^{137}Cs 含量越低，对应的土壤侵蚀活动越剧烈，土壤里面残存的 ^{137}Cs 越少。由于桉树人工林林地经常有施肥和除草等人为活动，干扰较频繁，加上桉树人

工林林地是在原马尾松林砍伐后种植起来的林地，植被曾一度遭到破坏，受土壤侵蚀影响更大，因此土壤中 ^{137}Cs 含量较少。根据 2008 年颁发《土壤侵蚀分类分级标准》(SL 190—2007)，可以得出各个林地不同坡地土壤侵蚀程度的概况。桉树人工林林地坡上的土壤侵蚀强度达到中级程度，坡中和坡下均达到轻度；马尾松林林地和杂木林林地的土壤侵蚀量均在轻度以下，坡下发生了沉积。马尾松林和杂木林的土壤侵蚀强度较弱，可能是因为杂木林和马尾松林林地地表植被覆盖度较好，能够抑制水力或风力携带颗粒物的能力，有效减弱了土壤侵蚀强度；而桉树林地的地表裸露部分较多，土壤侵蚀的程度相对而言较高。说明林地的利用类型直接影响了土壤侵蚀的大小，除桉树人工林的坡上外，杂木林和马尾松人工林土壤侵蚀基本上属于轻度侵蚀和微度侵蚀。桉树人工林生长初期，根系不够强健、植被覆盖度不高，再加上引种前人为的整地、伐林等措施，是处于生长初期的桉树人工林并不能有效地控制土壤侵蚀的主要原因。

背景值的测定是 ^{137}Cs 示踪法研究土壤侵蚀量的关键（Correchel 等，2006），可通过放射性沉降的长期监测得到，或选择正确的参考点确定（齐永青等，2006）。Parsons 等（2011）对 ^{137}Cs 法估算土壤侵蚀量持怀疑态度，其中一点认为基准点与周边点的 ^{137}C 沉降并非是理想的均一，而是存在变异。对于这一点，有学者认为通过选取更接近于研究点的基准点，使两者 ^{137}Cs 沉降量趋于相似，是可以抵消这部分变异的(Mabit 等，2013)。本研究中，所选取的背景值基准点与 3 个研究点距离相近，其数据可视为能够应用于区域对比的研究，计算得出的背景值为 1565.90 Bq/m^2，该值略小于国内相似气候带相关研究得出的背景值（1800 ～ 2400 Bq/m^2）和朱茜等（2018）对苏南丘陵区的背景值（1732.48 Bq/m^2），但大于陆树华等（2016）对西江流域典型丘陵坡地研究的背景值（968.19 Bq/m^2）。

背景值有差异，这可能与所研究的区域有关。采用 ^{137}Cs 核素估算土壤侵蚀的技术是基于背景值和测量值之间的关系变化（周颖等，2016），它与土壤颗粒有着一致的物理路径（因为 ^{137}Cs 到达陆地表面后可以迅速而强烈地吸附在土壤颗粒上），因此可以通过质量平衡模型计算出各采样点的土壤侵蚀模数。有研究表明，桉树纯林年平均土壤侵蚀模数在 1382 ～ 2308 t/km^2 · a，一些桉树人工林年平均水土流失量约是混交林的 100 倍（任海等，1998）；马尾松林下土壤侵蚀模数达到 2700 ～ 6000 t/km^2 · a（李钢等，2012），严重威胁着当地的生态安全。本研究发现，桂北桉树人工林种植基地土壤侵蚀模数的变化为 –956.02 ～ 3349.55 t/km^2 · a，不同林型表现为桉树人工林＞马尾松林＞杂木林。除桉树人工林上坡(中度)外，整个广西黄冕林场土壤侵蚀程度均在轻度以下，其中马尾松人工和杂木林的下坡（土壤 ^{137}Cs 含量大于背景值，侵蚀模数为负值）均发生了土壤沉积。

一些研究表明，桉树人工林对控制土壤侵蚀，防治水土流失有着积极的影响。对比分析海南热带天然林、桉树林和橡胶林对土壤的侵蚀量发现，桉树人工林平均每年减少的土壤侵蚀量虽低于天然林，却高于橡胶林（邓燔，2007）。有些研究则认为桉树人工林对土壤侵蚀的控制作用较弱，杨吉山（2009）等分析了桉树、黑荆、银合欢及云南松 4 种人工林的乔木层、次生灌木层、次生草本层植物群落特征变化，讨论得出云南松林及桉树林冠层覆盖度增长较缓慢，认为桉树人工林控制坡面侵蚀的能力较弱。前人研究结果表明，椴树红松林的土壤抗侵蚀能力高于云冷杉红松林（兰航宇等，2020）；土壤抗侵蚀能力由大到小为茶园＞竹林＞马尾松林＞麻栎林（朱茜等，2019）；连续 4 年的土壤侵蚀量、地表径流量、营养元素流失量均表现为桉树人工林及云南松林＞荒坡灌草丛＞针阔混交林＞次生常绿阔叶林（侯秀丽等，2015）；产沙数值由大到小均呈现桉树小区＞松树小区（廖义善等，2017）。本研究中，不同林地下土壤侵蚀模数由大到小为桉树林＞马尾松林＞杂木林，这也说明，桂北低山丘陵区土壤的抗侵蚀能力随林型不同而变化，不同林型土壤侵蚀的研究结果在一定程度上反映了人类活动的影响。杂木林坡地在一定的时期内基本处于自然状态，受人为活动干扰相对较少，整个区域自然覆盖度较高，林下状况优良，草本植物生长茂盛且丰富多样（既有针叶树种也有阔叶树种），土壤内根系发达，且土壤有机质含量较高，结构较好，加之地表凋落物层和腐殖质层深厚，起到减轻地表径流冲刷和增加土壤团聚体的作用，因此杂木林表现出最轻的土壤侵蚀。Alessandra 等（2020）的研究表明，建立一个紧密的根系网络的植被覆盖度是减少土壤侵蚀性的关键因素。而桉树人工林林地由于经过人工翻耕施肥等活动，表面草本层多被人为清理，土壤中的根系也随之大量减少，导致土层疏松，更容易被冲刷流失。

影响土壤侵蚀的因子主要有自然因素（水力、风力、坡长、坡度等）和人为因素（毁林滥牧、陡坡开荒、土地利用类型、作物管理等）2 个方面。由于我国桉树工业人工林主要种植在热带亚热带地区，这些地区热量较丰富，降水量充足，雨热同期，暴雨时间集中，在无植被，尤其是桉树人工林林下只有较少植被保护的情况下，雨水的侵蚀力较强，土壤侵蚀发生率较大，而水土流失则会引起土壤肥力的降低。Fang 等（2006）的研究指出，相比于坡背和坡顶，坡肩的土壤侵蚀更为严重。杨维鸽等（2016）的研究表明，不同坡段坡位土壤侵蚀的分布规律表现为坡中＞坡顶＞坡下＞坡上。王晓燕等（2013）对南方红壤丘陵区的研究得出，不同地貌部位的侵蚀模数则表现为坡顶相对较小，坡中和坡底则相对较大的现象。与上述研究结果略有不同，本研究结果均呈现为坡上＞坡中＞坡下，此结果与陆树华等（2016）的研究结果一致。这种趋势可能是受到坡位土层坡度、降水强度、植被覆盖等多种因素的综合影响。另一方面也说明，在桉树人工林施肥管理期间，应避开暴雨前施肥，选择在雨后施肥。应加强适当保留林下灌草本植被，减少人为活动对土壤的干扰，以降低桉树人工林水土流失的发生和减缓桉树人工林可能的面源污染。

5.2 桉树人工林土壤 ^{137}Cs 含量与土壤理化性质的关系

本研究中，不同林地的土壤 SOC 含量存在差异，平均值由大到小表现为杂木林（13.15 g/kg）>马尾松林（12.18 g/kg）>桉树人工林（8.51 g/kg）；土壤容重则与有机碳含量相反，呈现为桉树人工林（1.95）>杂木林（1.62）>马尾松林（1.60）。按照国际制土壤质地分级标准，根据实验所测得的土壤颗粒情况，得出桉树人工林林地、马尾松林地和杂木林地的不同坡地土壤质地类型均为粉砂质黏壤土；不同林地土壤黏粒的平均值按大小排列为桉树人工林（20.88%）<马尾松林（29.94%）<杂木林（31.38%），粉粒的大小规律与黏粒相似，砂粒从大到小依次为桉树人工林（22.45%）>杂木林（18.09%）>马尾松林（16.62%），即桉树林地土壤细颗粒显著小于其他林地；粉粒和砂粒含量均最大，表明桉树人工林下土壤具有明显的粗化现象。总的来看，相较于马尾松林和杂木林，桉树林下土壤有机碳含量较低，土壤容重较大，土壤中细颗粒含量较小、粗颗粒的含量较大甚至出现了粗化现象。相关性分析得出，桉树人工林地土壤有机碳含量与黏粒具有极显著的相关关系（$P < 0.01$），与砂粒呈显著负相关（$P < 0.05$）。马尾松林地和杂木林地土壤理化性质间的相关性相似，土壤有机碳含量与黏粒间均呈极显著正相关（$P < 0.01$），与砂粒呈显著负相关（$P < 0.05$），与粉粒呈极显著负相关（$P < 0.01$）。3 个林地土壤容重与有机碳含量、土壤颗粒间的相关性没有达到显著水平（$P > 0.05$）。

一般而言，土壤质地类型直接反映土壤的含沙量、颗粒粗细、渗水速度、保水性和通气性特征，决定土壤产流产沙过程，成为影响土壤可蚀性的关键因子。土壤颗粒组成也称为土壤质地，是土壤最基本的物理性质之一，指土壤中不同粒级矿物颗粒的比例，是各粒级土粒占总量的相对含量。粗粒占比越大，土壤砂性就越强，细粒占比越大，土壤黏性就越强，土壤黏粒含量越高，其抵抗水力侵蚀的能力就越强。土壤侵蚀导致土壤细颗粒流失，影响到土壤有机质含量、肥力状况、微生物活动水平等方面，是生态系统稳定性维持和碳循环过程转变的重要因素。土壤侵蚀（风力侵蚀、水力侵蚀、重力等）过程中，风力或水力与表层土壤中的细颗粒物质相互作用，当风力或水力达到某级颗粒的临界启动值时，颗粒更容易被带走，导致土壤侵蚀地区表层土壤出现粗化现象。本研究中，桉树人工林、马尾松林和杂木林的土壤质地均为粉质黏壤土。随着土壤深度的增加，黏粒随之减少，砂粒随之增加，粉粒的变化规律不明显。3 个林地中土壤颗粒粗细的含量具有显著差异，表现为黏粒在杂木林下含量最大，马尾松林次之，桉树人工林下最小。粉粒在 3 个林地中没有显著差异。砂粒则是在桉树人工林下含量最大，杂木林次之，马尾松林含量最小。表明桉树人工林下土壤细颗粒流失较严重，黏粒的流失导致土质松散，更容易受到土壤侵蚀的影响，而粗颗粒含量较大，土壤颗粒趋向于粗化发展（刘强等，2020）。董治宝等（2003）认为 0.4 ～ 0.75 mm 土粒为易蚀颗粒。本研究与其研究结果基本相符，同时也进一步验证了土壤侵蚀与表层土壤作用导致土壤粗化。而土壤养分主要富集于土壤黏粒、粉粒等细颗粒中（高尚玉，2012），土壤侵蚀导致土壤表层细颗粒被搬运流失，土壤有机碳等养分也随之流失（苑依笑等，2018），表层土壤粗化明显增加。本文土壤有机碳（SOC）含量与土壤颗粒间具有极显著或显著的相关关系，进一步验证了该论点。不同林地土壤侵蚀强度总体表现为桉树人工林最大，马尾松林次之，杂木林最小，证明了同一土壤质地，利用类型不同，土壤侵蚀程度有差异。

土壤有机碳对于维持土壤团聚体、保持土壤的渗透性能、增加土壤的通透性有重要作用，其来源主要是地上乔灌的枯枝落叶、草本植物根系的有机残体、腐殖质和微生物活动等。土壤有机碳的含量与林内凋落物的组成和特性有关（Nie 等，2019）。因此，未受干扰的原始土壤中，土壤有机碳的含量一般较高，随土壤深度增加逐渐减少，但受到土壤质地、土壤颗粒组成、母质来源、地上植被、生产力水平和气候条件的共同作用，土壤有机碳的区域分布形态多样，含量水平和分布差异明显（常小峰等，2013）。本研究中，不同人工林类型影响了 SOC 含量，不同林型由大到小为杂木林＞马尾松林＞桉树林。SOC 在不同用地类型中的分布有差异，可能与其植被类型有关（滕秋梅等，2020）。研究表明，单一树种种植的林型下其凋落物组成单一并且凋落物不易分解（Tang 等，2007）。桉树人工林与马尾松人工林和杂木林相比，群落结构层次简单，林内的微环境气候不利于凋落物的分解，林下土壤有机质的衰竭状态增加了地表径流，且有机质随地表径流流失量大，更加剧了林内物种的单一化，不利于控制土壤侵蚀。王震洪等（2006）的研究表明，植物物种种类数量的增加与土壤保持功能存在很好的一致性。杂木林植物物种多样性高、林下凋落物的贮存量要高于桉树人工林和马尾松林，有利于有机质的积累，加上杂木林的林型结构复杂，构建起了多层拦截体系，导致树冠截留的增加，能有效控制地表径流和土壤侵蚀，减少土壤有机质的流失。

另一重要原因可能是风力或水力带走了土壤表面的细颗粒，致使土壤团聚体遭到破坏，促进了微生物对土壤有机碳的分解，造成侵蚀土壤在搬运的过程中加速了有积碳的矿化。相较于其他两个林地，桉树人工林林地土壤植被覆盖度较低，表层无更多枯枝落叶和腐质物覆盖，导致土壤直接受到雨水的冲刷，土壤中的黏粒等细颗粒最先被径流带走，同时也带走了土壤有机碳，导致土壤有机碳的流失。特别是桉树砍伐后，多数剩余的枝条和叶子也被带离林地，使本来桉树从土壤吸收的那部分有机碳不能通过养分循环回到土壤，致使土壤碳库含量降低，不利于土地的可持续利用。有研究表明，

^{137}Cs 与 SOC 在土壤中很可能有着相似的物理移动过程，且土壤侵蚀过程会对 SOC 的迁移和分布产生影响（刘强等，2020）。冯腾等（2011）和方海燕等（2013）的研究也得出土壤有机碳含量与 ^{137}Cs 含量之间存在显著的正相关关系。说明利用 ^{137}Cs 示踪技术研究人工林的土壤侵蚀规律，可以将土壤侵蚀特征与土壤有机碳关联起来。

一般来说，上坡到下坡的流失量会逐渐递减，上坡主要是净流失，中坡和下坡除土壤流失外，还有上坡流失的土壤，因此上坡的土壤流失量大于中坡和下坡。本实验结果正好与此相似，这说明了利用 ^{137}Cs 示踪法研究土壤坡面侵蚀，可以客观地描述典型坡面上土壤侵蚀的垂直分布现象。另外，不同坡位土壤侵蚀不同，可能与坡地土壤有机碳含量有关，本研究中土壤有机碳含量与 ^{137}Cs 含量呈现极显著的相关关系，加上 SOC、^{137}Cs 含量在不同坡位均具有一致的分布规律，进一步证明了土壤有机碳含量与土壤侵蚀密切关联。不同坡位土壤有机碳受水热梯度、酶活性和土壤微生物活动的影响，在坡上有较好的水热条件和酶活性，微生物的活动也较为活跃，有机质的分解速率较快，不利于有机碳的积累。利用核素示踪技术，能较准确和便捷地揭示桂北低山丘陵地区不同林地利用与管理方式下不同坡位的土壤侵蚀及其导致的侵蚀效应，说明土壤侵蚀会对土壤有机碳、容重及土壤颗粒产生显著的影响，进而会影响到土壤养分的循环和土地的可持续利用和发展，尤其对桉树人工林因土壤侵蚀引起的环境问题应加强关注。通过与固氮树种混交或轮作、适当延长轮伐期、整地时尽量避免破坏植被、缩短林地裸露时间、保护林下凋落物、保留采伐剩余物等营林措施，可以提高桉树人工林在减少水土流失和涵养水源方面的生态作用（徐大平等，2006）。

综上所述，本章主要小结如下。

（1）桉树人工林、马尾松林和杂木林 3 个林地中，桉树人工林林地土壤黏粒含量显著小于马尾松林和杂木林，粉粒和砂粒占比较大；桉树人工林林地土壤容重最大，有机碳含量较低。研究区 ^{137}Cs 含量的背景值为 1565.90 Bq/m^2；^{137}Cs 质量活度随土壤深度的增加呈指数下降，3 个林地均具有表聚现象（土壤 0 ～ 5 cm 土层最高）。^{137}Cs 含量的平均值的从大到小关系表现为杂木林（1491.84 Bq/m^2）、马尾松林（1443.35 Bq/m^2）、桉树林（1134.95 Bq/m^2），在不同坡位从大到小均表现为坡下＞坡中＞坡上。

（2）3 个林地土壤侵蚀模数为 −956.02 ～ 3349.55 t/km^2 · a，不同林型土壤侵蚀模数平均值从大到小表现为桉树人工林（1837.96 t/km^2 · a）＞马尾松林（512.09 t/km^2 · a）＞杂木林（221.27 t/km^2 · a）；除桉树人工林上坡（中度侵蚀）外，其他林地土壤侵蚀强度均在轻度以下。由于不同林地的经营管理方式不同，因此土壤侵蚀特征有差异，其中桉树人工林的土壤侵蚀程度最严重，马尾松林次之，杂木林最轻。对桉树人工林应采取合理的经营管理措施，以促进其林地水土功能的保持和可持续经营。

参考文献

[1] 常小峰，汪诗平，徐广平，等．土壤有机碳库的关键影响因素及其不确定性 [J]．广西植物，2013，33 (5)：710-716.

[2] 邓燔．海南热带天然林、桉树林和橡胶林生态效益比较分析 [J]．华南热带农业大学学报，2007，13 (2)：19-22.

[3] 董治宝．中国干旱和半干旱区风蚀问题概述 [G]．中美水土保持研讨会，2003：61-64.

[4] 方海燕，盛美玲，孙莉英，等．^{137}Cs 和 ^{210}Pb 示踪黑土区坡耕地土壤侵蚀对有机碳的影响 [J]．应用生态学报，2013，24 (7)：1856-1862.

[5] 冯腾，陈洪松，张伟，等．桂西北喀斯特坡地土壤 ^{137}Cs 的剖面分布特征及其指示意义 [J]．应用生态学报，2011，22 (3)：593-599.

[6] 高尚玉．京津风沙源治理工程效益 [M]．北京：科学出版社，2012.

[7] 何绍浪，何小武，李凤英，等．南方红壤区林下水土流失成因及其治理措施 [J]．中国水土保持，2017 (3)：16-19.

[8] 侯秀丽，吴晓妮，王定康．滇中不同群落的土壤侵蚀及土壤肥力对比研究 [J]．江苏农业科学，2015，43 (12)：331-335.

[9] 兰航宇，段文标，陈立新，等．林型和微立地类型及其土壤性质对土壤抗侵蚀能力的影响 [J]．水土保持学报，2020，34 (2)：108-114.

[10] 李钢，梁音，曹龙熹．次生马尾松林下植被恢复措施的水土保持效益 [J]．中国水土保持科学，2012，10 (6)：25-31.

[11] 李小宇，李勇，于寒青，等．退耕还林坡地土壤 CO_2 排放的空间变化：地形的控制作用 [J]．植物营养与肥料学报，2015 (5)：1217-1224.

[12] 廖义善，孔朝晖，卓慕宁，等．华南红壤区坡面产流产沙对植被的响应 [J]. 水利学报，2017，48 (5)：613-622.

[13] 刘启明，叶淑琼，焦玉佩，等．南方红壤区不同经济林地土壤理化特征和酶活性的对比研究 [J]．地球与环境，2016，44 (5)：502-505.

[14] 刘强，穆兴民，高鹏，等．土壤水力侵蚀对土壤质量理化指标影响的研究综述 [J]．水土保持研究，2020，27 (6)：386-392.

[15] 刘宇，吕一河，傅伯杰，等．^{137}Cs 示踪法土壤侵蚀量估算的本底值问题［J］．地理研究，2010，29（7）：1171-1181.

[16] 陆树华，李先琨，徐广平，等．基于 Cs-137 示踪的西江流域典型丘陵坡地土壤侵蚀研究［J］．水土保持学报，2016，30（2）：38-43.

[17] 齐永青，张信宝，贺秀斌，等．中国 ^{137}Cs 本底值区域分布研究［J］．核技术，2006（1）：42-50.

[18] 任海，彭少麟，刘鸿先，等．小良热带人工混交林的凋落物及其生态效益研究［J］．应用生态学报，1998（5）：3-5.

[19] 苏春丽，梁音，李德成，等．红壤区小流域治理度的概念与评价方法［J］．土壤，2011，43（3）：466-475.

[20] 滕秋梅，沈育伊，徐广平，等．桂北喀斯特山区不同植被类型土壤碳库管理指数的变化特征［J］．生态学杂志，2020，39（2）：422-433.

[21] 王晓燕，李忠武，修成贤．基于 ^{137}Cs 示踪的南方红壤丘陵区不同土地利用管理方式的侵蚀效应［J］．水土保持研究，2013，20（2）：1-4.

[22] 王玉婷，查轩，陈世发，等．红壤侵蚀退化马尾松林下不同治理模式土壤化学计量特征［J］．应用生态学报，2020，31（1）：17-24.

[23] 王震洪．桉树作为云南省水土保持林主要树种的思考［J］．中国水土保持，1992（1）：35-38.

[24] 徐大平，张宁南．桉树人工林生态效应研究进展［J］．广西林业科学，2006，35（4）：179-187，201.

[25] 杨吉山，王兆印，余国安，等．小江流域不同人工林群落结构变化及其对侵蚀的控制作用［J］．生态学报，2009，29（4）：1920-1930.

[26] 杨维鸽，郑粉莉，王占礼，等．地形对黑土区典型坡面侵蚀—沉积空间分布特征的影响［J］．土壤学报，2016，53（3）：572-581.

[27] 苑依笑，王仁德，常春平，等．风蚀作用下农田土壤细颗粒的粒度损失特征对土壤性质影响［J］．水土保持学报，2018，32（2）：104-109.

[28] 赵其国，黄国勤，马艳芹．中国南方红壤生态系统面临的问题及对策［J］．生态学报，2013，33（24）：7615-7622.

[29] 周颖，曹月娥，杨建军，等．准噶尔盆地东部土壤风蚀危险度评价［J］．中国沙漠，2016，36（5）：1265-1270.

[30] 朱茜，林杰，张阳．经济林营建后基于 ^{137}Cs 示踪法的土壤侵蚀特征研究［J］．中国农业科技导报，2019，21（6）：135-142.

[31] Alessandra M, Michael E. K, Konrad G, et al. Rapid decrease of soil erosion rates with soil formation and vegetation development in periglacial areas [J]. Earth Surface Processes and Landforms, 2020, 45 (12): 2824-2839.

[32] Correchel V, Bacchi O O S, De Maria I C. Erosion rates evaluated by the ^{137}Cs technique and direct measurements on long-term runoff plots under tropical conditions [J]. Soil Tillage Research, 2006, 86: 199-208.

[33] Fang H J, Yang X M, Zhang X P, et al. Using ^{137}Cs tracer technique to evaluate erosion and deposition of black soil in Northeast China [J]. Pedosphere, 2006, 16 (2): 201-209.

[34] Li Z W, Xu X, Zhang Y, et al. Reconstructing recent changes in sediment yields from a typical karst watershed in southwest China [J]. Agriculture Ecosystems & Environment, 2019, 269: 62-70.

[35] Mabit L, Meusburger K, Fulajtar E, et al. The usefulness of ^{137}Cs as a tracer for soil erosion assessment: A critical reply to Parsons and Foster (2011) [J]. Earth science Reviews, 2013, 127 (6): 300-307.

[36] Nie X, Guo W, Huang B, et al. Effects of soil properties, topography and landform on the understory biomass of a pine forest in a subtropical hilly region [J]. Catena, 2019, 176: 104-111.

[37] Parsons A J, Foster I D L. What can we learn about soil erosion from the use of ^{137}Cs [J]. Earth science Reviews, 2011, 108 (1/2): 101-113.

[38] Sun D, Zhang W, Lin Y, et al. Soil erosion and water retention varies with plantation type and age [J]. Forest Ecology and Management, 2018, 422: 1-10.

[39] Su Z A, Xiong D, Wei D, et al. ^{137}Cs tracing dynamics of soil erosion, organic carbon, and total nitrogen in terraced fields and forestland in the Middle Mountains of Nepal [J]. Journal of Mountain Science, 2016, 11: 243-258.

[40] Tang C Q, Hou X L, Gao K, et al. Man-made versus natural forests in mid-Yunnan, Southwestern China: plant diversity and initial data on water and soil conservation [J]. Mountain Research and Development, 2007, 27 (3): 242-249.

第十二章

桉树人工林土壤的抗蚀性特征

土壤侵蚀是当今世界普遍关注的重大环境问题。土壤抗蚀性是指土壤对侵蚀营力分散和搬运作用的抵抗能力，即土壤对侵蚀的易损性或敏感性的倒数，是评价土壤抵抗土壤侵蚀能力的重要参数之一（丁文峰等，2001；白秀梅等，2014），森林土壤的渗透性及抗蚀性对森林生态系统的水源涵养和水土保持功能有重要的影响。土壤抗蚀性不仅受到自然因素，包括土壤类型、气候条件、地形等的影响，还受到土地利用类型及土壤管理方式等人为活动的影响（聂晓刚等，2018）。因此，研究不同植被类型下土壤抗蚀性的强弱，对防治水土流失、调整土壤利用结构及改善人工林土地利用现状具有重要的意义。近年来，针对不同植被类型土壤抗蚀性的研究多运用一些抗蚀指标来表示抗蚀性的大小，但对其抗蚀性的评价指标尚未达成一致（张华渝等，2019）。一般选取的抗蚀性指标包括土壤理化性质、团聚体、微团聚体特征、植物根系、抗蚀指数等（余晓章等，2015）。其中，土壤抗蚀指数、水稳性指数、团聚度、结构系数等反映了土壤抗崩塌能力、团聚能力与抗蚀性成正比；而分散系数表示土壤的分散性，其值越高，表明土壤结构水稳性越低，与抗蚀性成反比（何淑勤等，2013）。有机碳作为土壤水稳性团粒的主要胶结剂，不仅能促进团粒结构的形成，还会增加土壤的透水性和通气性等，增强团聚体的稳定性，有效地降低了土壤侵蚀及养分损失，从而提高了土壤的抗蚀性（胡尧等，2018）。以上这些指标均可以用来衡量抗蚀性的大小。

朱显谟（1960）将土壤抗侵蚀性区分为土壤抗冲性和抗蚀性，肯定了植物根系对增强土壤抗蚀性的作用。不同的植被恢复类型，其地上覆盖状况、地下根系条件及土壤有机质含量等方面存在差异，导致土壤具有不同的抗蚀能力（Dexter，1988）。桉树人工林是我国南方重要的速生用材林，在我国人工林中占有重要地位，桉树人工林土壤水分的利用已成为研究的焦点（Auro 等，2007），目前对桉树人工林土壤抗蚀性的研究较少。因此，本章以广西典型桉树人工林为研究对象，通过对 5 个林龄（1a、2a、3a、5a 和 7a）尾巨桉人工林调查的基础上，对不同土层（0 ～ 10 cm、10 ～ 20 cm 和 20 ～ 40 cm）土壤的渗透性和抗蚀性特征进行了测定：①探讨了不同林龄尾巨桉人工林对土壤抗蚀性的影响；②比较了不同类型人工林土壤抗蚀性的差异。

1 不同林龄桉树人工林土壤的抗蚀性

1.1 不同林龄尾巨桉人工林土壤的渗透性

由 12-1 可知，随着土层深度的增加，各林龄土壤的渗透率逐渐降低，随着林龄的增大，各土层土壤的渗透率趋于升高，不同林龄尾巨桉人工林土壤的渗透率要小于对照天然次生林。如 0 ～ 10 cm 土壤渗透率以 7a 尾巨桉人工林最高，为 12.17 mm/min，其他林龄从大到小依次为 5a（10.28 mm/min）、3a（8.65 mm/min）、2a（4.38 mm/min）和 1a（1.96 mm/min）。不同土层中，土壤渗透率随着土壤层次深度的增加而逐渐降低，这可能是随着土壤层次的增加，土壤的容重增加，孔隙度降低，从而使得渗透率呈下降趋势。

表 12-1 不同林龄尾巨桉人工林土壤的渗透率（mm/min）

林龄	土层（cm）			
	0 ～ 10	10 ～ 20	20 ～ 30	30 ～ 40
1a	1.96	1.52	1.24	0.87
2a	4.38	2.64	2.09	1.36
3a	8.65	4.21	2.65	1.77
5a	10.28	7.38	4.33	2.61
7a	12.17	9.44	6.14	3.88
次生林	14.79	12.18	10.54	8.67

1.2 不同林龄尾巨桉人工林土壤的抗蚀性指数

土壤抗蚀性指数越高，反映了土壤抗崩塌能力越强。从表 12-2 可以看出，在 0 ～ 10 cm 土层，7a 尾巨桉人工林的土壤抗蚀指数最大，为 94.66%，其他林龄从大到小依次为 5a（90.78%）、3a（87.66%）、2a（83.49%）、1a（72.98%），表明 7a 林地土壤的抗崩塌能力最强，抗侵蚀能力较好，降水后土壤颗粒难分解，有利于减缓土壤的流失。这主要是尾巨桉 7a 林地的凋（枯）落物层的储量较大，从而增加了土壤中的腐殖质，有利于土壤团粒结构的形成，因此 7a 林地的土壤抗蚀性较好；1a 林地凋（枯）落物层储量较小，土壤团粒结构数量相对较小，降水冲刷后土壤容易分解，土壤的抗侵蚀性较弱。不同龄级林地 0 ～ 10 cm 土层的土壤抗蚀性指数要大于 10 ～ 40 cm 土层，这与林分腐殖质的分布含量有关，随着土壤深度的增加，土壤有机质含量下降。总体上，随着土壤深度的增加；尾巨桉人工林土壤的抗侵蚀性能呈现先降低后有所增加的趋势；不同林龄尾巨桉人工林不同土层的土壤渗透率，均小于对照天然次生林。

表 12-2　不同林龄尾巨桉人工林土壤的抗蚀性指数（%）

林龄	土层（cm）				平均值
	0 ～ 10	10 ～ 20	20 ～ 40	30 ～ 40	
1a	72.98	64.23	68.76	69.08	68.76
2a	83.49	70.03	72.11	73.63	74.82
3a	87.66	71.95	74.33	75.31	77.31
5a	90.78	72.87	78.65	79.22	80.38
7a	94.66	79.72	82.55	83.18	85.03
次生林	97.68	86.57	88.59	93.12	91.49

从表 12-3 可以看出，随着土粒浸水时间的增加，不同林龄尾巨桉人工林土壤抗蚀性指数呈现下降的趋势，说明随着降水量的增加，尾巨桉林地的土壤颗粒被分散破坏得越来越多，可能会堵塞土壤的非毛管孔隙，进而影响到水分的下渗，容易引起地表径流的发生，最终造成土壤侵蚀和水土流失。随着浸水时间的增加，不同林龄尾巨桉人工林林地土壤抗蚀性指数在 7 min 前下降明显，7 min 后变得相对平缓。另外可以看出，不同林龄间，7a 林地土壤的抗蚀性最好，1a 幼龄林地的土壤抗蚀性较差。同时数据也表明，不同林龄尾巨桉人工林土壤的抗蚀性小于对照天然次生林。

表 12-3　不同林龄尾巨桉人工林浸水时间土壤抗蚀性指数的变化（%）

林龄	1 min	2 min	3 min	4 min	5 min	6 min	7 min	8 min	9 min	10 min
1a	82	79	75	72	68	61	57	53	49	43
2a	85	83	79	77	74	67	64	59	53	48
3a	89	86	81	79	76	69	67	62	59	56
5a	93	92	87	84	80	76	73	70	66	63
7a	96	94	91	89	86	84	82	79	73	70
次生林	98	97	95	92	90	88	85	83	81	80

1.3　尾巨桉人工林土壤渗透性与抗蚀性的相关性

经相关性分析（表 12-4），不同林龄尾巨桉人工林的土壤抗蚀性与其渗透性有极显著的正相关性（$P < 0.01$）。以抗蚀性为因变量，渗透率为自变量做回归分析，得出二者之间呈一元一次函数关系：$y=ax+b$。式中，y 为土壤抗蚀性指数（%），x 为土壤渗透率（mm/min），a、b 为待估参数，各拟合方程的相关系数（R^2）均达到极显著水平（$P < 0.01$）。

表 12-4　不同林龄尾巨桉人工林土壤渗透性与抗蚀性指数的相关性分析

林龄	回归方程	相关系数（R^2）
1a	$y=2.20x+54.98$	0.936**
2a	$y=4.02x+60.03$	0.898**
3a	$y=3.26x+49.98$	0.884**
5a	$y=4.33x+52.76$	0.918**
7a	$y=5.67x+60.12$	0.944**

1.4　尾巨桉人工林土壤颗粒分散特性

土壤团聚度、团聚状况、分散率和分散系数等是评价土壤抗蚀性的较好指标。团聚度是基于＞ 0.05 mm 微团聚体分析值与土壤粒径百分比来计算，其值越大，土壤抗侵蚀性能越强。团聚状况反映的是土壤团聚程度，其值越大则表明土壤抗侵蚀能力越强。而与团聚度和团聚状况指标有所不同，分散率和分散系数的数值越大，则表明土壤抗侵蚀能力越弱。

从表 12-5 可以看出，土壤团聚状况和团聚度的变化规律一致，随着林龄的增加而增大，以 7a 桉树林下土壤最高，但 7a 桉树人工林小于对照天然次生林。分散率、分散系数和结构破坏率的变化规律一致，随着林龄的增加而趋于减小，以 7a 桉树人工林林下土壤最小，但 7a 桉树人工林大于对照天然次生林。从团聚度、团聚状况、分散率、分散系数和结构破坏率这几个评价指标来分析，可以初步得出 1a 尾巨桉人工林的土壤抗侵蚀能力最弱，7a 尾巨桉人工林的土壤抗侵蚀能力最强，尾巨桉人工林的土壤抗侵蚀能力要小于对照天然次生林，与表 12-1、表 12-2 和表 12-3 反映的结果是相一致的。由此可见，不同林龄对尾巨桉人工林土壤抗蚀性有一定的影响，林龄越大，提高了土壤的渗透性，从而提高尾巨桉人工林的抗侵蚀能力。

不同林龄下的郁闭度、枯枝落叶储量、根系分布、孔隙度和土壤容重等有所不同，对土壤结构的保护作用也不同，随着林龄的增加，有利于减缓土壤受冲刷的程度，抗侵蚀性逐渐增强。相对于对照，7a 尾巨桉人工林可以缓解雨水对林地的直接冲刷，土壤结构可得到改善，有利于土壤团聚体的稳定。结合土壤渗透率和抗蚀性指数，团聚度、团聚状况、分散率、分散系数和结构破坏率 5 个指标可以作为评价桉树人工林土壤抗蚀性变化特征的指标。

表 12-5　土壤团聚程度及分散特性

林龄	团聚度（%）	团聚状况（%）	分散率（%）	分散系数（%）	结构破坏率（%）
1a	12.76	4.66	88.42	90.06	82.55
2a	15.65	6.06	82.06	83.22	60.56
3a	19.88	6.78	70.13	74.43	46.12
5a	22.65	7.93	56.48	57.08	30.08
7a	24.83	9.11	52.12	47.21	19.87
次生林	25.57	9.49	50.03	46.11	19.45

由表 12-6 可知，通过对初始因子载荷矩阵除去相应特征根的平方根得到 2 个主成分的变量系数向量，然后计算综合主成分值。第一主成分各类型排名与综合主成分排名一致，第二主成分稍有所不同，2 个主成分的综合评价排序表明，不同林龄下尾巨桉人工林土壤抗蚀性从大到小的顺序为 7a、5a、3a、2a、1a，与表 12-1、表 12-2、表 12-3 和表 12-5 反映的结果是相一致的。

表 12-6　不同林龄尾巨桉人工林土壤的抗蚀性主成分析值

林龄	第一主成分	第二主成分	综合主成分值	排序
1a	0.1669	0.3191	0.2775	5
2a	0.3386	0.5524	0.4912	4
3a	0.6657	0.7886	0.6588	3
5a	0.9518	1.0332	0.8977	2
7a	1.0231	0.9853	0.9468	1

2　不同类型人工林土壤的抗蚀性

2.1　不同土层人工林土壤的抗蚀性

由表 12-7 可知，在各类型人工林林分的不同土层中，0 ～ 10 cm 土层的土壤抗蚀性指数较大。不同人工林土壤抗蚀性指数在 0 ～ 20 cm 土层的平均值，从大到小依次为马尾松人工林（81.25%）、尾巨桉人工林（79.81%）、杉木人工林（69.94%）和毛竹人工林（67.45%）。各人工林的土壤抗蚀性指数均小于对照天然次生林（86.41%）。不同人工林土壤的抗蚀性指数差异性显著，其中尾巨桉人工林的土壤抗蚀性指数较高。

表 12-7　不同人工林土壤的抗蚀性指数（%）

土层（cm）	毛竹林	杉木林	尾巨桉	马尾松	次生林
0 ～ 10	76.11	79.66	87.66	89.43	90.25
10 ～ 20	58.79	60.21	71.95	73.06	82.56
平均值	67.45	69.94	79.81	81.25	86.41

2.2　不同人工林土壤抗蚀性随时间的变化

从表 12-8 可以看出，随着土粒浸水时间的增加，不同类型人工林土壤抗蚀性指数呈现下降的趋势，说明随着降水量的增加，对各林分土壤颗粒的冲刷作用趋于增强，加剧了不同类型人工林林地地表水土的流失。随着浸水时间的增加，不同林龄尾巨桉人工林的土壤抗蚀性指数在 7 min 前下降明显，7 min 后变得相对平缓。

另外，不同类型人工林各林分间，表现出马尾松人工林土壤的抗蚀性较好，毛竹人工林的土壤抗蚀性较差，尾巨桉人工林土壤的抗蚀性居中。不同类型人工林土壤的抗蚀性均表现出小于对照天然次生林的趋势。

表 12-8　不同人工林浸水时间土壤抗蚀性指数的变化（%）

类型	1 min	2 min	3 min	4 min	5 min	6 min	7 min	8 min	9 min	10 min
毛竹林	85	82	78	74	71	70	67	64	62	56
杉木林	86	84	79	76	73	71	69	66	61	58
尾巨桉	89	86	81	79	76	69	67	62	59	56
马尾松	94	91	88	85	82	80	78	75	73	71
次生林	98	97	95	92	90	88	85	83	81	80

表 12-9 是不同人工林土壤抗蚀性指数与时间的回归分析，表明不同人工林的土壤抗蚀性与其渗透性有极显著的正相关性（$P < 0.01$）。以土壤抗蚀性为因变量，渗透率为自变量做回归分析，得出二者之间呈二次多项式函数关系：$y=ax^2+bx+c$。式中 y 为土

壤抗蚀性指数（%），x 为土壤渗透率（mm/min），a、b 和 c 为待估参数，各拟合方程的相关系数（R^2）均达到极显著水平（$P < 0.01$）。

表 12-9　不同人工林土壤抗蚀性指数与时间的关系

类型	回归方程	R^2
毛竹林	y=0.075x^2-2.430x+81.87	0.865**
杉木林	y=0.114x^2-5.135x+95.06	0.892**
尾巨桉	y=0.212x^2-1.875x+83.23	0904**
马尾松	y=0.153x^2-3.608x+92.19	0.926**
次生林	y=0.012x^2-6.265x+95.21	0.943**

2.3　不同人工林土壤团聚程度及分散特性

从表 12-10 可以看出，土壤团聚状况和团聚度的变化趋势相一致，不同类型人工林各林分间，马尾松人工林土壤为最高，但马尾松人工林仍小于对照天然次生林。分散率、分散系数和结构破坏率的变化规律一致，不同林分间，马尾松人工林土壤为最低，但马尾松人工林仍大于对照天然次生林。从团聚度、团聚状况、分散率、分散系数和结构破坏率这几个评价指标来看，毛竹人工林的土壤抗侵蚀能力最弱，马尾松人工林的土壤抗侵蚀能力最强，尾巨桉人工林的土壤抗侵蚀能力也较强，低于马尾松人工林，而马尾松人工林的土壤抗侵蚀能力要小于对照天然次生林。

以上结果与表 12-7 和表 12-8 反映的结论是相一致的。由此可见，由于植物群落不同，不同类型人工林对土壤抗蚀性有一定的影响，相对于次生林，人工林土壤结构较差，土壤抗侵蚀性较弱，但尾巨桉人工林也表现出具有一定的土壤抗侵蚀性。

表 12-10　不同人工林土壤团聚程度及分散特性

类型	团聚度（%）	团聚状况（%）	分散率（%）	分散系数（%）	结构破坏率（%）
毛竹林	16.48	4.39	87.22	87.69	66.78
杉木林	18.03	5.11	78.69	80.35	54.19
尾巨桉	19.88	6.78	70.13	74.43	46.12
马尾松	22.15	7.22	60.15	57.35	24.56
次生林	23.57	8.49	54.03	50.11	19.45

2.4　不同人工林土壤水稳性团聚体含量

由表 12-11 可知，在＞ 0.25 mm 粒级，不同类型人工林各林分的土壤水稳性团聚体总量以次生林最高，马尾松人工林和尾巨桉人工林地次之，杉木人工林和毛竹人工林较小，分别存在显著差异（$P < 0.05$）。其中，毛竹人工林和杉木人工林＞ 5 mm 和 2 ～ 5 mm 水稳性团聚体显著低于其他 3 种林分类型（$P < 0.05$），可能与毛竹人工林和杉木人工林频繁的人为干扰有关，毛竹人工林土壤的团聚状况较差，与其土壤水稳性团聚体含量较少和土壤团聚体结构破坏率较大有一定关联，结果是一致的（表 12-10）。

与对照次生林比较，不同人工林＞ 0.25 mm 团聚体总量显著降低（$P < 0.05$），这可能与人工林土壤贫瘠的有机碳等养分含量相关。此外，从不同人工林土壤团聚程度及分散特性可以看出，人工林土壤的结构破坏率较大，显著大于天然次生林，这也说明天然次生林植被的自然恢复显著提高了土壤的抗侵蚀性。次生林土壤抗侵蚀性较强，可能与其较高的有机碳等养分含量密切相关。在桉树人工林大面积种植地区，人为不合理的管护措施可能会带来土壤的侵蚀，这不容忽视。

表 12-11　不同人工林土壤水稳性团聚体

类型	水稳性团聚体					＞ 0.25 mm
	＞ 5 mm	2 ～ 5 mm	1 ～ 2 mm	0.5 ～ 1 mm	0.25 ～ 0.5 mm	
毛竹林	18.05 c	14.22 c	12.30 b	14.12 a	15.22 b	73.91 c
杉木林	16.77 c	11.98 c	13.76 b	13.77 a	17.09 a	73.37 c
尾巨桉	20.76 b	20.22 b	15.58 a	10.12 b	13.47 b	80.15 b
马尾松	23.81 b	22.67 a	16.75 a	9.88 b	9.87 c	82.98 b
次生林	27.55 a	25.99 a	17.51 a	12.32 a	11.52 c	94.89 a

2.5　不同人工林土壤抗蚀性的主成分分析

在表 12-12 初始因子载荷矩阵中，考虑到各指标之间的关联性，为了综合各个指标的评价结果，对以上各指标进行了主成分分析，从中选择了 2 个公因子，其特征值分别为 5.122 和 1.644，累积方差贡献率达 94.03%，可以较好地指示土壤的抗蚀性。

本研究中，第一主成分主要解释了土壤团聚状况、土壤有机碳、＞ 0.25 mm 水稳性团聚体、土壤分散率和土壤结构破坏率 5 个指标的信息，第二主成分则主要解释了土壤团聚度 1 个指标的信息。可见，不同类型人工林各林分的土壤抗蚀性存在差异性，这与土壤的物理性质（＞0.25 mm 水稳性团聚体、土壤团聚度、土壤团聚状况、土壤分散率和土壤结构破坏率）和化学性质（土壤有机碳）均有紧密的关系。

表 12-12　不同人工林土壤抗蚀性各指标的初始因子载荷矩阵

项目	主成分	
	第一主成分	第二主成分
团聚度	0.592	0.744
团聚状况	0.975	0.048
分散率	−0.983	−0.021
结构破坏率	−0.977	0.176
有机碳	0.881	0.012
＞0.25 mm 水稳性团聚体	0.933	−0.187

通过对初始因子载荷矩阵除去相应特征根的平方根，得到 2 个主成分的变量系数向量，再计算出综合主成分值。结果如表 12-13 所示，第一主成分各类型排名与综合主成分排名相一致，第二主成分稍有所不同，但通过 2 个主成分的综合评价，得出不同类型人工林下土壤抗蚀性从大到小的顺序依次为次生林、马尾松人工林、尾巨桉人工林、杉木人工林、毛竹人工林，尾巨桉人工林表现出一定的土壤抗蚀性。

表 12-13　不同人工林土壤的抗蚀性主成分值

类型	第一主成分	第二主成分	综合主成分值	排序
毛竹林	0.1206	0.8014	0.3215	5
杉木林	0.1656	0.9979	0.5223	4
尾巨桉	0.4489	0.9121	0.8307	3
马尾松	0.8797	1.0048	0.9076	2
次生林	1.0098	0.8997	0.9245	1

3　讨论与小结

3.1　不同林龄对桉树人工林土壤抗蚀性的影响

土壤抗蚀性指数反映土壤抗崩塌能力，抗崩塌能力低容易造成水土流失（范少辉等，2009；任改等，2009），土壤抗蚀性等于土壤对侵蚀的易损性或敏感性的倒数，常用的指标有团聚体状况、水稳性指数、结构体破坏率、颗粒组成等。在相同的降水条件下不同渗透性的土壤，渗透性越大，雨水下渗速度就越大，产生的地表径流就越少，土壤的抗蚀性能就越大（石辉等，2007）。许丰伟等（2011）的研究结果表明，土壤的抗蚀性与土壤的物理性质有极为密切的关系，土壤抗蚀性按不同龄级是成熟林＞近熟林＞中熟林＞幼年林，按土壤层次是自上而下逐渐减小，土壤的渗透率与土壤的抗蚀性呈正相关，土壤的孔隙度和有机质的含量与土壤的渗透率和抗蚀性呈正相关。

研究表明（王俭成等，2013），植物通过枯枝落叶的机械保护，以及根系的穿插、盘绕和固结可以有效地减弱降水对土壤的冲刷破坏，显著改善土壤的理化性质，从而增强土壤抗蚀性的能力。闫思宇等（2016）研究发现天然林转变为人工林后土壤的物理性质和抗蚀性变差。本研究结果表明，随着土层深度的增加，尾巨桉人工林各林龄土壤的渗透率逐渐降低；随着林龄的增大，各土层土壤的渗透率趋于升高，不同林龄尾巨桉人工人工林土壤的渗透率要小于对照天然次生林。与许丰伟等（2011）的结论类似，1a 尾巨桉林下凋落物储量较少，容易发生土壤侵蚀现象，而 7a 林地土壤的渗透率较大，其林下土壤的抗蚀性就越大。同样，如果破坏表层土壤，失去其保护作用，也很容易发生土壤侵蚀现象，造成水土流失，因此有必要增强对桉树人工林林下凋（枯）落物的管护措施。随着桉树人工林的生长，林下植被趋于稳定，土壤水分消耗减小（第四章），土壤养分积累增大（第十章），从而引起土壤抗蚀性有所增加。如在 7a 期，桉树人工林的生长形成了地下庞大的根系系统，有效加速了土壤团聚结构的形成，土壤抗蚀性显著提高。这与史晓梅等（2007）的研究结果相似。

在桉树人工林造林前期，如在 1a 之前，炼山整地可以对桉树人工林幼苗生长具有短期的激肥效应，促进了桉树生长，但 1a 期土壤的渗透性能却有所降低，不利于林地的水土保持，随着林龄的增加，土壤渗透性提高，水土保持功能也得到提高（第九章），如桂北桉树人工林在轮伐期内 7a 时，通过采取合理的科学经营管理措施，明显可以提高土壤的水土保持功能。土壤抗蚀性与养分含量关系密切，随着桉树人工林林龄的增长，土壤抗蚀性能逐渐得到改善，证明了土壤抗蚀性在一定程度上可以作为评价土壤肥力的理想指标。随着桉树人工林林龄的增长，桉树人工林枯枝落叶归还土壤的数量增加，有利于增加有机碳含量，可为微生物提供了充足的养料，能增加土壤酶活性和胶结体含量，促进了土壤微团粒结构的改善，以及团聚状况和团聚度增加，土壤抗分散强度和保水保肥能力得到显著改善。

各林分 0 ～ 10 cm 土层的土壤抗蚀性能相对较强，随着降水时间的持续进行，土壤抗蚀指数降低很快，表明土壤抗蚀性能变弱，发生土壤侵蚀的概率变大。如果表层土壤发生侵蚀，那中下层土壤就较易被侵蚀，因此防止表层土壤发生侵蚀较为关键。植被凋（枯）落物具有减小降水击溅的能力，可防止土壤溅蚀，同时可以减缓径流流速，增加土壤入渗，进而削减地表径流量，这对减少土壤侵蚀起着重要作用。因此，为防止桉树人工林表层土壤发生侵蚀，建议一定要保持好桉树人工林林下凋（枯）落物的数量。另外也说明，通过桉树人工造林，能够提高原土结构稳定性，桉树人工林建设可以作为低山丘陵地区土壤改良的有效措施，而关键在于加强人为管护强度，科学施用有机肥和开展科学营林措施，以提高桉树人工林群落整体生态效应及土壤结构稳定性，这将增强桉树人工林的水源涵养和水土保持功能。

3.2 不同林型对桉树人工林土壤抗蚀性的影响

土壤抗蚀性是土壤抵抗水的分散和悬浮的能力，可反映土壤对于侵蚀搬运的敏感性。土壤结构体松散则说明土壤易遭破坏并解体，形成细小颗粒堵塞土壤孔隙，降低渗速，引起地表泥泞，促使径流发生，冲走分散土粒而发生土壤侵蚀。因此，土壤抗蚀性与土壤团聚体结构中的微团聚体组成、有机质含量有一定关系。团聚状况表示土壤颗粒的团聚程度，团聚度则是团聚状况占＞0.05 mm 微团聚体分析值的百分比，其值大小均与土壤抗蚀性强弱密切相关，团聚状况或团聚度大则土壤抗蚀性强（史东梅等，2005）。本研究中团聚度则表现为人工林土壤较低，且显著低于次生林植被类型土壤，这与人工林土壤水稳性团聚体含量和土壤团聚体结构破坏率一致，暗示人工林土壤结构相对较差，土壤抗侵蚀性较弱。而尾巨桉人工林土壤团聚度高于杉木人工林和毛竹人工林，这可能是与其较高的团聚状况和较低的 0.5 ～ 1 mm 和 0.25 ～ 0.5 mm 微团聚体含量有关系，相对有较高的土壤抗侵蚀性。

分散率以分析低于规定粒级的颗粒，视为完全分离的颗粒，用完全分离的颗粒与机械组成分析值来表示土壤抗蚀性，分散率越大，土壤抗蚀性越弱（董慧霞等，2005）。本研究中，次生林的土壤分散率最低，其他各人工林较高，且存在显著差异（$P < 0.05$），进一步表明次生林具有良好的土壤结构和较强的土壤抗侵蚀性，受人为干扰影响较大的人工林土壤抗侵蚀性均显著较低。而桉树人工林表现出具有一定的土壤抗侵蚀性，尽管低于次生林和马尾松人工林，但要高于杉木人工林和毛竹人工林。如果清理了桉树人工林林下凋落物，失去其保护作用，很容易发生土壤侵蚀现象，造成水土流失。因此，加强桉树人工林林地凋（枯）落物的管护，保持林地的自然状况，有利于提高土壤抗蚀性。另外也说明，除了桉树人工林纯林，建议适当增加阔叶混交林的种植比例，因阔叶混交林林型复杂，林下又有较多灌草覆盖，土壤表层根系发达，

凋落物输入量多，土壤养分含量较高，可有利于土壤良好结构体的形成，阔叶混交林可在增加土壤抗蚀性方面更具有明显的优势。

本研究不同类型人工林土壤抗蚀性指数从大到小依次为马尾松人工林（81.25%）、尾巨桉人工林（79.81%）、杉木人工林（69.94%）、毛竹人工林（67.45%），各人工林的土壤抗蚀性指数均要小于对照天然次生林，不同人工林土壤的抗蚀性指数差异性显著。从土壤团聚体的结构破坏率可以看出，毛竹人工林土壤团聚体结构破坏率最大，显著大于次生林，这说明毛竹人工林土壤水稳性团聚体破坏较多，其抗侵蚀性和养分保存的能力显著降低，因此发生土壤侵蚀的概率较高。而桉树人工林土壤团聚体的结构破坏率大小居中，这表明桉树人工林土壤水稳性团聚体破坏暂时不大，有发生土壤侵蚀的趋势，目前概率较低。由于次生林受人为干扰较少，地上植被保存完整，其土壤有机碳含量高于人工林土壤，其土壤抗侵蚀性较强。这可能是因为次生林的林分结构复杂，地上部分植被充分利用水分、光照、热量，生长旺盛，枯枝落叶量多，表层土壤的腐殖质含量多，地下根系发达茂密，有利于改善土壤结构，增强了土壤抗蚀性。这与姜培坤等（2002）对毛竹林和杉木林土壤抗蚀性的研究结果相同。

黄承标（2012）的研究表明，从水土肥三要素的流失量来看，尾巨桉人工林比厚荚相思林略大，但差异甚微，而显著低于灌草坡植被，说明广西营造的桉树人工林对减少减缓地表径流、防止水土流失具有明显的作用。本研究结果与黄承标（2012）的研究结果相同。对于人工林（马尾松人工林、尾巨桉人工林、杉木人工林和毛竹人工林），应当加强管理，增加土壤有机碳等养分含量，以提高土壤抗侵蚀性。人工林土壤水稳性团聚体总量均低于次生林，土壤团聚体结构破坏率、分散系数和分散率较大，团聚度和团聚状况较小，因此土壤结构较差，土壤抗侵蚀性较弱，易受雨水侵蚀和引发水土流失，这可能与其频繁的人为干扰有关，即人为干扰破坏了土壤结构，降低了团聚体的稳定性，尤其是土壤大团聚体。这说明，次生林转变为人工林后土壤粒径组成和微团聚体组成变化，导致土壤分散性增强，土壤的团聚状况、团聚度和物理稳定性指数降低，而土壤分散率、分散系数和结构破坏率增加。桉树人工林的土壤抗侵蚀性介于马尾松人工林、杉木人工林和毛竹人工林之间，但仍表现出易受雨水侵蚀和引发水土流失的可能性，这一问题不容忽视。

土壤水稳性团聚体是由有机质胶结而成的团粒结构，可以改善土壤结构，而且被水浸湿后不易解体，具有较高的稳定性，因此，土壤水稳性团聚体含量可以作为抗蚀性评价的良好指标（沈慧等，2000）。由于土壤的抗蚀性能涉及因素复杂，且各指标都为单一或几个土壤属性指标，不具备综合性，因此，对于土壤抗蚀性的评价，目前还没有统一的标准。本研究中，结合土壤渗透率和抗蚀性指数，团聚度、团聚状况、分散率、分散系数和结构破坏率5个指标可以作为评价不同人工林土壤抗蚀性变化特征的指标。总之，次生林林地土壤抗蚀性优于人工林土壤，毛竹人工林的土壤抗蚀性能较差，桉树人工林的土壤抗蚀性能较高，种植人工林后，土壤抗蚀性相对有所降低。建议在桂北低山丘陵地区营林过程中，加强对桉树人工林的科学管护措施，以提高桉树人工林群落整体生态效应，增强桉树人工林的水源涵养和水土保持功能，通过人为措施提高桉树人工林的土壤抗蚀性是必要的。

综上所述，本章主要小结如下。

（1）土壤团聚状况和团聚度的变化规律一致，随着林龄的增加而增大，以7a桉树林下土壤最高。分散率、分散系数和结构破坏率的变化规律一致，随着林龄的增加而趋于减小，以7a桉树人工林下土壤最小。随着林龄的增加，尾巨桉人工林土壤抗蚀性逐渐增强，土壤抗侵蚀能力要小于对照天然次生林。不同林龄对尾巨桉人工林土壤抗蚀性有一定的影响，经主成分分析得出不同林龄尾巨桉人工林土壤的水土保持功能从大到小依次为7a、5a、3a、2a、1a。

（2）土壤团聚状况和团聚度从马尾松人工林土壤为最高，分散率、分散系数和结构破坏率从马尾松人工林土壤为最低。综合来看，表明毛竹人工林的土壤抗侵蚀能力最弱，马尾松人工林的土壤抗侵蚀能力最强，尾巨桉人工林的土壤抗侵蚀能力次之，不同类型人工林的土壤抗侵蚀能力均小于对照天然次生林。

（3）对于桂北桉树人工林种植地区，人为干扰降低了土壤的抗蚀性。不同类型人工林土壤的抗蚀性指数差异性显著，与其渗透性有极显著的正相关性，二者之间呈二次多项式函数关系。建议加强桉树人工林的管护和抚育措施，要注意保护林下的凋（枯）落物层，促进土壤形成较为合理的结构，进而提高土壤的抗蚀性能。重点加强对5～7a林龄及以上阶段进行抚育改造，以提高林地的水土保持能力，减缓土壤侵蚀，进一步改善桉树人工林可持续经营的生态环境。

参考文献

[1] 白秀梅，韩有志，郭汉清．关帝山不同植被恢复类型土壤抗蚀性研究［J］．水土保持学报，2014，28（2）：79-84.

[2] 丁文峰，李占斌．土壤抗蚀性的研究动态［J］．水土保持科技情报，2001（1）：36-39.

[3] 董慧霞，李贤伟，张健，等．不同草本层三倍体毛白杨林地土壤抗蚀性研究［J］．水土保持学报，2005，19（3）：70-78.

[4] 范少辉，刘广路，官凤英，等．不同管护类型毛竹林土壤渗透性能的研究［J］．林业科学研究，2009，22（4）：568-573.

[5] 黄承标．桉树生态环境问题的研究现状及其可持续发展对策［J］．桉树科技，2012，29（3）：44-47.

[6] 何淑勤，宫渊波，郑子成，等．不同植被类型条件下土壤抗蚀性变化特征及其影响因素［J］．水土保持学报，2013，27（5）：17-22.

[7] 胡尧，李懿，侯雨乐．不同土地利用方式对岷江流域土壤团聚体稳定性及有机碳的影响［J］．水土保持研究，2018，25（4）：22-29.

[8] 姜培坤，俞益武，徐秋芳．商品林地土壤物理性质演变与抗蚀性能的评价［J］．水土保持学报，2002，16（1）：112-115.

[9] 聂晓刚，梁博，喻武，等．藏中半干旱地区不同土地利用类型土壤抗蚀性研究［J］．西北林学院学报，2018，33（2）：43-47.

[10] 任改，张洪江，程金花，等．重庆四面山几种人工林地土壤抗蚀性分析［J］．水土保持学报，2009，23（3）：28-32.

[11] 沈慧，姜凤岐，杜晓军，等．水土保持林土壤抗蚀性能评价研究［J］．应用生态学报，2000，11（3）：345-348.

[12] 史东梅，吕刚，蒋光毅，等．马尾松林地土壤物理性质变化及抗蚀性研究［J］．水土保持学报，2005，19（6）：35-39.

[13] 史晓梅，史东梅，文卓立．紫色土丘陵区不同土地利用类型土壤抗蚀性特征研究［J］．水土保持学报，2007，21（4）：63-66.

[14] 石辉，王峰，李秧秧．黄土丘陵区人工油松林地土壤大孔隙定量研究［J］．中国生

态农业学报，2007，15（1）：45-50.

[15] 王俭成，杨建英，史常青，等．北川地区典型林分土壤抗蚀性分析[J]. 水土保持学报，2013，27（1）：71-75.

[16] 许丰伟，丁访军，戴全厚，等．马尾松林不同龄级土壤抗蚀性分析[J]. 贵州农业科学，2011，39（3）：188-191.

[17] 闫思宇，王景燕，龚伟，等．川南山地林分变化对土壤物理性质和抗蚀性的影响 [J]．长江流域资源与环境，2016，25（7）：1112-1119.

[18] 余晓章，魏鹏，范川，等．两种巨桉人工林地土壤抗蚀性的比较研究 [J]．水土保持通报，2015，35（2）：58-63.

[19] 张华渝，王克勤，宋娅丽．滇中尖山河流域不同土地利用类型土壤抗蚀性 [J]．水土保持学报，2019，33（5）：50-57.

[20] 朱显谟．黄土地区植被因素对水土流失的影响 [J]．土壤学报，1960，8（2）：110－121.

[21] Auro C A, Joo V S, Joe J L, et al. Growth and water balance of *Eucalyptus* grandis hybrid plantations in Brzail during a rotation for pulpproduction [J]. Forest Ecology and Management, 2007, 251 : 10-21.

[22] Dexter A R. Advances in characterization of soil structure [J]. Soil & Tillage Research, 1988, 11 (3/4): 199-238.

第十三章

桉树人工林土壤分形维数及斥水性特征

土壤是一种由不同颗粒组成、具有不规则形状和自相似结构的多孔介质，具有一定的分形特征（林鸿益等，1992）。一般认为，大团聚体含量越大，土壤团聚体分布状况与稳定性越好（李鉴霖等，2014），而分形维数越小，土壤结构的稳定性越好，抗蚀能力越强（祁迎春等，2011）。分形维数作为分形理论及其应用的重要参数，能够在深层次上描述和分析自然界普遍存在的不规则现象（郭灵辉等，2010）。近几年来，运用各种分形模型计算土壤颗粒、团聚体和孔隙度的分形维数来表征土壤质地和结构组成及其均匀程度，成为定量描述土壤结构特征的新方法（刘金福等，2002）。分形维数不仅能够反映土壤颗粒分布对土壤结构稳定性的影响，还能客观地反映土壤肥力状况，通过了解土壤粒径分布、粒级含量和养分含量状况，对提高土壤结构的抗蚀性等有着重要的作用（陈爱民等，2016；Zhang 等，2020）。

土壤斥水性是指水分不能或很难湿润土壤颗粒表面的物理现象（杨邦杰等，1994）。斥水性存在于砂壤土到黏土的各种土壤中（Zhang 等，2001），影响土壤中很多物理、化学和生物过程，如土壤水分再分布、作物生长和灌溉水利用效率、地表产流和土壤侵蚀等（闵雷雷等，2010；商艳玲等，2012）。Ghadim 等（2000）研究表明土壤的斥水性也会对地表径流的入渗起到阻碍作用，使土壤更容易遭受侵蚀。土壤斥水性的存在不利于农业生产和环境的可持续性发展，特别是优先流的存在加速了土壤养分流失和深层地下水的污染等问题（Clothier 等，2000）。进行土壤斥水性的大小和空间变化的研究可以为林地水土流失防治提供一定的科学依据，同时也能够对林业的可持续发展起到重要促进作用。

前人关于土壤斥水性方面的研究大多数集中在有机质较高、质地偏砂的土壤上。目前，关于桉树人工林下土壤分形特征和斥水性的研究少有报道。本章以广西典型桉树人工林为研究对象，在对 5 个林龄（1a、2a、3a、5a 和 7a）的尾巨桉人工林调查的基础上，对各林龄和不同土层（0 ～ 10 cm、10 ～ 20 cm 和 20 ～ 40 cm）土壤的分形维数和斥水性进行了测定：①比较不同人工林土壤分形维的差异及其与土壤养分含量的相关性。②测定不同人工林土壤的斥水性特征，揭示不同林龄桉树人工林土壤斥水性分布规律及其与土壤理化性质的关系。

1　不同植被类型土壤粒径的分形维数

1.1　不同植被类型土壤粒径的分形维数

由表 13-1 可知，基于回归分析法和分形模型，分析了 5 种植被类型的土壤粒径组成，计算出其分形维数为 2.585 ～ 2.975。分形维数从大到小的顺序依次为毛竹人工林、杉木人工林、尾巨桉人工林、马尾松林和次生林（$P < 0.01$），毛竹林的分形维数最大，次生林最小。不同类型人工林的分形维数大于次生林的分形维数。

表 13-1　不同植被类型土壤粒径分布及其分形维数

类型	土层（cm）	黏粒（< 0.002 mm）	粉粒（0.002 ～ 0.05 mm）	砂砾（0.05 ～ 2 mm）	分形维数（D）	相关系数（R^2）
毛竹林	0 ～ 10	38.79	36.55	24.66	2.886	0.926**
	10 ～ 20	34.15	32.87	32.98	2.935	0.952**
	20 ～ 30	32.61	30.48	36.91	2.975	0.946**
杉木林	0 ～ 10	40.02	38.65	21.33	2.843	0.876*
	10 ～ 20	36.50	34.92	28.58	2.906	0911**
	20 ～ 30	33.87	32.88	33.25	2.932	0.923**
尾巨桉	0 ～ 10	42.12	40.33	17.55	2.775	0.916**
	10 ～ 20	37.65	35.82	26.53	2.866	0.893**
	20 ～ 30	34.98	33.76	31.26	2.917	0.922**
马尾松	0 ～ 10	43.25	41.25	15.50	2.726	0.885**
	10 ～ 20	39.12	38.07	22.81	2.835	0.931**
	20 ～ 30	36.58	34.12	29.30	2.883	0.972**
次生林	0 ～ 10	46.34	42.13	11.54	2.585	0.8985**
	10 ～ 20	42.15	40.01	17.84	2.697	0.873**
	20 ～ 30	38.22	36.72	25.07	2.718	0.966**

注：表示显著相关性（P < 0.01），** 表示极显著相关性（P < 0.05）。下同。

土壤细粒物质主要指黏粒和粉粒，土壤中细粒物质含量从大到小依次为次生林、马尾松林、尾巨桉人工林、杉木人工林和毛竹人工林，各林分土壤中细粒物质含量较高，土壤呈现细粒化趋势较明显。如< 0.002 mm（黏粒）土壤颗粒粒径含量所占比重最大，在 32.61% ～ 46.34%，各种植被类型的土壤颗粒组成以< 0.002 mm 的黏粒占优势；粉粒（0.002 ～ 0.05 mm）所占比例次之，在 30.48% ～ 42.13%；砂砾（0.05 ～ 2 mm）的含量最小，在 11.54% ～ 36.91%。土壤中砂砾含量从大到小依次为毛竹人工林、杉木人工林、尾巨桉人工林、马尾松林和次生林。随着土层深度的增加，黏粒和粉粒逐渐减小，而砂砾和分形维数（*D*）逐渐增大。

1.2　不同植被类型分形维数与土壤粒径组成的关系

对不同人工林土壤分形维数和粒径组成进行回归分析（表 13-2），结果表明分形维数与< 0.002 mm（黏粒）和 0.002 ～ 0.05 mm（粉粒）粒径的土壤颗粒含量呈极显著负相关关系（$P < 0.01$），其相关系数分别为 –0.9788、–0.8979；分形维数与 0.1 ～ 0.25 mm、0.25 ～ 0.5 mm 和 0.5 ～ 2.0 mm 粒径的土壤砂砾含量呈极显著正相关关系（$P < 0.01$），相关系数分别为 0.8775、0.9104 和 0.9608。分形维数与 0.05 ～ 0.1 mm 粒径的土壤砂砾含量呈显著正相关性（$P < 0.05$），相关系数为 0.7662。可见，土壤颗粒中粉粒（0.002 ～ 0.05 mm）和黏粒（< 0.002 mm）的含量越高，分形维数越小；而 0.05 ～ 0.1 mm、0.1 ～ 0.25 mm、0.25 ～ 0.5 mm 和 0.5 ～ 2.0 mm 的土壤砂砾含量越大，分形维数则越大。

表 13-2　不同植被类型土壤分形维数与土壤粒径分布的线性关系

粒径组成（cm）	回归方程	相关系数（R^2）
黏粒（< 0.002 mm）	D=0.0288x+2.4207	–0.9788**
粉粒（0.002 ～ 0.05 mm）	D=0.122x+2.1096	–0.8979**
砂粒（0.05 ～ 2.0 mm）		
（0.05 ～ 0.1 mm）	D=0.0799x+2.2881	0.7662*
（0.1 ～ 0.25 mm）	D=0.1106x+2.3892	0.8775**
（0.25 ～ 0.5 mm）	D=–0.0207x+2.4876	0.9104**
（0.5 ～ 2.0 mm）	D=–0.0224x+2.5621	0.9608**

2　土壤粒径分形维数与土壤性质的相关性

2.1　不同植被类型土壤分形维数与土壤团粒结构的关系

相关分析表明（表 13-3），分形维数值与> 0.25 mm 团聚体和阳离子交换量均呈极显著负相关（$P < 0.01$），与＞ 2 mm 团聚体呈显著负相关（$P < 0.05$），与＞ 5 mm 团聚体含量呈负相关，但差异不显著（$P > 0.05$）；与破坏率呈极显著正相关（$P < 0.01$）。＞ 0.25 mm 团聚体分别与＞ 2 mm 团聚体和＞ 5 mm 团聚体呈极显著正相关（$P < 0.01$），与破坏率呈极显著负相关（$P < 0.01$）。＞ 2 mm 团聚体与＞ 5 mm 团聚体呈极显著正相关（$P < 0.01$），与破坏率呈极显著负相关（$P < 0.01$）。＞ 5 mm 团聚体与破坏率呈显著负相关（$P < 0.05$）。破坏率与阳离子交换量呈显著负相关（$P < 0.05$）。以上结果表明，土壤分形维数越小，土壤团粒结构粒径分布的水稳性团聚体（＞ 0.25 mm 团聚体、＞ 2 mm 团聚体和＞ 5 mm 团聚体）含量越高，土壤结构稳定性则越好。

表 13-3　不同植被类型土壤团粒结构与分形维数的关系

＞ 2 mm 团聚体	分形维数	＞ 0.25 mm 团聚体	＞ 2 mm 团聚体	＞ 5 mm 团聚体	破坏率	阳离子交换量
分形维数	1	−0.732**	−0.695*	−0.422	0.786**	−0.765**
＞ 0.25 mm 团聚体		1	0.799**	0.854**	−0.979**	0.664
＞ 2 mm 团聚体			1	0.897**	−0.905**	0.328
＞ 5 mm 团聚体				1	−0.887*	0.364
破坏率					1	−0.591*
阳离子交换量						1

2.2　不同植被类型土壤分形维数与土壤理化性质的关系

对分形维数与土壤养分含量的相关性进行回归分析（表 13-4），结果表明，分形维数与土壤容重呈极显著正相关关系（$P < 0.01$），相关系数为 0.9486；与土壤总孔隙度、毛管孔隙度、非毛管孔隙度、初渗系数、稳渗系数、有机碳、全氮、全钾、速效氮和速效钾含量均呈极显著负相关关系（$P < 0.01$），相关系数分别为 −0.9285、−0.9351、−0.9207、−0.9453、−0.9583、−0.9481、−0.9188、−0.9075、−0.9723 和 −0.9453。与土壤全磷和有效磷含量均呈显著负相关关系（$P < 0.05$），相关系数分别为 −0.8986 和 −0.8979。

可见，土壤分形维数可以反映不同植被类型下林地容重、总孔隙度、毛管孔隙度、非毛管孔隙度、初渗系数、稳渗系数等土壤物理性质，以及有机碳、全氮、全磷、全钾、速效氮、有效磷、速效钾等养分的状况。各回归方程达到了显著性水平，说明土壤分形维数可以作为表征不同人工林土壤理化性质的指示性指标。

表 13-4　不同植被类型土壤分形维数与土壤理化性质的线性关系

土壤理化性质	回归方程	相关系数（R^2）
容重	D=2.0321+0.1509x	0.9486**
总孔隙度	D=2.7983−0.0039x	−0.9285**
毛管孔隙度	D=2.7966−0.0055x	−0.9351**
非毛管孔隙度	D=2.7184−0.0249x	−0.9207**
初渗系数	D=2.5608−0.0238x	−0.9453**
稳渗系数	D=2.7009−0.0876x	−0.9583**
有机碳	D=2.5972−0.0058x	−0.9481**
全氮	D=2.6206−0.0392x	−0.9188**
全磷	D=2.5261−0.1508x	−0.8986*
全钾	D=2.6588−0.1986x	−0.9075**
速效氮	D=2.6277−0.0022x	−0.9723**
有效磷	D=2.6022−0.0659x	−0.8979*
速效钾	D=2.5095−0.0021x	−0.9453**

3　不同类型人工林土壤的斥水性特征

3.1　不同植被类型土壤的斥水性特性

由表 13-5 可知，次生林仅有 8% 的样点出现中等斥水性，其余样点出现轻微斥水性；马尾松人工林中有 21% 的样点出现中等斥水性，多于 50% 的样点出现轻微斥水性；尾巨桉人工林中有 29% 的样点出现中等斥水性，多于 50% 的样点出现轻微斥水性；杉木人工林有 34%、毛竹人工林有 39% 的样点出现中等斥水性，两者也有多于 50% 的样点出现轻微斥水性。

相比较而言，不同林分间轻微斥水性从大到小依次为次生林、马尾松人工林、尾巨桉人工林、杉木人工林和毛竹人工林；而中等斥水性、WDPT 平均值和斥水性指数的变化趋势一致，从大到小依次为毛竹人工林、杉木人工林、尾巨桉人工林、马尾松林和次生林。这说明斥水指数法（RI）与滴水穿透时间法（WDPT）的测量结果相一致，均表明人工林的土壤斥水性显著大于次生林的土壤斥水性，其中毛竹人工林的土壤斥水性最大，而桉树人工林的土壤斥水性居中。相比较而言，除次生林土壤表现出亲水性外，其他不同人工林类土壤均具有不同程度的斥水性。

具体而言，对于轻微斥水性和 WDPT 平均值，次生林与其他 4 个林分间均有显著差异性（$P < 0.05$）。对于中等斥水性，次生林与其他 4 个林分间均有显著差异性（$P < 0.05$），马尾松人工林与其他 3 个林分间均有显著差异性（$P < 0.05$）。而对于斥水性指数，次生林与其他 4 个林分间均有显著差异（$P < 0.05$），马尾松人工林与其他 3 个林分间亦有显著差异性（$P < 0.05$），尾巨桉人工林则与其他 2 个林分间均有显著差异性（$P < 0.05$）。

表 13-5　不同植被类型土壤斥水性的相对频率和斥水性指数

类型	轻微斥水性（%）	中等斥水性（%）	WDPT 平均值（%）	斥水性指数
毛竹林	61 c	39 a	48 a	6.54 a
杉木林	66 c	34 a	41 a	5.26 a
尾巨桉	71 b	29 a	30 b	4.35 b
马尾松	79 b	21 b	27 b	2.78 c
次生林	92 a	8 c	11 c	1.13 d

由表 13-6 可知，在不同类型人工林中，土壤含水量从大到小依次为次生林、马尾松人工林、尾巨桉人工林、杉木人工林和毛竹人工林，其中除毛竹人工林与其他林分均有显著差异外（$P < 0.05$），其他 4 个林分间差异不显著（$P > 0.05$）；土壤饱和导水率从大到小依次为次生林、马尾松人工林、尾巨桉人工林、毛竹人工林和杉木人工林，其中除毛竹人工林和杉木人工林分别与其他林分间有显著差异外（$P < 0.05$），其他 3 个林分间差异不显著（$P > 0.05$）；土壤水分入渗力从大到小依次为次生林、马尾松人工林、尾巨桉人工林、杉木人工林和毛竹人工林，与土壤含水量的变化趋势一致，次生林与其他林分均有显著差异（$P < 0.05$）。

通过 Pearson 相关分析，土壤斥水性与土壤饱和导水率之间存在显著负相关关系（R^2=0.832，P=0.03），与土壤水分入渗力存在极显著负相关关系（R^2=0.887，P=0.002），这说明在人工林经营中，采取人工林混交或林下套种等措施，构建人工林复合生态系统，可能有利于降低土壤斥水性，增加土壤水分入渗，减缓人工林种植地区的水土流失。

表 13-6　不同植被类型土壤水力特性

类型	含水量（%）	饱和导水率（cm/s）	水分入渗力（$cm/s^{1/2}$）
毛竹林	27.89 b	4.22×10^{-5} b	0.02 c
杉木林	30.65 a	3.97×10^{-5} b	0.03 c
尾巨桉	31.78 a	1.95×10^{-4} a	0.05 b
马尾松	33.21 a	2.18×10^{-4} a	0.07 b
次生林	34.55 a	2.31×10^{-4} a	0.13 a

3.2　土壤斥水性与土壤理化性质相关性

对土壤斥水指数与土壤理化性质的相关性进行分析（表 13-7），结果表明，斥水性与土壤容重呈极显著正相关关系（$P < 0.01$），与黏粒呈显著正相关关系（$P < 0.05$），与土壤含水量呈显著负相关关系（$P < 0.05$），与有机碳、电导率、砂粒和粉粒呈负相关关系，但差异不显著（$P > 0.05$）。容重与含水量呈显著负相关关系（$P < 0.05$），与黏粒呈显著正相关关系（$P < 0.05$）。有机碳等其他不同指标间，无显著相关性。

表 13-7　土壤斥水指数与土壤理化性质的相关性

> 2 mm 团聚体	容重	含水量	有机碳	电导率	砂粒	粉粒	黏粒
斥水性指数	0.897**	−0.835*	−0.665	−0.634	−0.559	−0.499	0.811*
容重	1	−0.788*	−0.585	−0.708	−0.629	−0.456	0.786*
含水量		1	0.453	0.645	0.676	0.443	−0.674
有机碳			1	0.445	0.621	0.387	0.532
电导率				1	0.649	−0.442	−0.439
砂粒					1	0.067	−0.523
粉粒						1	−0.725
黏粒							1

4　不同林龄桉树人工林土壤的斥水性

由表 13-8 可知，1a 尾巨桉人工林在 22% 的样点出现中等斥水性，其他样点出现轻微斥水性；2a 尾巨桉人工林中有 25% 的样点出现中等斥水性，多于 50% 的样点出现轻微斥水性；3a 尾巨桉人工林中有 29% 的样点出现中等斥水性，有多于 50% 的样点出现轻微斥水性；类似的是，5a 和 7a 尾巨桉人工林中有 36% 和 49% 的样点出现中等斥水性，两者也有多于 50% 的样点出现轻微斥水性。相比较而言，随着林龄的增加，轻微斥水性逐渐减小，中等斥水性逐渐增大，WDPT 平均值和斥水性指数也均逐渐增大。中等斥水性、WDPT 平均值和斥水性指数的变化趋势一致，这说明斥水指数法（RI）与滴水穿透时间法（WDPT）的测量结果相一致，除 1a 尾巨桉人工林表现出较强的亲水性外，其他不同林龄尾巨桉人工林土壤均具有不同程度的斥水性。

具体而言，对于轻微斥水性和中等斥水性，5a 和 7a 尾巨桉人工林分别与其他林龄间有显著差异（$P < 0.05$）；对于 WDPT 平均值，1a 和 2a 尾巨桉人工林分别与其他林龄间有显著差异（$P < 0.05$）；而对于斥水性指数，1a 尾巨桉人工林分别与其他林龄间有显著差异（$P < 0.05$）。

表 13-8　不同林龄尾巨桉土壤斥水性的相对频率和斥水性指数

林龄（a）	轻微斥水性（%）	中等斥水性（%）	WDPT 平均值（%）	斥水性指数
1	78 a	22 b	18 b	2.33 c
2	75 a	25 b	22 b	4.02 b
3	71 a	29 b	30 a	4.35 b
5	64 b	36 a	35 a	4.76 a
7	51 b	49 a	38 a	5.15 a

对土壤斥水性与各因子的关系进行回归分析（表 13-9），结果表明，斥水性分别与土壤有机碳、粉粒和黏粒呈极显著负相关关系（$P < 0.01$），相关系数分别为 −0.886、−0.769 和 −0.795；与 PH 和砂砾呈极显著正相关关系（$P < 0.01$），相关系数为 0.661 和 0.862。

表 13-9　不同林龄尾巨桉人工林土壤斥水性与各因子的关系

因子	回归方程	相关系数（R）
有机碳	$y=0.102x^2-0.675x+63.862$	−0.886**
pH	$y=9.987x^2-178.72x+785.011$	0.661**
粉粒	$y=0.022x^2-0.985x+73.995$	−0.769**
黏粒	$y=0.011x^2-1.254x+76.723$	−0.795**
砂粒	$y=0.012x^2-1.229x+77.428$	0.862**

5　讨论与小结

5.1　桉树人工林土壤分形维数的变化特征

土壤团聚体分形维数（D）可客观反映土壤团聚体的结构特征，D 值愈小，土壤的结构与稳定性愈好（祁迎春等，2011）。分形维数越高，表征土壤的结构越紧实，通透性越差，反之分形维数越小，土壤质地变得松散，土粒内部的微小孔隙也更多，水分、空气及生物更易于存在土壤环境中，土壤结构也有更好的稳定性（方萍等，2011）。张春英等（2008）研究表明，人工林的土壤团聚体分形维数高于天然林。吕文星等（2010）对重庆四面山不同林地土壤团聚体分形维数特征的研究表明，阔叶林土壤团聚体分形维数小于针叶林和竹林。本研究结果表明，分形维数从大到小的顺序依次为毛竹人工林、杉木人工林、尾巨桉人工林、马尾松林和次生林（$P < 0.01$），毛竹林的分形维数最大，次生林最小。说明近自然的次生林比高强度集约化经营的人工林（毛竹人工林、杉木人工林、尾巨桉人工林和马尾松林）更有利于土壤结构的改善和保水保肥能力的提高。次生林土壤分形维数在 5 种森林中最小，说明林地具有良好的土壤结构。由于次生林以实施保护和促进天然更新为主要措施，具有多物种、多层次、异龄林结构，林分归还的凋落物量相对较大，凋落物分解后，有利于土壤结构的改良，加上土壤受到人为扰动较少，因此土壤表现出较好的结构状况和保水保肥能力。而对于桉树人工林，由于林分结构简单，林下灌草种类较少，养分回归量较低，使其分形维数居中，也可能与林地土壤受到人为扰动（如炼山、整地、幼林抚育、间伐和采伐等）较为严重有关。

葛东媛等（2011）在研究重庆四面山人工林地土壤颗粒分形特征时发现，土壤粒径分形维数与土壤中 0.002 ～ 0.001 mm 和小于 0.001 mm 的颗粒含量呈极显著正相关。王富等（2009）研究表明，分形维数与土壤有机质含量呈显著负相关，与非毛管孔隙度和总孔隙度呈极显著负相关，而与毛管孔隙度的相关性不明显。

本研究中，分形维数与＜ 0.002 mm（黏粒）和 0.002 ～ 0.05 mm（粉粒）粒径的土壤颗粒含量呈极显著负相关关系（$P < 0.01$）；与 0.1 ～ 0.25 mm、0.25 ～ 0.5 mm 和 0.5 ～ 2.0 mm 粒径的土壤砂砾含量呈极显著正相关关系（$P < 0.01$）；与 0.05 ～ 0.1 mm 粒径的土壤砂砾含量呈显著相关性（$P < 0.05$）。土壤颗粒中粉粒（0.002 ～ 0.05 mm）和黏粒（＜ 0.002 mm）的含量越高，分形维数越小；而 0.05 ～ 0.1 mm、0.1 ～ 0.25 mm、0.25 ～ 0.5 mm 和 0.5 ～ 2.0 mm 的土壤砂砾含量越大，分形维数则越大。本试验结果与葛东媛等（2011）和王富等（2009）的研究结果有所不同，这可能与林分类型、区

域环境、土壤类型及森林林地人为扰动的程度不同有关。本研究中，区内次生林在受到不同程度的人为干扰转变为桉树人工林、毛竹人工林或马尾松人工林，将可能使土壤结构稳定性下降。次生林的土壤腐殖质含量相对较多，有机物分解和腐殖质再合成的强度较大，有利于提高土壤的团聚度。桉树人工林受人为干扰强度较大，覆盖度低，降雨对表层土壤的冲蚀导致土壤团聚体破坏率加大（第十二章），分形维数较大。这也从侧面说明，在有森林植被覆盖的土壤中，由于腐殖质较多和根系的生态作用，土壤的团聚能力较强，进一步降低了土壤颗粒的分形维数。

理论上（Tylers 等，1992），没有任何固相填充的孔隙空间的分形维数为 2，没有任何孔隙岩石的分形维数等于 3。刘云鹏等（2003）研究得到，结构良好的土壤粒径分布分形维数应在 2.750 左右，土壤粒径分布分形维数可以作为土壤结构评价的一个指标。本研究中 5 种植被类型的土壤分形维数为 2.585 ～ 2.975，从大到小依次为毛竹人工林、杉木人工林、尾巨桉人工林、马尾松林和次生林（$P < 0.01$）。研究表明，土壤粒径分布分形维数不仅能够表征土壤粒径大小，还能反映质地的均一程度以及土壤的通透性（王贤等，2011）。本研究中，土壤分形维数值与＞ 0.25 mm 团聚体呈极显著负相关（$P < 0.01$），与＞ 2 mm 团聚体呈显著负相关（$P < 0.05$），与＞ 5 mm 团聚体含量呈负相关（$P > 0.05$）；与破坏率呈极显著正相关（$P < 0.01$），这说明，土壤分形维数越小，土壤团粒结构粒径分布的水稳性团聚体（＞ 0.25 mm 团聚体、＞ 2 mm 团聚体和＞ 5 mm 团聚体）含量越高，土壤结构稳定性则越好。这与前人对石灰岩土壤团粒结构粒径分布的分形维数研究结果相似（李阳兵等，2006；张治伟等，2009）。土壤质地越粗，越不易形成良好的结构，分形维数也越小，土壤质地越细，因包含的小土粒越多，形成的微小孔隙也越多，结构也更复杂，分形维数就越高（刘云鹏等，2003）。

土壤是具有分形特征的系统，由大小和形状不同的颗粒组成的土壤结构，表现为不规则的几何形体。分形维数可在一定程度上反映桉树人工林的土壤质地、有机碳含量、水稳定性、均一程度及肥力特征，并指示土壤理化性质的变化规律性，土壤分形维数可以作为评价桉树人工林土壤性质的指标。因此，减少桉树人工林的人为干扰，可提高土壤良好的物理结构，能增加土壤有机碳及养分含量，有利于促进团聚体稳定性，减缓和防止土壤侵蚀的发生。桉树人工林土壤分形维数的变化特征，可为揭示桉树人工林的地力衰退机制和土壤结构演变规律提供科学的理论依据。

5.2　桉树人工林土壤斥水性的变化特征

斥水性土壤广泛分布在世界各地，从热带到亚北极地区均有分布，包括不同的土壤类型、不同的质地和有机质含量、不同的成土母质、不同的黏土矿物学特征、不同的植被类型、不同的土壤利用与管理方式（Martínez-Murillo 等，2013）。由于土壤斥水性的存在，导致一些土壤比较干燥，容易形成风蚀，并且斥水性会大大减少入渗形成优先流（Bauterst 等，2000），从而引起土壤水分分布的不均匀，使水中携带的溶质较快地进入地下水，降低土壤持水能力，形成冲刷，加速土壤侵蚀，导致水土流失、土地退化，进而影响植被生长。有研究表明，不同树龄桉树林下土壤斥水性表现为 15a ＞ 10a ＞ 5a，树龄间差异均达显著水平，土壤斥水性随着树龄的增长而增强，可能主要来自土壤内环境性质的变化，如土壤有机质含量、土壤微生物的种群及数量的变化等（赵利坤等，2019）。

本研究采用 2 种斥水性测量方法测定了 5 种不同类型森林土壤的原位实际斥水性。结果显示，斥水指数法（RI）与滴水穿透时间法（WDPT）的测量结果相一致，均表明人工林的土壤斥水性显著大于次生林的土壤斥水性，其中毛竹人工林的土壤斥水性最大，而桉树人工林的土壤斥水性居中。原因可能是，在雨季的这段实验时间里，集中性的降雨对毛竹人工林的冲蚀影响较显著，阻碍水分下渗，增强了毛竹人工林的土壤斥水性。相对于人工林来说，次生林林下土壤由于具有相对多样的植被类型的覆盖，其林下的林冠层通过拦截缓冲等作用，可能使雨滴终速度降低而减缓了林下土壤的侵蚀，土壤粒径不至于分散而能长期保持土壤孔隙不会被堵塞，进一步减小了土壤斥水性。而对于桉树人工林来说，由于根系使土壤形成管状的粗大孔隙，有多种土壤动物、土壤微生物的活动能够缓解由于人为长期干扰土壤地表造成的土壤板结情况，改善土壤结构，从而导致桉树人工林的斥水性不是很高。

虽然 WDPT 在一定程度上可以反映土壤的斥水特性，但其具有很大的变异性。因此对本实验中各样点数据采用了 Doeer（1998）提出的斥水性分类标准进行斥水强度的划分，并对各级斥水性样点数占总样点数的累积百分比进行轻微斥水性和中等斥水性的分开计算（表 13-5）。这使得斥水指数法（RI）与滴水穿透时间法（WDPT）的测量结果相吻合，所有林型下的土壤都具有不同程度的土壤斥水性，其中毛竹人工林的土壤斥水性最大，次生林的土壤斥水性最小。

土壤斥水性是土壤水分运动的重要影响因素，其强弱直接影响土壤对水分吸收的难易程度，对土壤的水文过程，尤其是土壤的入渗产生很大的作用（Buczko 等，2006）。本研究中，土壤饱和导水率从大到小依次为次生林、马尾松人工林、尾巨桉人工林、毛竹人工林和杉木人工林，土壤水分入渗力从大到小则依次为次生林、马尾松人工林、尾巨桉人工林、杉木人工林和毛竹人工林，与土壤含水量的变化趋势基本一致。这可能是由于土壤斥水性影响了土壤的下渗性能，而土壤的下渗性能主要取决于土层的孔隙性，不同植被类型的林地很大程度上影响着土壤的孔隙性，次生林土壤的下渗性能相比其他人工林更好，因而其土壤饱和导水率更高。同样，在不同人工林类型中，桉树人工林比同样林下结构单一的其他 3 种人工林土壤的下渗条件更为良好，因而桉树人工林并没有表现出最低的土壤饱和导水率和土壤水分入渗力。

有研究表明，土壤有机碳含量是影响土壤斥水性的主要因素之一。Horne 等（2000）研究发现，虽然土壤斥水性与土壤有机碳总量之间不存在相关性，但土壤斥水性随着土壤中脂类物质含量的增加而增强，如烷烃、甘油三酸酯、酸脂质等。Deblas 等（2010）研究发现，土壤中的胡敏酸和富里酸对斥水性有影响，但土壤有机质总量对斥水性的表现贡献不大。本研究结果表明，斥水性与土壤容重呈极显著正相关关系，与黏粒呈显著正相关关系，与土壤含水量呈显著负相关关系，与有机碳、电导率、砂粒和粉粒的负相关关系不显著。这表明土壤有机碳并不是造成桂北桉树人工林土壤斥水性较高的主要因素，这与李金涛等（2010）的研究结果相符。推测原因可能是，虽然土壤有机碳为土壤斥水性提供了物质基础，但桉树人工林的土壤机械组成结构与土壤容重更大程度上影响了土壤实际斥水性的强弱程度。容重是土壤重要的物理特性，容重小，表明土壤疏松多孔，结构性良好，反之，容重大，则表明土壤紧实板硬。相似质地的土壤，其水分入渗率会随容重的增大而减小，因为土壤容重的增大，使得土壤团粒结构丧失、土壤孔隙变小、土壤变得紧密坚实，最终导致入渗能力降低（李卓等，2009）。

土壤斥水性的存在给土壤的水分入渗造成了很大的影响，使土壤在雨季入渗量减小，并在局部形成优先流，较强的斥水性往往对应着更强烈的土壤侵蚀（朱凯等，2017）。现有相关研究表明，土壤斥水性是在低于临界含水量时存在，大于临界含水量时消失；对于大多数土壤而言，含水量越低时越容易表现出斥水的性质，斥水强度随土壤含水量的增加而减弱；此外，研究还发现土壤斥水强度还受土壤前期的干燥状况影响，土壤前期水分状况越差后期表现出的斥水性将越强（赵利坤等，2011）。本研究中土壤斥水性与砂粒含量及粉粒含量都没有显著的相关关系，但与黏粒含量具有显著正相关关系，说明了土壤质地是桂北桉树人工林土壤斥水性的主要因素之一，土壤粒级越小土壤斥水性就越强，这与 Doerr 等（1996）、秦纪洪等（2012）得出的研究结果一致。据此推测，虽然有机碳为桂北桉树人工林土壤斥水性的产生提供了物质基础，并且与其他因素一起对土壤斥水性产生了一定的影响，但土壤质地结构更大程度上影响着土壤斥水性的强弱，不同类型植被土壤质地的差异主要来源于不同森林类型（人工林和次生林）所采用的土地利用管理方式的差异，因此，构建混交林复合系统有利于改良土壤质地，减轻土壤斥水性，有利于水土保持。

但也有研究表明，适度的土壤斥水性有利于提高土壤团聚体的稳定性和强度，促进土壤有机碳的长期封存（Urbanek 等，2007）；土壤斥水性的存在有效降低了土壤水分蒸发，有利于干旱地区改善土壤水状况。Mcghie 等（1981）发现桉树下土壤斥水性随 pH 值降低而减弱，而 Mataix-Solera 等（2013）指出土壤斥水性与 pH 值无明显关系。土壤斥水性受多种因素影响，如有机质、pH 值、土壤矿物、质地、植被类型、土壤含水率等。因此，不同地区，不同林龄以及不同树种人工林土壤斥水性的变化特征，还需后续进一步深入探究。

综上所述，本章主要小结如下。

（1）不同植被类型的分形维数在 2.585 ～ 2.975，从大到小的顺序依次为毛竹人工林、杉木人工林、尾巨桉人工林、马尾松人工林和次生林。次生林的土壤结构最好，马尾松人工林、桉树人工林和杉木人工林次之，毛竹人工林的土壤结构相对最差。

（2）分形维数与土壤粒径组成关系密切，土壤颗粒中粉粒（0.002 ～ 0.05 mm）和黏粒（$<$ 0.002 mm）的含量越高，分形维数越小；而 0.05 ～ 0.1 mm、0.1 ～ 0.25 mm、0.25 ～ 0.5 mm 和 0.5 ～ 2.0 mm 的土壤砂砾含量越大，分形维数则越大。分形维数同土壤有机质和养分指标相关性显著，分形维数反映了桉树人工林土壤性质的变化特点。

（3）相对于次生林，人工林的种植（毛竹人工林、杉木人工林、尾巨桉人工林和马尾松人工林）对地力的消耗都有不同程度的影响，这是人工林较普遍存在的问题。尤其在高强度干扰、集约化经营、人为不合理的抚育措施下，可能会引起土壤理化性质退化和土壤稳定性变弱的趋势。桉树人工林居中，土壤分形维数小于毛竹人工林和杉木人工林，略高于马尾松林。

（4）大面积种植桉树人工林对土壤的斥水性存在显著的影响，不同植被类型表现出不同程度的斥水性，但桉树人工林并未达到最大斥水性的程度，影响桂北桉树人工林土壤斥水性的主要因素为土壤容重与土壤质地。在培育和经营桉树人工林时，建议构建阔叶树混交林生态系统，能够有效减轻土壤斥水性，增加土壤水分入渗，进而减轻和控制桉树人工林可能出现的水土流失。

参考文献

[1] 陈爱民，邓浩俊，严思维，等．蒋家沟5种植被土壤分形特征与养分关系［J］．山地学报，2016，34（3）：290-296.
[2] 方萍，吕成文，朱艾莉．分形方法在土壤特性空间变异研究中的应用［J］．土壤，2011，43（5）：710-713.
[3] 葛东媛，张洪江，郑国强，等．重庆四面山4种人工林地土壤粒径分形特征［J］．水土保持研究，2011，18（2）：148-150.
[4] 郭灵辉，王道杰，张云红，等．泥石流源区新银合欢林地土壤微团聚体分形特征［J］．水土保持学报，2010，24（5）：243-247.
[5] 李金涛，刘文杰，卢洪健．西双版纳热带雨林和橡胶林土壤斥水性比较［J］．云南大学学报：自然科学版，2010，32（S1）：391-398.
[6] 李鉴霖，江长胜，郝庆菊．土地利用方式对缙云山土壤团聚体稳定性及其有机碳的影响［J］．环境科学，2014，35（12）：4696-4704.
[7] 李阳兵，魏朝富，谢德体，等．岩溶山区植被破坏前后土壤团聚体分形特征研究［J］．土壤通报，2006，37（1）：51-55.
[8] 李卓，吴普特，冯浩，等．容重对土壤水分入渗能力影响模拟试验[J]. 农业工程学报，2009，25（6）：40-45.
[9] 林鸿益，李映雪．分形论：奇异性探索［M］．北京：北京理工大学出版社，1992：43-48.
[10] 刘金福，洪伟，吴承祯．中亚热带几种珍贵树种林分土壤团粒结构的分维特征［J］．生态学报，2002，22（2）：197-205.
[11] 刘云鹏，王国栋，张社奇，等．陕西4种土壤粒径分布的分形特征研究［J］．西北农林科技大学学报：自然科学版，2003，31（2）：92-94.
[12] 吕文星，张洪江，王伟，等．重庆四面山不同林地土壤团聚体特征[J]. 水土保持学报，2010，24（4）：192-197，202.
[13] 闵雷雷，于静洁．土壤斥水性及其对坡面产流的影响研究进展［J］．地理科学进展，2010，29（7）：855-860.
[14] 祁迎春，王益权，刘军，等．不同土地利用方式土壤团聚体组成及几种团聚体稳定性指标的比较［J］．农业工程学报，2011，27（1）：340-347.

[15] 秦纪洪，赵利坤，孙辉，等．岷江上游干旱河谷旱地土壤斥水性特征初步研究[J]．水土保持学报，2012，26(1)：259-262.
[16] 商艳玲，李毅，朱德兰．再生水灌溉对土壤斥水性的影响[J]．农业工程学报，2012，28(21)：89-97.
[17] 王富，贾志军，董智，等．不同生态修复措施下水库水源涵养区土壤粒径分布的分形特征[J]．水土保持学报，2009，23(5)：113-117.
[18] 王贤，张洪江，程金花，等．重庆四面山几种林地土壤颗粒分形特征及其影响因素[J]. 水土保持学报，2011，25(3)：154-159.
[19] 杨邦杰，Blackwell P S. 土壤斥水性引起的土地退化、调查方法与改良措施研究[J]．环境科学，1994，15(4)：88-90.
[20] 张春英，洪伟，吴承祯，等．武夷山自然保护区不同森林景观土壤分形特征[J]．北华大学学报：自然科学版，2008，9(5)：452-456.
[21] 赵利坤，秦纪洪，孙辉．土壤疏水性研究进展[J]．世界科技研究与发展，2011，33(1)：58-64，102.
[22] 赵利坤，张英．不同树龄桉树林下土壤斥水性研究[J]. 天津农业科学，2019，25(2)：37-39.
[23] 张治伟，傅瓦利，朱章雄，等．石灰区土壤分形特征及其与土壤性质的关系[J]. 土壤，2009，41(1)：90-96.
[24] 朱凯，刘文杰，刘佳庆．西双版纳地区胶农复合系统的土壤斥水特性[J]．云南大学学报(自然科学版)，2017，39(1)：137-146.
[25] Bauterst W J, Dicarlo D A, Steenhuis T S, et al. Soil water content dependent wetting front characteristics in sands[J]. Journal of Hydrology, 2000, 231: 244-254.
[26] Buczko U, Bens O, Durner W. Spatial and temporal variability of water repellency in a sandy soil contaminated with tar oil and heavy metals[J]. Journal of Contaminant Hydrology, 2006, 88(3): 249-268.
[27] Clothier B E, Vogeler I, MagesanG N. The breakdown of water repellency and solute transport through a hydrophobic soil[J]. Journal of hydrology, 2000, 231(S1): 255-264.
[28] Deblas E, Rodriguez-Alleres M, Almendros G. Speciation of lipid and humic fractions in soils under pine and eucalyptus forest in northwest Spain and its effect on water repellency[J]. Geoderma, 2010, 155: 242-248.
[29] Doerr S H. On standardizing the'water drop penetration time'and the 'molarity of

an ethanol droplet'techniques to classify soil hydrophobicity : a case study using medium textured soils [J] . Earth Surface Processes and Landforms, 1998, 23 (7): 663-668.

[30] Doerr S H, Shakesby R A, Walshr P D. Soil hydrophobicity variations with depth and particle size fraction in burned and unburned *Eucalyptus* globulus and *Pinus* pinaster forest terrain in the Agueda Basin, Portugal [J] . Catena, 1996, 27 (1): 25-47.

[31] Ghadim A K A. Water repellency : a whole farm bioeconomic perspective [J] . Journal of Hydrology, 2000, 231 : 396-405.

[32] Horne D J, Mcintosh J C. Hydrophobic compounds in sands in New Zealand-extraction, characterisation and proposed mechanisms for repellency expression [J] . Journal of hydrology, 2000, 231 (S1): 35-46.

[33] Martínez-Murillo J F, Gabarrón-Galeote M A, Ruiz-Sinoga J D. Soil water repellency in Mediterranean rangelands under contrasted climatic, slope and patch conditions in southern Spain-ScienceDirect [J] . Catena, 2013, 110 (10): 196-206.

[34] Mataix-Solera J, Arcengui V, Tessler N, et al. Soil properties as key factors controlling water repellency in fire affected areas: Evidences from burned sites in Spain and Israel [J] . Catena, 2013, 108 (9): 6-13.

[35] Mcghie D A, Posner A M. The effect of plant top material on the water repellence of fired sands and water repellent soils [J] . Australian Journal of Agricultural Research, 1981, 32 (4): 609-620.

[36] Tylers W, Wheatcraft S W. Fractal scaling of soil particle size distributions: analysis and limitations [J] . Soil Science Society of America Journal, 1992, 56 (2): 362-369.

[37] Urbanek E, Hallett P, Feeney D, et al. Water repellency and distribution of hydrophilic and hydrophobic compounds in soil aggregates from different tillage systems [J] . Geoderm, 2007, 140 : 147-155.

[38] Zhang B, Horn R. Mechanisms of aggregate stabilization in Ultisols from subtropical China [J] . Geoderma, 2001, 99 (1): 123-145.

[39] Zhang Y, Zhong X Y, Lin J S, et al. Effects of fractal dimension and water content on the shear strength of red soil in the hilly granitic region of southern China [J] . Geomorphology, 2020, 351 (15): 106956.

第十四章

桉树人工林土壤团聚体组成及碳氮磷含量特征

土壤团聚体是土壤矿物颗粒经凝聚胶结作用形成的多孔结构体，是土壤结构的基本单元（王心怡等，2019）。土壤团聚体数量和分布状况不仅直接反映土壤结构性状、水分状况、通气状况，还能在一定程度上反映土壤抗蚀性和稳定性（陈山等，2012）。土壤团聚体平均重量直径（MWD）是评价团聚体稳定性的重要指标，能够表征土壤结构的好坏。森林土壤团聚体作为土壤有机碳稳定性的重要机制及土壤结构稳定性的重要表征，影响着森林土壤有机碳贮存的长期有效性，以及对环境变化和土地管理方式的敏感性，其研究受到愈来愈多学者的重视，已被作为生态系统特性和衡量生态系统的重要工具（谭秋锦等，2014）。

氮（N）、磷（P）是土壤中的主要化学元素，也是植物生长必需的矿质营养元素和生态系统常见的限制性元素（Zhang 等，2002）。土壤氮、磷是影响植物生长的重要限制因子，与土壤团聚体结构密切相关（邱莉萍等，2006）。不同粒径团聚体组分的物理化学属性不同，土壤微生物活性及养分周转特征存在显著差异，这可能导致土壤碳、氮、磷养分库及其化学计量特征差异（Xiao 等，2017）。土壤团聚体养分形成和分布受到植被地下根系活动和地上有机物输入等过程强烈影响，土壤碳、氮、磷化学计量特征存在极大时空变异，土地利用变化（例如营造人工林）可能对土壤养分周转及化学计量特征产生极大影响（Xu 等，2016）。同一气候区域，不同森林植被小气候、凋落物输入量、分解速率、根系活动及微生物活性可能存在极大不同（Liang 等，2017），这可能对土壤团聚体形成及其生态化学计量学特征产生显著影响。目前有关典型区域不同乡土树种人工林下土壤团聚体碳、氮、磷养分特征及生态化学计量的研究仍十分有限（周纯亮等，2011）。过去几十年里，我国大面积天然林被人工转变成不同类型的人工林，比较不同类型人工林土壤团聚体含量及其碳氮磷化学计量特征有助于认识人工林碳吸存效率。因此，本章以广西典型桉树人工林为研究对象，在对 5 个林龄（1a、2a、3a、5a 和 7a）的尾巨桉人工林调查的基础上，对各林龄和不同植被类型土壤的团聚体组成、团聚体碳氮磷及其化学计量学特征进行了测定：①探讨不同林龄对尾巨桉人工林土壤团聚体组成的影响；②比较不同类型人工林土壤团聚体碳氮磷的差异。

1　不同林龄桉树人工林土壤团聚体组成特征

1.1　不同林龄尾巨桉人工林土壤风干团聚体组成

表 14-1 为干筛法得到的粒径＞ 0.25 mm 风干团聚体的分布特征。土壤团聚体各粒级的分布呈现一定的规律，不同林龄的风干团聚体均以＞ 5 mm 粒径团聚体含量最高，为 35.66% ～ 49.33%，粒径 0.5 ～ 0.25 mm 的团聚体含量最少，均小于 5%，整体上风干团聚体含量随着划分粒径的减小而减小。

不同林龄对土壤团聚体组成和数量有较大影响。不同林龄尾巨桉人工林土壤粒径＞ 0.25 mm 风干团聚体明显高于对照组次生林，不同林龄尾巨桉人工林风干团聚体含量均在 90% 以上，1a、2a、3a、5a 和 7a 尾巨桉人工林土壤粒径＞ 0.25 mm 风干团聚体分别是对照组次生林的 1.03、0.98、1.09、1.10 和 1.14 倍。这说明种植尾巨桉人工林能提高土壤团聚体含量，在 5a 和 7a 时对提高土壤团聚体含量更显著，表明随着尾巨桉人工林种植年限的增加，其增加土壤大团聚体含量的作用逐渐增强，如＞ 5 mm 团聚体含量和＞ 0.25 mm 团聚体总量，均表现为随着林龄的增加而逐渐增大的趋势。

表 14-1　不同林龄尾巨桉人工林土壤风干团聚体组成

林龄	＞ 5 mm	5 ～ 3 mm	3 ～ 1 mm	1 ～ 0.5 mm	0.5 ～ 0.25 mm	＜ 0.25 mm
1a	35.66	24.07	19.58	5.46	4.33	89.1
2a	40.14	20.46	15.81	5.29	2.87	84.57
3a	43.48	22.56	17.59	6.88	3.08	93.59
5a	45.79	19.78	19.14	7.21	3.12	95.04
7a	49.33	16.67	19.07	8.35	4.53	97.95
次生林	45.14	14.49	15.85	6.58	4.06	86.12

1.2　不同林龄尾巨桉人工林土壤水稳性团聚体组成

通过湿筛法得到的土壤水稳性团聚体数量可反映土壤结构的稳定性、持水性、通透性和抗侵蚀的能力，水稳性团聚体含量是评价团聚体抵抗外力破坏能力的重要指标。湿筛法测得的土壤水稳定性团聚体，特别是＞ 0.25 mm 水稳定性大团聚体的数量，是指示土壤抗蚀能力的重要指标，含量越多，表明土壤结构稳定性越高，抗蚀能力越强。

从表 14-2 可以看出，水稳性团聚体各粒径含量分布与风干团聚体含量分布不同，

＞ 5 mm、5 ～ 3 mm、＞ 0.25 mm 粒径的水稳性团聚体明显低于对应粒径的风干团聚体含量，而 1 ～ 0.5 mm、0.5 ～ 0.25 mm 粒径水稳性团聚体比风干团聚体高。这可能与团聚体浸水条件下抵抗破坏能力有关，一部分不稳定大粒径风干团聚体分解，形成了小粒径的水稳性团聚体。

不同林龄尾巨桉人工林土壤粒径＞ 0.25 mm 水稳性团聚体明显高于对照组次生林，1a、2a、3a、5a 和 7a 尾巨桉人工林土壤粒径＞ 0.25 mm 水稳性团聚体含量分别是对照组次生林的 1.14、1.30、1.46、1.50 和 1.43 倍。随着尾巨桉人工林年限的增加，粒径＞ 0.25 mm 水稳性团聚体含量在前 4 年增加较明显，7a 尾巨桉人工林粒径＞ 0.25 mm 水稳性团聚体含量的增加量相对于第 3a 和第 5a 年有略微减少的趋势，但总体上呈现增加的趋势，这表明尾巨桉人工林种植年限影响水稳性团聚体含量，但到一定年限后影响可能会减弱。尾巨桉人工林土壤粒径＞ 0.25 mm 水稳性团聚体含量与风干团聚体随着林龄的增大而具有相似的变化趋势。

表 14-2　不同林龄尾巨桉人工林土壤水稳性团聚体组成

林龄	＞ 5 mm	5 ～ 3 mm	3 ～ 1 mm	1 ～ 0.5 mm	0.5 ～ 0.25 mm	＜ 0.25 mm
1a	7.78	8.42	15.08	16.22	17.32	64.14
2a	8.23	14.86	17.99	17.07	18.07	72.97
3a	4.06	17.24	18.32	23.78	20.52	81.86
5a	7.33	20.16	19.96	25.06	22.06	84.54
7a	6.87	19.68	20.44	21.43	18.98	80.63
次生林	2.66	7.22	12.02	20.55	16.77	56.22

1.3　不同林龄尾巨桉人工林土壤团聚体稳定性分析

土壤团聚体平均质量直径（MWD）和几何平均直径（GWD）是评价土壤团聚体数量及稳定性的指标，反映土壤团聚作用。一般认为 MWD 和 GWD 越大表示土壤团聚体稳定性越好，土壤团聚度越高，抗侵蚀能力越强。由表 14-3 可知，随着林龄的增大，在风干和湿筛条件下尾巨桉人工林土壤风干团聚体和水稳性团聚体 MWD 和 GWD 逐渐增大，2 个指标均反映了种植尾巨桉人工林能提高土壤团聚体稳定性，改善土壤团聚结构，但均小于对照组次生林。说明尾巨桉人工林的种植年限对土壤团聚体稳定性存在一定的影响，土壤团聚体 MWD 和 GWD 均能体现出不同种植年限对土壤团聚体稳定性的积极作用。

1a 和 2a 林龄的土壤风干团聚体 MWD 与其他林龄间差异显著（$P < 0.05$），5a 和 7a 林龄的风干团聚体 GMD 与其他林龄间差异显著（$P < 0.05$）；5a 和 7a 林龄的水稳性团聚体 MWD 和 5a 和 7a 林龄水稳性团聚体 GMD 均分别与其他林龄间差异显著（$P < 0.05$）。土壤风干团聚体 GMD 小于风干团聚体 MWD，土壤水稳性团聚体 GMD 小于水稳性团聚体 GMD。湿筛条件下，MWD 和 GWD 都小于干筛法条件下的含量，在浸水情况下一部分风干团聚体会分解，说明本实验土壤中团聚体以风干团聚体为主。

表 14-3　不同林龄尾巨桉人工林土壤团聚体稳定性特征

林龄（a）	1	2	3	5	7	次生林
风干团聚体 MWD	4.76 b	4.89 b	5.64 a	6.54 a	6.78 a	6.82 a
风干团聚体 GMD	3.32 c	3.76 c	4.85 b	6.05 a	6.22 a	6.43 a
水稳性团聚体 MWD	1.56 c	1.88 c	2.34 b	2.76 a	2.88 a	2.96 a
水稳性团聚体 GMD	0.87 b	0.99 b	1.15 b	1.46 a	1.75 a	1.79 a

1.4　不同林龄尾巨桉人工林团聚体指标影响因素分析

表 14-4 为土壤团聚体指标与土壤理化性质相关性分析结果。干筛条件下，有机碳和黏粒分别与粒径＞ 0.25 mm 风干团聚体含量呈极显著正相关（$P < 0.01$），与分形维数（D）呈显著和极显著负相关（$P < 0.05$，$P < 0.01$）；全氮与粒径＞ 0.25 mm 风干团聚体含量呈极显著正相关（$P < 0.01$），与 GMD 显著正相关（$P < 0.05$），与分形维数（D）呈极显著负相关（$P < 0.01$）。说明有机碳显著影响风干团聚体及其稳定性。在湿筛条件下，有机碳和黏粒与粒径＞ 0.25 mm 风干团聚体含量、WMD 和 GMD 均呈极显著正相关（$P < 0.01$），与分形维数（D）呈极显著负相关（$P < 0.01$）。全氮与粒径＞ 0.25 mm 风干团聚体含量和 GMD 呈极显著正相关（$P < 0.01$），与 WMD 呈显著正相关（$P < 0.05$），与分形维数（D）呈极显著负相关（$P < 0.01$）。砂粒与分形维数（D）呈极显著正相关（$P < 0.01$）。

砂粒、粉粒与土壤团聚体之间不存在显著性相关关系，而黏粒与干筛条件下的粒径＞ 0.25 mm 风干团聚体、分形维数（D），与湿筛条件下的粒径＞ 0.25 mm 水稳性团聚体、水稳性团聚体 MWD、GMD、分形维数（D）之间均存在显著或极显著的相关性。这说明土壤黏粒含量越多，越有利于团聚体的形成，而且能增强团聚体水稳定性，这与白秀梅等（2014）的研究结论一致。全氮与干筛、湿筛条件下的团聚体各指标相关关系与有机碳一致，这与宇万太等（2014）关于水稳性团聚体与总氮之间关系的研究结论相同，同时本文研究还表明土壤全氮与风干团聚体含量存在极显著相关关系。土壤有机碳、全氮、黏粒对土壤水稳性团聚体含量及稳定性均有影响。

表 14-4　土壤团聚体指标与土壤理化性质间的相关性分析

	干筛				湿筛			
指标	＞0.25 mm	WMD	GMD	*D*	＞0.25 mm	WMD	GMD	*D*
有机碳	0.798**	0.241	0.544	−0.822**	0.785**	0.833**	0.863**	−0.895**
全氮	0.722**	0.443	0.596*	−0.723**	0.711**	0.622*	0.718**	−0.811**
粉粒	−0.483	−0.201	−0.277	0.414	−0.656	−0.445	−0.399	−0.232
黏粒	0.803**	0.335	0.443	−0.611*	0.822**	0.778**	0.817**	−0.795**
砂粒	−0.512	−0.398	−0.362	0.388	−0.511	−0.412	−0.488	0.547**

2　不同类型人工林土壤团聚体碳氮磷含量

2.1　不同类型人工林表层土壤团聚体碳氮磷含量

由表 14-5 可知，表土层土壤团聚体有机碳（OC）含量为 31.79 ～ 45.38 g/kg。各林型土壤团聚体有机碳的含量从大到小的顺序为次生林、马尾松人工林、尾巨桉人工林、杉木人工林和毛竹人工林，次生林和马尾松人工林分别与其他林分间有显著差异（$P < 0.05$），表明不同林型对土壤团聚体有机碳含量有显著影响。

表 14-5　不同人工林表层土壤团聚体有机碳含量（g/kg）

类型	＞5 mm	5 ～ 2 mm	2 ～ 1 mm	1 ～ 0.5 mm	0.5 ～ 0.25 mm	＜0.25 mm
毛竹林	31.79 b	32.44 c	35.69 b	38.54 b	34.82 b	37.46 b
杉木林	32.02 b	33.38 c	36.25 b	38.89 b	39.04 b	37.74 b
尾巨桉	32.49 b	33.27 c	36.94 b	39.62 b	40.45 b	38.85 b
马尾松	38.65 a	37.09 b	39.55 a	40.86 a	42.11 a	40.92 a
次生林	40.22 a	41.43 a	43.76 a	44.87 a	46.33 a	45.38 a

由表 14-6 可知，表土层土壤团聚体全氮（TN）含量为 2.21 ～ 4.02 g/kg。在表层土层中，各林型土壤团聚体全氮（TN）含量表现为次生林最高，毛竹人工林最低，与土壤团聚体有机碳的变化趋势一致，各林型土壤团聚体全氮的含量从大到小的顺序为

次生林、马尾松人工林、尾巨桉人工林、杉木人工林和毛竹人工林。次生林和马尾松人工林分别与其他林分间有显著差异（$P < 0.05$），表明不同林型对土壤全氮含量影响显著（$P < 0.05$）。不同人工林类型生物学特性的不同，其表层土壤团聚体全氮含量差异明显。

表 14-6　不同人工林表层土壤团聚体全氮含量（g/kg）

类型	＞ 5 mm	5 ～ 2 mm	2 ～ 1 mm	1 ～ 0.5 mm	0.5 ～ 0.25 mm	＜ 0.25 mm
毛竹林	2.21 c	2.43 b	2.78 b	2.34 b	2.81 c	2.74 c
杉木林	2.78 c	2.88 b	2.95 b	3.46 a	3.18 b	3.01 b
尾巨桉	3.15 b	3.21 a	3.46 a	3.65 a	3.27 b	3.15 b
马尾松	3.26 a	3.19 a	3.57 a	3.86 a	3.55 b	3.26 b
次生林	3.45 a	3.23 a	3.66 a	3.97 a	4.02 a	3.85 a

由表 14-7 可知，表土层土壤团聚体磷（TP）含量为 0.29 ～ 0.51 g/kg，表现为次生林最高，毛竹人工林最低，与土壤团聚体有机碳和土壤团聚体全氮的变化趋势一致，各林型土壤团聚体磷的含量从大到小的顺序为次生林、马尾松人工林、尾巨桉人工林、杉木人工林和毛人工林，次生林与其他不同人工林间有显著差异（$P < 0.05$）。

表 14-7　不同人工林表层土壤团聚体全磷含量（g/kg）

类型	＞ 5 mm	5 ～ 2 mm	2 ～ 1 mm	1 ～ 0.5 mm	0.5 ～ 0.25 mm	＜ 0.25 mm
毛竹林	0.32 b	0.33 b	0.32 b	0.34 b	0.33 b	0.29 b
杉木林	0.34 b	0.35 b	0.36 b	0.35 b	0.37 b	0.33 b
尾巨桉	0.36 b	0.36 b	0.38 b	0.39 b	0.38 b	0.35 b
马尾松	0.38 b	0.42 a	0.44 a	0.47 a	0.45 a	0.43 a
次生林	0.43 a	0.46 a	0.47 a	0.49 a	0.51 a	0.45 a

2.2　不同类型人工林表层土壤团聚体碳氮磷生态化学计量学特征

由表 14-8 可知，表土层土壤团聚体碳氮比（C/N）为 10.31 ～ 14.38，各林型土壤团聚体 C/N 在毛竹人工林最高，尾巨桉人工林最低。统计分析表明，不同林型对土壤团聚体碳氮比有显著影响（$P < 0.05$）。由表 14-9 可知，土壤团聚体碳磷比（C/P）的变化为 90.07 ～ 129.17，除＞ 5 mm 土壤团聚体 C/P 在马尾松人工林最高外，其他各林

型土壤团聚体 C/P 在毛竹人工林最高，马尾松人工林最低，统计分析表明，不同林型对土壤团聚体碳磷比有显著影响（$P < 0.05$）。

表 14-8　不同人工林不同土层 C/N 的分布

类型	＞ 5 mm	5 ～ 2 mm	2 ～ 1 mm	1 ～ 0.5 mm	0.5 ～ 0.25 mm	＜ 0.25 mm
毛竹林	14.38 a	13.35 a	12.84 a	16.47 a	12.39 a	13.67 a
杉木林	11.52 b	11.59 a	12.29 a	11.24 b	12.28 a	12.54 a
尾巨桉	10.31 c	10.36 b	10.68 b	10.85 c	12.37 a	12.33 a
马尾松	11.86 b	11.63 a	11.08 a	10.59 c	11.86 a	12.55 a
次生林	11.66 b	12.83 a	11.96 a	11.30 b	11.52 a	11.79 b

表 14-9　不同人工林不同土层 C/P 的分布

类型	＞ 5 mm	5 ～ 2 mm	2 ～ 1 mm	1 ～ 0.5 mm	0.5 ～ 0.25 mm	＜ 0.25 mm
毛竹林	99.34 a	98.30 a	111.53 a	113.35 a	105.52 a	129.17 a
杉木林	94.18 b	95.37 a	100.69 a	111.11 a	105.51 a	114.36 a
尾巨桉	90.25 b	92.42 b	97.21 b	101.59 a	106.45 a	111.00 a
马尾松	101.71 a	88.31 c	89.89 c	86.94 c	93.58 b	95.16 b
次生林	93.53 b	90.07 b	93.11 b	91.57 b	90.84 b	100.84 a

由表 14-10 可知，表土层土壤团聚体氮磷比（N/P）为 6.88 ～ 9.89，各林型土壤团聚体 N/P 的大小关系在不同林龄间没有统一的变化规律，＞ 5 mm 土壤团聚体 N/P、5 ～ 2 mm 土壤团聚体 N/P 和 2 ～ 1 mm 土壤团聚体 N/P 在桉树人工林最大，1 ～ 0.5 mm 土壤团聚体 N/P 和＜ 0.25 mm 土壤团聚体 N/P 分别在杉木人工林和毛竹人工林最大，表明不同林型对土壤团聚体氮磷比有显著影响（$P < 0.05$）。

表 14-10　不同人工林不同土层 N/P 的分布

类型	＞ 5 mm	5 ～ 2 mm	2 ～ 1 mm	1 ～ 0.5 mm	0.5 ～ 0.25 mm	＜ 0.25 mm
毛竹林	6.91 c	7.36 b	8.69 a	6.88 c	8.52 a	9.45 a
杉木林	8.18 b	8.23 a	8.19 b	9.89 a	8.59 a	9.12 a
尾巨桉	8.75 a	8.92 a	9.11 a	9.36 a	8.61 a	9.00 a
马尾松	8.58 a	7.60 b	8.11 b	8.21 b	7.89 b	7.58 b
次生林	8.02 b	7.02 b	7.79 c	8.10 b	7.88 b	8.56 b

3 讨论与小结

3.1 桉树人工林土壤团聚体组成的变化特征

土壤团聚体是土壤的重要组成部分，是一种介于单粒和块状结构之间的土壤结构，粒径＞0.25 mm的团粒结构称为大团聚体，粒径＜0.25 mm的团粒结构称为微团聚体，是评价土壤结构、肥力的重要指标。土壤团聚体特征对土壤结构和土壤养分供应有一定影响。土壤团聚作用的前提是黏粒的絮凝，有机质起胶结作用，由此可知有机质、黏粒在土壤团聚体形成过程具有重要作用。杨建国等（2006）研究认为粒径＞0.25 mm土壤团聚体与土壤理化性质存在显著相关关系。张孝存等（2011）研究认为土壤团聚体水稳性下降和水稳性团聚体数量减少均与有机质含量下降有关。有研究认为粒径＞0.25 mm的团聚体是土壤大团聚体，是土壤团粒结构的重要组成部分，其含量越高，土壤结构稳定性越好（任镇江等，2011）。本研究结果表明，不同林龄人工林土壤团聚体均以粒径＞0.25 mm大团聚体为主，且随着林龄的增加而有不同程度的增加。大团聚体（＞0.25 mm）含量越高，说明桉树人工林土壤结构越好、抗蚀能力越强，7a时大团聚体含量最高说明成熟林土壤团聚性强，结构稳定。究其原因，一是由于在不同林龄发育阶段，林分密度、郁闭度和凋落物量不同，桉树林根系及微生物活性不同，7a林土壤微生物活性较强；二是在桉树人工林种植地区，炼山整地的造林方式引起了上一代凋落物和采伐剩余物土壤归还量的减小，加之桉树林作为速生树种，有机碳在1～7a的生长阶段消耗较大，土壤有机碳的差异显著，有机碳与团聚体之间相辅相成、相互影响，导致团聚体含量出现差异性。这与王涛等（2014）的研究结果一致。

平均重量直径（MWD）可以表征团聚体稳定性，本研究结果表明，随着林龄增加，土壤团聚体MWD逐渐增加，这与前人研究结果相似（王连晓等，2016）。桉树人工林凋落物大多分布于土壤表层，且受微生物量、土壤动物的影响更大，土壤表层大量凋落物的分解转化对有机碳的补充，能够促进土壤团聚体的形成并增强其稳定性。有研究表明，机械稳定性团聚体MWD、GMD受筛分条件影响较大，有机质与风干团聚体稳定性关系不大（祁迎春等，2011）。与其不同的是，本研究中有机质显著影响水稳性团聚体及其稳定性，土壤团聚体平均重量直径（MWD）与土壤有机碳及团聚体有机碳均呈显著正相关，说明在土壤有机碳形成过程中，微团聚体可能通过有机物质胶结形成大团聚体，随着大团聚体的形成，平均重量直径增大，提高了土壤结构的稳定。7a林土壤中水稳性大团聚体（＞0.25 mm）含量、团聚体平均重量直径（MWD）较大，反映了延长桉树林的种植年限，采用合理的管理方式，将有利于增加土壤有机碳含量，提高团聚体稳定性，进而提高桉树人工林的水源涵养功能。

刘梦云等（2002）研究了5种不同土地利用方式下土壤团粒结构和微团聚体结构，结果表明，灌木林地及天然草地有利于团聚体结构的形成。本研究中，MWD和GMD这2个指标均反映了种植桉树人工林能提高土壤团聚体稳定性，改善土壤团聚结构，但不同年限之间MWD差异性不显著，而GMD差异性显著，说明桉树人工林种植年限对土壤团聚体稳定性存在一定的影响，而且土壤团聚体风干GMD比湿干GMD更能体现出不同种植年限对桉树人工林土壤团聚体稳定性的影响。湿筛法条件下，土壤团聚体平均质量直径（MWD）和几何平均直径（GWD）均小于干筛法条件下的含量，说明尾巨桉人工林土壤中团聚体以风干团聚体为主。土壤团聚体作为土壤结构性状的重要指标，对土壤孔隙、持水、保水等状况都有重要影响，土壤团聚体有机碳除可反映土壤固碳状况外，还与团聚体的稳定性能密切相关，通过研究森林土壤团聚体及其有机碳状况，可为合理利用土壤、提高桉树人工林水源涵养功能提供依据。

3.2　桉树人工林土壤团聚体碳氮磷的变化特征

土壤C、N、P生态化学计量特征对植物—土壤具有良好的指示作用，既能反映植物生长状况，也能表征土壤内部C、N、P的循环特征。不同粒径团聚体组分物理化学属性不同，土壤微生物活性及养分周转特征存在显著差异，这可能导致C、N、P养分库及其化学计量特征差异（Xiao等，2017）。本研究发现，不同林型对团聚体C、N、P含量影响显著（$P < 0.01$），这可能是因为团聚体土壤有机碳主要来自地上、地下凋落物的分解输入，不同树种凋落物分解速率存在明显差异（曾昭霞等，2015）。本研究中，各林型土壤团聚体有机碳的含量从大到小的顺序为次生林、马尾松人工林、尾巨桉人工林、杉木人工林和毛竹人工林。毛竹人工林土壤有机碳显著低于其他4个森林群落，这可能是因为毛竹叶片厚且革质化，使得毛竹人工林凋落物分解缓慢，因此土壤有机碳输入缓慢。在相同气候类型和土壤母质接近的条件下，不同种类森林的生物学和生态学属性对土壤团聚体C、N、P含量分布特征有着显著的影响。在不同类型人工林生长过程中，由于受到生长速率、林冠和自身生长习性的影响，凋落物质量、微生物活性等有所不同，最终导致林下有机碳的输入也不同。此外，各人工林林内光照、温度和水分等含量都有所不同，微环境差异性大，进而影响土壤微生物的数量和根系活性，这也在一定程度上影响不同类型森林的土壤团聚体特征和养分的积累和分布。

土壤团聚体形成过程也是土壤C形成积累的过程。本研究结果表明，土壤C、N、P含量在不同团聚体粒径之间有一定差异性，这说明团聚体形态及养分分布与区域气候特征及植被生物生态学属性可能存在密切关系。本研究中，土壤团聚体全磷的变异小于团聚体有机碳和团聚体全氮，主要由于土壤磷素是一种沉积性矿物，在土壤中的迁移率比较低（张向茹等，2013），这与团队人员段春燕（2019）前期对桉树人工林土壤养分特征的研究结果是相似的。土壤有机碳和全氮主要来源于植物残体分解与合成所形成的有机质，且土壤有机碳和全氮之间存在显著的相关性，因此，土壤有机碳和全氮变化相对一致。

本研究中，土壤团聚体 C/N 的变化为 10.31 ～ 14.38，各林型土壤团聚体 C/N 在毛竹人工林最高，桉树人工林较低，高于我国土壤 C/N 的平均值（10.1 ～ 12.1）（王绍强等，2008），这可能是因为凋落物质量不同，致使分解速率产生差异性。桉树人工林的土壤 C/N 较低，表明其土壤有机碳的矿化速率可能较高，加之试验区降水量相对集中，不利于土壤肥力的维持，建议加强施肥等抚育措施。

土壤 C/P 的空间变异性总体较 C/N 大，这是因为土壤 C、N 循环关系密切，紧密相关，这与曾全超等（2016）研究结果相似。有研究表明，土壤有机质分解速率决定 P 的有效性，较低的 C/P 表征土壤 P 有效性较高（王绍强等，2008）。本研究中，不同人工林土壤团聚体 C/P 的变化为 90.07 ～ 129.17，C/P 差异显著，毛竹人工林最高，马尾松人工林最低，部分低于全国 C/P 的平均值（105.0）（王维奇等，2010），部分则高于全国 C/P 的平均值。贾宇等（2007）研究发现，当土壤 C/P 低于 200 时，土壤 P 主要表现为矿化，高于 300 时土壤 P 固持增加，据此推测，实验区这 4 种人工林和次生林的土壤 P 总体上可能以矿化为主。土壤 N/P 可作为养分限制的有效指标，较低的 N/P 表明氮素供应不足。本研究中，各林型土壤团聚体 N/P 的变化为 6.88 ～ 9.89，土壤团聚体 N/P 的大小关系在不同林龄间没有统一的变化规律。各林型对土壤 N/P 影响不显著，部分低于全国 N/P 的平均值（8.0）（王维奇等，2010），部分则高于全国 N/P 的平均值。因此，氮素是桉树人工林种植实验区域植被生长的限制因素，区域内显著的大气氮沉降可能有利于森林生产力的增加（杨开军等，2018）。

总之，土壤团聚体含量特征和分布受到不同森林类型植被地下根系活动和地上有机物输入等过程的综合影响，桉树人工林种植区域土壤 C、N、P 化学计量特征存在极大时空变异，次生林转变为不同的人工林类型（例如营造人工林）后，可能会对土壤养分周转及化学计量特征产生较大的影响。

综上所述，本章主要小结如下。

（1）不同林龄桉树人工林对土壤团聚体及其有机碳具有重要影响，随着尾巨桉人工林种植年限的增加，土壤风干团聚体含量增加；不同林龄尾巨桉人工林粒径＞0.25 mm 风干团聚体含量平均在 92% 以上，占 84.57 ～ 97.95%；粒径＞0.25 mm 水稳性团聚体含量平均在 77% 以上，占 64.14 ～ 84.54%。风干团聚体均以＞ 5 mm 粒径团聚体含量最高，在 5a 和 7a 时对土壤大团聚体含量的贡献率较大，在 4a 时对土壤水稳性团聚体含量的贡献率较大，到 7a 时的影响趋于减弱。

（2）随着林龄的增大，尾巨桉人工林土壤风干团聚体和水稳性团聚体的 MWD 和 GWD 逐渐增大，反映了种植尾巨桉人工林能提高土壤团聚体稳定性，改善土壤团聚结构。林龄的增加促进了土壤大团聚体形成，增加了土壤结构的稳定性。桉树人工林土壤水稳性团聚体组成均以＞ 0.25 mm 的团聚体为优势级别，随种植年限的延长，土壤水稳性团聚体变化较风干团聚体变化更快。实验区种植年限对土壤团聚体的组成有一定影响，未影响到土壤团聚体的稳定性，而长期种植桉树人工林，持续在高强度人为管理措施下，会使土壤团聚体的水力学稳定性变差，减弱土壤的抗蚀性。

（3）团聚体粒径、林型和团聚体对土壤 C、N、P 含量及其化学计量有显著影响。土壤团聚体有机碳含量在土壤表层变化为 31.79 ～ 45.38 g/kg，土壤团聚体 TN 含量在土壤表层变化为 2.21 ～ 4.02 g/kg，土壤团聚体 TP 含量在土壤表层变化为 0.29 ～ 0.51 g/kg。土壤团聚体 TN、土壤团聚体 TP 均与土壤团聚体有机碳的变化趋势一致，从大到小的顺序为次生林、马尾松人工林、尾巨桉人工林、杉木人工林和毛竹人工林。

（4）土壤团聚体碳氮比（C/N）的变化为 10.31 ～ 14.38，表现为毛竹人工林最高，尾巨桉人工林最低；土壤团聚体碳磷比（C/P）的变化为 90.07 ～ 129.17，表现为毛竹人工林最高，马尾松人工林最低；土壤团聚体氮磷比（N/P）的变化范围为 6.88 ～ 9.89，大小关系在不同林龄间没有统一的变化规律。不同人工林类型对土壤团聚体 C、N、P 比有显著影响。

参考文献

[1] 白秀梅，韩有志，郭汉清．庞泉沟自然保护区典型森林土壤大团聚体特征[J]．生态学报，2014，34(7)：1654-1662.

[2] 陈山，杨峰，林杉，等．土地利用方式对红壤团聚体稳定性的影响[J]．水土保持学报，2012，26(5)：211- 216.

[3] 段春燕，何成新，徐广平，等．桂北不同林龄桉树人工林土壤养分及生物学特性[J]．热带作物学报，2019，40(6)：1213-1222.

[4] 贾宇，徐炳成，李凤民，等．半干旱黄土丘陵区苜蓿人工草地土壤磷素有效性及对生产力的响应[J]．生态学报，2007，27(1)：42-47.

[5] 刘梦云，常庆瑞，安韶山，等．土地利用方式对土壤团聚体及微团聚体的影响[J]．中国农学通报，2002，21(11)：247- 250.

[6] 祁迎春，王益权，刘军，等．不同土地利用方式土壤团聚体组成及几种团聚体稳定性指标的比较[J]．农业工程学报，2011，27(1)：340-347.

[7] 邱莉萍，张兴昌，张晋爱．黄土高原长期培肥土壤团聚体中养分和酶的分布[J]．生态学报，2006，26(2)：364-372.

[8] 任镇江，罗友进，魏朝富．农田土壤团聚体研究进展[J]．安徽农业科学，2011，39(2)：1101-1105.

[9] 谭秋锦，宋同清，彭晚霞，等．峡谷型喀斯特不同生态系统土壤团聚体稳定性及有机碳特征[J]．应用生态学报，2014，25(3)：671- 678.

[10] 王连晓，史正涛，刘新有，等．不同林龄橡胶林土壤团聚体分布特征及其稳定性研究[J]．浙江农业学报，2016，28(8)：1381-1388.

[11] 王绍强，于贵瑞．生态系统碳氮磷元素的生态化学计量学特征[J]．生态学报，2008，28(8)：3937-3947.

[12] 王涛，何丙辉，秦川，等．不同种植年限黄花生物埂护坡土壤团聚体组成及其稳定性[J]．水土保持学报，2014，28(5)：153-158.

[13] 王维奇，仝川，贾瑞霞，等．不同淹水频率下湿地土壤碳氮磷生态化学计量学特征[J]．水土保持学报，2010，24(3)：238-242.

[14] 王心怡，周聪，冯文瀚，等．不同林龄杉木人工林土壤团聚体及其有机碳变化特征[J].

水土保持学报，2019，33（5）：126-131.
[15] 杨开军，杨万勤，庄丽燕，等．四川盆地西缘都江堰大气氮素湿沉降特征[J]．应用与环境生物学报，2018，24（1）：107-111.
[16] 杨建国，安韶山，郑粉莉．宁南山区植被自然恢复中土壤团聚体特征及其与土壤性质关系[J]．水土保持学报，2006，20（1）：72-75.
[17] 宇万太，沈善敏，张璐，等．黑土开垦后水稳性团聚体与土壤养分的关系[J]．应用生态学报，2014，15（12）：2287-2291.
[18] 曾全超，李鑫，董扬红，等．黄土高原延河流域不同植被类型下土壤生态化学计量学特征[J]．自然资源学报，2016，31（11）：1881-1891.
[19] 曾昭霞，王克林，刘孝利，等．桂西北喀斯特森林植物－凋落物－土壤生态化学计量特征[J]．植物生态学报，2015，39（7）：682-693.
[20] 张向茹，马露莎，陈亚南，等．黄土高原不同纬度下刺槐林土壤生态化学计量学特征研究[J]．土壤学报，2013，50（4）：818-825.
[21] 张孝存，郑粉莉，王彬，等．不同开垦年限黑土区坡耕地土壤团聚体稳定性与有机质关系[J]．陕西师范大学学报：自然科学版，2011，39（5）：90-295.
[22] 周纯亮，吴明．中亚热带四种森林土壤团聚体及其有机碳分布特征[J]．土壤，2011，43（3）：406-410.
[23] Liang X Y, Liu S R, Wang H, et al. Variation of carbon and nitrogen stoichiometry along a chronosequence of natural temperate forest in northeastern China[J]. Journal of Plant Ecology, 2017, doi: 10.1093/jpe/rtx008.
[24] Xiao S S, Zhang W, Ye Y Y, et al. Soil aggregate mediates the impacts of land uses on organic carbon, total nitrogen, and microbial activity in a Karst ecosystem[J]. Scientific Reports, 2017, 7: 41402.
[25] Xu X, Li D J, Cheng X L, et al. Carbon: nitrogen stoichiometry following afforestation: a global synthesis[J]. Scientific Reports, 2016, 6(3): 19117.
[26] Zhang L X, Bai Y F, Han X G. Application of N:P stoichiometry to ecology studies[J]. Acta Botanica Sinica, 2002, 45(9): 1009-1018.

第十五章

桉树人工林土壤碳库管理指数的变化特征

森林土壤有机碳库是全球土壤碳库的重要组成部分，主要存在于枯枝落叶和土壤表层（Pregitzer 等，2010），其含量的变化对全球碳循环和二氧化碳通量的改变起到关键的作用（张鹏等，2009）。土壤有机碳作为土壤碳库的重要组成部分，不仅能直接反映土壤的肥力水平，衡量土壤质量（周国模等，2004），还能有效反映土地经营管理水平，并可以用土壤碳库管理指数（Carbon pool management index，CPMI）进行量化（Lefroy 等，1993）。

碳库管理指数是指示土壤经营和管理所采取方法是否科学的指标，既能反映外界管理措施对土壤总有机碳的影响，也能反映土壤有机碳组分的变化情况。土壤碳库管理指数值变大说明土地经营措施可以维持和提高土壤质量，其值变小则表明土壤肥力在下降，土壤质量在下降（徐明岗等，2006）。近期对碳库管理指数的研究主要集中在不同生态恢复模式（蒲玉琳等，2017）、对模拟酸雨的响应（张慧玲等，2018）、不同耕作措施（Schiavo 等，2011；姬艳艳等，2012）、不同施肥情况（戴全厚等，2008；蔺芳等，2018）、不同土地利用方式（张亚杰等，2016）、不同还田方式（李硕等，2015）等方面，以上多数研究结果反映了长期定位研究下的累积效应。而不同的森林植被类型和林地经营历史，一般会影响土壤有机碳库的量及土壤剖面的分布规律（冯瑞芳等，2006）。

研究表明，人工林既能有效固持大气中的碳（Fang 等，2001；Pan 等，2011），也会引起土壤碳库的巨大变化（史军等，2005）。揭示桉树人工林短期生长期内土壤碳库管理指数的变化特征，有利于调整和优化营林措施。桂北低山丘陵地区桉树人工林多采取的是集体和个人承包，多采用施肥、农药除草剂等高强度、粗放型经营管理，部分采用 3 ～ 4a 即开始采伐。在 1a 幼龄到 8a 间隔较短但桉树生长变化又快的这一段时间内，不同林龄下土壤碳库管理指数的响应特征是什么？本章以广西典型桉树人工林为研究对象，在对 6 个林龄（1a、2a、3a、4a、5a 和 8a）桉树人工林调查的基础上，对广西北部低山丘陵地区不同林龄桉树人工林土壤有机碳和活性有机碳含量及碳库管理指数进行研究：①探讨林龄对桉树人工林土壤碳库管理指数的影响及其规律；②比较碳库管理指数与土壤理化性质的相互关系。

1　不同林龄桉树人工林土壤碳组分的变化

由表 15-1 可知，不同林龄桉树人工林 0 ～ 40 cm 土层土壤有机碳（SOC）平均值含量随着林龄的增加呈现先增加后下降再增加的趋势，大小关系表现为 8a ＞ 5a ＞ 3a ＞ 4a ＞ 2a ＞ 1a，平均值为 3.59 ～ 10.80 g/kg，8a 土壤有机碳含量是 1a 和 2a 的 2 ～ 3 倍，呈显著差异（$P < 0.05$）。随着林龄的增加，桉树人工林地表枯枝落叶物增多，土壤有机碳含量加大，2 ～ 3a 是桉树的生长高峰期，土壤有机碳含量增幅较大，4a 后，桉树的生长趋于平缓，有机碳含量增加相对缓慢，随着林龄的增大枯枝落叶以及细根的积累，有机碳含量在 8a 达到最大值。0 ～ 40 cm 土层不同林龄桉树人工林土壤非活性有机碳含量、碳储量的变化规律与有机碳一致，其平均值分别为 2.76 ～ 6.73 g/kg、436.10 ～ 1602.33 g/m^2。0 ～ 40 cm 土层土壤活性有机碳含量则随着林龄的增加而持续增加，表现为 8a ＞ 5a ＞ 4a ＞ 3a ＞ 2a ＞ 1a，占土壤有机碳的比例分别为 23.12%、26.05%、24.67%、28.83%、25.70% 和 37.69%，可见活性有机碳占有机碳的比例的变化规律不明显，而不同林龄土壤非活性有机碳是有机碳的主要部分，占有机碳的 62.31% ～ 76.88%。与对照的 10a 马尾松林相比，8a 桉树人工林土壤有机碳、活性有机碳、非活性有机碳含量以及碳储量均高于 10a 马尾松林，而 1 ～ 5a 则相反，均小于 10a 马尾松林，说明该地改种桉树 8 年后，土壤碳组分含量有所提高。

表 15-1　不同林龄 0 ～ 40 cm 土层土壤碳组分的变化特征

林龄	SOC（g/kg）	LOC（g/kg）	NLOC（g/kg）	S（g/m^2）
1a	3.59 ± 0.52 C	0.83 ± 0.17 D	2.76 ± 0.37 B	436.10 ± 58.24 C
2a	4.30 ± 0.49 C	1.12 ± 0.21 CD	3.17 ± 0.31 B	545.96 ± 60.22 C
3a	6.04 ± 0.60 BC	1.49 ± 0.22 CD	4.55 ± 0.41 AB	930.08 ± 85.46 B
4a	5.55 ± 0.52 BC	1.60 ± 0.23 CD	3.95 ± 0.32 B	902.21 ± 105.44 B
5a	7.16 ± 0.69 B	1.84 ± 0.58 C	5.33 ± 0.48 AB	1 155.90 ± 132.96 B
8a	10.80 ± 1.20 A	4.07 ± 0.47 A	6.73 ± 0.67 A	1 602.33 ± 227.71 A
马尾松林	9.00 ± 1.03 A	2.955 ± 0.17 B	6.044 ± 0.64 A	1 429.173 ± 195.19 A

注：同列不同大写字母表示不同林龄间差异显著（$P < 0.05$）。

2 不同林龄对不同土层土壤碳组分含量的影响

2.1 桉树人工林土壤有机碳的变化

表 15-2 为不同林龄桉树人工林各土层土壤有机碳的变化情况，1 ～ 8a 土壤有机碳含量为 5.79 ～ 15.57 g/kg。各林龄 0 ～ 10 cm、10 ～ 20 cm、20 ～ 30 cm、30 ～ 40 cm 土层土壤有机碳含量的变化与 0 ～ 40 cm 土层土壤有机碳平均含量变化一致，其大小顺序表现为 8a ＞ 5a ＞ 3a ＞ 4a ＞ 2a ＞ 1a，随着土层加深，各林龄土壤有机碳含量均逐渐降低，1a 桉树人工林土壤 0 ～ 10 cm 土层有机碳含量是 30 ～ 40 cm 土层的 5.30 倍，差异显著（$P < 0.05$），而其他林龄 0 ～ 10 cm 土层有机碳含量是 30 ～ 40 cm 土层的 2 ～ 3 倍，反映出土壤有机碳的分布具有一定的表聚性。与 10a 马尾松林相比，8a 桉树人工林各土层土壤有机碳含量均显著大于马尾松林，在 20 ～ 30 cm 和 30 ～ 40 cm 土层的 5a 桉树人工林土壤有机碳含量和 10a 马尾松林无显著差异，而其他 1 ～ 5a 桉树人工林则均小于马尾松林。

表 15-2 不同林龄土壤有机碳的变化

林龄	0 ～ 10 cm	10 ～ 20 cm	20 ～ 30 cm	30 ～ 40 cm
1a	5.75 aF	4.15 bE	3.11 cC	1.15 dD
2a	6.23 aE	5.31 bE	3.87 cC	2.04 dD
3a	8.45 aD	7.05 bD	5.29B cC	3.97 dC
4a	7.61 aD	6.38 bD	4.81 cC	3.74 dC
5a	9.87 aC	8.14 bC	6.41 cB	4.25 dB
8a	15.57 aA	12.69 bA	8.74 cA	5.86 dA
马尾松林	12.89 aB	10.87 bB	8.11 cAB	4.79 dB

注：同行不同小写字母表示差异显著（$P < 0.05$），同列不同大写字母表示差异显著（$P < 0.05$）。本章下同。

2.2 桉树人工林活性有机碳的变化

由表 15-3 可知，各土层土壤活性有机碳含量具有相同的分布规律，均随着林龄的增加而增加。在 0 ～ 10 cm 土层，1 ～ 5a 桉树人工林中，1 ～ 2a 土壤活性有机碳含量的增量最大，为 0.54 g/kg，2 ～ 5a 的增量为 0.16 ～ 0.53 g/kg。1 ～ 8a 桉树人工林 0 ～ 10 cm、10 ～ 20 cm、20 ～ 30 cm、30 ～ 40 cm 土层土壤活性有机碳含量占土壤有机碳的比例分别为 29.45% ～ 43.38%、21.09% ～ 36.28%、14.57% ～ 36.03%、18.81% ～ 28.62%，占比随着林龄的增加无明显规律。1a 各土层土壤活性有机碳含量均小于其他林龄的相应土层，8a 各土层土壤活性有机碳含量均大于其他林龄的相应土层。随着土层的加深，各林龄土壤活性有机碳含量的变化规律与土壤有机碳一致，林龄不同，下降的幅度有所差异，如 1a 各土层下降的比例为 26.93% ～ 52.00%，3a 的为 26.72% ～ 44.50%。与 10a 马尾松林相比，8a 桉树人工林在 0 ～ 10 cm、10 ～ 20 cm 和 20 ～ 30 cm 土层土壤活性有机碳含量均显著大于对照马尾松林。

表 15-3　不同林龄土壤活性有机碳的变化

林龄	0 ～ 10 cm	10 ～ 20 cm	20 ～ 30 cm	30 ～ 40 cm
1a	1.66 aE	0.69 bE	0.48 cF	0.26 dF
2a	2.25 aDE	1.08 bE	0.62 cE	0.37 dE
3a	2.61 aD	1.42 bD	1.14 cD	0.51 dD
4a	2.90 aBC	1.64 bCD	1.26 cD	0.64 dD
5a	3.16 aC	1.85 bC	1.49 cC	0.98 dC
8a	6.63 aA	4.88 bA	3.18 cA	1.44 dA
马尾松林	5.15 aB	2.79 bB	2.05 cB	1.21 dB

2.3　桉树人工林非活性有机碳的变化

同一土层不同林龄桉树人工林土壤非活性有机碳的变化规律不明显（表 15-4），0 ～ 10 cm 土层各林龄土壤非活性有机碳的大小顺序为 8a > 5a > 3a > 4a > 1a > 2a，其他土层均为 8a > 5a > 3a > 4a > 2a > 1a。虽然土壤非活性有机碳 3a 总大于 4a，但彼此间的差异不显著（$P > 0.05$），5a 和 8a 均显著大于前 5 年，土壤非活性有机碳随着林龄的增加整体均有增加的趋势。0 ～ 10 cm、10 ～ 20 cm 土层随林龄增加的幅度大于 20 ～ 30 cm、30 ～ 40 cm 土层；除 30 ～ 40 cm 土层外，其他土层 2a 和 1a 之间土壤非活性有机碳的差异均不显著（$P > 0.05$）。土壤非活性有机碳的变化规律与土壤有机碳一致，均随着土层的加深而减少，减少量最大的是 8a。同一林龄不同土层间土壤非活性有机碳均表现出一定的差异（$P < 0.05$）。

表 15-4　不同林龄土壤非活性有机碳的变化

林龄	0 ～ 10 cm	10 ～ 20 cm	20 ～ 30 cm	30 ～ 40 cm
1a	4.09 aC	3.46 bC	2.63 cB	0.89 dC
2a	3.98 aC	4.23 aC	3.25 bB	1.67 cB
3a	5.84 aC	5.63 aB	4.15 aAB	3.46 bAB
4a	4.71 aC	4.74 aBC	3.55 abAB	3.10 bAB
5a	6.71 aC	6.29 aB	4.92 abA	3.27 bAB
8a	8.94 aA	7.81 aA	5.56 abA	4.42 bA
马尾松林	7.74 aB	8.08 aA	6.06 bA	3.58 cAB

2.4　桉树人工林有机碳储量的变化

不同林龄桉树人工林土壤有机碳储量的变化特征见表 15-5。1 ～ 8a 土壤碳储量为 140.34 ～ 2649.42 g/m^2，不同林龄土壤碳储量在 0 ～ 10 cm、10 ～ 20 cm 土层均随林龄的增加而增加；在 20 ～ 30 cm、30 ～ 40 cm 土层的变化趋势与土壤有机碳一致，随着林龄的增加先增加至 3a，3 ～ 4a 略减少，4 ～ 8a 再增加，但总体呈现增加的趋势。各土层中 8a 的碳储量最大，说明在林分经营过程中，适当延长林木的生长期有利于土壤有机碳储量的提高，轮伐周期较长能减缓土壤有机碳库的消耗。各林龄随着土层的加深土壤碳储量的变化与有机碳一致，均随着土层的加深而减少，不同林龄各土层间碳储量均具有显著差异（$P < 0.05$）。与 10a 马尾松林相比，8a 桉树人工林土壤碳储量高于马尾松林，说明该地改种桉树 8 年后，土壤碳储量有所增加。

表 15-5　不同林龄土壤碳储量的变化

林龄	0 ～ 10 cm	10 ～ 20 cm	20 ～ 30 cm	30 ～ 40 cm
1a	61.05 aE	50.11 bE	41.24 cD	19.88 dE
2a	75.16 aE	62.13 bE	45.31 cD	21.47 dD
3a	130.09 aD	112.04 bD	76.12 cC	50.58 dB
4a	140.11 aD	116.42 bC	72.01 cC	46.05 dC
5a	161.24 aC	151.09 aB	81.36 cB	48.66 dB
8a	262.38 aA	180.29 bA	126.49 cA	68.75 dA
马尾松林	226.87 aB	172.48 bA	105.68 cAB	55.98 dB

3　不同林龄对土壤碳库管理指数的影响

不同林龄桉树人工林碳库管理指数的变化如表 15-6 所示。随着林龄的增加，同一土层土壤碳库活度和碳库活度指数的变化规律不明显，但 8a 的碳库活度和碳库活度指数均大于其他林龄。总体而言，桉树人工林林地 0 ～ 40 cm 土层碳库活度及碳库活度指数随林龄的增加整体呈增加的趋势，说明桉树人工林的土壤碳库活性增大，土壤中的活性有机碳与非活性有机碳处于一种良性周转的动态平衡之中，反映了土壤中碳素质量得到改善。随着土层的加深，各林龄桉树人工林土壤碳库活度整体呈减小的趋势，碳库活度指数随土层的变化规律不明显，如 1a 为 10 ～ 20 cm ＞ 30 ～ 40 cm ＞ 0 ～ 10 cm ＞ 20 ～ 30 cm，8a 则是随着土层的加深而降低。

不同土层土壤碳库指数的变化与土壤有机碳相似，表现为 8a ＞ 5a ＞ 3a ＞ 4a ＞ 2a ＞ 1a，随着林龄的增加和土层的加深，整体表现为增加的趋势。各林龄同一土层碳库管理指数表现为随着林龄的增加而增加。同一林龄不同土层土壤碳库管理指数的分布趋势不一致。除 5a 外，其他林龄 10 ～ 20 cm 土层碳库管理指数均大于 20 ～ 30 cm 和 30 ～ 40 cm 土层。这可能与土壤表层有机碳的来源和深层根系对矿质营养的吸收以及土壤微生物活性有关，表层有机碳主要来源于植物凋落物和分布在表层根系的凋亡，同时表层适宜的温度和水分有利于凋落物分解转化，促进了土壤微生物活动，使土壤的碳素循环加快，从而增加土壤碳库，碳库管理指数较高。底层因土壤根系对矿质营养的强烈吸收，促进了土壤有机碳的分解，碳库管理指数较低。

表 15-6　不同林龄土壤碳库管理指数的变化特征

指标	林龄	0 ～ 10 cm	10 ～ 20 cm	20 ～ 30 cm	30 ～ 40 cm
A	1a	0.42	0.27	0.17	0.28
	2a	0.55	0.27	0.28	0.23
	3a	0.46	0.28	0.28	0.24
	4a	0.58	0.36	0.34	0.28
	5a	0.45	0.29	0.30	0.33
	8a	0.77	0.57	0.57	0.40
AI	1a	0.60	0.79	0.41	0.65
	2a	0.78	0.76	0.67	0.54
	3a	0.65	0.81	0.68	0.57
	4a	0.82	1.02	0.83	0.64

续表

指标	林龄	0 ～ 10 cm	10 ～ 20 cm	20 ～ 30 cm	30 ～ 40 cm
AI	5a	0.64	0.82	0.71	0.76
	8a	1.09	1.65	1.37	0.93
CPI	1a	0.44	0.38	0.42	0.26
	2a	0.48	0.47	0.48	0.49
	3a	0.63	0.64	0.72	0.79
	4a	0.58	0.59	0.65	0.77
	5a	0.75	0.76	0.87	0.91
	8a	1.18	1.15	1.29	1.21
CPMI	1a	26.12	30.33	17.36	16.96
	2a	37.40	35.16	32.19	26.63
	3a	40.96	51.07	47.11	44.75
	4a	46.97	59.34	52.94	49.28
	5a	47.64	61.77	61.73	68.16
	8a	128.46	187.68	175.67	112.65

注：A 为碳库活度，AI 为碳库活度指数，CPI 为碳库指数，CPMI 为碳库管理指数。下同。

4　土壤碳库管理指数与土壤养分含量间的相关性

4.1　土壤碳库管理指数与碳组分、全氮及容重之间的相关性

通过分析土壤碳库管理指数与土壤碳组分及土壤全氮、容重之间的相关性（表 15-7），土壤活性有机碳与土壤有机碳、碳储量、碳库活度、碳库管理指数均呈极显著的正相关关系（$P < 0.01$），与土壤全氮呈显著正相关（$P < 0.05$）。非活性有机碳与土壤有机碳、活性有机碳、全氮、容重等均呈极显著负相关或显著负相关。

碳库活度与碳库活度指数间存在极显著的正相关关系，并与活性有机碳、有机碳、碳储量、碳库指数、碳库管理指数及全氮、容重呈极显著相关或显著相关。碳库管理指数与土壤活性有机碳、全氮、容重之间都表现为显著相关或极显著相关，表明碳库管理指数能够指示桉树人工林土壤肥力水平的变化。

表 15-7　土壤碳组分、碳库管理指数与土壤全氮及容重之间的相关性分析

指标	S	LOC	A	AI	CPI	CPMI	TN	NLOC	容重
SOC	0.975**	0.984**	0.985**	0.902*	0.907*	0.998**	0.969**	−0.905*	0.905*
S	1	0.920**	0.932**	0.969**	0.973**	0.966**	1.000**	−0.966**	0.966**
LOC		1	0.992**	0.817*	0.821*	0.988**	0.910*	−0.824*	0.824*
A			1	0.853**	0.856*	0.992**	0.923**	−0.864*	0.864*
AI				1	0.999**	0.896*	0.972**	−0.999**	0.999**
CPI					1	0.898*	0.977**	−0.997**	0.997**
CPMI						1	0.960**	−0.901*	0.901*
TN							1	−0.969**	0.969**
NLOC								1	−1.00**

4.2　土壤活性有机碳、碳库管理指数与林龄的耦合分析

如表 15-8 所示，土壤有机碳、活性有机碳、非活性有机碳和碳库管理指数随着林龄增加呈线性增长，相关系数均在 0.90 以上，具有很好的统计学意义。随着林龄增加，土壤有机碳、活性有机碳、非活性有机碳和碳库管理指数的年增长率分别为 1.012 g/kg、0.445 g/kg、0.567 g/kg 和 17.685 g/kg。

以上说明，随着桉树人工林林分年龄的延长，其林下凋落物逐渐增加，土壤有机碳库逐渐增加，有利于土壤碳储量的提高和土壤碳汇功能的增强，桉树人工林土壤质量将进一步得到改善。

表 15-8　土壤活性有机碳、碳库管理指数与生长年限的耦合分析

土壤属性	回归方程	相关系数
SOC	y=1.0121x+2.3596	0.9577
LOC	y=0.4449x+0.1183	0.9127
NLOC	y=0.5671x+2.2413	0.9257
CMPI	y=17.685x-7.0296	0.9025

5 讨论与小结

5.1 土壤活性有机碳、碳库管理指数的变化特征

土壤有机碳是衡量土壤质量和土地可持续利用管理中一个考虑的重要指标（张金波等，2003），一般会受自然因素（气候、地形、降水、植被、土壤质地等）和人为因素（放牧、围封、土地利用、秸秆还田、施加肥料、种植制度、作物系统等）的影响（常小峰等，2013）。唐国勇等（2011）的研究表明，种植人工林有利于增加森林土壤碳库，表明人工林具有较强的养分富集和培肥能力。本文的研究结果得出，不同林龄桉树人工林土壤有机碳、非活性有机碳、碳储量均随着林龄的增加而增加，这与薛莲等（2009）、戴全厚等（2008）、张慧玲等（2018）的结论相似，说明随着林龄的增加，桉树林地土壤碳库趋于增加。随着土层的加深，不同林龄桉树人工林的土壤有机碳、非活性有机碳、碳储量均逐渐减少。土壤活性有机碳是指在一定的背景下易受植物、动物、微生物等影响，不稳定、易被氧化分解的土壤碳素，是土壤碳循环的关键及动力，对土壤碳收支及全球变化具有重要意义。其主要来源于植物凋落物的分解以及根系分泌物，还可能来源于土壤有机质的分解以及土壤微生物分泌物（Bolan 等，1996），不同林分类型以及土层深度会影响其含量。薛莲等（2011）研究表明，土壤碳库的变化主要发生在活性碳库部分，而苏静等（2005）研究表明碳库的变化主要是由于非活性有机碳含量的变化。

本研究表明，不同林龄土壤非活性有机碳是有机碳的主要部分，占有机碳的比例为 62.31% ～ 76.88%，土壤碳库的变化主要是由于非活性有机碳库的变化，这和苏静等（2005）的研究结果相似。本研究得出，1 ～ 8a 桉树人工林土壤活性有机碳随着林龄的增加而增加，且 5a 和 8a 土壤活性有机碳的含量显著大于前 5a 或前 8a，这与薛莲等（2009）、梁关锋等（2011）、崔静等（2013）、王纪杰等（2015）的研究结论相似。一方面随着桉树的生长，林木的枯枝落叶以及林下植被的生物量增多，从而影响到了土壤有机碳的含量，而有机碳的含量在很大程度上决定了活性有机碳的含量（杜满义等，2010）；另一方面，随着林龄的延长，林地土壤养分状况会发生变化，这对活性有机碳同样产生较大影响。随着土层的加深，土壤活性有机碳出现减少的现象，活性有机碳主要富集在 0 ～ 10 cm 以及 10 ～ 20 cm 土层，此结果与张仕吉等（2009）、崔东等（2017）、蔺芳等（2018）的研究结果类似。

土壤碳库管理指数指示了土地管理措施变化引起的土壤有机碳库的变化，不仅能对土壤质量状况（上升或下降）或者更新程度作出反映，较全面和动态地反映外界活

动对土壤碳库中各组分质量的影响（沈宏，1999；徐明岗，2006），还能够反映不同林分类型对土壤质量的影响（崔静等，2013）。碳库管理指数越高，土壤活性有机碳的更新就越快、流通量越大，土壤腐殖质和土壤的空隙、孔隙数量以及土壤的通气性也明显增加和提高，说明采取的管理措施有利于提高土壤质量和促进林木的生长发育，反之，则不利于土壤肥力（袁喆等，2010）。薛萐等（2009）研究表明，封育 13 年和封育 18 年的碳库管理指数均高于封育 3 年。张仕吉等（2009）对杉木林地不同更新方式的研究得出，自然更新林地的土壤碳库管理指数高于杉木林和板栗林。佟小刚等（2013）研究得出，退耕 40 年后土壤碳库管理指数为刺槐林＞沙棘林＞柠条林。郭宝华等（2014）研究表明，不同林分下碳库管理指数表现为木荷次生林＞毛竹人工林＞杉木人工林＞撂荒地。本研究中，不同林龄桉树人工林土壤碳库指数和碳库管理指数均表现为 8a ＞ 5a ＞ 3a ＞ 4a ＞ 2a ＞ 1a，即随着林龄的增加而增加；且相关性分析表明，桉树人工林林下土壤碳库管理指数与土壤有机碳、活性有机碳、全氮、容重之间都表现为极显著相关，且相关系数均在 0.9 以上，这与戴全厚（2008）等对黄土丘陵区的研究以及崔静等（2013）对黄土丘陵区柠条林的研究结果相似。这表明，随着桉树人工林林龄的增加，如 8a 的桉树林，能提高土壤有机碳含量和土壤碳库管理指数，有利于改善土壤质量，提高土壤肥力，桉树林地土壤有机碳库处于良性管理状态。同时也说明，目前在人工林经营中被采取的 4 ～ 5a 作为短期轮伐期，从长远来说不利于土壤碳库功能的稳定。

5.2　土壤碳库管理指数与土壤理化性质的相关性

研究表明，土壤活性有机碳占有机碳的比例越高，有机碳活性越强，被分解矿化的潜力越大，养分循环速率越快，不利于土壤有机碳的积累（Xiao 等，2015）。此外，已有研究表明（徐明岗等，2006；祝滔等，2013），土壤活性有机碳与土壤理化性质有密切的相关关系。本研究中，0 ～ 40 cm 土壤活性有机碳平均值占有机碳的比例随林龄的变化规律不明显，活性有机碳与土壤有机碳、碳储量、碳库活度、碳库管理指数均呈极显著的正相关关系，相关系数均在 0.9 以上；与土壤全氮、容重呈显著正相关关系，这进一步说明土壤有机碳不仅是评价土壤质量的指标，土壤活性有机碳同样可以作为检验土壤质量的关键指标，反映了土壤的肥力状况和林龄对土壤质量的影响效果。

有研究表明，桉树造林会显著降低土壤有机碳等养分含量，从而引起土地贫瘠以及退化，造成土地肥力下降乃至枯竭，不利于土壤水土功能的维持和可持续利用（韩艺师等，2008；吕小燕等，2017）。不同的是，邓荫伟等（2010）的研究也发现，10a

桉树人工林土壤有机碳、全氮等养分含量均接近或超过马尾松林，何斌等（2016）认为，2 ～ 6a 尾巨桉人工林铁、锰、铜等微量元素的贮存量随着林分年龄的增加而增加。史进纳等（2015）研究则表明，桉树人工林土壤有机碳含量随着栽植代数的增加而呈现先增加后减少再增加的趋势。王纪杰等（2015）研究表明，桉树人工林的轮伐周期较长有利于维持土壤有机碳库的稳定。潘嘉雯等（2018）研究得出，林分年龄能显著影响广西、广东、云南的桉树生长。本次研究结果表明，1 ～ 8a 桉树人工林土壤有机碳等含量随着林龄的增加呈线性增加的趋势，且 8a 桉树人工林显著大于对照 10a 马尾松林，适当延长桉树人工林的轮伐周期，有利于维持土壤有机碳库的稳定，这与史进纳等（2015）、梁关锋等（2011）、王纪杰等（2015）的研究结果相似。而与韩艺师等（2008）、吕小燕等（2017）有所不同。这可能有多方面的原因，一方面与桉树轮伐周期（一般是 4 ～ 5a）有关，研究表明，轮伐期过短不仅会影响桉树林下物种多样性，对养分含量和养分循环也有很大的影响（平亮等，2009），桉树会从土壤中吸收一部分养分用于干物质生产并储存在树干中，桉树养分利用率越高，树干单位体积营养元素含量越低，砍伐后这部分养分流失得越少，桉树一般在生长 7 年后养分利用率达到最大，从而使单位体积树干中营养元素含量下降。如果轮伐期过短，就会导致桉树在养分利用率较低的情况下被砍伐，树干中的养分较高，砍伐后树干或者剩余枝条被带离土壤，从土壤中吸收的那部分养分没有及时归还，导致土壤养分减少，不利于土地资源的可持续利用，特别是退化土地上的植被恢复（Davidson 等，1993）。此外，如果砍伐后将主干以外的枝条和凋落物带走，也会影响到桉树人工林土壤养分的循环，因为桉树可以通过大枝等木质残体和凋落物归还一定量的养分（Bargali 等，1992）。本研究中的 8a 桉树，林下的凋落物和腐烂根系有一定累积，土壤结构得到了一定的改善。首先，这反映了与研究区域土壤的属性有关，Schmidt 等（2011）的研究表明，土壤环境因子（土壤微生物、活性矿物表面、温度、湿度、养分情况等）对土壤有机碳起作用，有机碳作用于土壤的同时其自身性质也依赖于土壤环境。不同土壤类型或者不同土层中有机碳的主导机制以及各机制的相互作用产生的结果有差异（刘满强等，2007）。其次，还可能与桉树的经营管理措施有关，本研究区桉树的生长前期虽然均采用了除草剂，包括人为砍伐等对林下植被进行清除，但随着林龄的增加，8a 桉树林地地表土壤还是保留有一定量的凋落物或者植被覆盖，林地土壤微环境较好，有利于微生物生存和活动，对于主要来源是凋落物和腐烂根系的土壤碳组分，具有良好的促进效应。

综上所述，本章主要小结如下。

（1）随林龄的增加，土壤有机碳总体表现为增加的趋势，1 ～ 8a 桉树土壤有机碳含量为 5.79 ～ 15.57 g/kg，随着土层的加深而降低；0 ～ 40 cm 土层土壤有机碳平均含量从大到小的关系表现为 8a ＞ 5a ＞ 3a ＞ 4a ＞ 2a ＞ 1a。

（2）土壤非活性有机碳、碳储量随林龄和土层的变化规律与土壤有机碳基本一致。土壤活性有机碳含量大小依次表现为 8a ＞ 5a ＞ 4a ＞ 3a ＞ 2a ＞ 1a，占土壤有机碳的比例随林龄变化无明显规律，8a 和其他林龄间均具有显著差异。

（3）碳库管理指数随林龄增加整体呈上升趋势，8a 桉树人工林土壤碳组分含量及碳库管理指数均高于 10a 对照马尾松林。碳库管理指数与土壤有机碳、非活性有机碳、活性有机碳、碳储量、碳库活度、全氮、容重均呈极显著或显著的相关性，不同林龄和土层间碳库管理指数有差异性。适当延长桉树人工林的轮伐周期，减少人为对林地凋落物和林下植被的干扰，将有利于提高土壤的有机碳含量，进而改善土壤质量。

参考文献

[1] 常小峰，汪诗平，徐广平，等．土壤有机碳库的关键影响因素及其不确定性［J］．广西植物，2013，33（5）：710-716.

[2] 崔东，肖治国，赵玉，等．不同土地利用类型对伊犁地区土壤活性有机碳库和碳库管理指数的影响［J］．水土保持研究，2017，24（01）：61-67.

[3] 崔静，陈云明，曹杨，等．黄土丘陵区人工柠条林土壤有机碳组分和碳库管理指数演变［J］．水土保持研究，2013，20（1）：52-56.

[4] 戴全厚，刘国彬，薛萐，等．侵蚀环境坡耕地改造对土壤活性有机碳与碳库管理指数的影响［J］．水土保持通报，2008，28（4）：17-21.

[5] 邓荫伟，李凤，韦杰，等．桂林市桉树、马尾松、杉木林下植被与土壤因子调查［J］．广西林业科学，2010，39（3）：140-143.

[6] 杜满义，范少辉，漆良华，等．不同类型毛竹林土壤碳、氮特征及其耦合关系［J］．水土保持学报，2010，24（4）：198-202.

[7] 冯瑞芳，杨万勤，张健．人工林经营与全球变化减缓［J］．生态学报，2006，26（11）：3870-3877.

[8] 郭宝华，范少辉，杜满义，等．土地利用方式对土壤活性碳库和碳库管理指数的影响［J］．生态学杂志，2014，33（3）：723-728.

[9] 韩艺师，魏彦昌，欧阳志云，等．连栽措施对桉树人工林结构及持水性能的影响［J］．生态学报，2008，28（9）：4609-4617.

[10] 何斌，廖倩苑，杨卫星，等．连续年龄序列尾巨桉人工林微量元素积累及其生物循环特征［J］．水土保持学报，2016，30（2）：200-207.

[11] 姬艳艳，张贵龙，张瑞，等．耕作方式对潮土有机碳及碳库管理指数的影响［J］．中国农学通报，2012，28（15）：73-77.

[12] 李硕，李有兵，王淑娟，等．关中平原作物秸秆不同还田方式对土壤有机碳和碳库管理指数的影响［J］．应用生态学报，2015，26（4）：1215-1222.

[13] 梁关锋，王纪杰，俞元春，等．不同林龄桉树人工林土壤有机碳的变化［J］．贵州农业科学，2011，39（9）：92-95.

[14] 蔺芳，邢晶鑫，任思敏，等．鸡粪与化肥配施对饲用小黑麦/玉米轮作土壤团聚体分形特征与碳库管理指数的影响［J］．水土保持学报，2018，32（5）：183-189，196.
[15] 刘满强，陈小云，郭菊花，等．土壤生物对土壤有机碳稳定性的影响［J］．地球科学进展，2007（2）：152-158.
[16] 吕小燕，何斌，吴永富，等．连栽桉树人工林土壤有机碳氮储量及其分布特征［J］．热带作物学报，2017，38（10）：1874-1880.
[17] 潘嘉雯，林娜，何茜，等．我国3个桉树人工林种植区生产力影响因素[J]．生态学报，2018，38（19）：6932-6940.
[18] 平亮，谢宗强．引种桉树对本地生物多样性的影响［J］．应用生态学报，2009，20(7)：1765-1774.
[19] 蒲玉琳，叶春，张世榕，等．若尔盖沙化草地不同生态恢复模式土壤活性有机碳及碳库管理指数变化［J］．生态学报，2017，37（2）：367-377.
[20] 沈宏，曹志洪，王志明．不同农田生态系统土壤碳库管理指数的研究［J］．自然资源学报，1999，14（3）：206-211.
[21] 史进纳，蒋代华，肖斌，等．不同连栽代次桉树林土壤有机碳演变特征［J］．热带作物学报，2015，36（4）：748-752.
[22] 史军，刘纪远，高志强，等．造林对土壤碳储量影响的研究［J］．生态学杂志，2005，24（4）：410-416.
[23] 苏静，赵世伟，马继东，等．宁南黄土丘陵区不同人工植被对土壤碳库的影响［J］．水土保持研究，2005,（3）：50-52，179.
[24] 唐国勇，李昆，孙永玉，等．土地利用方式对土壤有机碳和碳库管理指数的影响［J］．林业科学研究，2011，24（6）：754-759.
[25] 佟小刚，韩新辉，杨改河，等．碳库管理指数对退耕还林土壤有机碳库变化的指示作用［J］．中国环境科学，2013，33（3）：466-473.
[26] 王纪杰，鲍爽，梁关峰，等．不同林龄桉树人工林土壤有机碳的变化［J］．四川林业科技，2015，36（4）：92-95.
[27] 徐明岗，于荣，孙小凤，等．长期施肥对我国典型土壤活性有机质及碳库管理指数的影响［J］．植物营养与肥料学报，2006，12（4）：459-465.
[28] 薛蕫，刘国彬，潘彦平，等．黄土丘陵区人工刺槐林土壤活性有机碳与碳库管理指数演变［J］．中国农业科学，2009，42（4）：1458-1464.
[29] 薛蕫，刘国彬，卜书海，等．黄土丘陵区不同农田类型土壤碳库管理指数分异研究[J].

西北农业学报，2011，20（10）：192-195.

[30] 袁喆，罗承德，李贤伟，等．间伐强度对川西亚高山人工云杉林土壤易氧化碳及碳库管理指数的影响 [J]．水土保持学报，2010，24（6）：127-131.

[31] 张慧玲，吴建平，熊鑫，等．南亚热带森林土壤碳库稳定性与碳库管理指数对模拟酸雨的响应 [J]．生态学报，2018，38（2）：657-667.

[32] 张金波，宋长春．土地利用方式对土壤碳库影响的敏感性评价指标 [J]．生态环境，2003，12（4）：500-504.

[33] 张鹏，张涛，陈年来．祁连山北麓山体垂直带壤碳氮分布特征及影响因素 [J]．应用生态报，2009，20（3）：518-524.

[34] 张仕吉，项文化，徐桂林．杉木林地不同更新方式土壤活性有机碳的分布及其碳库管理指数 [J]．水土保持学报，2009，23（4）：213-217.

[35] 张亚杰，钱慧慧，李伏生，等．不同土地管理和利用方式喀斯特坡地养分和碳库管理指数的差异 [J]．中国岩溶，2016，35（1）：27-35.

[36] 周国模，姜培坤．不同植被恢复对侵蚀型红壤活性碳库的影响 [J]．水土保持学报，2004，18（6）：68-70.

[37] 祝滔，郝庆菊，徐鹏，等．缙云山土地利用方式对土壤活性有机质及其碳库管理指数的影响 [J]．环境科学，2013，34（10）：4009-4016.

[38] Bargali S S, Singh S P, Singh R P. Structure and function of anageseries of *Eucalyputs* plantations incentral Himalaya. 1. dry-matter dynamics [J]. Annals of Botany, 1992 (69): 405-411.

[39] Bolan N S, Baskaran S, Thiagarajan S. An evaluation of themethods of measurement of dissolved organic carbon in soils, manures, sludges and stream water [J]. Commun Soil Sci Plan, 1996, 27 (13-14): 2732-2737.

[40] Davidson J. Ecological aspects of *Eucalyptus* plantations [M] //WHITE K, BALL J, KASHIO M, eds. Proceedings of the Regional Expert Consultationon Eucalyptus, 4-8, October, 1993, Vol. 1. Bangkok : FAO Regional Office for Asiaand the Pacific, 35-60.

[41] Fang J Y, Chen A P, Peng C H, et al. Changes in forest biomass carbon storage in China between 1949 and 1998 [J]. Science, 2001, 292 (5525): 2320-2322.

[42] Lefroy R D B, BlaikL G J, Strong WM. Changes in soil organic matter with cropping as measured by organic carbon fractions and ^{13}C natural isotope abundance [J]. Plant Soil, 1993, 155-156 (1): 399-402.

[43] Pan Y D, Birdsey R A, Fang J Y, et al. A large and persistent carbon sink in the world's forests [J]. Science, 2011, 333 (6045): 988-993.

[44] Pregitzer K S, Euskirchen E S. Carbon cycling and storage in world forests: biome patterns related to forest age [J]. Global Change Biology, 2010, 10 (12): 2052-2077.

[45] Schiavo J A, Rosset J S, Pereira M G. Carbon management index and chemical attributes of an Oxisol under different management systems [J]. Pesqui Agropec Bras, 2011, 46 (10): 1332-1338.

[46] Xiao Y, Huang Z, Lu X G. Characteristics of soil labile organic carbon fractions and their relation to soil microbial characteristics in four typical wetlands of Sanjiang Plain, Northeast China [J]. Ecological Engineering, 2015 (82): 381-389.

第十六章

桉树人工林土壤微生物数量和酶活性特征

桉树（*Eucalyptus*）是桃金娘科桉属植物的总称，其适应性强，用途广泛，是我国南方许多地区（海南、广东、广西、福建等）重要的速生丰产林树种。近年来，广西桉树人工林的发展速度及面积都名列全国第一（黄国勤等，2014）。目前，桉树高强度的种植管理模式提高了木材的生产量，为我国木材基地做出了重要贡献（Arnold 等，2013；李超，2015）。但是，为推动桉树产业的快速发展，缩短桉树轮伐期或提高桉树生长速度等不合理的种植方式不断出现，由此引发的一些生态问题也日益突出，如土壤质量退化（韦建宏等，2017），生物多样性减少等（温远光等，2005；黄国勤等，2014；Liu 等，2010；Liang 等，2016）。土壤质量退化主要表现为土壤肥力下降，尤其会改变土壤养分特征、土壤微生物及土壤酶等。而土壤微生物和酶对土壤环境改变的响应较有机质和其他养分更为敏感，微小的变化也会改变土壤微生物群落的结构和活性（朱利霞，2018）。因此，研究桉树人工林土壤微生物数量及酶活性的变化特征对桉树人工林的可持续发展具有重要意义。

土壤微生物既是土壤中生物地球化学循环和能量流动的重要参与者，也是森林生态系统不可缺少的分解者，其影响着土壤生态系统的物质养分能量循环（李超等，2017；宋贤冲等，2017）。土壤酶主要参与各种生物化学过程和物质循环，其活性变化也是评价土壤质量的重要指标（曾小龙，2009；杨远彪等，2008；徐广平等，2014）。我国桉树人工林面积已超过 4.5×10^6 hm^2，广西桉树人工林的面积约占全国桉树种植面积的二分之一（张健军等，2012）。桂北低山丘陵地区桉树人工林多为集体和个人承包，施肥、使用农药除草剂等高强度、粗放型管理的现象普遍存在，部分林分在 3 ～ 4a 即开始采伐。不同林龄下，桉树人工林土壤微生物数量和酶活性的季节变化动态特征尚不清楚，尤其在 1 ～ 5a 间隔较短但桉树生长速率变快的这一段时期内，不同林龄下土壤微生物数量和酶活性的季节变化特征是什么？通过时空互代法，选择广西北部黄冕林场 1 ～ 5a 不同林龄的桉树人工林为研究对象，以邻近 10a 马尾松林（*Pinus massoniana* L）为对照：①探讨不同林龄桉树土壤微生物数量特征、土壤酶活性的季节变化特征；②揭示土壤微生物数量特征、土壤酶活性以及土壤理化性质间的相关性。

1　不同林龄桉树人工林土壤微生物数量的变化

不同林龄桉树人工林土壤细菌数量表现出一定的垂直分布规律。土壤表层的细菌数量最多，同一季节不同土层细菌数量均随着土层加深逐渐减少（表 16-1）。而随着林龄的增大，细菌数量呈现先降低后升高的趋势；在同一土层同一季节，各林龄桉树细菌数量与对照组马尾松存在显著差异（$P < 0.05$），但土层越深，林龄之间差异越小。同一土层不同季节细菌数量的大小顺序为秋季＞夏季＞春季＞冬季；而对照组马尾松林土壤细菌数量大小关系表现为冬季＞春季＞秋季＞夏季，且不同季节之间存在显著差异（$P < 0.05$）。

同一林龄不同土层，桉树人工林与马尾松林土壤放线菌数量整体随土层深度增加而下降（表 16-2）。同一土层同一季节桉树人工林放线菌数量随着林龄的增大呈现先减少后增加再减少的变化趋势，不同林龄之间存在差异性（$P < 0.05$）。同一土层同一林龄桉树人工林与马尾松林土壤放线菌数量的季节变化规律一致表现为秋季＞夏季＞春季＞冬季，桉树人工林 0 ～ 30 cm 土层的放线菌数量在不同季节之间差异性显著（$P < 0.05$），但在 30 ～ 40 cm 土层中，1 ～ 5a 的春季和冬季之间差异不显著（$P > 0.05$），3a 和 4a 的夏季和秋季、春季和冬季，5a 的四个季节，差异均不显著（$P > 0.05$），说明土壤放线菌数量随着土层深度加深差异趋于减小，而在马尾松林对照组，同一土层不同季节间放线菌数量均有显著差异（$P < 0.05$）。

不同林龄桉树人工林土壤真菌数量季节变化为春季＞夏季＞秋季＞冬季，而对照组马尾松林则为秋季＞夏季＞春季＞冬季（表 16-3）。对于桉树人工林 0 ～ 20 cm 土层的真菌数量，3a 的在秋季和冬季之间差异不显著（$P > 0.05$），而 4a 的在夏季和秋季之间的差异不显著（$P > 0.05$）；对于 30 ～ 40 cm 土层的真菌数量，1 ～ 5a 桉树人工林和对照组马尾松林各自在夏季和秋季间差异不显著（$P > 0.05$）。在同一季节，各林龄桉树人工林土壤真菌数量随土层深度加深呈现逐渐减小的分布特征。同一土层不同季节，随着林龄增大呈现先减少后增加的趋势。

表 16-1　不同林龄桉树人工林土壤细菌数量的变化（10^6 个 /g DW）

土层（cm）	季节	1a	2a	3a	4a	5a	CK
0 ～ 10	春季	11.83 ± 0.24 dB	10.79 ± 0.23 cB	8.32 ± 0.39 aA	7.55 ± 0.34 aB	9.45 ± 0.12 bB	11.08 ± 0.11 cdC
	夏季	13.79 ± 0.23 fC	12.29 ± 0.12 eC	10.92 ± 0.12 cB	8.87 ± 0.22 aC	11.77 ± 0.14 dC	9.43 ± 0.12 bB
	秋季	16.72 ± 0.31 eD	14.11 ± 0.12 dD	12.31 ± 0.09 cC	10.03 ± 0.10 bD	13.77 ± 0.14 dD	6.91 ± 0.11 aA
	冬季	10.45 ± 0.19 dA	9.21 ± 0.09 cA	8.74 ± 0.24 cA	6.68 ± 0.17 aA	7.41 ± 0.14 bA	13.56 ± 0.18 eD
10 ～ 20	春季	7.23 ± 0.21 dB	6.19 ± 0.17 cB	5.74 ± 0.14 bB	5.21 ± 0.06 aB	6.06 ± 0.05 bcB	9.13 ± 0.06 eC
	夏季	9.71 ± 0.30 eC	9.03 ± 0.08 dC	8.22 ± 0.11 cC	7.52 ± 0.09 bC	8.80 ± 0.14 dC	6.75 ± 0.17 aB
	秋季	13.60 ± 0.59 cD	11.36 ± 0.20 cD	10.34 ± 0.16 cD	7.90 ± 0.14 bD	11.18 ± 0.13 cD	5.26 ± 0.17 aA
	冬季	5.95 ± 0.12 dA	5.44 ± 0.08 cA	5.30 ± 0.08 cA	4.25 ± 0.05 aA	4.72 ± 0.19 bA	11.25 ± 0.07 eD
20 ～ 30	春季	4.63 ± 0.30 abcB	3.15 ± 0.07 bA	2.63 ± 0.19 abA	2.20 ± 0.02 aA	2.71 ± 0.24 abA	6.15 ± 0.10 cC
	夏季	5.74 ± 0.16 dC	5.01 ± 0.35 bcB	4.42 ± 0.26 bB	3.34 ± 0.07 aB	5.34 ± 0.14 cdB	4.63 ± 0.26 bcB
	秋季	8.83 ± 0.10 cD	8.47 ± 0.33 bcC	8.12 ± 0.18 cC	6.08 ± 0.07 bC	8.20 ± 0.08 cC	3.42 ± 0.23 aA
	冬季	3.13 ± 0.08 cA	2.35 ± 0.15 abA	2.46 ± 0.16 bA	2.05 ± 0.05 aA	2.15 ± 0.01 abA	7.87 ± 0.10 dD
30 ～ 40	春季	1.55 ± 0.15 aB	1.11 ± 0.03 aA	1.00 ± 0.02 aA	0.93 ± 0.03 aA	1.05 ± 0.05 aA	3.57 ± 0.23 bB
	夏季	2.26 ± 0.14 cdC	2.10 ± 0.06 bcB	2.03 ± 0.08 bcB	1.59 ± 0.22 aB	1.74 ± 0.06 abB	2.51 ± 0.10 dA
	秋季	4.23 ± 0.14 dD	3.35 ± 0.15 bC	3.06 ± 0.06 bC	2.20 ± 0.03 aC	3.80 ± 0.21 cC	2.21 ± 0.09 aA
	冬季	1.06 ± 0.04 abA	1.00 ± 0.03 abA	0.92 ± 0.003 bA	0.82 ± 0.02 abA	0.89 ± 0.003 aA	4.71 ± 0.17 cC

注：同列不同大写字母表示同一林龄不同季节间差异显著（$P < 0.05$），同行不同小写字母表示同一季节不同林龄间差异显著（$P < 0.05$）。本章下同。

表 16-2　不同林龄桉树人工林土壤放线菌数量的变化（10^6 个 /g DW）

土层（cm）	季节	1a	2a	3a	4a	5a	CK
0 ～ 10	春季	1.12 ± 0.06 dB	0.94 ± 0.01 cB	0.68 ± 0.01 bB	0.76 ± 0.04 bB	0.43 ± 0.02 aA	1.31 ± 0.01 eB
	夏季	1.26 ± 0.02 eB	1.16 ± 0.03 dC	0.89 ± 0.02 bC	1.08 ± 0.03 cC	0.51 ± 0.03 aB	1.60 ± 0.02 fC
	秋季	1.79 ± 0.06 bdC	1.67 ± 0.06 abdD	1.49 ± 0.01 bD	1.57 ± 0.01 bcD	1.21 ± 0.01 aC	1.64 ± 0.01 cdC
	冬季	0.89 ± 0.02 eA	0.68 ± 0.02 dA	0.46 ± 0.03 bA	0.53 ± 0.01 cA	0.37 ± 0.02 aA	1.02 ± 0.02 fA
10 ～ 20	春季	0.69 ± 0.04 deB	0.63 ± 0.05 cdB	0.52 ± 0.03 bB	0.58 ± 0.02 bcB	0.34 ± 0.02 aB	0.78 ± 0.003 eB
	夏季	1.17 ± 0.02 dC	0.99 ± 0.02 cC	0.74 ± 0.01 bC	0.77 ± 0.01 bC	0.42 ± 0.02 aC	0.95 ± 0.003 cC
	秋季	1.39 ± 0.04 dD	1.22 ± 0.03 cD	1.05 ± 0.04 bD	1.14 ± 0.009 bcD	0.93 ± 0.01 aD	1.14 ± 0.04 bcC
	冬季	0.53 ± 0.03 cA	0.41 ± 0.01 bA	0.40 ± 0.02 bA	0.43 ± 0.01 bA	0.24 ± 0.009 aA	0.58 ± 0.02 cA
20 ～ 30	春季	0.45 ± 0.007 cdB	0.39 ± 0.03 bcB	0.35 ± 0.01 bB	0.38 ± 0.02 bB	0.22 ± 0.006 aB	0.46 ± 0.02 dB
	夏季	0.89 ± 0.02 eC	0.82 ± 0.02 dC	0.66 ± 0.03 cC	0.69 ± 0.009 cC	0.31 ± 0.01 aC	0.59 ± 0.01 bC
	秋季	1.15 ± 0.04 bD	1.06 ± 0.04 abD	0.88 ± 0.006 bD	0.95 ± 0.01 bD	0.76 ± 0.009 aD	0.85 ± 0.009 bD
	冬季	0.32 ± 0.02 cdA	0.26 ± 0.03 bcA	0.21 ± 0.02 bA	0.24 ± 0.02 bA	0.13 ± 0.006 aA	0.35 ± 0.02 dA
30 ～ 40	春季	0.23 ± 0.01 cA	0.20 ± 0.02 bcA	0.16 ± 0.02 abA	0.16 ± 0.03 abA	0.11 ± 0.01 aA	0.23 ± 0.01 cB
	夏季	0.51 ± 0.01 dB	0.39 ± 0.01 cB	0.36 ± 0.007 bcB	0.35 ± 0.02 bB	0.20 ± 0.02 aA	0.34 ± 0.006 bC
	秋季	0.77 ± 0.05 cC	0.53 ± 0.05 bC	0.41 ± 0.03 abB	0.40 ± 0.07 abB	0.25 ± 0.06 aA	0.45 ± 0.02 bD
	冬季	0.17 ± 0.02 acA	0.13 ± 0.006 bcA	0.13 ± 0.006 bcA	0.12 ± 0.009 abA	0.09 ± 0.003 aA	0.17 ± 0.01 acA

表 16-3　不同林龄桉树人工林土壤真菌数量的变化（10^6 个 /g DW）

土层（cm）	季节	1a	2a	3a	4a	5a	CK
0 ～ 10	春季	0.68 ± 0.02 dD	0.58 ± 0.02 cD	0.45 ± 0.02 bC	0.34 ± 0.01 aC	0.59 ± 0.02 cD	0.47 ± 0.009 bB
	夏季	0.48 ± 0.02 cC	0.38 ± 0.02 bC	0.26 ± 0.03 aB	0.22 ± 0.009 aB	0.50 ± 0.03 cC	0.59 ± 0.03 dC
	秋季	0.36 ± 0.02 cB	0.26 ± 0.01 bB	0.16 ± 0.009 aA	0.24 ± 0.01 bB	0.41 ± 0.02 dB	0.90 ± 0.02 eD
	冬季	0.21 ± 0.01 bcA	0.16 ± 0.009 bA	0.12 ± 0.001 abA	0.10 ± 0.007 aA	0.13 ± 0.003 abA	0.27 ± 0.007 cA
10 ～ 20	春季	0.51 ± 0.02 cD	0.40 ± 0.03 bBC	0.35 ± 0.02 bC	0.28 ± 0.007 aC	0.40 ± 0.01 bD	0.37 ± 0.01 bB
	夏季	0.36 ± 0.02 cC	0.30 ± 0.01 bC	0.21 ± 0.02 aB	0.18 ± 0.003 aB	0.34 ± 0.009 bcC	0.49 ± 0.02 dC
	秋季	0.25 ± 0.006 cdB	0.22 ± 0.006 bcB	0.13 ± 0.007 aA	0.19 ± 0.02 bB	0.28 ± 0.02 dB	0.69 ± 0.02 eD
	冬季	0.15 ± 0.009 dA	0.13 ± 0.006 cA	0.09 ± 0.01 bA	0.07 ± 0.003 aA	0.09 ± 0.006 bA	0.24 ± 0.006 eA
20 ～ 30	春季	0.39 ± 0.02 eD	0.29 ± 0.01 bcD	0.25 ± 0.01 bD	0.21 ± 0.10 aC	0.33 ± 0.007 dC	0.31 ± 0.01 cdB
	夏季	0.24 ± 0.009 bC	0.20 ± 0.007 bC	0.16 ± 0.02 abC	0.12 ± 0.003 aB	0.22 ± 0.006 bB	0.42 ± 0.009 cC
	秋季	0.18 ± 0.01 bB	0.15 ± 0.007 aB	0.12 ± 0.007 aB	0.13 ± 0.009 aB	0.21 ± 0.01 bB	0.48 ± 0.01 cD
	冬季	0.12 ± 0.006 cA	0.10 ± 0.007 cA	0.07 ± 0.009 bA	0.04 ± 0.003 aA	0.06 ± 0.006 abA	0.19 ± 0.007 dA
30 ～ 40	春季	0.22 ± 0.02 dC	0.13 ± 0.003 bcC	0.12 ± 0.003 abC	0.10 ± 0.01 aAB	0.16 ± 0.01 cB	0.25 ± 0.01 dB
	夏季	0.14 ± 0.006 cB	0.11 ± 0.009 abB	0.09 ± 0.01 aBC	0.09 ± 0.003 aB	0.13 ± 0.006 bcB	0.32 ± 0.02 dC
	秋季	0.11 ± 0.01 abAB	0.11 ± 0.009 abB	0.08 ± 0.009 aB	0.09 ± 0.009 abAB	0.13 ± 0.01 bB	0.30 ± 0.02 cC
	冬季	0.08 ± 0.006 cA	0.07 ± 0.007 bcA	0.04 ± 0.01 abA	0.03 ± 0.007 aA	0.04 ± 0.009 aA	0.12 ± 0.009 dA

2 不同林龄桉树人工林土壤酶活性的变化

桉树人工林与对照组马尾松林，不同土层之间土壤蔗糖酶均有明显的垂直分布特征，表层土的蔗糖酶活性较高，随土层的加深蔗糖酶活性逐渐降低（表 16-4）。同一土层不同林龄桉树人工林土壤蔗糖酶的季节变化表现为秋季>夏季>春季>冬季，各季节之间呈显著差异（$P < 0.05$）。不同季节同一土层随林龄变化均呈现为对照组（10a）> 5a > 4a > 3a > 2a > 1a，林龄越大，酶活性与对照组越接近。

桉树人工林与马尾松林同一土层，各林龄脲酶活性的季节变化趋势为夏季>秋季>春季>冬季，季节之间大部分有差异；同一季节同一个林龄中，脲酶活性均随着土层深度增加而趋于下降（表 16-5）。同一土层同一季节，脲酶活性随林龄的增大而呈现出一定的变化趋势：1 ~ 3a 时，酶活性逐渐下降，之后又大幅升高，而对照组马尾松林的脲酶活性要远大于 1 ~ 5a 桉树人工林。

同一季节同一土层，酸性磷酸酶在不同林龄间的变化无规律性，对照组马尾松林的酸性磷酸酶大于 1 ~ 4a，但小于 5a（表 16-6）。同一土层同一林龄土壤酸性磷酸酶活性的季节变化与脲酶相同，表现为夏季>秋季>春季>冬季，各季节之间差异显著（$P < 0.05$）。随土层的加深，酸性磷酸酶活性逐渐降低。

表 16-4　不同林龄桉树人工林土壤蔗糖酶活性的变化（mg/g）

土层（cm）	季节	1a	2a	3a	4a	5a	CK
0～10	春季	7.79±0.13 aB	10.70±0.32 bB	13.63±0.32 cB	14.45±0.16 dB	17.68±0.20 eB	19.08±0.26 fB
	夏季	10.74±0.30 aC	13.82±0.28 bC	18.41±0.34 cC	19.00±0.17 cC	21.03±0.08 dC	25.59±0.47 eC
	秋季	12.18±0.47 aD	15.15±0.11 aD	19.74±0.36 bD	20.22±0.19 bD	23.11±0.09 cD	26.93±0.25 dD
	冬季	5.15±0.16 aA	6.44±0.26 bA	8.72±0.25 cA	10.12±0.13 dA	13.13±0.07 eA	15.36±0.05 fA
10～20	春季	5.01±0.08 aB	8.81±0.16 bB	10.74±0.17 cB	11.01±0.12 cB	13.55±0.22 dB	15.17±0.14 eB
	夏季	8.56±0.26 aC	11.10±0.11 bC	15.13±0.45 cC	15.81±0.34 cC	17.84±0.30 dC	20.51±0.24 eC
	秋季	9.29±0.17 aD	12.10±0.17 bD	15.99±0.11 cC	17.04±0.04 dC	19.20±0.09 eD	22.14±0.15 fD
	冬季	3.35±0.16 aA	5.39±0.17 bA	7.47±0.16 cA	8.21±0.14 dA	9.70±0.21 eA	11.36±0.09 fA
20～30	春季	4.20±0.08 aB	5.53±0.27 bB	6.98±0.05 cB	7.04±0.13 cB	10.46±0.13 dB	11.10±0.08 eB
	夏季	5.80±0.17 aC	8.15±0.33 bC	11.30±0.38 cC	12.84±0.20 dC	14.44±0.37 eC	17.01±0.39 fC
	秋季	6.28±0.08 aD	9.29±0.19 bD	13.63±0.21 cD	13.49±0.04 cD	15.43±0.10 dD	18.00±0.16 eD
	冬季	2.31±0.09 aA	3.53±0.23 bA	4.21±0.48 bA	5.42±0.12 cA	7.31±0.18 dA	9.27±0.24 eA
30～40	春季	2.32±0.18 aB	3.39±0.13 bB	4.64±0.23 cB	4.94±0.19 cB	7.00±0.10 dB	7.74±0.03 eB
	夏季	3.21±0.03 aB	4.74±0.26 abC	7.51±0.26 cC	7.74±0.45 bcdC	10.55±0.39 deC	12.30±0.08 eC
	秋季	4.28±0.03 aC	5.75±0.14 bD	8.44±0.16 cD	8.28±0.19 cC	11.94±0.11 dC	14.06±0.16 eD
	冬季	1.13±0.15 aA	2.27±0.16 bA	3.31±0.18 cA	3.41±0.09 cA	4.57±0.22 dA	6.01±0.17 eA

表 16-5　不同林龄桉树人工林土壤脲酶活性的变化（mg/g）

土层（cm）	季节	1a	2a	3a	4a	5a	CK
0～10	春季	10.29 ± 0.10 bB	7.76 ± 0.10 aB	7.49 ± 0.13 aB	16.78 ± 0.14 cB	21.62 ± 0.09 dB	30.27 ± 0.20 eB
	夏季	18.44 ± 0.85 bC	12.31 ± 0.57 aD	11.08 ± 0.67 aD	24.14 ± 1.43 cBC	30.27 ± 0.88 dD	43.26 ± 0.19 eD
	秋季	13.34 ± 0.08 bC	9.54 ± 0.07 aC	9.48 ± 0.20 aC	20.01 ± 0.11 cC	25.18 ± 0.14 dC	36.24 ± 0.20 eC
	冬季	7.60 ± 0.08 cA	4.28 ± 0.04 aA	5.50 ± 0.09 bA	11.17 ± 0.12 dA	14.35 ± 0.21 eA	19.77 ± 0.22 fA
10～20	春季	7.52 ± 0.15 bB	4.37 ± 0.14 aB	4.54 ± 0.09 aB	12.46 ± 0.20 cB	16.34 ± 0.18 dB	22.19 ± 0.19 eB
	夏季	13.41 ± 0.73 bC	7.75 ± 0.25 aD	6.95 ± 0.33 aD	19.57 ± 0.75 cD	23.32 ± 0.54 dD	30.41 ± 0.61 eD
	秋季	9.24 ± 0.06 bC	4.87 ± 0.10 aC	5.15 ± 0.09 aC	14.20 ± 0.08 cC	21.21 ± 0.17 dC	28.29 ± 0.25 eC
	冬季	5.26 ± 0.07 cA	2.65 ± 0.05 aA	3.29 ± 0.09 bA	8.60 ± 0.18 dA	10.47 ± 0.13 eA	16.64 ± 0.26 fA
20～30	春季	5.71 ± 0.17 cB	3.09 ± 0.09 bB	2.39 ± 0.08 aAB	6.86 ± 0.15 dB	12.24 ± 0.17 eB	14.39 ± 0.08 fB
	夏季	10.84 ± 0.42 bC	4.63 ± 0.23 aC	4.57 ± 0.34 aBC	13.77 ± 0.40 cD	16.37 ± 0.82 dC	23.49 ± 0.37 eD
	秋季	6.23 ± 0.11 bB	3.42 ± 0.08 aB	3.31 ± 0.07 aC	9.14 ± 0.07 cC	15.27 ± 0.10 dC	17.37 ± 0.18 eC
	冬季	3.75 ± 0.20 bA	2.36 ± 0.09 aA	2.22 ± 0.10 aA	5.24 ± 0.09 cA	8.35 ± 0.16 dA	10.34 ± 0.13 eA
30～40	春季	3.17 ± 0.09 bB	1.86 ± 0.04 aB	1.72 ± 0.08 aB	4.32 ± 0.12 cB	6.49 ± 0.13 dB	8.46 ± 0.16 eB
	夏季	6.46 ± 0.35 bD	2.98 ± 0.36 aC	2.80 ± 0.23 aABC	7.83 ± 0.40 bD	9.97 ± 0.76 cABC	15.25 ± 0.51 dD
	秋季	3.85 ± 0.11 bC	2.11 ± 0.06 aB	2.26 ± 0.06 aC	6.36 ± 0.14 cC	9.25 ± 0.13 dC	12.42 ± 0.11 eC
	冬季	2.25 ± 0.07 bA	1.15 ± 0.06 aA	1.12 ± 0.03 aA	3.33 ± 0.14 cA	4.87 ± 0.12 dA	6.35 ± 0.11 eA

表 16-6　不同林龄桉树人工林土壤酸性磷酸酶活性的变化（mg/g）

土层（cm）	季节	1a	2a	3a	4a	5a	CK
0 ～ 10	春季	11.34 ± 0.13 aB	12.99 ± 0.15 bB	12.56 ± 0.26 bB	15.30 ± 0.19 cB	16.90 ± 0.16 dB	15.36 ± 0.07 cB
	夏季	17.37 ± 0.26 aD	21.03 ± 0.89 bD	20.00 ± 0.38 bD	24.64 ± 0.17 cD	26.21 ± 0.26 dD	25.04 ± 0.12 cdD
	秋季	15.32 ± 0.07 aC	18.86 ± 0.14 cC	16.52 ± 0.15 bC	20.18 ± 0.07 dC	23.37 ± 0.12 fC	22.40 ± 0.14 eC
	冬季	8.78 ± 0.19 aA	10.41 ± 0.14 cA	9.24 ± 0.06 bA	11.40 ± 0.11 dA	12.80 ± 0.14 fA	12.15 ± 0.16 eA
10 ～ 20	春季	8.50 ± 0.18 aB	11.24 ± 0.10 bB	8.84 ± 0.12 aB	12.59 ± 0.10 cB	13.16 ± 0.09 dB	12.58 ± 0.25 cB
	夏季	13.72 ± 0.29 aD	17.66 ± 0.21 cD	15.82 ± 0.19 bD	18.10 ± 0.11 cdD	19.83 ± 0.25 eD	18.48 ± 0.12 dD
	秋季	12.25 ± 0.18 aC	12.92 ± 0.50 abC	12.49 ± 0.20 aC	15.22 ± 0.18 bC	16.44 ± 0.08 bC	17.46 ± 0.11 cC
	冬季	6.50 ± 0.14 aA	8.69 ± 0.20 bA	6.55 ± 0.13 aA	9.47 ± 0.15 cA	10.08 ± 0.13 dA	9.61 ± 0.10 cA
20 ～ 30	春季	6.20 ± 0.10 aB	8.47 ± 0.14 bB	6.41 ± 0.15 aB	8.50 ± 0.14 bB	9.23 ± 0.10 cB	9.45 ± 0.24 cB
	夏季	10.29 ± 0.20 aC	14.24 ± 0.16 cD	11.96 ± 0.18 bD	14.49 ± 0.10 cD	15.23 ± 0.14 dD	14.57 ± 0.08 cD
	秋季	6.54 ± 0.18 aB	10.29 ± 0.09 cC	8.56 ± 0.17 bC	10.17 ± 0.11 cC	12.12 ± 0.15 dC	12.82 ± 0.14 eC
	冬季	5.10 ± 0.12 bA	6.24 ± 0.16 cA	4.48 ± 0.13 aA	6.33 ± 0.10 cdA	6.64 ± 0.05 dA	6.32 ± 0.13 cdA
30 ～ 40	春季	4.25 ± 0.05 aB	5.35 ± 0.57 abB	4.94 ± 0.31 abB	5.47 ± 0.23 acB	7.27 ± 0.11 bB	6.48 ± 0.13 bcB
	夏季	6.34 ± 0.11 aD	9.49 ± 0.73 abcC	8.96 ± 0.29 bC	12.00 ± 0.11 cD	12.40 ± 0.09 cC	11.90 ± 0.07 cD
	秋季	4.92 ± 0.15 aC	6.10 ± 0.36 bB	5.69 ± 0.36 bB	7.06 ± 0.08 cC	7.36 ± 0.17 cB	7.60 ± 0.11 cC
	冬季	3.42 ± 0.13 aA	3.33 ± 0.08 aA	3.35 ± 0.17 aA	4.27 ± 0.16 bA	4.57 ± 0.16 bA	5.25 ± 0.05 cA

表 16-7　不同林龄桉树人工林土壤过氧化氢酶活性的变化（ml/g）

土层（cm）	季节	1a	2a	3a	4a	5a	CK
0 ～ 10	春季	8.61 ± 0.19 bB	6.63 ± 0.05 aA	10.69 ± 0.37 bcB	11.28 ± 0.59 ABabc	12.35 ± 0.22 cB	12.14 ± 0.17 cB
	夏季	11.87 ± 0.32 aC	11.07 ± 0.49 aC	15.88 ± 0.08 bC	16.99 ± 0.08 cC	18.21 ± 0.12 dD	17.17 ± 0.20 cD
	秋季	10.20 ± 0.04 bC	8.24 ± 0.06 aB	13.32 ± 0.06 cB	14.40 ± 0.04 dB	16.11 ± 0.08 eC	14.48 ± 0.13 dC
	冬季	7.26 ± 0.06 bA	5.83 ± 0.12 aA	8.45 ± 0.17 cA	9.40 ± 0.09 dA	10.41 ± 0.09 eA	9.63 ± 0.11 dA
10 ～ 20	春季	6.13 ± 0.04 bB	4.28 ± 0.09 aB	7.15 ± 0.10 cB	7.23 ± 0.11 cB	9.28 ± 0.08 dB	9.45 ± 0.12 dB
	夏季	8.35 ± 0.12 bD	6.27 ± 0.09 aD	12.54 ± 0.56 bcdC	13.18 ± 0.54 cdC	15.12 ± 0.12 dD	14.07 ± 0.15 cD
	秋季	7.21 ± 0.02 bC	5.40 ± 0.09 aC	9.95 ± 0.07 cC	10.22 ± 0.14 dC	12.04 ± 0.11 fC	11.25 ± 0.04 eC
	冬季	5.28 ± 0.08 bA	3.54 ± 0.17 aA	6.24 ± 0.12 cA	6.24 ± 0.05 cA	7.12 ± 0.08 dA	6.60 ± 0.22 cA
20 ～ 30	春季	4.15 ± 0.07 bB	3.04 ± 0.06 aB	5.37 ± 0.07 cB	6.39 ± 0.10 dB	7.62 ± 0.21 fB	7.02 ± 0.07 eB
	夏季	6.12 ± 0.07 bD	4.51 ± 0.11 aC	9.23 ± 0.05 cD	10.40 ± 0.08 dD	13.13 ± 0.06 fD	10.98 ± 0.05 eD
	秋季	4.69 ± 0.18 bC	3.11 ± 0.08 aB	7.25 ± 0.06 cC	7.63 ± 0.16 dC	8.60 ± 0.07 fC	8.15 ± 0.08 eC
	冬季	3.46 ± 0.16 bA	2.28 ± 0.10 aA	4.68 ± 0.19 cA	5.19 ± 0.11 dA	6.27 ± 0.08 eA	5.11 ± 0.08 dA
30 ～ 40	春季	2.38 ± 0.14 aA	2.41 ± 0.10 aAB	4.34 ± 0.13 bB	4.40 ± 0.06 bB	5.12 ± 0.08 cB	4.43 ± 0.13 bA
	夏季	4.65 ± 0.05 bB	3.52 ± 0.13 aC	6.54 ± 0.26 cD	6.67 ± 0.25 cD	8.49 ± 0.16 eD	7.41 ± 0.07 dC
	秋季	2.90 ± 0.29 aAB	2.66 ± 0.23 aB	5.28 ± 0.08 bC	5.40 ± 0.08 bcC	5.87 ± 0.08 cC	5.27 ± 0.15 bB
	冬季	2.18 ± 0.05 aA	1.97 ± 0.07 aA	3.22 ± 0.02 bA	3.56 ± 0.19 cA	4.25 ± 0.11 dA	4.13 ± 0.08 dA

土壤过氧化氢酶活性在表层明显高于中下层，且土层越深，活性越低。同一土层同一林龄，过氧化氢酶活性的季节变化为夏季＞秋季＞春季＞冬季（表16-7）。同一土层，过氧化氢酶活性随林龄先减小后增大，其中2a的桉树人工林过氧化氢酶活性最低，而对照组马尾松林的过氧化氢酶活性介于桉树人工林4a与5a之间，但在一些林龄间差异不显著（$P > 0.05$），如30～40 cm土层，春季的1a和2a之间、3a和4a之间，秋季、冬季的1a和2a之间。

3　桉树人工林土壤微生物与酶活性之间的相关性

细菌、放线菌、真菌、蔗糖酶、脲酶、酸性磷酸酶、过氧化氢酶之间均存在极显著正相关关系（$P < 0.01$）（表16-8）。细菌与放线菌之间的相关系数达到0.794，过氧化氢酶与蔗糖酶、脲酶、酸性磷酸酶之间的相关系数分别达到0.887、0.817、0.904。说明土壤主要的三种微生物与四种酶活性之间关系密切，它们共同影响着土壤的质量。季节、土层和林龄及其交互作用对桉树土壤微生物类群（细菌、真菌和放线菌）和土壤酶活性有显著的影响（$P < 0.05$）（表16-9）。

表16-8　桉树人工林土壤微生物与酶活性之间的相关性

指标	放线菌	真菌	蔗糖酶	脲酶	酸性磷酸酶	过氧化氢酶
细菌	0.794**	0.456**	0.562**	0.452**	0.660**	0.600**
放线菌	1	0.508**	0.614**	0.493**	0.673**	0.543**
真菌		1	0.592**	0.681**	0.592**	0.524**
蔗糖酶			1	0.845**	0.868**	0.887**
脲酶				1	0.785**	0.817**
酸性磷酸酶					1	0.904**

表16-9　季节、土层、林级对不同微生物类群和酶活性的影响

项目	处理	季节	土层	林级	季节 × 土层	季节 × 林级	土层 × 林级	季节 × 土层 × 林级
细菌	*df*	3	3	5	9	15	15	45
	F	1563.110	11293.256	453.793	54.531	412.249	59.483	15.006
	P	＜0.05	＜0.05	＜0.05	＜0.05	＜0.05	＜0.05	＜0.05
放线菌	*df*	3	3	5	9	15	15	45
	F	3031.583	3685.875	565.515	93.833	27.900	58.106	6.672
	P	＜0.05	＜0.05	＜0.05	＜0.05	＜0.05	＜0.05	＜0.05

续表

项目	处理	季节	土层	林级	季节 × 土层	季节 × 林级	土层 × 林级	季节 × 土层 × 林级
真菌	*df*	3	3	5	9	15	15	45
	F	1235.271	1439.256	733.021	65.865	127.745	20.423	12.612
	P	< 0.05	< 0.05	< 0.05	< 0.05	< 0.05	< 0.05	< 0.05
蔗糖酶	*df*	3	3	5	9	15	15	45
	F	6144.956	7569.319	4371.733	91.098	66.677	60.089	3.796
	P	< 0.05	< 0.05	< 0.05	< 0.05	< 0.05	< 0.05	< 0.05
脲酶	*df*	3	3	5	9	15	15	45
	F	2802.279	5887.828	6283.733	130.049	136.405	269.999	7.601
	P	< 0.05	< 0.05	< 0.05	< 0.05	< 0.05	< 0.05	< 0.05
酸性磷酸酶	*df*	3	3	5	9	15	15	45
	F	6990.480	9840.648	1124.807	207.490	37.028	34.441	7.119
	P	< 0.05	< 0.05	< 0.05	< 0.05	< 0.05	< 0.05	< 0.05
过氧化氢酶	*df*	3	3	5	9	15	15	45
	F	3902.033	7998.509	2323.238	117.007	66.418	40.788	6.139
	P	< 0.05	< 0.05	< 0.05	< 0.05	< 0.05	< 0.05	< 0.05

4　讨论与小结

4.1　桉树人工林土壤微生物数量的变化

林地生态系统中气候条件、植被类型、林分组成和土壤有机碳含量等因素都影响土壤微生物数量的变化（罗艺霖等，2013）。本研究表明，桂北桉树人工林三大类土壤微生物中细菌最多，放线菌次之，真菌含量最少，这与谢龙莲（2005）和陈俊蓉等（2008）的研究结果相同，而季佳璨（2015）研究结果却显示真菌含量比放线菌含量多，其不同的土壤 pH 值可能是影响因素之一。南方亚热带季风气候，高温高湿的环境有利于植被凋落物的分解，可为微生物的生长环境提供便利条件，而不同植被、不同林型能够形成不同生态条件，这为土壤微生物生长提供了不同食物来源和生存条件，间接导致微生物数量的差异性。

桉树人工林土壤细菌、放线菌、真菌的数量在土层上表现出明显的垂直分布规律，随着土层的加深逐渐减少，这与众多学者的研究结果相同（谢龙莲，2005；季佳璨，2015），各林龄、各季节的不同土层之间均表现出显著差异。由于桉树属于浅根系植物，它的营养大部分来源于凋落物，且凋落物多聚集于土壤的表层，根系分泌物的作用也会促进土壤表层微生物的活性。Myers 等（2001）研究发现，土壤温湿度、降水量、土壤理化性质和树种特性等因素，是某一特定林地生态系统土壤微生物数量季节变化的主要调控因子。王国兵等（2008）研究发现，受多种生态因子综合作用的影响，林地生态系统中土壤微生物具有明显的季节性波动。本研究中桉树人工林的细菌和放线菌数量的季节变化规律为秋季＞夏季＞春季＞冬季，与谢龙莲（2005）的研究结果相似，秋季含量较高，春冬季节含量较少，这主要是由于秋季凋落物较多，土温适宜，有利于微生物的分解；真菌的变化规律为春季＞夏季＞秋季＞冬季。土壤微生物数量的分布受植被类型、林分组成以及土壤理化性质的影响，其中与林龄的关系尤为密切。

4.2 桉树人工林土壤酶活性的变化

本研究中，桉树人工林土壤蔗糖酶、脲酶、酸性磷酸酶、过氧化氢酶活性在土层中的变化规律与微生物数量的变化规律一致，这与许多人的研究结果相同（刘红英；2013；季佳璨，2015；黄恒泽，2017）。说明微生物数量对桉树不同林龄的变化较为敏感，微生物的微小变化都会直接影响酶活性的变化，这也同时反映了微生物和土壤酶活性之间存在密切联系。牛小云等（2015）对辽东山区日本落叶松人工纯林的研究表明，随着林分发育，土壤地力呈现衰退趋势；土壤微生物数量、酶活性及土壤养分含量在春季和秋季高于夏季；何斌等（2015）的研究结果表明，桂西北秃杉人工林随着林龄的增长，土壤养分和酶活性指标都有所升高，土壤肥力状况得到改善；也有研究表明脲酶、碱性磷酸酶活性随季节的变化表现为先增加后降低再增加再降低，蔗糖酶活性随季节的变化表现为先升高后下降的趋势（景宇鹏等，2013），土壤酶活性在夏季和秋季较高（万忠梅等，2009）。本研究中，蔗糖酶活性的季节变化规律为秋季＞夏季＞春季＞冬季，脲酶、酸性磷酸酶、过氧化氢酶的变化规律为夏季＞秋季＞春季＞冬季，对照组马尾松林的变化规律与桉树人工林的变化规律相同。与我们研究结果不同的是，胡凯等（2015）研究表明，磷酸酶、多酚氧化酶和过氧化氢酶的酶活性均随桉树种植年限的增加呈显著下降趋势，3 ～ 5a 桉树人工林土壤酶活性之间差异不大，但均显著低于 1a 桉树人工林，1a 桉树人工林根际土壤中细菌和真菌数量明显高于对照农耕地，随种植年限的增加呈明显的下降趋势。本次研究结果与刘红英等（2013）的研究结果也不同，其认为由于夏秋温度高，该地区降雨多，土壤微生物数量多、活性大，有利于促进土壤的呼吸作用，有利于酶活性的增大。究其原因，主要可能与研究地域、林分类型、立地、干扰措施及环境等不同有关，如胡凯等（2015）研究区（重庆市）的桉树林是农耕地改种而来，刘红英等（2013）主要以广西东门林场不同栽植代数的桉树人工林为研究对象，并辅以灌草坡进行对比。有研究表明，植被群落和季节变化也是影响土壤酶活性的重要因素（罗蓉等，2018）。

本研究中对照组马尾松林的酶活性整体大于桉树人工林，土壤蔗糖酶、酸性磷酸酶活性随桉树林龄的增大而趋于增加，脲酶与过氧化氢酶活性随林龄先减小或增大。桉树林为速生树种且轮伐期短，桉树采伐时带走了质量分数为80%的养分量（廖观荣等，2003）；周玉娟等（2009）的研究表明马尾松林的脲酶活性要比桉树人工林高；谭宏伟等（2014）研究发现桉树林土壤蛋白酶和磷酸酶活性显著低于马尾松林和天然次生林；张凯（2015）研究发现马尾松林变为桉树人工林后，土壤酶活性显著下降。桂北低山丘陵地区，相对于马尾松林较长的轮伐期，桉树人工林采取较短的轮伐期，这可能造成大量的养分输出，从而引起土壤养分、微生物及酶活性的降低。因此，建议采取合理的营林管理措施，减少种植期和轮伐期间的高强度整地，以避免破坏桉树林下的凋（枯）落物积累层，适当施用有机肥和延长轮伐周期等均有利于桉树人工林生态系统土壤质量的提高。

综上所述，本章主要小结如下。

（1）土壤微生物和酶活性在土层中有明显的垂直分布特征，均随土层加深而趋于降低，且各土层间差异显著。细菌、放线菌数量随季节变化的大小顺序为秋季>夏季>春季>冬季，真菌的变化规律为春季>夏季>秋季>冬季，而酶活性随季节变化表现为夏、秋季活性较高，春、冬季活性较低。细菌、真菌、脲酶、过氧化氢酶随林龄增大表现出先减小后增大的趋势，放线菌则呈现先减小后增大再减小的趋势，而蔗糖酶、酸性磷酸酶活性随林龄的增大趋于增大。

（2）林地土壤中三大类群微生物与四种土壤酶之间存在极显著正相关关系，说明土壤微生物与土壤酶活性相互影响，两者之间关系密切，共同影响土壤的质量。不同土层土壤微生物和酶活性的季节响应特征差异较大，总体在冬季最低，主要与气温、水分条件、凋落物养分的归还等影响有关。不同季节、土层、林龄之间的交互作用对土壤微生物和酶活性有显著影响。

参考文献

[1] 陈俊蓉，洪伟，吴承祯，等．不同桉树土壤微生物数量的比较［J］．亚热带农业研究，2008，4（2）：146-150.

[2] 何斌，卢万鹏，唐光卫，等．桂西北秃杉人工林土壤肥力变化的研究［J］．林业科学研究，2015，28（1）：88-92.

[3] 黄国勤，赵其国．广西桉树种植的历史、现状、生态问题及应对策略［J］．生态学报，2014，34（18）：5142-5152.

[4] 黄恒泽．桂西北不同树种人工林土壤理化性质和酶活性的研究［D］．南宁：广西大学，2017.

[5] 胡凯，王微．不同种植年限桉树人工林根际土壤微生物的活性［J］．贵州农业科学，2015，43（12）：105-109.

[6] 季佳璨．三种树种对赣南稀土尾矿土壤养分及微生物和酶活性的影响［D］．南昌：江西农业大学，2015.

[7] 景宇鹏，李跃进，年佳乐，等．土默川平原不同盐渍化土壤酶活性特征的研究［J］．生态环境学报，2013，22（9）：1538-1543.

[8] 李超．正视桉树人工林生态问题［J］．桉树科技，2015，32（4）：46-50.

[9] 李超，吴志华，尚秀华．桉树人工林土壤微生物多样性研究技术进展［J］．桉树科技，2017，34（3）：51-54.

[10] 廖观荣，钟继洪，李淑仪，等．桉树人工林生态系统养分循环和平衡研究Ⅱ．桉树人工林生态系统的养分循环［J］．生态环境，2003（3）：296-299.

[11] 刘红英．连栽桉树人工林土壤酶活性及其与土壤养分的关系［D］．南宁：广西大学，2013.

[12] 罗蓉，杨苗，余旋，等．沙棘人工林土壤微生物群落结构及酶活性的季节变化［J］．应用生态学报，2018，29（4）：1163-1169.

[13] 罗艺霖，李贤伟，张良辉．环境因子对林地土壤微生物影响的研究进展［J］．四川林业科技，2013，34（5）：19-24.

[14] 牛小云，孙晓梅，陈东升，等．辽东山区不同林龄日本落叶松人工林土壤微生物、养分及酶活性［J］．应用生态学报，2015，26（9）：2663-2672.

[15] 宋贤冲，项东云，杨中宁，等．广西桉树人工林根际土壤微生物群落功能多样性［J］．中南林业科技大学学报，2017，37（1）：58-61.
[16] 谭宏伟，杨尚东，吴俊，等．红壤区桉树人工林与不同林分土壤微生物活性及细菌多样性的比较［J］．土壤学报，2014，51（3）：575-584.
[17] 万忠梅，宋长春．土壤酶活性对生态环境的响应研究进展［J］．土壤通报，2009，40（4）：951-956.
[18] 王国兵，阮宏华，唐燕飞，等．北亚热带次生栎林与火炬松人工林土壤微生物生物量碳的季节动态［J］．应用生态学报，2008，19（1）：37-42.
[19] 韦建宏，侯敏，韦添露，等．不同坡位桉树人工林生长和土壤理化性质比较［J］．安徽农业科学，2017，45（5）：167-169.
[20] 温远光，刘世荣，陈放．桉树工业人工林的生态问题与可持续经营［J］．广西科学院学报，2005，21（1）：13-18.
[21] 谢龙莲．桉树人工林土壤微生物动态变化研究［D］．海口：华南热带农业大学，2005.
[22] 徐广平，顾大形，潘复静，等．不同土地利用方式对桂西南岩溶山地土壤酶活性的影响［J］．广西植物，2014，34（4）：460-466.
[23] 杨远彪，吕成群，黄宝灵，等．连栽桉树人工林土壤微生物和酶活性的分析［J］．东北林业大学学报，2008，36（12）：10-12.
[24] 曾小龙．桉树林地土壤酶特性研究进展［J］．广东教育学院学报，2009，29（5）：97-103.
[25] 张健军，韦晓娟，傅锋，等．广西桉树速生丰产林调查与经济效益评价［J］．绿色中国，2012（9）：34-37.
[26] 张凯，郑华，陈法霖，等．桉树取代马尾松对土壤养分和酶活性的影响［J］．土壤学报，2015，52（3）：646-653.
[27] 周玉娟，冯旎，李日伟，等．桉树人工林与其他林地土壤酶活性的差异分析［J］．广西林业科学，2009，38（3）：155-157.
[28] 朱利霞．不同调控措施对旱作农田土壤碳氮及微生物学特性的影响［D］．杨凌：西北农林科技大学，2018.
[29] Arnold R J, Xie Y J, Midgley S J, et al. Emergence and rise of *Eucalyptus* veneer production in China［J］. Internationa Forest Review, 2013, 15（1）: 33-47.
[30] Liang J, Reynolds T, Wassie A, et al. Effects of exotic *Eucalyptus* spp. plantations on soil properties in and around sacred natural sites in the northern

Ethiopian Highlands [J] . Aims Agriculture and Food, 2016, 1 (2): 175–193.

[31] Liu H, Li J H. The study of the ecological problems of *Eucalyptus* plantation and sustainable development in Maoming Xiaoliang [J] . Journal of Sustainable Development, 2010, 3 (1): 197.

[32] Myers R T, Zak D R, White D C, et al. Landscape–level patterns of microbial community composition and substrate use in upland forest ecosystems [J] . Soil Science Society of America Journal, 2001, 65 (2): 359–367.

第十七章

桉树人工林土壤动物群落结构特征

土壤中分布着大量的中小型动物，它们是土壤生态系统中重要的组成部分（Noble等，1996），并参与生物残体分解，改良土壤性质，对土壤的形成和发育及生态系统的物质循环和能量流动有重要意义（周举花等，2015）。探讨不同生境中土壤动物的种类组成、动物群落结构特征及土壤动物与环境因素间的相互关系，有利于理解土壤动物群落与植物群落之间的相互关系规律（王邵军等，2010）。土壤动物群落在土壤形成与发育、生态系统物质循环以及土壤理化性质等方面发挥着重要作用（尹文英，2000），被视为土壤质量演替有效的指示生物，能够对外界环境变化及人为干扰做出快速响应（宋理洪等，2018）。不同类型林分的凋落物数量、质量以及所含的成分都有很大不同，森林土壤中会形成不同的能量流动和物质循环过程，并且根系及根系分泌物也不同，这使得土壤中的物理环境和营养环境产生明显异质性（李萌等，2015），从而对土壤动物群落特征产生重大影响。

线虫（Nematode）是一类生活在土壤或腐烂的植被中的无脊椎动物，以有机质、微生物（如细菌）为食，普遍存在于各类土壤中。线虫在土壤生态系统腐屑食物网中占有重要的地位，是有机质的分解、植物营养的矿化及养分循环的基础，在土壤生态系统中发挥着重要的功能（张薇等，2004）。线虫直接参与了生态系统的物质循环和能量流动，占据着土壤食物网的很多关键链接，对环境变化敏感（李玉娟等，2005）。桉树在我国森林蓄积量与木材生产中占有重要的地位，由于桉树人工林的纯林化以及多代连栽现象的加剧导致地力的衰退，同时还出现了生产力下降、水土流失增加、病虫害增加等现象，严重影响了桉树人工林的可持续经营（黄玉梅等，2006；温远光等，2018）。要维持桉树人工林土地的生产力及防止生态环境退化，要充分考虑桉树林下土壤的动物多样性。因此，本章以广西典型桉树人工林为研究对象，在对5个林龄（1a、2a、3a、5a和7a）的尾巨桉人工林调查的基础上，对各林龄和不同植被类型土壤的土壤动物群落、线虫群落及其多样性进行研究：①探讨桉树林下土壤动物的类群数量和个体数量特征；②比较不同林龄桉树和不同类型植被土壤动物群落的分布特征；③揭示桉树人工林土壤线虫群落的分布特征。

1 桉树人工林土壤动物的分布特征

1.1 桉树人工林大型土壤动物的群落组成

大型土壤动物有24个类群，隶属4门10纲18目，共计1748个（表17-1）。其中，优势类群有鳞翅目Lepidoptera larvae和膜翅目Hymenoptera，分别占大型土壤动物总个体数的36.96%和30.32%，合计67.28%；常见类群有近孔寡毛目Plesiopora、后孔寡毛目Opisthopora、石蜈蚣目Lithobiomorpha、蜘蛛目Araneida、马陆目Juliformia、等足目Isopoda、等翅目Isoptera、蜚蠊目Blattoptera和双翅目Diptera larvae，分别占总个体数的6.69%、3.15%、2.12%、3.2%、2.29%、1.72%、1.14%、4.81%和3.43%，合计28.55%。稀有类群有13个，占总个体数的4.17%。

表17-1 桉树人工林土壤大型土壤动物组成

序号	类群	数量（只）	比例（%）	密度（个/m^3）	多度等级
1	近孔寡毛目 Plesiopora	117	6.69	216.45	++
2	后孔寡毛目 Opisthopora	55	3.15	101.75	++
3	无吻蛭目 Arhynchbdellida	2	0.11	3.70	+
4	线虫纲 Nematoda	5	0.29	9.25	+
5	柄眼目 Stylemmatephora	1	0.06	1.85	+
6	石蜈蚣目 Lithobiomorpha	37	2.12	68.45	++
7	地蜈蚣目 Geophi lomorpha	7	0.40	12.95	+
8	蜈蚣目 Scolopendromorpha	5	0.29	9.25	+
9	蜘蛛目 Araneida	56	3.20	103.60	++
10	马陆目 Juliformia	40	2.29	74.00	++
11	等足目 Isopoda	30	1.72	55.50	++
12	双尾目 Diplura	5	0.29	9.25	+
13	直翅目 Orthoptera	4	0.23	7.40	+
14	鳞蟋科 Mogoplistidae	3	0.17	5.55	+
15	蟋蟀科 Gryllacridae	4	0.23	7.40	+
16	蓟马科 Thripidae	10	0.57	18.50	+
17	步甲科 Carabidae	8	0.46	14.80	+
18	虎甲科 Cicindelidae	11	0.63	20.35	+

续表

序号	类群	数量（只）	比例（%）	密度（个/m³）	多度等级
19	膜翅目 Hymenoptera	530	30.32	980.50	+++
20	等翅目 Isoptera	20	1.14	37.00	++
21	蜚蠊目 Blattoptera	84	4.81	155.40	++
22	鳞翅目 Lepidoptera larvae	646	36.96	1195.10	+++
23	鞘翅目 Coleoptera larvae	8	0.46	14.80	+
24	双翅目 Diptera larvae	60	3.43	111.00	++

注：+++ 表示优势类群（＞ 10%）；++ 表示常见类群（1% ～ 10%）；+ 表示稀有类群（＜ 1%）。本章下同。

1.2　桉树人工林小型土壤动物的群落组成

由表 17-2 可知，小型土壤动物有 11 个类群，隶属 2 门 3 纲 6 目，共计 20174 个。优势类群有弹尾目 Collembola（61.79%）和蛛形纲 / 螨类 Arachnida（32.42%）；常见类群有双翅目 Diptera（3.07%）和木螱科 Kalotermitidae（1.22%）；稀有类群有 7 个，占总个体数的 1.50%。在土壤动物群落中，大型土壤动物组成占土壤动物总个体数的 7.97%，小型土壤动物占土壤动物总个体数的 92.03%，可见，该土壤动物群落以小型土壤动物为主。

表 17-2　桉树人工林土壤小型土壤动物组成

序号	类群	数量（只）	比例（%）	密度（个/m³）	多度等级
1	蛛形纲 / 螨类 Arachnida	6540	32.42	1209	+++
2	弹尾目 Collembola	12465	61.79	2306.25	+++
3	木螱科 Kalotermitidae	246	1.22	455.1	++
4	螱科 Termitidae	20	0.10	37	+
5	啮虫目 Psocoptera	23	0.11	42.55	+
6	隐翅虫科 Staphylinidae	130	0.64	240.5	+
7	蚁甲科 Pselaphidae	52	0.26	96.2	+
8	瓢虫科 Coccinellidae	28	0.14	51.8	+
9	金龟子科 Scarabaeidae	27	0.13	49.95	+
10	双翅目 Diptera	620	3.07	1147	++
11	三肠目 Tricladirda	23	0.11	42.55	+

1.3　桉树人工林土壤剖面动物群落的多样性变化

从表 17-3 可知，不同土壤层中土壤动物群落的多样性、均匀度、丰富度和优势度指数的变化特征不同。香农指数和 Margalef 指数在 0 ～ 5 cm 土层最高，分别为 1.435 和 3.765；在 15 ～ 20 cm 土层最低，分别为 0.412 和 2.267。Pielou 指数 5 ～ 10 cm 土层最高，为 0.622，凋落物层最低，为 0.453。优势度指数则相反，在凋落物层最高，为 0.627，在 0 ～ 5 cm 土层最低，为 0.345。

表 17-3　桉树人工林土壤动物群落多样性

土壤层（cm）	香农指数 H′	Pielou 指数	Margalef 指数	优势度指数
0 ～ 5	1.435	0.518	3.765	0.345
5 ～ 10	0.885	0.622	3.254	0.361
10 ～ 15	0.643	0.507	3.022	0.459
15 ～ 20	0.412	0.466	2.267	0.588
0 ～ 20 平均值	0.844	0.528	3.077	0.438
凋落物层	1.005	0.453	3.226	0.627

表 17-4 是土壤动物多样性的季节变化特征，土壤动物群落的类群数和 Margalef 指数，从大到小的顺序表现为夏季、秋季、春季和冬季。香农指数从大到小的顺序为夏季、春季、冬季和秋季。Pielou 指数和优势度指数从大到小依次为夏季、秋季、冬季和春季。

表 17-4　桉树人工林土壤动物群落多样性的季节变化

土壤层（cm）	春季	夏季	秋季	冬季
类群数	24	35	30	19
香农指数 H′	1.22	1.35	1.13	1.20
Margalef 指数	3.77	4.54	4.02	3.42
Pielou 指数	0.36	0.52	0.41	0.39
优势度指数	0.37	0.43	0.40	0.38

从表 17-5 可知，不同的生境，土壤动物的组成有所差异，但又有一定的相似性。根据 Sorenson 指数公式，土壤 5 ～ 10 cm 土层和 10 ～ 15 cm 土层之间相似性最高，数值为 0.844；其次是 5 ～ 10 cm 土层和 15 ～ 20 cm 土层之间，数值为 0.752；凋落物层与土壤 15 ～ 20 cm 土层之间相似性最低，数值为 0.102。

表 17-5　桉树人工林各土壤层动物相似性指数比较

土壤层（cm）	0 ～ 5	5 ～ 10	10 ～ 15	15 ～ 20	凋落物层
0 ～ 5	1				
5 ～ 10	0.564	1			
10 ～ 15	0.423	0.844	1		
15 ～ 20	0.326	0752	0.332	1	
凋落物层	0.252	0.141	0.127	0.102	1

表 17-6 是土壤动物与土壤养分含量的相关性分析，结果表明，土壤动物类群数与有机碳、全氮、速效氮和有效磷呈极显著正相关（$P < 0.01$），与全磷、全钾和速效钾呈显著正相关（$P < 0.05$）。个体数量与有机碳、全氮和速效氮呈极显著正相关（$P < 0.01$），与全磷、全钾、有效磷和速效钾呈显著正相关（$P < 0.05$）。这说明土壤有机碳和全氮较其他的土壤因子对土壤动物的影响较大。一般情况下，土壤养分含量越高，土壤动物的类群和个体数越多，土壤动物的数量多少与土壤中有机质含量具有良好的正相关性（叶岳等，2009）。

表 17-6　桉树人工林土壤动物群落与土壤养分含量的相关性

项目	有机碳	全氮	全磷	全钾	速效氮	有效磷	速效钾
类群数（个）	0.822**	0.745**	0.807*	0.747*	0.781**	0.895**	0.678*
个体数量（只）	0.866**	0.707**	0.862*	0.699*	0.902**	0.826*	0.669*

2　不同人工林土壤动物密度和类群数量

2.1　不同人工林土壤剖面动物密度和类群数量

表 17-7 是不同类型人工林土壤动物群落和类群数的变化特征，随着土层深度的增加，毛竹人工林、杉木人工林和尾巨桉人工林土壤动物的密度均逐渐减小，而马尾松人工林和次生林则表现为先减小后略有所增大的趋势。对于土壤动物类群数，随着土层深度的增加，不同类型人工林和次生林土壤动物类群数变化特征一致，呈现为逐渐减小的趋势。

表 17-7　不同人工林土壤动物密度和类群数

项目	土层（cm）	毛竹林	杉木林	尾巨桉	马尾松	次生林
密度（只 /m^2）	0 ～ 5	388	430	594	938	1655
	5 ～ 10	218	288	377	433	876
	10 ～ 15	129	195	261	686	1329
类群数（个）	0 ～ 5	12	14	16	15	24
	5 ～ 10	10	12	13	12	22
	10 ～ 15	5	7	11	9	17

2.2　不同人工林土壤动物群落多样性特征

不同人工林土壤动物群落的香农指数、Margalef 指数、Pielou 指数和优势度指数不同（表 17-8）。香农指数和 Margalef 指数从大到小的关系依次表现为次生林、马尾松人工林、尾巨桉人工林、杉木人工林和毛竹人工林；Pielou 指数从大到小的关系依次表现为次生林、尾巨桉人工林、马尾松人工林、杉木人工林和毛竹人工林；而优势度指数则不同，从大到小的关系依次表现为毛竹人工林、杉木人工林、尾巨桉人工林、马尾松人工林和次生林。

表 17-8　不同人工林中小型土壤动物群落特征指数

类型	香农指数 H′	Margalef 指数	Pielou 指数	优势度指数
毛竹林	1.27	3.12	0.42	0.54
杉木林	1.29	3.27	0.46	0.48
尾巨桉	1.35	4.54	0.52	0.43
马尾松	1.38	4.68	0.51	0.39
次生林	1.46	4.73	0.58	0.33

Sorensen 相似性指数见表 17-9。杉木林与桉树林相似性系数最高（0.87），为极相似。毛竹林与次生林相似性系数最低（0.33），为较不相似，毛竹林与其他林分均为较不相似（0.35 ～ 0.47）；其他林型两两之间的土壤动物群落相似性系数为 0.37 ～ 0.62，为较相似。

表 17-9 不同人工林中小型土壤动物群落相似性系数

林地类型	毛竹林	杉木林	尾巨桉	马尾松	次生林
毛竹林	1				
杉木林	0.35	1			
尾巨桉	0.42	0.87	1		
马尾松	0.47	0.46	0.55	1	
次生林	0.33	0.37	0.62	0.42	1

3 不同林龄桉树人工林土壤动物密度和类群数量

3.1 不同林龄尾巨桉人工林土壤动物密度和类群数

由表 17-10 可知，随着土层深度的增加，不同林龄尾巨桉人工林土壤动物的密度和类群数一致表现为逐渐减小的趋势。随着不同林龄的增大，土壤动物的密度和类群数一致表现为逐渐增大的趋势，在 7a 土壤动物密度和类群数最大。

表 17-10 尾巨桉人工林土壤动物密度和类群数

项目	土层（cm）	1a	2a	3a	5a	7a
密度（只 /m^2）	0 ～ 5	195	343	594	765	936
	5 ～ 10	102	219	377	429	512
	10 ～ 15	44	116	261	285	337
类群数（个）	0 ～ 5	11	15	16	18	21
	5 ～ 10	8	11	13	15	18
	10 ～ 15	6	9	11	13	15

3.2 不同林龄尾巨桉人工林土壤动物群落的相似性

由表 17-11 可知，各林龄间相似性系数为 0.466 ～ 0.867，说明不同林龄尾巨桉人工林间的土壤动物群相似性较高，不同林龄两两之间均表现为显著（$P < 0.05$）和极显著（$P < 0.01$）的相关性。可见，尾巨桉人工林土壤动物群落相似性与林龄密切相关。

表 17-11 不同林龄尾巨桉人工林中小型土壤动物群落相似性系数

林龄（a）	1	2	3	5	7
1	1				
2	0.587*	1			
3	0.634*	0.654*	1		
5	0.466*	0.687**	0.675**	1	
7	0.632*	0.844**	0.754**	0.867**	1

4 桉树人工林土壤线虫群落的变化特征

4.1 桉树人工林土壤线虫群落分布特征

由表 17-12 可知，在本实验调查中，桉树人工林土壤线虫群落共计 20 种，隶属 5 目 9 科 15 属。其中优势类种有胞囊线虫 *Helerodera* sp. 和根结线虫 *Meloidogyue sp* 等；常见种有短尾绕线虫 *Plectus granulosus*、小形绕线虫 *Plectus pusillu*、丝状单宫线虫 *Monhystcru filiformis*、翼状矛线虫 *Dorylaimus alacus*、裸中矛线虫 *Mesodorlaimus mudus*、美国剑线虫 *Xiphincma americanum* 和单齿线虫 *Monomchus sp* 等 10 个；稀有种有枪形线虫 *Hoplolaimus* sp.、轮形线虫 *Criconcmoides* sp.、四毛环线虫 *Aphanolaimus attentus* 和以佰立剑线虫 *Xiphincma ebricnse* 等。可见，桉树人工林土壤线虫群落主要以常见种为主，优势类种有 3 个，稀有种分布数量有 7 个。

表 17-12 桉树人工林土壤线虫组成

序号	科	属	种	多度
1	异皮科 Heleroderidae	胞囊属 *Heterodera*	胞囊线虫 *Helerodera* sp.	+++
2		根结线虫 *Meloidogyne*	根结线虫 *Meloidogyue* sp.	+++
3	枪形科 Hoploaimidae	枪形属 *Hoplolaimidae*	枪形线虫 *Hoplolaimus* sp.	+
4	轮形科 Criconematidae	轮形属 *Criconemodes*	轮形线虫 *Criconcmoides* sp.	+
5	绕线科 Plectidae	绕线属 *Plectus*	短尾绕线虫 *Plectus granulosus*	++
6			小形绕线虫 *Plectus pusillu*	++

续表

序号	科	属	种	多度
7	驼线科 Camacolaimidae	环绕属 *Aphanolaimus*	四毛环线虫 *Aphanolaimus attentus*	+
8	单宫科 Monhyst cridae	单宫属 *Monhystera*	丝状单宫线虫 *Monhystcru filiformis*	++
9		矛线属 *Dorylaimus*	翼状矛线虫 *Dorylaimus alacus*	++
10		中矛属 *Mesodorylaimus*	裸中矛线虫 *Mesodorlaimus mudus*	++
11	矛线科 Dorylaimidae	剑属 *Xiphinema*	以佰立剑线虫 *Xiphincma ebricnse*	+
12			美国剑线虫 *Xiphincma* americanum	++
13	单齿科 Mononchidae	单齿属 *Monochus*	单齿线虫 *Monomchus* sp.	++
14			齿锯齿线虫 *Prionchulns muscorum*	+
15		锉齿属 *Myloochulus*	锉齿线虫 *Mylonchulus* sp.	++
16		基齿属 *lotonchus*	基齿线虫 *lotonchus* sp.	++
17			库曼线虫 *Coomansus* sp.	+
18	索科 Mermithidae	多索属 *Agamermis*	长沙多索线虫 *Agamermis Changshaen*	+++
19			多索线虫 *Agamermis* sp.	++
20		两索属 *Amphimermis*	两索线虫 *Amphimermis* sp.	+

由表 17-13 可知，在尾巨桉人工林 0 ～ 5 cm 土层中，土壤线虫数量分别占各点总量的 66.28%、67.04%、67.35% 和 66.83%；5 ～ 10 cm 土壤中，土壤动物数量分别占各点动物总量的 27.15%、25.93%、26.58% 和 27.36%。可见，不同土层土壤线虫个体数量及占总数量的比例均随土壤深度的增加而递减，土壤线虫个体数的分布为上层土壤多于下层土壤。结果表明，土壤线虫主要分布在土壤表层，呈现表聚性特征，这可能是由于凋落物层和土壤的腐殖质层主要集中在森林土壤的表层，随着土壤深度的增加而减小，土壤线虫向下垂直分异现象也与土壤有机质的表聚性有密切关联。尾巨桉土壤线虫的垂直分布符合土壤动物群落普遍的表聚性分布特征。

表 17-13 土壤线虫在土层中的垂直分布规律

采样点重复	各层土壤线虫占比百分率（%）		
	0 ～ 5（cm）	5 ～ 10（cm）	10 ～ 15（cm）
1	66.28	27.15	6.57
2	67.04	25.93	7.03
3	67.35	26.58	6.07
4	66.83	27.36	5.81

4.2 不同人工林土壤线虫数量特征

由表 17-14 可知，沿土层垂直变化，不同人工林土壤线虫主要分布在 0 ～ 10 cm 土层，这表明土壤线虫主要活动在土壤表层，主要分布在林地表面的凋落物层和土壤的腐殖质层，向下减少，这一垂直分异现象与土壤有机碳的表聚性有密切关系。这种垂直分异的现象与段春燕等（2019）对土壤微生物数量的研究结果基本一致。

总体上，不同类型人工林间，不同营养类型土壤线虫的分布特征表现为植物寄生线虫、捕食—杂食线虫、食细菌线虫和食真菌线虫，植物寄生线虫的比例最高。不同人工林间，食细菌线虫在 0 ～ 10 cm 土层分布从多到少依次为次生林、马尾松人工林、尾巨桉和杉木人工林，10 ～ 20 cm 土层从多到少依次为马尾松人工林、次生林、尾巨桉和杉木人工林，桉树人工林的数量特征居中。食真菌线虫、植物寄生线虫和捕食—杂食线虫在 0 ～ 20 cm 土层分布的多少均依次为次生林、马尾松人工林、尾巨桉和杉木人工林。

表 17-14 不同人工林土壤线虫分布规律（条 /100 g 干土）

类型	土层（cm）	食细菌线虫	食真菌线虫	植物寄生线虫	捕食—杂食线虫
杉木林	0 ～ 10	37.92	10.25	311.05	66.49
	10 ～ 20	15.44	4.23	109.64	21.0
尾巨桉	0 ～ 10	42.18	12.99	354.74	88.78
	10 ～ 20	18.79	6.38	121.89	24.8
马尾松	0 ～ 10	56.23	15.46	499.67	102.55
	10 ～ 20	24.05	8.65	177.32	29.68
次生林	0 ～ 10	65.33	18.77	554.22	122.34
	10 ～ 20	23.68	10.09	203.12	39.67

4.3　不同人工林土壤线虫群落多样性特征

由表 17-15 可知，不同人工林土壤线虫群落的香农指数、Margalef 指数、Pielou 指数和优势度指数不同。香农指数、Margalef 指数和 Pielou 指数的变化趋势一致，从大到小的关系均表现为次生林、尾巨桉人工林、马尾松人工林和杉木人工林；而优势度指数则不同，从大到小的关系依次为尾巨桉人工林、杉木人工林、次生林和马尾松人工林。

表 17-15　不同人工林土壤线虫群落特征指数

类型	香农指数 H′	Margalef 指数	Pielou 指数	优势度指数
杉木林	1.049	2.79	0.41	0.47
尾巨桉	1.247	4.02	0.56	0.51
马尾松	1.220	3.96	0.53	0.36
次生林	1.435	4.28	0.62	0.42

5　讨论与小结

5.1　桉树人工林土壤动物群落的变化特征

土壤动物是森林生态系统生物群落的重要组成成分，其在凋落物分解、养分循环、改善土壤理化性质等方面发挥着不可替代的作用，通常作为土壤肥力和森林生态系统稳定性的生物学指标（Birkhofer 等，2008）。人工林生态系统在为土壤动物群落提供生存环境的同时，也对土壤动物群落产生深远影响。一方面，人工林植被群落的层次结构变化可明显改变土壤水热环境，影响土壤动物群落的生存和繁衍（黄旭等，2010）；另一方面，人工林植物群落的组成变化能显著改变食物资源多样性，影响土壤动物群落结构和功能（Bird 等，2000）。研究表明，土壤动物群落结构与植被状况密切相关，植物群落变化过程中土壤动物群落也发生着改变（Maharning 等，2009）。

中国热带亚热带土壤动物研究表明，蜱螨目、鞘翅目、弹尾目和膜翅目是山地雨林和季雨林土壤节肢动物群落组成共有的优势类群，但在生境不同的样地中构成的数量比例不同，常见和稀有类群组成较为复杂且样地间的差异更为突出（杨效东等，2003）。桂北桉树人工林下土壤动物尽管在优势种群、常见种群和稀有种群等方面与山地雨林和季雨林不一致，包含有膜翅目、弹尾目和螨类优势类群，在土壤动物数量构成中，上述 3 个类群也占有很大比例，因此桂北桉树人工林接近亚热带山地雨林和季雨林的特点。土壤动物群落组成结构与植被状况密切相关，研究表明，植被盖度和密度越大，枯枝落叶层厚实，则土壤有机质丰富，土壤动物数量也越多（张雪萍等，1999）。从土壤动物群落和数量比较而言，次生林林下最多，马尾松人工林和尾巨桉人工林次之，最小为毛竹人工林，这与次生林植被盖度大、枯枝落叶层厚和土壤有机质丰富有关。不同林分下土壤动物类群的优势种、常见种和稀有种的组成，反映了不同林分的土壤生境的差异性。生境类似，土壤动物相似程度也高，反之亦然。本研究中，Jaccard 相似性系数的分析结果表明，杉木人工林与桉树人工林相似性系数最高，为极相似，毛竹人工林与次生林相似性系数最低，为较不相似，毛竹人工林与其他林分均为较不相似。马尾松人工林的生境不同于桉树人工林，桉树经营的时间越长，其生境与原马尾松之间的差异越大。而土壤动物对生态环境有不同的适应性，不同生境的土壤动物类群和数量有着明显的差异性。

物种多样性可以反映群落组成的复杂程度，用来评价群落生态的组织水平。高的多样性指数和均匀度意味着，在生态系统中有更长的食物链和更多的共生现象，可能对负反馈有更大的控制能力，从而增加群落结构的稳定性（黄玉梅等，2006）。本研究表明，香农指数和 Margalef 指数从大到小的关系依次表现为次生林、马尾松人工林、尾巨桉人工林、杉木人工林和毛竹人工林；Pielou 指数从大到小的关系依次表现为次生林、尾巨桉人工林、马尾松人工林、杉木人工林和毛竹人工林，表明对次生林的适度干扰有利于土壤动物生物多样性的保护，使土壤动物类群分布更均匀，类群集中程度高，而桉树人工林的采伐作业对尾巨桉人工林优势类群有一定的影响。

本研究中，土壤动物类群数与有机碳、全氮、速效氮和有效磷呈极显著正相关，与全磷、全钾和速效钾呈显著正相关。个体数量与有机碳、全氮和速效氮呈极显著正相关，与全磷、全钾、有效磷和速效钾呈显著正相关。森林土壤有机质直接或间接地为土壤动物提供了丰富的食物来源。土壤有机质含量垂直递减的规律导致土壤动物营养空间上的变化，从而影响土壤动物的类群数量和种类。土壤动物在土体中垂直分布规律与土壤有机物质的表聚特征有密切关系，因为地表凋落物层以及土壤腐殖质层中的有机物质丰富，可直接或间接满足土壤动物的需求。

目前，对地表动物的研究方法主要采用陷阱法和手捡法（孙立娜等，2014）。不同的方法收集到的动物有一定的差异，至今未发现更理想的准确方法。利用手捡法主要是为了收集一些大型的土壤动物，但也存在容易遗漏活动性强的土壤动物的缺点；而利用陷阱法收集土壤动物，由于在野外收集的时间较长，因此较手捡法收集的动物多，也有可能存在与用漏斗法搜集凋落物层的土壤动物有重叠的现象。因此，本研究主要通过陷阱法和手捡法结合，调查的土壤动物类群对桉树人工林具有一定的代表性。本研究对桉树人工林不同土层的土壤动物类群及数量进行了研究，而对相关环境因子如土壤温湿度、环境因子等未进行同步监测，今后在进行土壤动物群落研究时，应同时对环境因子进行定位观测。土壤动物受不同采样时期的影响也较大，后续需要在桉树人工林土壤动物群落特征的研究开展中长期监测。

5.2　桉树人工林土壤线虫群落的变化特征

土壤线虫在各类土壤中普遍存在，类群和数量丰富，群落生物多样性高，被看作是生态系统变化的敏感性指示生物之一。在陆地生态系统中，森林生态系统土壤线虫类群和数量最为丰富，主要原因是森林具有丰富的植物多样性、丰富的凋落物和有机质积累，以及庞大复杂的地下根系分布，这为土壤线虫提供了一个资源丰富又相对稳定的生境（Bird 等，2000）。在森林土壤中，由于大多数植食性土壤线虫生活在根际范围内，因此，不同植被的根系（主要是细根）和土壤资源垂直分布可能是导致不同林型土壤线虫垂直分布格局的主要原因。

土壤线虫群落的分布格局在不同人工林间存在显著差异，反映了线虫对人工林营造模式不同的响应，这些差异可能与不同线虫的生物学特性、可获得食物资源的数量和质量以及土壤理化性质的变化相关联（Norton 等，1991）。本研究结果表明，食真菌线虫、植物寄生线虫和捕食—杂食线虫在 0 ～ 20 cm 土层分布的大小关系一致表现为次生林、马尾松人工林、尾巨桉和杉木人工林，说明次生林生境条件较优越，适合土壤线虫生存。可能原因有以下几方面：第一，桉树可能通过分泌特殊化学物质而对其他植物、林下植被和土壤动物、微生物产生抑制作用。第二，次生林较高的土壤含水量促进了土壤线虫尤其是食细菌线虫的繁殖和生长。第三，与桉树人工林相比，次生林有利于有机碳的积累，为土壤表层微生物和线虫的发育和生殖提供了充足的食物资源。因此在次生林中更容易积累有机碳，也有利于食细菌线虫的增殖。

次生林土壤肥力较高，随着自然植被恢复，植被能够产生大量的凋落物，有利于土壤有机质的积累，而土壤有机质与土壤微生物高度相关，丰富的食物资源能够促进自由生活线虫（食细菌线虫、食真菌线虫、植物寄生线虫、捕食—杂食线虫）数量的增加。一般线虫生存环境的最适温度为 20 ～ 25 ℃，高于 30 ℃则受到明显抑制，而线虫属于湿生动物，一般要求土壤湿度达到 100%，即土壤颗粒上形成膜状水时，线虫才能通过粒间孔隙自由地移动，所以 8 月高温干旱期线虫密度明显下降。

本研究表明，桉树人工林的凋落物层生活着丰富的土壤线虫。食微土壤线虫和微生物间的相互作用对土壤生态系统过程和植物生长起着重要的调节作用（吴纪华等，2007）。但在桉树人工林管理中，凋落物往往作为垃圾而被清理。因此，适当地保留和利用桉树林的凋落物，对改善森林的生态环境，维持和丰富森林的生物多样性，有效地发挥森林生态系统效益等方面具有重要意义。我国土壤动物区系对全球气候变化的响应的研究是薄弱环节，Runiun 等（1994）研究表明，螨类、弹尾目种群数量随大气 CO_2 浓度升高而显著增加，土壤线虫丰富度和多样性有所降低（Ross 等，1999），可见，全球气候变化背景下加强土壤动物生态学以及土壤生物之间的相关性研究有重要意义。

综上所述，本章主要小结如下。

（1）实验区共捕获大型土壤动物 24 个类群，隶属 4 门 10 纲 18 目，共 1748 个。其中，优势类群有鳞翅目和膜翅目，常见类群有近孔寡毛目、后孔寡毛目、石蜈蚣目、蜘蛛目、马陆目、等足目、等翅目、蜚蠊目和双翅目。小型土壤动物 11 个类群，隶属 2 门 3 纲 6 目，共 20174 个。其中，优势类群有弹尾目和蛛形纲 / 螨类，常见类群有双翅目和木虱科。大型土壤动物组成占土壤动物总个体数的 7.97%，小型土壤动物占土壤动物总个体数的 92.03%，以小型土壤动物为主。

（2）土壤动物群落具有明显的表聚特征，主要集中在土壤 0 ～ 5 cm 土层和凋落物层，土壤动物类群及其多样性反映了桉树人工林土壤环境的质量状况。不同类型人工林中土壤动物密度从大到小依次为次生林、马尾松人工林、尾巨桉人工林、杉木林人工林和毛竹人工林；类群数从大到小依次为次生林、尾巨桉人工林、马尾松人工林、杉木林人工林和毛竹人工林。

（3）桉树人工林土壤共捕获线虫群落共计 20 种，隶属 5 目 9 科 15 属。其中优势类种有胞囊线虫、根结线虫和长沙多索线虫；常见种有短尾绕线虫、小形绕线虫、丝状单宫线虫、翼状矛线虫、裸中矛线虫、美国剑线虫和单齿线虫 10 种；稀有种有枪形线虫、轮形线虫、四毛环线虫和以佰立剑线虫等 7 种。主要以常见种为主，桉树人工林土壤为线虫提供了适宜的生活环境。

（4）土壤线虫在土壤中垂直分布与土壤有机物质的表聚性和土壤理化特性的垂直差异有密切关系，主要分布于凋落物层和土壤的腐殖质层，随土层深度向下锐减。线虫群落特征的差异性不仅反映了不同植被类型的土壤环境状况，也反映了桉树人工林生境的多样性，指示了生态系统受干扰的程度。不同营养类型土壤线虫群落从大到小的数量分布特征表现为植物寄生线虫、捕食—杂食线虫、食细菌线虫和食真菌线虫。

参考文献

[1] 段春燕，何成新，徐广平，等．桂北不同林龄桉树人工林土壤养分及生物学特性[J]．热带作物学报，2019，40(6)：1213-1222.

[2] 黄旭，文维全，张健，等．川西高山典型自然植被土壤动物多样性[J]．应用生态学报，2010(1)：184-193.

[3] 黄玉梅，张健，杨万勤．巨桉人工林中小型土壤动物类群分布规律[J]．应用生态学报，2006(12)：2327-2331.

[4] 李萌，吴鹏飞，王永．贡嘎山东坡典型植被类型土壤动物群落特征[J]．生态学报，2015，35(7)：2295-2307.

[5] 李玉娟，吴纪华，陈慧丽，等．线虫作为土壤健康指示生物的方法及应用[J]．应用生态学报，2005，16(8)：1541-1546.

[6] 宋理洪，王可洪，闫修民．基于Meta分析的中国西南喀斯特地区土壤动物群落特征研究[J]．生态学报，2018，38(3)：984-990.

[7] 孙立娜，李晓强，殷秀琴，等．龙湾自然保护区森林土壤动物群落多样性及功能类群[J]．东北师大学报(自然科学版)，2014，46(1)：110-116.

[8] 王邵军，阮宏华，汪家社，等．武夷山典型植被类型土壤动物群落的结构特征[J]．生态学报，2010，30(19)：5174-5184.

[9] 温远光，周晓果，喻素芳，等．全球桉树人工林发展面临的困境与对策[J]．广西科学，2018，25(2)：107-116.

[10] 吴纪华，宋慈玉，陈家宽．食微线虫对植物生长及土壤养分循环的影响[J]．生物多样性，2007(2)：124-133.

[11] 杨效东．热带次生林、旱稻种植地和火烧迹地土壤节肢动物群落结构特征及季节变化[J]．生态学报，2003，23(5)：883-891.

[12] 叶岳，周运超，武绍义，等．黔南喀斯特地区不同土地利用方式下大型土壤动物功能类群研究[J]．河南农业科学，2009(3)：47-51.

[13] 尹文英．中国土壤动物[M]．北京：科学出版社，2000：1-9.

[14] 张薇，宋玉芳，孙铁珩，等．土壤线虫对环境污染的指示作用[J]．应用生态学报，2004，15(10)：1973-1978.

[15] 张雪萍，李春艳，殷秀琴，等．不同使用方式林地的土壤动物与土壤营养元素的关系［J］．应用与环境生物学报，1999（1）：26-31.

[16] 周举花，朱永恒，高婷婷，等．不同土地利用方式下土壤动物群落结构特征研究［J］．环境科学与管理，2015，40（12）：150-154.

[17] Birkhofer K, Bezemer T M, Bloem J, et al. Long-term organic farming fosters below and aboveground biota：implications for soil quality, biological control and productivity [J]. Soil Biology and Biochemistry, 2008, 40 (9): 2297-2308.

[18] Bird S, Coulson R N, Crossley D A. Impacts of silvicultural practices on soil and litter arthropod diversity in a Texas pine plantation [J]. Forest Ecology and Management, 2000, 131：65-80.

[19] Maharning A R, Mills A A S, Adl S M. Soil community changes during secondary succession to naturalized grasslands [J]. Applied Soil Ecology, 2009, 41：137-147.

[20] Noble J C, Whitford W G, Kaliszweski M. Soil and litter microarthropod populations from two contrasting ecosystems in semi-arid eastern Australia [J]. Journal of Arid Environments, 1996, 32 (3): 329-346.

[21] Norton D C, Niblack T L. Biology and ecology of nematodes// Nickle WR, ed. Manual of Agricultural Nematology [M]. New York：Marcel Dekker Inc, 1991, 47-71.

[22] Ross D, Newton P, Yeates G. Response of soil nematode fauna to naturally elevated CO_2 levels influenced by soil pattern [J]. Nematology, 1999, 1 (3): 285-293.

[23] Runion G B, Curl E A, Rogers H H, et al. Effects of free air CO_2 enrichment on microbial populations in the rhizosphere and phyllosphere of cotton [J]. Agricultural and Forest Meteorology, 1994, 70：117-130.

第十八章

桉树叶水浸提液化感效应及土壤酚类物质分布特征

化感作用是指某种植物在其生长发育过程中，通过多种途径向环境中释放自身产生的化学物质从而影响同一生活环境中的其他植物（含微生物）生长的现象（Rice.，1984）。研究表明，化感作用是桉树人工林生态系统中颇受关注的生态现象，桉树内含物对其他植物有他感作用或化感作用（曾任森等，1997），该作用包括相互促进以及相互抑制两个影响方面（周志红，1995），它对桉树人工林群落的结构、功能、效益及发展均具有重大影响（王震洪等，1998）。目前，桉树人工林的发展，在学术界和社会上存在许多争论，化感作用作为焦点之一受到广泛关注（白嘉雨等，1996）。

酚类物质是指含有酚基团的一大类物质，依其结构可分为简单酚类、木质素、缩合丹宁、类黄酮等。在同一立地条件下的不同树种或不同立地条件下的同一树种，其凋落物中酚的含量都表现出显著差异；而在强酸、贫瘠土壤条件下的林木，其凋落物中常具有很高的酚含量（Northup 等，1998），可见酚类物质在整个森林生态系统中具有重要的环境反馈意义。引起连作障碍的化感物质种类繁多，而酚酸类物质是活性较强且近几年研究最多的一类化感物质，可通过作物根系分泌、地上部淋溶作用、植物残茬和凋落物分解、植物自身释放等途径进入土壤，从而影响作物生长发育（谢星光等，2014）。Sparling 等（1981）认为土壤中酚酸类物质与微生物活性有密切关系，促进某些微生物活性的同时也会抑制其他微生物活性。

由于酚类物质是土壤有毒物质的主要成分之一，其在土壤中的积累会引起植物的化感效应，造成土壤中毒和肥力衰退等问题（李天杰，1995）。近年来我国人工纯林多代连栽生产力下降的问题日益严重，森林土壤酚类物质开始引起学者的关注，桉树人工林亦多采取连栽的经营方式，因此，本章选取水稻（*Oryza sativa*）、莴苣（*Lactucasatiua* L.）、油菜（*Brassica chinensis*）、玉米（*Zea mays*）和黑麦草（*Lolium perenne* L.）为受体，对桉树叶片水提物的化感作用进行测定，同时对不同受体植物的生理生态特征进行研究：①探讨桉树叶水浸提液对植物种子萌发和幼苗生长的影响及其化感效应；②揭示受体植物对桉树叶水浸提液的生理生态响应特征；③揭示桉树人工林土壤酚类物质及其酚类酸的分布特征。

1　桉树叶水浸提液对植物种子萌发和幼苗生长的影响

1.1　桉树叶水浸提液对植物种子萌发率的影响

由表 18-1 可知，不同浓度的桉树叶水浸提液对 5 种作物的种子萌发率、种子萌发速率和种子发芽指数主要表现为抑制作用，总体趋势是随着桉树叶水浸提液浓度的增加，5 种植物的种子萌发率、种子萌发速率和种子发芽指数均逐渐减小。方差分析表明，5 组处理与对照相比均表现出显著差异性（$P < 0.05$）。说明随着桉树叶水浸提液浓度的增加，其相应的化感作用增强。

表 18-1　不同浓度的桉树叶水浸提液对 5 种植物种子萌发率的影响

植物	测定项目	处理（g/ml）					
		CK	0.01	0.02	0.03	0.04	0.05
水稻	种子萌发率（%）	97 a	80.22 b	76.55 c	70.02 c	53.23 d	48.27 e
	种子萌发速率（%）	15.67 a	12.57 b	10.12 c	8.97 d	4.96 e	2.21 f
	种子发芽指数	11.12 a	10.06 a	8.77 b	7.98 b	5.23 c	2.46 d
玉米	种子萌发率（%）	98 a	79.77 b	74.07 b	65.22 c	58.79 d	42.11 e
	种子萌发速率（%）	12.77 a	10.15 b	8.97 c	8.22 c	4.55 d	2.12 e
	种子发芽指数	10.18 a	8.79 b	7.12 b	6.56 b	4.37 c	2.26 d
油菜	种子萌发率（%）	99 a	78.69 b	64.22 c	58.64 d	45.12 e	21.43 f
	种子萌发速率（%）	17.66 a	14.39 b	12.77 c	13.23 c	12.13 d	11.01 e
	种子发芽指数	12.14 a	10.55 b	8.68 c	6.99 d	4.23 e	2.12 f
莴苣	种子萌发率（%）	99 a	84.22 b	78.09 c	57.65 d	37.04 e	18.92 f
	种子萌发速率（%）	18.99 a	14.47 b	10.54 c	6.97 d	4.72 e	2.01 f
	种子发芽指数	11.55 a	9.04 b	7.12 c	5.46 d	3.12 e	1.66 f
黑麦草	种子萌发率（%）	98 a	77.68 b	69.17 c	60.24 d	42.01 e	24.28 f
	种子萌发速率（%）	22.24 a	21.44 a	20.54 b	20.01 b	18.76 c	15.45 d
	种子发芽指数	13.98 a	11.22 b	9.44 c	6.78 d	4.86 e	2.95 f

注：同行不同小写字母表示同一指标在各浓度处理间差异显著（$P < 0.05$）。本章下同。

1.2　桉树叶水浸提液对植物幼苗生长的影响

由表 18-2 可知，不同浓度的桉树叶水浸提液对 5 种植物幼苗生长和根生长均有一定的化感影响。随着浓度的增大，5 种植物的幼苗长度和根的长度均表现为逐渐减小的趋势，这说明不同浓度的桉树叶水浸提液对 5 种植物幼苗的生长和根的生长产生了不同的化感作用，一致表现出抑制的现象，且大多数表现出显著性差异（$P < 0.05$）。桉树叶水浸提液对不同植物的化感作用与浸提液浓度、植物生长发育阶段、植物种类及不同组织器官均有密切关系。

表 18-2　不同浓度的桉树叶水浸提液对 5 种植物幼苗生长的影响

植物	测定项目	处理（g/ml）					
		CK	0.01	0.02	0.03	0.04	0.05
水稻	苗长（cm）	3.28 a	3.12 a	2.78 b	2.35 b	2.13 b	1.22 c
	根长（cm）	7.54 a	7.04 b	6.13 b	4.99 c	3.25 d	1.77 e
玉米	苗长（cm）	3.22 a	2.77 b	2.14 b	1.95 c	1.46 d	1.02 e
	根长（cm）	3.86 a	3.22 b	2.67 c	2.05 d	1.88 e	1.11 f
油菜	苗长（cm）	2.13 a	2.02 a	1.76 b	1.23 c	1.15 c	0.98 d
	根长（cm）	3.22 a	2.76 b	2.15 c	1.86 d	1.37 d	1.10 e
莴苣	苗长（cm）	1.87 a	1.54 a	1.38 b	1.23 b	1.06 c	0.84 d
	根长（cm）	3.03 a	2.67 a	2.15 b	1.86 b	1.29 c	1.13 d
黑麦草	苗长（cm）	2.11 a	1.83 b	1.56 b	1.27 c	1.18 d	0.89 e
	根长（cm）	2.89 a	2.14 b	1.95 b	1.64 c	1.34 d	1.17 e

化感效应是衡量化感作用的重要指标，对 5 种植物种子和幼苗进行了发芽率化感指数、苗高化感指数、根长化感指数和综合化感指数的分析。由表 18-3 可知，不同浓度桉树叶水浸提液处理下，各化感指数均为负值，说明不同浓度的桉树叶水浸提液对 5 种植物种子和幼苗均产生明显的抑制作用，随着浓度的增大化感效应更显著，这与表 18-2 的结果相一致。比较而言，不同浓度的桉树叶水浸提液对 5 种植物的抑制作用强度，从大到小依次为莴苣、油菜、黑麦草、玉米和水稻。

表 18-3　不同浓度的桉树叶水浸提液对 5 种植物种子和幼苗的化感效应指数

植物	测定项目	处理（g/ml）						
		CK	0.01	0.02	0.03	0.04	0.05	均值
水稻	发芽率化感指数	0.00	−0.11	−0.15	−0.25	−0.36	−0.53	−0.28
	苗高化感指数	0.00	−0.16	−0.23	−0.31	−0.45	−0.52	−0.33
	根长化感指数	0.00	−0.15	−0.22	−0.32	−0.47	−0.54	−0.34
	综合化感指数	0.00	−0.14	−0.20	−0.29	−0.43	−0.53	−0.32
玉米	发芽率化感指数	0.00	−0.16	−0.25	−0.38	−0.43	−0.55	−0.35
	苗高化感指数	0.00	−0.18	−0.22	−0.39	−0.46	−0.63	−0.38
	根长化感指数	0.00	−0.22	−0.27	−0.43	−0.52	−0.59	−0.41
	综合化感指数	0.00	−0.19	−0.25	−0.40	−0.47	−0.59	−0.38
油菜	发芽率化感指数	0.00	−0.25	−0.59	−0.66	−0.71	−0.88	−0.62
	苗高化感指数	0.00	−0.28	−0.54	−0.63	−0.65	−0.75	−0.57
	根长化感指数	0.00	−0.32	−0.47	−0.58	−0.63	−0.74	−0.55
	综合化感指数	0.00	−0.28	−0.53	−0.62	−0.66	−0.79	−0.58
莴苣	发芽率化感指数	0.00	−0.34	−0.46	−0.65	−0.78	−0.94	−0.63
	苗高化感指数	0.00	−0.44	−0.52	−0.72	−0.85	0.92	−0.69
	根长化感指数	0.00	−0.39	−0.48	−0.66	−0.86	−0.95	−0.67
	综合化感指数	0.00	−0.39	−0.49	−0.68	−0.83	−0.94	−0.67
黑麦草	发芽率化感指数	0.00	−0.13	−0.19	−0.32	−0.46	−0.78	−0.38
	苗高化感指数	0.00	−0.11	−0.26	−0.35	−0.51	−0.59	−0.36
	根长化感指数	0.00	−0.36	−0.47	−0.66	−0.78	−0.92	−0.64
	综合化感指数	0.00	−0.20	−0.31	−0.44	−0.58	−0.76	−0.46

2　桉树叶水浸提液对 5 种植物生理生态的影响

2.1　桉树叶水浸提液对植物叶绿素和脯氨酸质量分数的影响

由表 18-4 可知，不同浓度的桉树叶水浸提液处理下，各植物叶片的叶绿素质量分数均低于对照，且随着水浸提液浓度的升高，叶绿素质量分数逐渐降低。经方差分析，相对于对照，高浓度（水浸提液浓度大于 0.02 g/ml）时，各稀释水浸提液倍数对各植物叶片的叶绿素质量分数有显著影响。

各稀释倍数的桉树叶水浸提液对 5 种植物叶片脯氨酸质量分数均有促进作用，且促进作用随着浸提液浓度的升高而呈现先增大后降低的趋势，当稀释浓度为 0.05 g/ml 时，各植物叶片脯氨酸质量分数下降较明显，大多数表现出显著差异（$P < 0.05$）。可见，不同浓度的桉树叶水浸提液对水稻、玉米、油菜、莴苣和黑麦草的叶绿素质量分数和脯氨酸质量分数均有显著影响。

表 18-4　不同浓度的桉树叶水浸提液对 5 种植物叶绿素和脯氨酸的影响（mg/g）

植物	测定项目	处理（g/ml）					
		CK	0.01	0.02	0.03	0.04	0.05
水稻	叶绿素	0.763 a	0.733 a	0.687 b	0.556 c	0.489 c	0.322 d
	脯氨酸	0.0072 e	0.0212 c	0.0394 a	0.0255 b	0.0086 d	0.0079 d
玉米	叶绿素	0.975 a	0.901 a	0.768 b	0.622 b	0.546 c	0.388 d
	脯氨酸	0.0076 d	0.0234 b	0.0375 a	0.0266 b	0.0089 c	0.0083 c
油菜	叶绿素	1.673 a	1.321 b	1.109 b	0.985 c	0.675 d	0.483 e
	脯氨酸	0.0054 c	0.0075 a	0.0086 a	0.0077 a	0.0065 b	0.0062 b
莴苣	叶绿素	1.764 a	1.534 a	1.299 b	1.062 c	0.873 d	0.546 e
	脯氨酸	0.0042 c	0.0051 b	0.0059 a	0.0069 a	0.0062 a	0.0048 b
黑麦草	叶绿素	1.228 a	1.033 a	0.932 b	0.827 b	0.654 c	0.489 d
	脯氨酸	0.0046 d	0.0052 c	0.0066 b	0.0079 a	0.0072 a	0.0058 c

2.2　桉树叶水浸提液对植物丙二醛和可溶性糖质量分数的影响

表 18-5 中，5 种植物叶片的丙二醛含量随桉树叶水浸提取液处理浓度的增大而升高，显著高于对照（$P < 0.05$）。其中莴苣和油菜的丙二醛含量水平较低，水稻、玉米和黑麦草的二醛含量水平较高，表明水稻、玉米和黑麦草在桉树化感作用下的膜脂过氧化程度显著。实验结果也进一步表明，在同等的桉树叶水浸提取液胁迫条件下，水稻和玉米幼苗对逆境的抵抗能力最强，其次是黑麦草幼苗，最弱的是莴苣和油菜幼苗。

5 种植物叶片的可溶性糖质量分数随着桉树叶水浸提液浓度的升高逐渐增加，均小于对照；可见桉树叶水浸提液降低了以上 5 种植物叶片的可溶性糖质量分数，各稀释倍数桉树叶水浸提液处理下大部分植物叶片可溶性糖质量分数与对照差异显著（$P < 0.05$）。

表 18-5　不同浓度的桉树叶水浸提液对 5 种植物丙二醛和可溶性糖的影响

植物	测定项目	处理（g/ml）					
		CK	0.01	0.02	0.03	0.04	0.05
水稻	丙二醛（nmol/g）	1.875 e	1.965 d	2.436 c	4.336 b	6.543 a	6.884 a
	可溶性糖（mg/g）	13.764 a	4.378 e	6.225 d	6.584 d	8.765 c	10.542 b
玉米	丙二醛（nmol/g）	2.018 e	2.454 d	3.144 d	4.875 c	6.044 b	7.442 a
	可溶性糖（mg/g）	7.065 a	2.226 e	3.098 d	4.727 c	5.984 b	6.833 a
油菜	丙二醛（nmol/g）	0.996 d	1.131 c	1.255 c	1.409 b	1.676 a	1.542 a
	可溶性糖（mg/g）	5.987 a	2.348 d	3.556 c	4.022 b	4.897 b	3.802 c
莴苣	丙二醛（nmol/g）	0.854 d	1.155 c	1.554 c	1.967 b	2.214 a	1.986 b
	可溶性糖（mg/g）	4.664 a	2.178 c	2.269 c	3.166 b	4.212 a	2.788 b
黑麦草	丙二醛（nmol/g）	1.765 d	1.895 c	1.903 c	2.115 b	2.378 a	2.622 a
	可溶性糖（mg/g）	4.873 a	2.277 c	2.654 c	3.225 b	3.876 b	4.223 a

3　不同类型人工林土壤酚类物质含量分布特征

3.1　不同人工林土壤酚类物质的变化特征

由表 18-6 可知，不同类型人工林的各样地中，土壤酚类物质一致表现为总酚含量最高，复合酚含量次之，水溶性酚含量最低。不同土层中总酚、复合酚和水溶性酚含量存在一定差异，总酚、复合酚和水溶性酚含量总体表现为 0 ～ 20 cm 土层高于 20 ～ 40 cm 土层（$P < 0.05$）。

不同林分间，土壤总酚含量从大到小的关系表现为杉木人工林、马占相思人工林、桉树人工林和次生林；土壤复合酚含量从大到小表现为杉木人工林、次生林、桉树人工林和马占相思人工林；土壤水溶性酚含量从大到小表现为杉木人工林、桉树人工林、马占相思人工林和次生林。说明随着次生林转变为人工林之后，土壤中总酚、复合酚和水溶性酚含量呈现出逐渐增加的趋势，也就是说，试验区次生林改种为桉树人工林、马占相思人工林和杉木人工林后，样地中土壤总酚、复合酚和水溶性酚含量会有一定程度的积累。

表 18-6 不同类型人工林土壤酚类物质的变化特征 （μg/g）

类型	土层（cm）	总酚	复合酚	水溶性酚
桉树人工林	0 ～ 20	932.252 cA	41.785 cA	1.963 bA
	20 ～ 40	728.684 bB	32.916 cB	0.956 bB
马占相思人工林	0 ～ 20	1098.563 bA	44.127 cA	1.532 cA
	20 ～ 40	965.266 aB	20.658 cB	0.925 bB
杉木人工林	0 ～ 20	1268.954 aA	116.550 aA	2.975 aA
	20 ～ 40	980.725 aB	64.328 aB	1.358 aB
次生林	0 ～ 20	890.653 cA	78.894 bA	1.486 cA
	20 ～ 40	684.709 bB	45.709 bB	0.502 cB

注：同列不同小写字母表示同一指标在各林分同一土层间差异显著（$P < 0.05$），不同大写字母表示同一指标在各林分不同土层间差异显著（$P < 0.05$）。本章下同。

3.2 不同人工林土壤酚酸物质含量的变化特征

由表 18-7 可知，不同土壤层次土壤酚酸物质含量（对羟基苯甲酸、香草酸、苯甲酸、阿魏酸和肉桂酸）总体表现为 0 ～ 20 cm 土层高于 20 ～ 40 cm 土层（$P < 0.05$）。在桉树人工林和马占相思人工林，土壤香草酸含量最高，苯甲酸次之，随后是对羟基苯甲酸和阿魏酸，肉桂酸含量最低。在杉木人工林，土壤对羟基苯甲酸含量最高，香草酸和阿魏酸次之，随后是苯甲酸，肉桂酸含量最低。在次生林，土壤香草酸含量最高，苯甲酸次之，随后是对羟基苯甲酸，阿魏酸含量最低，肉桂酸未检测出。总体上，土壤中香草酸和对羟基苯甲酸含量较高，肉桂酸含量相对较低。

在不同林分间，对羟基苯甲酸含量从大到小依次为杉木人工林、桉树人工林、次生林和马占相思人工林；杉木人工林和马占相思人工林各自土壤的香草酸含量接近，均高于桉树人工林和次生林；苯甲酸和阿魏酸含量从大到小依次为杉木人工林、桉树人工林、马占相思人工林和次生林；肉桂酸含量从大到小依次为杉木人工林、马占相思人工林和桉树人工林。总体上，4 个林地土壤酚酸物质含量的总量从大到小依次为杉木人工林、桉树人工林、马占相思人工林和次生林，酚酸物质总量和林地树种配置有密切关系，人工林大于次生林，桉树人工林土壤酚酸物质含量的总量处于中等水平。

表 18-7 不同人工林土壤酚酸物质含量的变化特征 （μg/g）

类型	土层（cm）	对羟基苯甲酸	香草酸	苯甲酸	阿魏酸	肉桂酸	总量
桉树人工林	0 ～ 20	1.152 bA	2.791 bA	1.863 aA	0.704 bA	0.488 aA	6.998
	20 ～ 40	0.773 bB	1.369 aB	1.204 aB	0.441 bB	0.201 aB	3.988
马占相思人工林	0 ～ 20	0.821 cA	3.241 aA	1.519 bA	0.610 bA	0.523 aA	6.714
	20 ～ 40	0.402 bB	1.113 bB	0.798 bB	0.402 bB	0.244 aB	2.959
杉木人工林	0 ～ 20	4.763 aA	2.963 bA	2.144 aA	3.098 aA	0.636 aA	13.604
	20 ～ 40	2.476 aB	1.409 aB	1.021 aB	1.142 aB	0.328 aB	6.376
次生林	0 ～ 20	1.022 bA	1.984 cA	1.128 cA	0.485 cA	ND	4.619
	20 ～ 40	0.383 bB	1.022 bB	0.427 cB	0.166 cB	ND	1.998

注：ND 表示未检出，全书下同。

3.3 不同林分土壤酚类物质与土壤理化性质间的相关性

对桉树人工林、马占相思人工林、杉木人工林和次生林林间土壤理化性质和土壤酚类物质进行相关性分析（表 18-8）。结果表明，pH 值与脲酶和水溶性酚呈极显著正相关（$P<0.01$），与总酚和复合酚呈极显著负相关，与多酚氧化酶呈显著正相关（$P<0.05$）。自然含水量和通气度均与脲酶和水溶性酚呈极显著正相关，与总酚和复合酚呈极显著负相关，与酸性磷酸酶和多酚氧化酶呈显著正相关性。总孔隙度与脲酶、多酚氧化酶和水溶性酚呈极显著正相关性，与总酚和复合酚呈极显著负相关。容重与脲酶、多酚氧化酶和水溶性酚呈显著正相关，与总酚和复合酚呈极显著负相关。

脲酶与酸性磷酸酶和水溶性酚呈显著正相关（$P<0.05$），与多酚氧化酶呈极显著正相关（$P<0.01$），与总酚呈极显著负相关，与复合酚呈显著负相关。酸性磷酸酶仅与多酚氧化酶呈显著正相关；多酚氧化酶与水溶性酚呈显著正相关，与总酚和复合酚呈显著负相关。总酚与复合酚和水溶性酚呈极显著负相关，复合酚与水溶性酚呈显著负相关。可见，不同林分的土壤酚类物质与 pH 值、含水量、通气度、容重、土壤酶活性等土壤理化性质有密切的关系。

表 18-8 不同林分土壤酚类物质与土壤理化性质间的相关性

指标	脲酶	酸性磷酸酶	多酚氧化酶	总酚	复合酚	水溶性酚
pH	0.612**	0.342	0.645*	−0.775**	−0.821**	0.733**
自然含水量	0.689**	0.557*	0.844*	−0.894**	−0.785**	0.882**
总孔隙度	0.801**	0.546	0.795**	−0.805**	−0.744**	0.884**
通气度	0.766**	0.664*	0.709*	−0.775**	−0.776**	0.901**
容重	0.807*	0.552	0.736*	−0.896**	−0.844**	0.807*
脲酶	1	0.643*	0.775**	−0.754**	−0.669*	0.709*
酸性磷酸酶		1	0.716*	−0.454	−0.332	0.287
多酚氧化酶			1	−0.609*	−0.639*	0.766*
总酚				1	−0.865**	−0.706**
复合酚					1	−0.668*
水溶性酚						1

4 不同连栽代数桉树人工林土壤中酚类物质含量特征

4.1 不同连栽代数桉树人工林土壤酚类物质含量的变化特征

由表 18-9 可知，不同连栽代数桉树人工林中，土壤酚类物质含量一致表现为总酚含量最高，复合酚含量次之，水溶性酚含量最低。不同土层中总酚、复合酚和水溶性酚含量存在一定差异，总酚、复合酚和水溶性酚含量总体表现为 0 ～ 20 cm 土层高于 20 ～ 40 cm 土层（$P < 0.05$）。

桉树不同连栽代数间，土壤总酚和复合酚含量从大到小依次为 Ⅰ 代、Ⅱ 代、Ⅲ 代和 Ⅳ 代林，土壤水溶性酚含量则相反，从大到小依次为 Ⅳ 代、Ⅲ 代、Ⅱ 代和 Ⅰ 代林。说明随着桉树人工林连栽代数的增加，土壤中总酚和复合酚含量呈现出逐渐减小的趋势，而水溶性酚含量呈现出逐渐增加的趋势。

表 18-9 不同连栽代数桉树人工林土壤酚类物质含量的变化特征 （μg/g）

连栽代数	土层（cm）	总酚	复合酚	水溶性酚
Ⅰ	0 ～ 20	876.662 aA	42.782 aA	1.635 cA
	20 ～ 40	589.561 aB	31.087 aB	0.8762 dB
Ⅱ	0 ～ 20	688.256 bA	36.558 bA	1.898 cA
	20 ～ 40	477.693 bB	30.027 aB	1.124 cB
Ⅲ	0 ～ 20	577.932 cA	29.208 cA	2.145 bA
	20 ～ 40	256.877 cB	21.615 bB	1.762 bB
Ⅳ	0 ～ 20	504.373 dA	20.775 dA	3.873 aA
	20 ～ 40	188.832 dB	16.589 cB	2.059 aB

4.2 不同连栽代数桉树人工林土壤酚酸物质含量的变化特征

由表 18-10 可知，不同土壤层次土壤酚酸物质含量（对羟基苯甲酸、香草酸、苯甲酸、阿魏酸和肉桂酸）总体表现为 0 ～ 20 cm 土层高于 20 ～ 40 cm 土层（$P < 0.05$）。桉树人工林Ⅰ代林和Ⅳ代林，土壤香草酸含量最高，苯甲酸次之，随后是对羟基苯甲酸和阿魏酸，肉桂酸含量未检测出。桉树人工林Ⅱ代和Ⅲ代林，土壤香草酸含量最高，苯甲酸次之，随后是对羟基苯甲酸和阿魏酸，肉桂酸含量最低。

在不同连栽代数间，对羟基苯甲酸含量从大到小依次为Ⅲ代、Ⅳ代、Ⅱ代和Ⅰ代林；香草酸含量从大到小依次为Ⅲ代、Ⅰ代、Ⅳ代和Ⅱ代林；苯甲酸含量从大到小依次为Ⅲ代、Ⅱ代、Ⅳ代和Ⅰ代林；阿魏酸含量从大到小依次为Ⅲ代、Ⅱ代、Ⅰ代和Ⅳ代林。可见不同连栽代数桉树人工林土壤酚酸物质含量的总量，即总酚酸含量并未随着连栽年限的增加而增加，Ⅲ代林总酚酸含量较高。

表 18-10 不同连栽代数桉树人工林土壤酚酸物质含量的变化特征 （μg/g）

连栽代数	土层（cm）	对羟基苯甲酸	香草酸	苯甲酸	阿魏酸	肉桂酸	总量
Ⅰ	0 ～ 20	0.687	2.665	0.862	0.532	ND	4.746
	20 ～ 40	0.486	2.109	0.437	0.212	ND	3.244
Ⅱ	0 ～ 20	0.865	2.088	1.695	0.587	0.431	5.666
	20 ～ 40	0.544	1.132	1.136	0.226	0.201	3.239

续表

连栽代数	土层（cm）	对羟基苯甲酸	香草酸	苯甲酸	阿魏酸	肉桂酸	总量
Ⅲ	0 ～ 20	1.471	2.796	1.866	0.704	0.576	7.413
	20 ～ 40	0.775	1.409	1.121	0.311	0.245	3.861
Ⅳ	0 ～ 20	1.135	2.413	1.482	0.468	ND	5.498
	20 ～ 40	0.856	1.174	0.923	0.195	ND	3.148

4.3　不同连栽代数土壤酚类物质与土壤物理性质的相关性

对不同连栽代数土壤酚类物质与土壤物理性质进行相关性分析（表 18-11），结果表明，pH 值与水溶性酚呈显著正相关（$P < 0.05$），与总酚呈显著负相关（$P < 0.05$），与复合酚呈极显著负相关（$P < 0.01$）。自然含水量与总酚和复合酚均呈显著正相关（$P < 0.05$）。总孔隙度和通气度，分别与总酚呈极显著正相关（$P < 0.01$），与复合酚呈显著正相关（$P < 0.05$）。容重与复合酚呈显著负相关（$P < 0.05$）。这说明，含水率越高，总孔隙度越高，土壤酚类物质越高。土壤容重越小，通气度越好，土壤总酚和复合酚含量就越高。

表 18-11　不同连栽代数土壤酚类物质与土壤物理性质的相关性

指标	总酚	复合酚	水溶性酚
pH	−0.754*	−0.836**	0.733*
自然含水量	0.702*	0.665*	0.445
总孔隙度	0.822**	0.667*	0.361
通气度	0.878**	0.761*	0.371
容重	−0.588	−0.761*	0.532

4.4　不同连栽代数土壤酚类物质与土壤酶活性的相关性

由表 18-12 可知，脲酶与酸性磷酸酶和多酚氧化酶呈显著正相关（$P < 0.05$），与酚酸总量呈显著负相关（$P < 0.05$）。酸性磷酸酶与多酚氧化酶呈显著正相关（$P < 0.05$），与酚酸总量呈显著正相关（$P < 0.05$）。多酚氧化酶与水溶性酚呈极显著正相关（$P < 0.01$），与总酚呈显著负相关（$P < 0.05$）。总酚与复合酚呈极显著负相关（$P < 0.01$），复合酚与酚酸总量呈极显著正相关（$P < 0.01$）。

表 18-12 不同连栽代数土壤酚类物质与土壤酶活性的相关性

指标	脲酶	酸性磷酸酶	多酚氧化酶	总酚	复合酚	水溶性酚
脲酶	1					
酸性磷酸酶	0.632*	1				
多酚氧化酶	0.703*	0.621*	1			
总酚	−0.202	0.345	−0.756*	1		
复合酚	−0.291	0.419	−0.765**	0.895**	1	
水溶性酚	0.328	−0.177	0.785**	−0.312	−0.322	1
酚酸总量	−0.565*	0.556*	−0.308	0.522	0.809**	0.301

5 讨论与小结

5.1 桉树人工林叶水浸提液的化感效应

化感作用是一种植物（包括微生物）产生的化学物质释放到环境中对其他植物产生影响的现象，在生态系统构建、群落演替、物种多样性保护、生物入侵及农林生产等方面起着关键作用。化感作用对植物的生长可能是抑制的，也可能是促进的，有直接或间接的相生或相克的作用（Rice.，1984）。近年来，科技人员对化感作用在农业、林业、植物生态、环境科学等领域的作用效果开展了较多的研究。

在自然界中，水溶性的化感物质主要通过雨水、雾滴等的淋溶，转移到土壤中发生化感作用（孔垂华等，1997），当化感物质在土壤中积累一定量后，就会抑制植物种子萌发和幼苗生长（杨庆国等，2008）。种子发芽率及萌发速率的降低可能会降低植物在群落中的竞争能力，植物的幼苗阶段是植物生长过程中最关键的时期，对于植物的形态建成有着直接的影响，也是对外界逆境较为敏感的时期。化感物质对根生长的抑制一般会导致植株根系变小，吸水、吸肥能力降低；对茎生长的抑制导致植株矮小、瘦弱，影响其对光的竞争，这些均会直接影响植株未来的生长发育及其在群落中的地位（邓骛远等，2009）。本研究中，由于水稻、玉米、油菜、莴苣和黑麦草的生理结构、贮藏物质、代谢机制等的差异，导致其种子和幼苗对桉树叶水浸提液释放的化感物质的反应及敏感度不同，表现出不同的萌发及幼苗生长化感效应，如莴苣、油菜是双子叶植物，其根茎维管束和玉米、小麦单子叶植物散生的维管束不同，化感物质就会对其生长产生不同的影响。桉树叶水浸提液对 5 种植物的化感作用与浸提液浓度、生长发育期、作物种类及器官有密切关系。

曾任森等（1997）对窿缘桉和尾叶桉化感作用的研究表明，2 种桉树叶片蒸馏所得水溶性物质具有较强的挥发性，通过淋溶途径产生化感作用。本研究中，桉树叶水浸提取液对不同植物的生长状况均有不同程度的影响，这与 Turk 等（2002）的研究一致，桉树叶水浸提取液中可能存在能抑制受体植物早期生长的物质，且对受体植物根系化感作用的敏感程度比苗长明显。桉树叶水浸提取液对 5 种植物幼苗根长和苗高的抑制作用，降低了植物根表面的吸收面积和地上部分的光合面积，可能进而降低受体植物根的吸收效率和地上部分的光合同化率。本研究中，尾巨桉人工林叶水浸提液中存在某些化感物质，对不同植物种类其化感效应有所差异。桉树叶经雨水淋溶及其落叶经雨水浸泡、降解后，叶中的化感物质进入土壤，当在土壤中长时间积累到一定浓度后，就可能会抑制周围伴生植物种子的萌发与幼苗的生长。目前 5 种植物对桉树叶水浸提取液表现出一定的抗性，综合各类指标来看，玉米和水稻比其他几种植物对尾巨桉树叶浸提液中化感物质的抗性要强。

有关桉树化感作用方面已开展了一些研究（朱宇林等，2011），如对尾巨桉 *Eucalyptus urophylla* × *E. grandis* 叶片水浸提液化感作用的生物评价（秦武明等，2008）、尾叶桉 *E. urophylla* 抑制银合欢 *Leucaena leucocephala* 幼苗生长（曾任森等，1997）、巨尾桉 *E. grandis* × *E. urophylla* 枝叶的水浸提物影响水稻 *Oryza sativa* 和菜心 *Brassica parachinensis* 种子萌芽（赵绍文等，2000）、巨尾桉影响小麦 *Triticum aestivum* 种子发芽及幼苗生长（廖建良等，2000）、艮叶山桉 *E. pulverlenta* 抑制独行菜 *Lepidium apetalum* 萌发及幼苗的光合作用（Bolte 等，1984）。以上关于桉树化感作用的研究大多针对受体植物种子萌发和幼苗生长的影响方面，对植物的生理作用影响的研究较少，植物幼苗对研究植物化感效应较为敏感。本研究中，不同浓度的桉树叶水浸提液对水稻、玉米、油菜、莴苣和黑麦草的叶绿素质量分数、脯氨酸质量分数、可溶性糖质量分数、丙二醛质量分数和可溶性糖质量分数均有显著影响。

叶绿素质量分数是影响植物光合作用的重要因子，化感物质对植物体光合作用的影响主要表现为使叶绿素质量分数和光合速率降低（Yang 等，2004）。本研究表明，尾巨桉叶水浸提液对水稻、玉米、油菜、莴苣和黑麦草的叶绿素质量分数均有明显的抑制作用，且随着桉树叶浸提液浓度的升高，抑制作用增强，这和前人的研究结果相似（Yang 等，2004；郝建等，2011）。一般情况下，脯氨酸被作为一个反映植物体抗性指标使用。从本研究结果看：尾巨桉叶水浸提液对 5 种受体植物叶片的脯氨酸质量分数均有促进作用，总体上随着浸提液浓度的升高而增强，与曹成有等（2007）对瑞香狼毒（*Stellera chamaejasma*）根提取液的研究结果相似。当尾巨桉叶水浸提液稀释为 0.05 g/ml 时，本实验 5 种受体植物叶片的脯氨酸质量分数均出现略有所下降的趋势，这反映出，可能在低浓度浸提液条件下，不同受体植物体内产生脯氨酸以抵抗化感物质的伤害，而当化感物质浓度达到一定程度后，植物体内脯氨酸的合成机制可能受到了破坏，再不能继续合成脯氨酸抗逆性，所以分别出现脯氨酸质量分数略有所下降的趋势。在本试验不同植物中，莴苣的抗逆性相对较弱于其他几种作物，玉米的抗逆性相对较强。

可溶性糖既是渗透调节剂，也是合成其他有机溶质的碳架和能量的来源。本研究中水稻、玉米、油菜、莴苣和黑麦草的可溶性糖质量分数随着桉树叶水浸提液浓度的升高逐渐增加，这与曹成有等（2007）的研究结果有所不同。可能表明这 5 种不同植物抗化感物质的能力较强，可溶性糖在受到化感物质胁迫时起到一定的调节作用，当化感物质浓度达到一定程度后，合成机制同其他机能一样并没有受到破坏，可溶性糖质量分数较高，表现出对化感物质有较强的抗性。一般植物器官在逆境条件下或衰老时，往往发生膜脂的过氧化作用，丙二醛含量是其产物之一，通常将其作为脂质过氧化的指示指标，用于表征细胞膜脂过氧化程度和植物对逆境条件反应的强弱。本研究结果表明，经过桉树叶水浸提液处理后，不同植物幼苗的丙二醛含量均有所升高，说明桉树叶水浸提取液促进了受体植物细胞的膜脂过氧化程度的增高，增大了膜透性，即植物对逆境条件的反应增强。可见，尾巨桉树叶浸提液对不同植物的化感作用强度有差异性，综合各类指标来看，玉米和水稻比其他几种植物对尾巨桉树叶浸提液中化感物质的抗性要强。

在华南地区引种的桉树为了适应新环境和获得竞争优势，表现出强烈的化感效应（孔垂华等，1997）。桉树化感作用大多与水肥等环境因子的竞争共同起作用，干旱往往导致化感物质的积累，从而加重化感作用的影响，在高雨量区，由于降水的淋溶、稀释，化感物质的作用并不明显，桉树林下植被茂盛（徐大平等，2006）。据此推测，在广西雨量较多的情况下，桉树人工林中化感物质可能也很难积累到一定的浓度，起不到抑制其他植物生长的作用。林下经济是充分利用林地的生态环境，在林冠下开展林、农、牧等多种项目的复合经营，主要有林草、林药、林牧、林油、林粮等模式。发展林下经济是保护森林资源、优化林种结构、实现绿色增长的重要途径，国家给予了高度的重视。研究表明桉树人工林土壤中化感物质成分中均含有酚类物质，且桉树叶的浸提液会抑制其幼苗的生长（汪金刚等，2007），但在自然环境中桉树叶挥发物质经过雨水的淋溶积累，在土壤中的化感物质要达到影响植物生长的浓度，通常需要一个相当长的时期（杨小波等，2006）。因此，在桉树人工林经营中改变管理模式和筛选经济价值高的经济植物以发展林下经济，对于提高桉树人工林生物多样性是可行的。根据本研究结果，建议在耕地改种为桉树人工林后，尤其是农田大面积改种为桉树人工林时，不宜在桉树林分的下坡面种植油菜、莴苣，可以套种绿肥作物黑麦草，或在桉树林分下坡面进行套种其他农作物栽培时，应避免采用坡面水来灌溉。在桉树人工林混种时可考虑选择一些对桉树化感作用不敏感的豆科木本植物来改善林相的结构。

5.2　桉树人工林土壤酚类物质的分布特征

酚类物质是植物生命活动中重要的次级代谢物之一（李传涵等，2002），并通过根系分泌、植物残体分解、微生物等途径进入土壤中，从而改变土壤中营养物质的有效形态及微生物种群的分布，影响植物的生长与发育，在整个土壤生态系统中具有重要的环境反馈意义和调节功能。近年来随着我国人工纯林多代连栽生产力下降问题的日益严重，森林土壤酚类物质开始引起学者的关注，有报道认为杉木和杨树连栽造成土壤酚类物质的积累，可能是造成人工林减产的主要原因（谭秀梅等，2008）。汪金刚等（2007）报道巨桉人工林土壤化感物质含量随着土层的下降而递减，而酚类物质含量占化感物质总量最高可达到48.64%，可见酚类物质在桉树林地中的化感作用占有重要地位。本研究中，不同类型人工林各样地0～20 cm土层土壤中的总酚含量均大于20～40 cm土层，说明随着土层的加深，总酚含量呈现逐渐降低的趋势，其原因可能与自然环境中酚类物质的来源有关，比如桉树林下植物残体、枯枝落叶的分解及根系的分泌物主要分布在土壤表层。一般在自然状况下，酚类物质在生态系统中的来源主要有4种，即植物向体外释放酚类物质、雨雾从植物表面淋溶、植物从根部分泌和植物残体或凋落物分解。其中植物分泌、雨雾从植物表面淋溶和植物残体或凋落物分解这3个来源的酚类物质都要经过土壤表层进入土壤中，因此表现出上层土壤总酚含量大于下层土壤，也可能与上层土壤中的水溶性酚随雨水渗透而向下层土壤迁移以及根系分泌等因素有关。

土壤中复合性酚可以解离为水溶性酚，而水溶性酚可被植物吸收，积累到一定程度会产生毒害作用。对植物产生毒害的常常是水溶性酚类物质，但并不是所有酚类对植物生长和土壤都有不利的一面，当水溶性酚含量增加时，多酚氧化酶活性随之增强，起到制约水溶性酚类物质在土壤中积累的作用。由于复合性酚与水溶性酚之间存在动态变化关系，水溶性酚类溶于水，移动性极大且很不稳定，所以当土壤中水溶性酚含量高时，部分水溶性酚被土壤腐殖质和矿物胶体吸附，成为复合态酚；而当土壤中水溶性酚含量降低时，复合态酚又从土壤胶体上释放出来，转化为水溶性酚。尽管水溶性酚是毒害林分和土壤的主要物质，但在土壤中，水溶性酚含量一般较低，几种常见酚酸含量一般为0.1～30 μg/g，只有少数高达60～100 μg/g，也极易被降解或被吸附转化为复合性酚（Jose等，1991）。本研究中，总酚、复合性酚含量随着连栽代数增加而降低，水溶性酚含量随连栽代数增加而增加，但其含量较低，未达到毒害程度，说明实验区桉树连栽短期内没有造成酚类物质的积累。

随着近些年来对人工林地力衰退问题的关注和研究，较多学者认为在林木栽植过程中，随栽植代数的增加，土壤中可能会积累酚类物质，这也可能是造成地力衰退的重要原因之一。有些学者（何光训，1995）认为多代杉木林地土壤可能存在酚类物质的积累，从而影响杉木造林成活率和生长。本研究表明，不同人工林的各样地中，土壤酚类物质一致表现为总酚含量最高，复合酚含量次之，水溶性酚含量最低。虽然复合态酚含量相对较高，但是复合态酚能被土壤胶体吸附，既不溶于水也不能被植物体吸收，对植物不会产生毒害作用。桉树人工林土壤中水溶性酚含量低可能与土壤的吸附作用（即土壤中水溶性酚含量高时可被土壤腐殖质和矿物胶体吸附，成为复合态酚）（李传涵等，2002）和土壤中微生物的分解作用有关。随着次生林转变为人工林，土壤中总酚、复合酚和水溶性酚含量呈现出逐渐增加的趋势，不同土层土壤中水溶性酚的含量总体均比较低，并未达到使植物中毒的水平（50 μg/g）（李传涵等，2002）。

pH 值与水溶酚间呈极显著正相关关系，与总酚和复合酚之间存在极显著负相关关系，与多酚氧化酶显著正相关性，表明 pH 值对土壤酚类物质有重要影响，桉树人工林林下土壤多酚氧化酶活性较强，可以使酚类物质分解加快，使酚类在土壤中的积累量减少。总体来看，4 个样地的土壤中水溶性酚含量较低，为 0.502 ～ 2.975 μg/g，均未达到使植物中毒的水平（50 μg/g）（李传涵等，2002），这说明本区域中桉树多代连栽会在一定程度上造成土壤中酚类物质（尤其是总酚和复合态酚）的积累，尽管通过淋溶释放、凋落物分解和根系分泌能产生酚酸等化感物质，这些物质可能会抑制林内其他植物和土壤微生物的生长，但因土壤中酚类物质积累而导致植物中毒的可能性还较小，桉树人工林种植暂时不会因酚类物质的积累而引起植物中毒现象。

高浓度的酚类物质会抑制植物生长、土壤微生物和土壤酶活性，而低浓度的酚类物质则会一定程度地促进植物生长和提高土壤酶活性，某些酚类物质还会刺激土壤微生物的繁殖和生长，说明酚类物质对植物生长、土壤酶和微生物的影响存在着一个阈值（林开敏等，2010）。因此，在自然条件下，影响土壤酚类物质消解特性的因素较多，土壤酚类物质的消解特性如何，起主导作用的影响因素有哪些，对具体酚类物质影响的阈值的确定，这些问题有待于进一步深入的探讨。

在实验调查中发现，桉树的枝、树皮和叶，极易被风和流水带入水体中，在水体中浸出大量单宁酸，在硫化物、单宁酸、铁、锰同时存在的条件下，发生铁、锰与硫化物，硫化物与单宁酸，铁、锰与单宁酸等一系列反应，生成黑色络合物，导致黑水现象发生，造成一定的水体污染。桉树林对水环境负面影响是不科学的经营措施和不科学的种植地点引发的（杨章旗，2019）。通过调整桉树人工林生产作业技术、营林模式以及合理规范种植区域，可以改善桉树人工林种植对水环境的负面影响。此外，本实验中有关桉树人工林叶浸提液的化感作用，目前的试验主要来源于室内控制实验，还需要进一步在野外林地中进行观察。

综上所述，本章主要小结如下。

（1）不同浓度的桉树叶水浸提液对水稻、玉米、油菜、莴苣和黑麦草的种子萌发率、种子萌发速率、种子发芽指数、植物幼苗的生长和根的生长有明显的化感作用，主要表现为抑制作用，随着桉树叶水浸提液浓度的增加，相应的化感作用也增强。说明桉树叶片中含有活性和稳定性较强的化感物质。

（2）不同浓度的桉树叶水浸提液对叶绿素质量分数、脯氨酸质量分数、可溶性糖质量分数、丙二醛质量分数和可溶性糖质量分数均有显著影响。随着水浸提液浓度的升高，叶绿素质量分数逐渐降低，脯氨酸呈现为先增大后降低的趋势，丙二醛含量和可溶性糖质量分数表现为逐渐升高。

（3）尾巨桉人工林中存在化感作用的现象，对不同植物种类的化感效应表现出差异性，可能是人类强烈干扰经营加剧所致，桉树林地土壤酚类物质在土壤中分布，也是引起化感效应的一个原因。5 种植物对桉树叶水浸提取液表现出一定的抗性，综合各类指标来看，玉米、水稻和黑麦草比其他 2 种植物对尾巨桉树叶水浸提液化感效应的抗性要强。

（4）随着桉树人工林连栽代数的增加，土壤中总酚和复合酚呈现出逐渐减小的趋势；而水溶性酚含量呈现出逐渐增加的趋势，土壤中会积累一定量酚类物质，但其含量较低，未达到毒害程度。土壤多酚氧化酶活性与总酚呈显著负相关，与水溶性酚呈极显著正相关，表明多酚氧化酶对酚类物质有降解作用。

（5）实验区桉树人工林在连栽短期内没有造成酚类物质的严重大量积累。不同栽培代数中，5 个酚酸含量总趋势为香草酸最高，苯甲酸、对羟基苯甲酸次之，阿魏酸较低，肉桂酸含量最低，Ⅰ代林和Ⅳ代林未检测出肉桂酸。

（6）pH 值与脲酶和水溶性酚呈极显著正相关性，与总酚和复合酚呈极显著负相关；自然含水量和通气度，分别均与脲酶和水溶性酚呈极显著正相关性，与总酚和复合酚呈极显著负相关；总孔隙度与脲酶、多酚氧化酶和水溶性酚呈极显著正相关，与总酚和复合酚呈极显著负相关；容重与脲酶、多酚氧化酶和水溶性酚呈显著正相关，与总酚和复合酚极显著负相关（$P < 0.01$）。总体上，土壤理化性质与土壤酶活性、土壤酚类物质含量间关系密切。

参考文献

[1] 白嘉雨，甘四明．桉树人工林的社会、经济和生态问题［J］．世界林业研究，1996，9（2）：63-68.

[2] 曹成有，富瑶，王文星，等．瑞香狼毒根提取液对植物种子萌发的抑制作用［J］．东北大学学报：自然科学版，2007，28（5）：729-732.

[3] 邓骛远，罗通，彭铄钧．宜宾油樟对小麦的化感作用研究［J］．四川大学学报（自然科学版），2009，46（6）：1850-1854.

[4] 郝建，陈厚荣，王凌晖，等．尾巨桉纯林土壤浸提液对 4 种作物的生理影响［J］．浙江农林大学学报，2011，28（5）：823-827.

[5] 何光训．杉木连栽林地土壤酚类物质降解受阻的内外因［J］．浙江林学院学报，1995，12（4）：434-439.

[6] 孔垂华，胡飞，骆世明．胜红蓟对作物化感作用研究［J］．中国农业科学，1997，30（5）：95-98.

[7] 李传涵，李明鹤，何绍江，等．杉木林和阔叶林土壤酚含量及其变化的研究［J］．林业科学，2002，38（2）：9-14.

[8] 李天杰．土壤环境学［M］．北京：高等教育出版社，1995.

[9] 廖建良，宋冠华，曾令达．巨尾桉叶片水提液对小麦幼苗生长的影响［J］．惠州大学学报，2000，20（4）：50-52.

[10] 林开敏，叶发茂，林艳，等．酚类物质对土壤和植物的作用机制研究进展［J］．中国生态农业学报，2010，18（5）：1130-1137.

[11] 王震洪，段昌群，起联春，等．我国桉树林发展中的生态问题探讨［J］．生态学杂志，1998，17（6）：64-69.

[12] 秦武明，郝建，王凌晖，等．尾巨桉叶片水浸提液化感作用的生物评价［J］．福建林学院学报，2008，28（3）：257-261.

[13] 谭秀梅，王华田，孔令刚．杨树人工林连作土壤中酚酸积累规律及对土壤微生物的影响［J］．山东大学学报：理学版，2008，43（1）：14-19.

[14] 汪金刚，张健，李贤伟．巨桉人工林土壤化感物质的空间分布特征的研究［J］．四川农业大学学报，2007，25（2）：121-126.

[15] 谢星光，陈晏，卜元卿，等．酚酸类物质的化感作用研究进展［J］．生态学报，2014，34（22）：6417-6428.

[16] 徐大平，张宁南．桉树人工林生态效应研究进展［J］．广西林业科学，2006（4）：179-187，201.

[17] 杨庆国，万方浩，刘万学．紫茎泽兰水浸提液的化感潜势及其渗透压的干扰效应［J］．生态学杂志，2008，27（12）：2073-2078.

[18] 杨小波，李东海，李跃烈．桉树人工林土壤环境对植物种子发芽和生长的影响［J］．林业科学，2006，42（12）：148-153.

[19] 杨章旗．广西桉树人工林引种发展历程与可持续发展研究［J］．广西科学，2019，26（4）：355-361.

[20] 曾任森，李蓬为．窿缘桉和尾叶桉的化感作用研究［J］．华南农业大学学报，1997，18（1）：6-10.

[21] 赵绍文，王凌晖，蒋欢军，等．巨尾桉枝叶水浸提液对 3 种作物种子萌发的影响［J］．广西科学院学报，2000，16（1）：14 -17.

[22] 朱宇林，谭萍，陆绍锋，等．桉树叶水浸提液对 4 种植物种子化感作用的生物测定[J].西北林学院学报，2011，26（11）：134-137.

[23] 周志红．植物他感作用及其在农业中应用的研究进展［J］．生态科学，1995，（2）：129-133.

[24] Bolte M L, Bowers J. Crow W D, et al. Germination inhibitor from *Eucalyptus* pulverlenta［J］. Agricultural and Biological Chemistry, 1984, 48（2）: 373-376.

[25] Jose O S, Muraleedharan G N, Raymond H, et al. Significance of phenolic compounds in plant-soil-microbial systems［J］. Critical Reviews in Plant Sciences, 1991, 10（1）: 63-74.

[26] Northup B, Dahlgren R A, Mccoll J G. Polyphenol as regulators of plant-litter-soil interactions in northern C alifornias Pygmy forest:A positive feedback?[J]. Biogeochemistry, 1998, 42 : 189-220.

[27] Rice E L. Allelopahty［M］. 2nd Edition. New York : Aeademic Press, 1984.

[28] Sparling G P, Ord B G, Vaughan D. Changes in microbial biomass and activity in soils amended with phenolic acids[J]. Soil Biology & Biochemistry, 1981, 13(6): 455-460.

[29] Turk M A, Abdel-Rahman, Tawaha M. Inhibitory effects of aqueous extracts of

black mustard on germination and growth of lentil [J] . Pakistan Journal of Biological Sciences, 2002, 5 (3): 37–40.

[30] Yang C N, Chang I F, Lin S J, et al. Effects of three allelopathic phenolics on chlorophyll accumulation of rice Oryza sativa seedlings (Ⅱ) stimulation of consumption orientation [J] . Botanical Bulletin of Academia Sinica, 2004, 45 : 119–125.

第十九章

桉树枝条生物炭对桉树林土壤理化性质的改良作用

生物炭（Biochar）通常被认为是农作物秸秆、动物粪便等其他生物质在完全或部分缺氧条件下进行高温热解炭化而形成的含碳量丰富、性质稳定的一种固态物质（石夏颖等，2014）。生物炭含有碳、氢、氧、氮、硫等以及一些微量元素，不仅具有较大的比表面积，还有大量高电荷密度，使其具备了良好的稳定性和一定的吸附性（何选明等，2015）。生物炭因其特殊的理化性质，具有改良土壤、持留养分、提高肥力及增加土壤碳库贮量的作用，成为土壤生态系统、生物地球化学循环和农业固碳减排领域的研究热点（潘逸凡等，2013），也被国内外学者视为有效的土壤改良剂（王晗等，2018）。

有研究表明，生物炭不仅能提高酸性土壤的盐基饱和度和 pH 值（Bruno 等，2001），显著提高土壤阳离子交换量，而且能促进作物对氮（N）和磷（P）的吸收，提高土壤肥力并增加农作物产量（Lehmann.，2007）。添加生物炭能够改善土壤团聚体结构和土壤理化性质，提高土壤肥力（Liu 等，2012），可以降低土壤全氮和矿质氮的淋失，增加土壤中可利用氮素的含量，生物炭对土壤氮素淋失的降低程度与生物炭施用量有关（高德才等，2014）。目前，生物炭施用的研究多聚焦于农业土壤，而生物炭对林地土壤改良的研究报道较少，这极大限制了生物炭在林业生产当中的应用。而且，因生物炭的种类、制炭条件、施用量、土壤类型、环境条件等存在差异，生物炭对土壤的影响也不尽相同，其作用效果有待进一步研究（韩晓日等，2017；唐行灿等，2018）。

秸秆废弃物转化为生物炭还田，一直以来都是备受关注的焦点问题（Agegnehu 等，2017）。若将人工林采伐剩余物和凋落物制成生物质炭，并将其返还土壤，可避免直接火烧造成的环境污染和水肥流失等问题，也有可能改善人工林土壤肥力，提高人工林土壤的固碳能力（尹云锋等，2014；雷海迪等，2016）。生物炭一般呈碱性，如果利用生物炭途径，添加到林地，可能既可以提高桉树人工林土壤质量，同时又是解决林业废弃物资源化利用问题的有效技术措施。因此，本章以桂北典型桉树人工林为研究对象，开展施用生物炭试验（500 ℃，桉树枝条废弃物厌氧制备）：①探讨桉树枝条生物炭对桉树林土壤物理性质的影响；②揭示桉树枝条生物炭对桉树人工林土壤化学性质的作用效果。

1 桉树枝条生物炭输入后桉树林土壤物理性质的变化

容重是土壤重要的物理参数之一，可以反映土壤颗粒间排列紧实度和土壤质地的情况（邵明安等，2006）。由图 19-1 可知，不同处理间，随桉树枝条生物炭施用量的增加，容重趋于降低，降低幅度为 3.88% ～ 33.59%。CK 与 T1 ～ T4 处理，土壤不同土层间有显著的垂直分布特征（$P < 0.05$），随土层深度的加深而容重降低，但 T5 的 20 ～ 30 cm 土层容重大于 10 ～ 20 cm 土层，两者之间差异不显著（$P > 0.05$）。说明桉树枝条生物炭可以不同程度地降低土壤容重。

土壤水分是植物吸收水分的主要来源，土壤中自然含水量随着桉树枝条生物炭施用量的增大而升高，相对于 CK，T1 ～ T4 处理含水量的增幅较大，T5 处理的增幅略有下降。土壤不同土层间存在显著的垂直分布特征，除 CK 与 T2 处理的 0 ～ 10 cm 和 10 ～ 20 cm 土层间差异不显著外（$P > 0.05$），其他处理在不同土层间存在显著差异（$P < 0.05$）。

土壤孔隙度是指单位体积内土壤孔隙所占的百分比，整体而言，总毛管孔隙度、毛管孔隙度均呈现上升的趋势，增幅分别为 9.28% ～ 35.89%、8.96% ～ 33.19%。0 ～ 10 cm 土层，总毛管孔隙度不同处理间存在显著差异（$P < 0.05$），毛管孔隙度 T4 与 T5 间差异不显著（$P > 0.05$），且两者均随桉树枝条生物炭施加量的增加而增大。10 ～ 20 cm 土层，毛管孔隙度含量从小到大的关系表现为，CK < T1 < T2 < T5 < T3 < T4，T2、T3 与 T5 之间差异不显著（$P > 0.05$），总毛管孔隙度 T3 与 T5、T4 与 T5 之间差异不显著（$P > 0.05$）；20 ～ 30 cm 土层，毛管孔隙度与总毛管孔隙度含量变化规律呈递增趋势，总毛管孔隙度 T2 与 T3 处理之间的差异不显著（$P > 0.05$），毛管孔隙度 T1、T2 与 T3 处理间差异不显著（$P > 0.05$），T2 与 T3 处理之间的差异不显著（$P > 0.05$）。桉树枝条生物炭主要对桉树人工林土壤表层孔隙度的影响较显著（$P < 0.05$）。

可见，在桉树人工林中，随着桉树枝条生物炭施用量的增加，土壤容重降低，提高了土壤中自然含水量，增加了总毛管孔隙度、毛管孔隙度和非毛管孔隙度。表现为改善了桉树人工林土壤的物理性质，对土壤结构产生积极的改良效果。

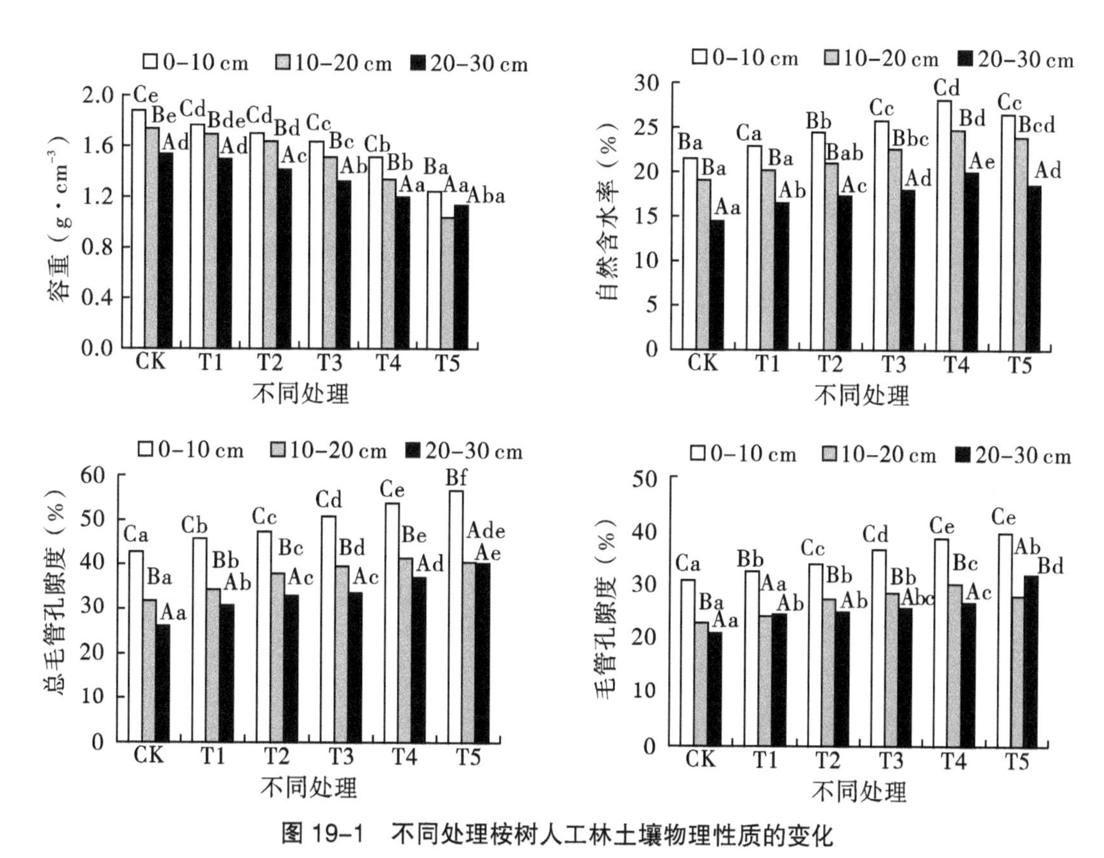

图 19-1　不同处理桉树人工林土壤物理性质的变化

注：不同小写字母表示同一土层不同处理间差异显著（$P < 0.05$），不同大写字母表示同一处理不同土层间差异显著（$P < 0.05$）。

2　桉树枝条生物炭输入后桉树林土壤化学性质的变化

土壤阳离子交换量是评价土壤肥力的一个指标，可直接反映土壤可提供速效养分的数量，也可以表示土壤保肥能力、缓冲能力的大小。如表 19-1 所示，阳离子交换量整体随着桉树枝条生物炭施用量的增加先升高后降低，0 ～ 30 cm 土层中，T4 处理的含量最高（54.33 cmol/kg），CK 含量最低（20.86 cmol/kg）。0 ～ 20 cm 土层中，不同处理间存在显著差异（$P < 0.05$）；在 20 ～ 30 cm 土层，CK 与 T1，T4 与 T5 间差异不显著（$P > 0.05$）。

输入桉树枝条生物炭之后，土壤电导率含量明显增大（$P < 0.05$）。同一处理的电导率含量呈现明显的垂直分布特征，不同土层间存在显著差异（$P < 0.05$），T4 处理的 10 ～ 20 cm 与 20 ～ 30 cm 土层之间的电导率差异不显著。20 ～ 30 cm 土层中，电导率含量大小顺序为 CK < T1 < T2 < T3 < T5 < T4。

交换性酸与交换性铝含量整体随着桉树枝条生物炭施加量的增多而减少，在垂直分布上是随土层加深而降低。交换性酸含量在不同土层间大部分有显著差异（$P < 0.05$），在T5处理，10～20 cm与20～30 cm土层间差异不显著（$P > 0.05$）。交换性铝在T3、T5处理时，10～20 cm与20～30 cm土层间差异不显著（$P > 0.05$）。在20～30 cm土层，交换性酸与交换性铝含量随桉树枝条生物炭施加量的增加而无显著变化规律，交换性酸含量T2比T3低；交换性铝含量T3比T4低。交换性钠与交换性氢含量有相同变化趋势，总体上，随着桉树枝条生物炭施用的增加而呈现趋于减小的趋势，在T5处理时，略有增加。

交换性钠与交换性氢在同一处理不同土层中，存在显著性差异（$P < 0.05$）。10～20 cm土层，交换性钠含量的大小顺序为CK > T1 > T2 > T3 > T5 > T4，交换性氢含量在T2、T3与T5间差异不显著（$P > 0.05$）。20～30 cm土层，交换性氢含量的大小关系为CK > T1 > T4 > T5 > T2 > T3，交换性氢含量在T2与T3间差异不显著。T4处理，交换性钠与交换性氢是10～20 cm土层小于20～30 cm土层含量。

交换性镁整体随桉树枝条生物炭施加量的增多而呈现先增大后减小的趋势，其中T4处理的增加最大，相对于CK，0～30 cm土层平均增幅为71.52%。同一处理的不同土层中，土壤交换性镁间存在显著差异（$P < 0.05$），随土层深度的增加而减小（T1处理除外，其含量20～30 cm土层大于10～20 cm土层）。0～10 cm土层，T1、T2间差异不显著（$P > 0.05$）；10～20 cm土层，T2、T3间差异不显著（$P > 0.05$）；20～30 cm土层，CK与T1、T2与T3间差异不显著（$P > 0.05$）。

不同处理的交换性钙在土层都有明显的垂直分布特征，各土层间均有显著的差异（$P < 0.05$），施加桉树枝条生物炭后交换性钙均有不同程度的增加，其中T4处理含量最高，相对于CK，0～30 cm土层平均增幅为66.10%。0～10 cm土层，不同处理之间差异显著（$P < 0.05$）；10～20 cm土层，T1与T2、T4与T5间差异不显著（$P > 0.05$）；20～30 cm土层，交换性钙的含量为CK < T1 < T3 < T5 < T2 < T4。土壤pH值明显增大，施加桉树枝条生物炭后各处理明显大于CK，尤其在表层的土壤中变化显著（$P < 0.05$），随着土层深度的加深，pH值逐渐减小。总体上，桉树枝条生物炭施用量的增加，有利于缓解桉树人工林地土壤的酸化趋势，对土壤化学性质有一定的改善效果。

表 19-1　不同生物炭处理桉树人工林土壤化学性质的变化

指标	土层（cm）	CK	T1	T2	T3	T4	T5
阳离子交换量（cmol/kg）	0 ~ 10	9.90 ± 0.33 Ca	12.67 ± 0.57 Cb	17.34 ± 0.68 Cc	19.45 ± 0.61 Cd	22.91 ± 0.16 Cf	21.36 ± 0.32 Ce
	10 ~ 20	6.98 ± 0.81 Ba	8.61 ± 1.26 Bb	12.76 ± 0.37 Bc	15.92 ± 0.62 Bd	18.65 ± 0.42 Be	17.30 ± 0.54 Bde
	20 ~ 30	3.98 ± 0.18 Aa	5.24 ± 0.69 Aa	7.20 ± 0.91 Ab	10.06 ± 0.88 Ac	12.77 ± 1.08 Ad	13.62 ± 0.43 Ad
电导率（uS/cm）	0 ~ 10	46.41 ± 2.91 Ca	90.38 ± 0.69 Cb	144.12 ± 5.24 Cc	190.90 ± 1.71 Cd	236.97 ± 11.49 Bd	295.47 ± 7.87 Ce
	10 ~ 20	32.76 ± 1.88 Ba	70.49 ± 1.42 Bb	108.21 ± 3.18 Bc	150.43 ± 7.08 Bd	175.82 ± 5.18 Ade	203.67 ± 10.64 Be
	20 ~ 30	15.91 ± 1.12 Aa	45.46 ± 0.94 Ab	65.40 ± 6.34 Abc	87.86 ± 5.80 Ac	166.74 ± 9.06 Ae	115.69 ± 4.47 Ad
交换性酸（cmol/kg）	0 ~ 10	6.67 ± 0.25 Ce	6.08 ± 0.12 Cd	5.52 ± 0.17 Cc	5.09 ± 0.08 Cc	3.68 ± 0.35 Cb	2.50 ± 0.32 Ba
	10 ~ 20	5.45 ± 0.40 Bcd	5.00 ± 0.15 Bd	4.06 ± 0.07 Bc	4.17 ± 0.11 Bc	3.02 ± 0.10 Bb	1.39 ± 0.12 Aa
	20 ~ 30	4.43 ± 0.14 Af	4.10 ± 0.10 Ae	2.26 ± 0.12 Ac	3.10 ± 0.04 Ad	1.87 ± 0.16 Ab	1.06 ± 0.05 Aa
交换性铝（cmol/kg）	0 ~ 10	10.58 ± 0.55 Ce	10.07 ± 0.31 Ce	7.63 ± 0.37 Cd	5.67 ± 0.20 Bc	4.08 ± 0.17 Cb	2.76 ± 0.43 Ba
	10 ~ 20	6.22 ± 0.27 Bd	6.34 ± 0.73 Bd	4.87 ± 0.27 Bc	3.48 ± 0.38 Ab	2.88 ± 0.11 Bb	1.86 ± 0.30 Aa
	20 ~ 30	3.98 ± 0.18 Ac	3.21 ± 0.04 Abc	3.12 ± 0.10 Abc	2.06 ± 0.03 Aa	2.15 ± 0.03 Aa	1.55 ± 0.31 Aab
交换性钙（g/kg）	0 ~ 10	2.21 ± 0.05 Ca	2.76 ± 0.07 Cb	2.97 ± 0.13 Bc	3.21 ± 0.05 Cd	4.11 ± 0.10 Cf	3.69 ± 0.07 Ce
	10 ~ 20	1.98 ± 0.03 Ba	2.20 ± 0.05 Bb	2.34 ± 0.05 Ab	2.57 ± 0.07 Bc	2.98 ± 0.10 Bd	2.91 ± 0.15 Bd
	20 ~ 30	1.68 ± 0.02 Aa	1.91 ± 0.06 Ab	2.23 ± 0.07 Ac	2.11 ± 0.04 Ac	2.66 ± 0.13 Ae	2.49 ± 0.04 Ad
交换性氢（cmol/kg）	0 ~ 10	1.71 ± 0.01 Be	1.66 ± 0.05 Cde	1.62 ± 0.03 Ccd	1.57 ± 0.04 Cbc	1.39 ± 0.03 Ca	1.53 ± 0.03 Cb
	10 ~ 20	1.52 ± 0.07 Ac	1.44 ± 0.06 Bc	1.30 ± 0.03 Bb	1.27 ± 0.08 Bb	1.06 ± 0.05 Aa	1.30 ± 0.04 Bb
	20 ~ 30	1.41 ± 0.06 Ac	1.30 ± 0.03 Ac	1.14 ± 0.04 Aab	1.06 ± 0.06 Aa	1.18 ± 0.04 Bb	1.16 ± 0.05 Aab

续表

指标	土层（cm）	CK	T1	T2	T3	T4	T5
交换性钠（g/kg）	0 ～ 10	73.22 ± 2.67 Cf	68.37 ± 1.53 Ce	59.81 ± 1.17 Cd	53.03 ± 0.96 Cc	42.03 ± 0.76 Ca	47.60 ± 1.00 Cb
	10 ～ 20	49.05 ± 0.52 Bd	42.08 ± 1.02 Bc	35.66 ± 2.31 Bbcd	31.83 ± 1.04 Bb	13.57 ± 1.11 Aa	29.62 ± 0.47 Bb
	20 ～ 30	30.76 ± 0.42 Ad	22.97 ± 0.77 Ac	20.34 ± 0.49 Ab	18.97 ± 0.47 Ab	22.04 ± 0.90 Bc	16.53 ± 1.03 Aa
交换性镁（g/kg）	0 ～ 10	0.31 ± 0.01 Ca	0.36 ± 0.01 Cb	0.38 ± 0.01 Cb	0.42 ± 0.02 Cc	0.50 ± 0.01 Ce	0.46 ± 0.02 Cd
	10 ～ 20	0.22 ± 0.01 Bb	0.14 ± 0.01 Aa	0.28 ± 0.01 Bc	0.30 ± 0.01 Bc	0.36 ± 0.02 Be	0.33 ± 0.02 Bd
	20 ～ 30	0.12 ± 0.01 Aa	0.25 ± 0.01 Bd	0.17 ± 0.01 Ab	0.19 ± 0.00 Ab	0.25 ± 0.01 Acd	0.22 ± 0.02 Ac
pH	0 ～ 10	5.22 ± 0.02 Aa	5.59 ± 0.04 Cb	6.12 ± 0.08 Cc	6.39 ± 0.12 Bd	6.78 ± 0.16 Ce	7.07 ± 0.07 Cf
	10 ～ 20	5.34 ± 0.01 Ba	5.44 ± 0.02 Ba	5.75 ± 0.08 Ba	5.97 ± 0.22 Aab	6.27 ± 0.05 Bb	6.61 ± 0.13 Bb
	20 ～ 30	5.33 ± 0.05 Ba	5.38 ± 0.005 Aa	5.49 ± 0.04 Aab	5.67 ± 0.15 Ab	5.92 ± 0.10 Ac	6.08 ± 0.09 Ac

注：不同小写字母表示同一土层不同处理间差异显著（$P < 0.05$），不同大写字母表示同一处理不同土层间差异显著（$P < 0.05$）。本章下同。

3　桉树枝条生物炭输入后桉树林土壤养分含量的变化

土壤养分是衡量土壤肥力的一个重要指标。由表 19-2 可知，添加生物炭可以不同程度增加土壤养分的含量。土壤有机碳随桉树枝条生物炭添加量的增加而升高，T1 ～ T5 处理相对于 CK 增加了 10.92% ～ 51.33%，同一处理不同土层之间差异显著（$P < 0.05$）。0 ～ 10 cm 土层中，不同处理间差异显著（$P < 0.05$）；10 ～ 20 cm 土层中，T1、T2 与 CK 之间差异不显著（$P > 0.05$），T4 与 T5 之间差异不显著（$P > 0.05$）；20 ～ 30 cm 土层中，T1 ～ T4 之间差异不显著。

土壤全磷随桉树枝条生物炭添加量的增加整体呈现先升高后降低的趋势，其中 T4 处理全磷含量最高为 1.16 g/kg。不同土层中全磷含量均存在差异性（$P < 0.05$），除 T2 处理中 20 ～ 30 cm 土层的全磷比 10 ～ 20 cm 土层高外，其他处理均随土层深度增

加全磷含量降低。0 ～ 10 cm 土层，T1 与 T2，T3 与 T4 间均差异不显著（$P > 0.05$），10 ～ 20 cm 土层中，不同处理间差异达到显著水平（$P < 0.05$）；20 ～ 30 cm 土层，T2 与 T4，T3 与 T5 间差异不显著（$P > 0.05$）。

表 19-2　不同生物炭处理桉树人工林土壤化学性质的变化

元素	土层（cm）	CK	T1	T2	T3	T4	T5
有机碳（g/kg）	0 ～ 10	9.90 ± 0.33 Ca	12.67 ± 0.57 Cb	17.34 ± 0.68 Cc	19.45 ± 0.61 Cd	22.91 ± 0.16 Cf	21.36 ± 0.32 Ce
	10 ～ 20	6.98 ± 0.81 Ba	8.61 ± 1.26 Bb	12.76 ± 0.37 Bc	15.92 ± 0.62 Bd	18.65 ± 0.42 Be	17.30 ± 0.54 Bde
	20 ～ 30	3.98 ± 0.18 Aa	5.24 ± 0.69 Aa	7.20 ± 0.91 Ab	10.06 ± 0.88 Ac	12.77 ± 1.08 Ad	13.62 ± 0.43 Ad
全磷（g/kg）	0 ～ 10	46.41 ± 2.91 Ca	90.38 ± 0.69 Cb	144.12 ± 5.24 Cc	190.90 ± 1.71 Cd	236.97 ± 11.49 Bd	295.47 ± 7.87 Ce
	10 ～ 20	32.76 ± 1.88 Ba	70.49 ± 1.42 Bb	108.21 ± 3.18 Bc	150.43 ± 7.08 Bd	175.82 ± 5.18 Ade	203.67 ± 10.64 Be
	20 ～ 30	15.91 ± 1.12 Aa	45.46 ± 0.94 Ab	65.40 ± 6.34 Abc	87.86 ± 5.80 Ac	166.74 ± 9.06 Ae	115.69 ± 4.47 Ad
全钾（g/kg）	0 ～ 10	6.67 ± 0.25 Ce	6.08 ± 0.12 Cd	5.52 ± 0.17 Cc	5.09 ± 0.08 Cc	3.68 ± 0.35 Cb	2.50 ± 0.32 Ba
	10 ～ 20	5.45 ± 0.40 Bcd	5.00 ± 0.15 Bd	4.06 ± 0.07 Bc	4.17 ± 0.11 Bc	3.02 ± 0.10 Bb	1.39 ± 0.12 Aa
	20 ～ 30	4.43 ± 0.14 Af	4.10 ± 0.10 Ae	2.26 ± 0.12 Ac	3.10 ± 0.04 Ad	1.87 ± 0.16 Ab	1.06 ± 0.05 Aa
有效磷（mg/kg）	0 ～ 10	10.58 ± 0.55 Ce	10.07 ± 0.31 Ce	7.63 ± 0.37 Cd	5.67 ± 0.20 Bc	4.08 ± 0.17 Cb	2.76 ± 0.43 Ba
	10 ～ 20	6.22 ± 0.27 Bd	6.34 ± 0.73 Bd	4.87 ± 0.27 Bc	3.48 ± 0.38 Ab	2.88 ± 0.11 Bb	1.86 ± 0.30 Aa
	20 ～ 30	3.98 ± 0.18 Ac	3.21 ± 0.04 Abc	3.12 ± 0.10 Abc	2.06 ± 0.03 Aa	2.15 ± 0.03 Aa	1.55 ± 0.31 Aab
速效钾（mg/kg）	0 ～ 10	2.21 ± 0.05 Ca	2.76 ± 0.07 Cb	2.97 ± 0.13 Bc	3.21 ± 0.05 Cd	4.11 ± 0.10 Cf	3.69 ± 0.07 Ce
	10 ～ 20	1.98 ± 0.03 Ba	2.20 ± 0.05 Bb	2.34 ± 0.05 Ab	2.57 ± 0.07 Bc	2.98 ± 0.10 Bd	2.91 ± 0.15 Bd
	20 ～ 30	1.68 ± 0.02 Aa	1.91 ± 0.06 Ab	2.23 ± 0.07 Ac	2.11 ± 0.04 Ac	2.66 ± 0.13 Ae	2.49 ± 0.04 Ad

续表

元素	土层（cm）	CK	T1	T2	T3	T4	T5
速效氮（mg/kg）	0 ～ 10	1.71 ± 0.01 Be	1.66 ± 0.05 Cde	1.62 ± 0.03 Ccd	1.57 ± 0.04 Cbc	1.39 ± 0.03 Ca	1.53 ± 0.03 Cb
	10 ～ 20	1.52 ± 0.07 Ac	1.44 ± 0.06 Bc	1.30 ± 0.03 Bb	1.27 ± 0.08 Bb	1.06 ± 0.05 Aa	1.30 ± 0.04 Bb
	20 ～ 30	1.41 ± 0.06 Ac	1.30 ± 0.03 Ac	1.14 ± 0.04 Aab	1.06 ± 0.06 Aa	1.18 ± 0.04 Bb	1.16 ± 0.05 Aab

全钾含量随桉树枝条生物炭施用量的增加呈现先增大后减小趋势，其中 T4 处理最高为 23.00 g/kg，且不同土层间差异性显著（$P < 0.05$）。0 ～ 10 cm 土层，CK 与 T1 差异显著（$P < 0.05$），T2 与 T3 差异不显著（$P > 0.05$）；10 ～ 20 cm 土层，T2 与 T3，T4 与 T5 间差异不显著（$P > 0.05$）；20 ～ 30 cm 土层，CK 与 T1，T4 与 T5 间差异不显著。除 T1 处理土壤有效磷低于 CK 外，土壤有效磷随桉树枝条生物炭施加量的增加逐渐升高。同一处理不同土层变化规律为随土层深度的增加而降低，除 T3 处理 10 ～ 20 cm 土层与 20 ～ 30 cm 土层间差异不显著（$P > 0.05$）外，其他土层间均差异显著（$P < 0.05$）。20 ～ 30 cm 土层中，有效磷含量表现为 T1 < CK < T2 < T4 < T3 < T5。

添加桉树枝条生物炭后，土壤速效钾含量虽有不同程度的增加，但是增加的幅度不大，为 4.79% ～ 19.80%，其中 T4 处理的变化最大。0 ～ 10 cm 土层，CK、T1 与 T2 间差异不显著（$P > 0.05$）；10 ～ 20 cm 土层各处理间差异不显著（$P > 0.05$）；20 ～ 30 cm 土层，T3 与 T5 间差异不显著，其他处理之间差异显著（$P < 0.05$）。桉树枝条生物炭的施加显著提高了速效氮的含量，与 CK 相比，不同处理下速效氮含量的增长率为 7.72% ～ 75.86%。T1 处理与其他处理速效氮的变化规律不同：0 ～ 10 cm 土层 > 20 ～ 30 cm 土层 > 10 ～ 20 cm 土层，且 10 ～ 20 cm 土层与 20 ～ 30 cm 土层之间不显著。施用桉树枝条生物炭，有利于促进桉树人工林土壤养分含量的增加。

4 桉树枝条生物炭输入土壤物理与化学性质的相关性

由表 19-3 可知，土壤 pH 值、阳离子交换量、电导率分别与土壤自然含水量、毛管孔隙度、总毛管孔隙度、有机碳、全磷、全钾、有效磷、速效钾、速效氮之间有极显著正相关（$P < 0.01$）；pH 值、电导率与容重之间为极显著负相关（$P < 0.01$）；阳离子交换量与容重之间相关性不显著（$P > 0.05$）；交换性酸、交换性铝与容重、速效钾之间存在极显著正相关（$P < 0.01$），与其他指标之间相关不显著（$P > 0.05$）；交换性氢、交换性钠分别与容重、总毛管孔隙度、有机碳、全磷、全钾、速效钾之间有极显著正相关（$P < 0.01$），与速效氮之间存在显著相关（$P < 0.05$），与有效磷之间相关性不显著（$P > 0.05$）；交换性氢与自然含水量、毛管孔隙度之间存在显著相关（$P < 0.05$）。交换性钙、交换性镁与容重之间无显著相关性，但与其他指标间存在极显著正相关（$P < 0.01$）。

表 19-3　不同生物炭处理桉树人工林土壤化学性质的变化

指标	pH	阳离子交换量	电导率	交换性酸	交换性铝	交换性氢	交换性钠	交换性钙	交换性镁
容重	−0.502**	−0.253	−0.467**	0.950**	0.880**	0.675**	0.742**	−0.213	0.018
自然含水量	0.781**	0.928**	0.828**	0.054	0.155	0.322*	0.399**	0.902**	0.913**
毛管孔隙度	0.760**	0.860**	0.781**	0.003	0.135	0.345*	0.405**	0.888**	0.899**
总毛管孔隙度	0.770**	0.887**	0.809**	0.054	0.193	0.402**	0.475**	0.906**	0.919**
有机碳	0.785**	0.883**	0.813**	0.063	0.193	0.414**	0.478**	0.884**	0.915**
全磷	0.651**	0.820**	0.709**	0.144	0.260	0.361**	0.464**	0.863**	0.846**
全钾	0.790**	0.907**	0.814**	0.073	0.183	0.390**	0.456**	0.928**	0.916**
有效磷	0.877**	0.916**	0.879**	−0.197	−0.066	0.192	0.252	0.907**	0.829**
速效钾	0.586**	0.783**	0.635**	0.360**	0.462**	0.571**	0.665**	0.785**	0.884**
速效氮	0.888**	0.893**	0.886**	−0.155	−0.053	0.275*	0.285*	0.917**	0.899**

5　讨论与小结

5.1　桉树枝条生物炭对桉树人工林土壤物理性质的影响

土壤的物理性质是研究土壤肥力的重要指标，对提高土壤生产力、培肥土壤、土壤资源可持续利用等有重要的意义（王果，2009）。土壤容重是土壤物理特性的一个重要指标，降低容重可以改善土壤结构，有利于土壤营养的释放、养分的保留并降低土壤板结程度。本研究中，施用桉树枝条生物炭后，土壤的容重降低，自然含水量、毛管孔隙度和总毛管孔隙度含量增大，这与许多学者（韩晓日等，2017；蒋惠等，2017；张曼玉等，2019）的研究结果相似。孟李群（2014）也发现，杉木皮生物炭处理对Ⅰ～Ⅲ

代杉木人工林土壤容重影响最明显，容重分别比未施炭处理的降低 12.5%、19.08% 和 19.67%。土壤容重与土壤紧密度紧密相关，生物炭体积密度小，粒径小，质地疏松，可改善土壤松紧度（Herath 等，2013）。有研究表明，随着生物炭施入量的增加，土壤含水量增加 10% ～ 35%（Oguntunde 等，2008）。生物炭自身可以直接提供植物吸收的养分，使土壤保持一定的水分和养分，改善土壤条件（Glaser 等，2002），也可以提高作物的产量（Lehmann 等，2003）。土壤容重越小，土质越疏松，透气性越好，且毛管孔隙度越大，含水量越高，越有利于植物根系的生长。

本研究地属于亚热带地区，雨热同期，温度较高，降水量大，且水土流失严重，施加桉树枝条生物炭后，土壤容重减小更有利于土壤水分的保持。生物炭的类型及施用量、土壤质地等都会影响土壤容重、含水量、孔隙度的变化程度（方培结，2014；卜巧珍，2014）。方培结（2014）发现棕色石灰土含水量随生物添加量增加而先增加后降低，而红色石灰土含水率则随着生物炭添加量增加而升高。高海英等（2011）研究发现，不同的生物炭类型对同一质地土壤及同一生物炭对不同质地的土壤持水量有显著的影响。张峥嵘（2014）对生物炭本身做了研究，发现不同生物炭孔隙特性对不同质地土壤孔隙的影响是不同的，孔隙较大的生物炭适用于黏土，有利于土壤的导水性，孔隙较小的生物炭适用于沙土，有利于提高土壤的保水性。因此，在桉树人工林种植地区，合理施用桉树枝条生物炭有助于提高土壤的持水能力。

5.2 桉树枝条生物炭对桉树人工林土壤化学性质的影响

土壤酸碱度是土壤的一个重要化学属性，常常影响植物的生长和施肥效果，它是土壤肥力的一项重要指标。桉树人工林施用桉树枝条生物炭 1 年后，pH 值与电导率、阳离子交换量均随生物炭施用量的增加而呈现增加的趋势，这与多数人的研究结果相似（王桂君等，2016，2017；燕金锐等，2019），表明施用桉树枝条生物炭对改良桂北桉树人工林已呈现酸化趋势的土壤有显著的效果。生物炭自身呈碱性，一方面可提高土壤的 pH 值，另一方面中和了酸性土壤中的 H^+ 而提高了土壤的 pH 值。生物炭对有机质含量较低的酸性土 pH 值增加效果明显（Gul 等，2015）。也有研究表明，施用生物炭并不一定都提高土壤的酸碱度，有些可能降低土壤的酸碱度，如刘祥宏等（2013）对碱性土壤施加生物炭降低了土壤的 pH 值。陈山等（2016）的研究表明，当生物炭施用量达到一定浓度时，酸碱度呈缓和趋势，张祥等（2013）研究表明，短时间内酸碱度随生物炭的增加而增加，但是施用时间较长时，酸碱度的变化不显著，将生物炭用于 pH 值较高的土壤中，生物炭对其的影响相对较小。

土壤阳离子交换量反映了土壤的供肥能力、保肥能力和缓冲能力，因此常被用作衡量土壤缓冲力和土壤肥力的重要指标。土壤阳离子交换量（CEC）受土壤 pH 值、土壤类型、土壤养分和有机质含量等的影响，CEC 的增加意味着土壤养分保持能力的增加。除了生物炭本身的 CEC 较大，生物炭增加土壤 pH，土壤中可变负电荷数量随之增加，这也有助于增加土壤 CEC（Wan 等，2014）。生物炭使红色石灰土中阳离子交换率增加，但对棕色石灰土没有显著影响（方培结，2014）。本研究中，交换性酸、交换性铝与交换性氢含量随桉树枝条生物炭施用量的增加而降低，交换性钠随施用量增加呈现先降低后升高的趋势，交换性镁和交换性钙随桉树枝条生物炭施用量的增加呈现先升高后降低的趋势，均是在 T4 处理时较高，总体上是增加的趋势，这表明桉树枝条生物炭可能通过降低土壤交换性酸和交换性铝含量，增加土壤交换性盐基离子数量，提高土壤盐基饱和度，从而降低了土壤酸度。朱盼等（2015）的研究也表明生物炭处理的土壤交换性钙和镁含量高于对照组，同时也降低土壤交换性铝含量；但王义祥等（2018）研究表明土壤交换性钙呈现先增加后减少的趋势，交换性钠是整体增加的趋势。在桂北黄冕桉树人工林种植区，土壤以红壤、山地黄红壤为主，前期研究也表明土壤呈现酸化趋势（段春燕等，2019），施用桉树枝条生物炭 1 年后，一方面生物炭中的碱性物质中和了土壤的酸性物质，另一方面，土壤中有含量较高的致酸离子 H^+、Al^{3+}，而且生物炭本身呈碱性，其中含有很多盐基离子 Ca^{2+}、Mg^{2+}、K^+、Na^+ 等，盐基离子与 H^+、Al^{3+} 产生交换作用，因而提高了土壤的 pH 值，降低了 H^+、Al^{3+} 对土壤的毒害。不同的是，在盐碱土中，生物炭的添加并未对土壤中交换性钠有显著的影响（赵铁民等，2019）。管恩娜等（2016）研究表明，生物炭添加在棕壤中，交换性钙的含量增加，对交换性镁含量的影响不大，交换性钠含量为先上升后下降的趋势，这可能与土壤中各元素的含量、土壤中元素的交换能力差异等有关，不同土壤类型，对交换性离子的影响也有差异。

5.3　桉树枝条生物炭对桉树人工林土壤养分含量的影响

开展大量的植被恢复与重建实践工作，不仅有利于改善当地的生态与环境，而且能有效促进土壤氮素的积累（杨宁等，2014）。广西种植桉树的土壤是以酸性红壤为主（覃延南，2008），通过前期研究发现，桂北低山丘陵地区不同林龄桉树人工林土壤 pH 值、有机碳含量下降，土壤中的全氮、速效氮、速效钾含量降低，微生物量减少，土壤酶活性降低（罗亚进，2014），桉树人工林土壤呈现出酸化的趋势。

Wardle 等（2008）研究发现，生物炭施入土壤中能够显著增加土壤有机碳含量，提高土壤的碳氮比，同时增强土壤对氮素等养分元素的吸持能力。本研究中，施用桉树枝条生物炭不同程度地增加了桉树人工林土壤有机碳、全磷、全钾、速效氮、有效磷、速效钾的含量，这与张祥等（2013）的研究结果相似。不同的是，王桂君等（2013）的研究发现施用生物炭，速效氮的含量降低，其原因是生物炭具有较强的吸附性，可吸附土壤中部分的硝酸盐使土壤氮含量降低。武梦娟等（2017）对沙化土壤的研究、刘宇娟等（2018）在潮土区的研究、侯建伟等（2019）对黄壤地区的研究以及张曼玉等（2019）在石漠化地区的研究，其结果表明生物炭使不同类型土壤养分含量均有不同幅度的增加，说明生物炭可应用于不同类型的土壤，均会有不同程度的改良效果。除土壤类型外，土壤养分对生物炭添加量与生物炭类型等的响应也不同，魏岚等（2010）的研究表明，泥炭、污泥等土壤调理剂能提高土壤 pH 值及速效氮、有效磷、速效钾的含量。生物炭可以直接为植物的生长提供养分，或通过减少土壤中营养物质的淋失而间接为植物提供营养（夏阳，2015）。不同类型的生物炭施用在不同土壤中对土壤有机碳的提高，氮的累积和利用，磷的利用和活化，整体上呈现积极的影响（张乾等，2019）。生物炭改良土壤理化性质的效果受到生物炭性质、施加量、土壤环境条件、生物炭与土壤反应的时间尺度等诸多因素的影响（Fang 等，2015）。桉树枝条生物炭对桉树人工林土壤理化性质的持续调控效应，土壤微生物活性以及土壤氮组分的变化，将继续在长期定位试验中进一步的跟踪监测。

综上所述，本章主要小结如下。

（1）随着桉树枝条生物炭施用量的增加，土壤容重降低，土壤的自然含水量、毛管孔隙度、总毛管孔隙度含量增加，增加幅度分别为3.88%～33.59%、8.96%～33.19%、9.28%～35.89%，不同土层之间差异显著；与对照组相比，桉树枝条生物炭增加了土壤的 pH 值和电导率，降低了土壤交换性酸和交换性铝的含量，交换性钠和交换性氢随桉树枝条生物炭施用量的增加而呈现先降低后升高的趋势，土壤阳离子交换量、交换性镁和交换性钙呈现先升高后降低的趋势，但均是在 T4 处理时较高。

（2）与对照组相比，随桉树枝条生物炭施用量的增加，土壤有机碳、全磷、全钾、速效氮、有效磷、速效钾含量总体上呈现增加的趋势，全磷、全钾、速效钾在 T4 处理时含量最高，T5 处理有所下降，土层之间有明显的垂直分布特征，且不同土层间差异显著。土壤自然含水量、毛管孔隙度、总毛管孔隙度、土壤有机碳、全磷、全钾、速效氮、有效磷、速效钾与 pH 值、阳离子交换量、电导率、交换性氢、交换性钙、交换性镁、交换性钠之间存在显著相关，与交换性酸、交换性铝相关不显著。

（3）桉树枝条生物炭可以改善桉树人工林土壤的理化性质，提高土壤养分含量，可以促进土壤的保水保肥能力，施用 4% 桉树枝条生物炭是提高土壤肥力水平的最优处理，研究结果对桉树人工林可持续经营和土壤的改良具有重要的实践意义。

参考文献

[1] 卜巧珍．生物炭对石灰土理化性质和作物生长的影响［D］．桂林：广西师范大学，2014.

[2] 陈山，龙世平，崔新卫，等．施用稻壳生物炭对土壤养分及烤烟生长的影响［J］．作物学报，2016，30（2）：142-148.

[3] 段春燕，何成新，徐广平，等．桂北不同林龄桉树人工林土壤养分及生物学特性［J］．热带作物学报，2019，40（6）：1213-1222.

[4] 方培结．生物炭对石灰土性质及土壤系统中碳迁移转化的影响研究［D］．南宁：广西大学，2014.

[5] 高德才，张蕾，刘强，等．旱地土壤施用生物炭减少土壤氮损失及提高氮素利用率［J］．农业工程学报，2014，30（6）：54-61.

[6] 高海英，何绪生，耿增超，等．生物炭及炭基氮肥对土壤持水性能影响的研究［J］．中国农学通报，2011，27（24）：207-213.

[7] 管恩娜．生物质炭对土壤理化性质、烤烟生长及烟草黑胫病的研究［D］．北京：中国农业科学院，2016.

[8] 韩晓日，葛银凤，李娜，等．连续施用生物炭对土壤理化性质及氮肥利用率的影响［J］．沈阳农业大学学报，2017，48（4）：392-398.

[9] 侯建伟，邢存芳，邓晓梅，等．不同秸秆生物炭对黄壤理化性质及综合肥力的影响［J］．西北农林科技大学学报（自然科学版），2019，47（11）：1-10.

[10] 蒋惠，郭雁君，张小凤，等．生物炭对砂糖桔叶果和土壤理化性状的影响［J］．生态环境学报，2017，26（12）：2057-2063.

[11] 何选明，冯东征，敖福禄，等．生物炭的特性及其应用研究进展［J］．燃料与化工，2015，46（4）：1-3.

[12] 雷海迪，尹云锋，张鹏，等．生物质炭输入对杉木人工林土壤碳排放和微生物群落组成的影响［J］．林业科学，2016，52（5）：37-44.

[13] 刘祥宏．生物炭在黄土高原典型土壤中的改良作用［D］．杨凌：中国科学院研究生院（教育部水土保持与生态环境研究中心），2013.

[14] 刘宇娟，谢迎新，董成，等．秸秆生物炭对潮土区小麦产量及土壤理化性质的影响［J］.

华北农学报，2018，33（3）：232-238.
[15] 罗亚进．不同林龄桉树人工林土壤微生物及土壤酶活性特征的研究［D］．桂林：广西师范大学，2014.
[16] 孟李群．施用生物炭对杉木人工林生态系统的影响研究［D］．福州：福建农林大学，2014.
[17] 潘逸凡，杨敏，董达，等．生物质炭对土壤氮素循环的影响及其机理研究进展［J］．应用生态学报，2013，24（9）：2666-2673.
[18] 覃延南．广西沿海地区桉树林地土壤养分现状与评价［J］．广西林业科学，2008，37（2）：88-91.
[19] 邵明安，王全九，黄明斌．土壤物理学［M］．北京：高等教育出版社，2006.
[20] 唐行灿，陈金林．生物炭对土壤理化和微生物性质影响研究进展［J］．生态科学，2018，37（1）：192-199.
[21] 石夏颖，赵保卫，马锋锋，等．油菜（Brassica campestris L.）秸秆生物炭对 Cr（VI）的吸附研究［J］．兰州交通大学学报，2014，33（3）：26-30.
[22] 王桂君，刘新峰，许振文，等．生物炭对吉林西部沙化土壤理化性质及绿豆幼苗生长的影响［J］．湖北农业科学，2016，55（17）：4457-4459，4464.
[23] 王桂君，许振文，路倩倩．生物炭对沙化土壤理化性质及作物幼苗的影响［J］．江苏农业科学，2017，45（11）：246-248.
[24] 王桂君，许振文，田晓露，等．生物炭对盐碱化土壤理化性质及小麦幼苗生长的影响［J］．江苏农业科学，2013，41（12）：390-393.
[25] 王果．土壤学［M］．北京：高等教育出版社，2009.
[26] 王晗，赵保卫，陈艳雪，等．生物炭施加对黄土土壤理化性质及硫素的影响［J］．绿色科技，2018，（10）：4-8.
[27] 王义祥，辛思洁，叶菁，等．生物炭对强酸性茶园土壤酸度的改良效果研究［J］．中国农学通报，2018，34（12）：108-111.
[28] 魏岚，杨少，邹献中，等，不同土壤调理剂对酸性土壤的改良效果［J］．湖南农业大学学报（自然科学版），2010，36（1）：77-81.
[29] 武梦娟，王桂君，许振文，等．生物炭对沙化土壤理化性质及绿豆幼苗生长的影响［J］．生物学杂志，2017，34（2）：63-67.
[30] 夏阳．生物炭对滨海盐碱植物生长及根际土壤环境的影响［D］．青岛：中国海洋大学，2015.
[31] 杨宁，邹冬生，杨满元，等．衡阳紫色土丘陵坡地植被恢复阶段土壤特性的演变［J］．

生态学报，2014，34（10）：2693-2701.
[32] 燕金锐，律其鑫，高增平，等．有机肥与生物炭对沙化土壤理化性质的影响［J］．江苏农业科学，2019，47（9）：303-307.
[33] 尹云锋，张鹏，雷海迪，等．不同热解温度对生物质炭化学性质的影响［J］．热带作物学报，2014，35（8）：1496 -1500.
[34] 张曼玉，高婷，吴永波，等．生物炭对喀斯特山地石漠化土壤理化性质和构树幼苗生长特性的影响［J］．江苏农业科学，2019，47（12）：177-181.
[35] 张乾，李金升，赵天赐，等．生物炭对土壤的影响及在草地生态系统中应用的研究进展［J］．草地学报，2019，27（2）：279-284.
[36] 张祥，王典，姜存仓，等．生物炭对我国南方红壤和黄棕壤理化性质的影响［J］．中国生态农业学报，2013，21（8）：979-984.
[37] 张峥嵘．生物炭改良土壤物理性质的初步研究［D］．杭州：浙江大学，2014.
[38] 赵铁民，李渊博，陈为峰，等．生物炭对滨海盐渍土理化性质及玉米幼苗抗氧化系统的影响［J］．水土保持学报，2019，33（2）：196-200.
[39] 朱盼，应介官，彭抒昂，等．生物炭和石灰对红壤理化性质及烟草苗期生长影响的差异［J］．农业资源与环境学报，2015，32（6）：590-595.
[40] Agegnehu G, Srivastava A K, Bird M I. The role of biochar and biochar-compost in improving soil quality and crop performance：A review［J］. Applied Soil Ecology, 2017, 119：156-170.
[41] Bruno G, Ludwig H, Georg G, et al. The "Terra Preta" phenomenon：a model for sustainable agriculture in the humid tropics［J］. Die Naturwissenschaften, 2001, 88（1）：37-41.
[42] Fang Y Y, Singh B, Singh B P. Effect of temperature on biochar priming effects and its stability in soils［J］. Soil Biology & Biochemistry, 2015, 80：136-145.
[43] Glaser B, Lehmann J, Zech W. Ameliorating physical and chemical properties of highly weathered soils in the tropics with charcoal：a review［J］. Biology and Fertility of Soils, 2002, 35（4）：219-230.
[44] Gul S, Whalen J K, Thomas B W, et al. Physico-chemical properties and microbial responses in biochar-amended soils：Mechanisms and future directions［J］. Agriculture, Ecosystems & Environment, 2015, 206（1）：46-59.
[45] Herath H M S K, Camps-Arbestain M, Hedley M. Effect of biochar on soil physical properties in two contrasting soils：An Alfisol and an Andisol［J］. Geoderma,

2013, 209-210: 188-197.

[46] Lehmann J. A handful of carbon [J]. Nature, 2007, 447 (7141): 143-144.

[47] Lehmann J, Silva J P D, Steiner C, et al. Nutrient availability and leaching in an archaeological Anthrosol and a Ferralsol of the Central Amazon basin: fertilizer, manure and charcoal amendments [J]. Plant & Soil, 2003, 249 (2): 343-357.

[48] Liu X H, Han F P, Zhang X C. Effect of biochar on soil aggregates in the loess plateau: results from incubation experiments [J]. International Journal of Agriculture and Biology, 2012, 14 (6): 975-979.

[49] Oguntunde P G, Abiodun B J, Ajayi A E, et al. Effects of charcoal production on soil physical properties in Ghana [J]. Journal of Plant Nutrition and Soil Science, 2008, 171 (4): 591-596.

[50] Wan Q, Yuan J H, Xu R K, et al. Pyrolysis temperature influences ameliorating effects of biochars on acidic soil [J]. Environmental Science & Pollution Research, 2014, 21 (4): 2486-2495.

[51] Wardle D A, Nilsson M, Zackrisson O. Fire-derived charcoal causes loss of forest humus [J]. Science, 2008, 320 (5876): 629.

第二十章

桉树人工林土壤多环芳烃及磁化率分布特征

多环芳香烃化合物（Polycyclic aromatic hydrocarbons，简称 PAHs）是指两个以上苯环以稠环形式相连的化合物，是有机化合物不完全燃烧和地球化学过程中产生的一类化学物质（吕晓华，2015）。环境中的 PAHs 主要来源于有机物的不完全燃烧，可通过呼吸、皮肤或食物进入人体，在已知的 400 多种化合物中，约有 200 多种有致癌作用（张彦明等，2014）。PAHs 的自然来源有火山爆发、森林植被和灌木丛燃烧以及细菌对动物、植物的生化作用等，但主要的来源是人类活动，特别是化石燃料的燃烧（金赞芳等，2001）。PAHs 常被吸附于土壤颗粒上，并在土壤—植物之间进行迁移、转化和降解（刘世亮等，2002）。美国将芴、萘、蒽、苯并（a）芘等 16 种 PAHs 列为优先控制污染物，欧洲则把荧蒽、苯并（a）芘等 6 种 PAHs 作为目标 PAHs（李志萍等，2002），研究 PAHs 污染的控制与修复问题对当前环境保护具有重要意义。

环境磁学方法，以其快捷、非破坏性和费用低廉等特点，在土壤研究中得到了重视和应用（李天杰，1995；姜月华等，2004），相关研究主要集中在土壤磁化率对土壤污染的指示作用方面。土壤磁化率是指在弱外磁场中，土壤中磁性物质所产生的感应磁化强度与磁场强度的比值（俞劲炎等，1990），包括低频磁化率、高频磁化率、频率磁化率等。有研究证明土壤磁化率可以作为若干重金属元素含量的代用指标，并指示土壤重金属总体污染水平（陈秀端等，2013）。土壤磁化率研究对于认识土壤形成过程、土壤特性、土壤分类、土壤调查等都有重要意义（俞劲炎等，1990）。

桉树在木材建设与发展中起着重要的作用，然而，大面积种植桉树人工林，尤其在人为高强度、集约化等管理措施下，不可避免地对生态环境造成了一定的影响，目前对桉树人工林生态系统中植物和土壤中 PAHs 含量和土壤磁化率特征的研究尚不明确。因此，本章选取桉树人工林生态系统为研究对象，对桉树林土壤多环芳烃及磁化率分布特征开展研究：①利用气相色谱仪（GC）对桉树人工林生态系统中植物体各器官和林地土壤的多环芳烃（PAHs）进行定量测定；②探讨土壤磁化率对桉树人工林与土壤理化性质的相互关系，揭示土壤磁化率对土壤重金属污染的指示作用。

1　桉树人工林土壤多环芳烃含量和分布特征

1.1　桉树人工林各器官中多环芳烃的种类和含量

表 20-1 是桉树人工林各器官的多环芳烃（PAHs）的种类和含量。其中树叶中检测出 PAHs 种类达 10 种，萘（Nap）的含量最高，为 1745 μg/kg；苯并（k）荧蒽（BkF）含量最低，为 11 μg/kg；3 环的苊烯（Any）、芴（Fle）和二苯并（a，h）蒽（DaA）未检出。树皮中检测出 PAHs 种类达 8 种，萘（Nap）的含量最高，为 2297 μg/kg；蒽（Ant）含量最低，为 71 μg/kg；芴（Fle）、菲（Phe）、4 环的荧蒽（Fla）、芘（Pyr）和苯并（a）蒽（BaA）未检出。树枝中检测出 PAHs 种类达 9 种，苊（Ane）的含量最高，为 2876 μg/kg；菲（Phe）含量最低，为 11 μg/kg；蒽（Ant）、屈（Chr）、5 环的苯并（b）荧蒽（BbF）和蒽（BkF）未检出。树干中检测出 PAHs 种类达 8 种，萘（Nap）的含量最高，为 1365 μg/kg；3 环的苊烯（Any）和 5 环的苯并（b）荧蒽（BbF）的含量最低，均为 10 μg/kg；苊（Ane）、蒽（Ant）、4 环的荧蒽（Fla）、屈（Chr）和蒽（BkF）未检出。树根中检测出 PAHs 种类达 7 种，苊（Ane）的含量最高，为 3979 μg/kg；苯并（a）蒽（BaA）的含量最低，为 51 μg/kg；3 环的苊烯（Any）、菲（Phe）、蒽（Ant）、芘（Pyr）、屈（Chr）和蒽（BkF）未检出。

同一器官中，不同多环芳烃（PAHs）组分的合计总量，从小到大的顺序依次为树干、树叶、树枝、树根和树皮。同一多环芳烃组分，在不同器官中的各多环芳烃（PAHs）的小计含量，从小到大依次为 Pyr、BaA、BkF、DaA、Chr、Fla、Ant、BbF、Fle、Phe、Any、Nap 和 Ane。

多环芳烃组分 Nap、Phe 和 Pyr 在树叶器官中含量较高，在树枝器官中含量较低；Any 和 BbF 均在树皮器官中含量较高，在树干器官中含量较低；Fla 在树根器官中含量较高，在树叶器官中含量较低；Fle 在树根器官中含量较高，在树枝器官中含量较低；Ant 在树叶器官中含量较高，在树皮器官中含量较低；BaA 在树根器官中含量较高，在树干器官中含量较低；Chr 在树皮器官中含量较高，在树叶器官中含量较低；DaA 在树皮器官中含量较高，在树枝器官中含量较低。可见，多环芳烃（PAHs）的不同组分，在桉树人工林不同器官中的分布含量有明显的差异性特征。

表 20-1 桉树林各器官多环芳烃（PAHs）的种类和含量

器官	PAHs 组分（μg/kg）													
	Nap	Any	Ane	Fle	Phe	Ant	Fla	Pyr	BaA	Chr	BbF	BkF	DaA	合计
叶	1745	ND	388	ND	1546	440	22	42	23	19	87	11	ND	4323
皮	2297	2445	474	ND	ND	71	ND	ND	ND	396	1176	299	155	7313
枝	22	2006	2876	17	11	ND	61	17	43	ND	ND	ND	24	5077
干	1365	10	ND	205	768	ND	ND	31	11	ND	10	ND	60	2460
根	665	ND	3979	1311	ND	ND	355	ND	51	ND	220	ND	77	6658
小计	6094	4461	7717	1533	2325	511	438	90	128	415	1493	310	316	25831

1.2 桉树林下草本层中多环芳烃的种类和含量

由表 20-2 可知，桉树林下草本层中检测出的 PAHs 有 10 种，萘（Nap）的含量最高为 1208 μg/kg，苊（Ane）和二苯并（a，h）蒽（DaA）组分的含量最低均为 11 μg/kg，草本层多环芳烃（PAHs）组分合计总量为 3119 μg/kg。

表 20-2 桉树林下草本层多环芳烃（PAHs）的种类和含量

项目	PAHs 组分（μg/kg）													
	Nap	Any	Ane	Fle	Phe	Ant	Fla	Pyr	BaA	Chr	BbF	BkF	DaA	合计
草本	1208	ND	11	255	27	129	ND	14	256	19	1189	ND	11	3119

1.3 桉树林下凋落物层中多环芳烃的种类和含量

桉树林下凋落物层的 PAHs 种类和含量见表 20-3。桉树林下枯枝层中 PAHs 组分的种类有 11 种，含量合计为 3323 μg/kg，其中萘（Nap）的含量最高为 1897 μg/kg，3 环的苊烯（Any）的含量最低为 13 μg/kg。落叶层中 PAHs 组分的种类有 12 种，含量合计为 10428 μg/kg，其中芴（Fle）的含量最高为 5543 μg/kg，苊（Ane）的含量最低为 16 μg/kg。

从以上结果可知，在桂北桉树人工林，PAHs 在环境中具有较高的稳定性，持久性很强，从凋落物中 PAHs 含量看出，桉树林在生长过程中，从大气和土壤中吸收、富集

PAHs，然后输送到各个组织器官，最后部分 PAHs 通过枯枝层和落叶层分解后又返回到土壤中，基本上完成了 PAHs 在桉树人工林生态系统中的迁移和转化。说明桉树人工林地上植株、凋（枯）落物（枯枝层和凋落物层），均对 PAHs 有一定的吸附作用，各自富集的多环芳烃的种类和含量有所差异。

表 20-3　桉树林下凋落物层多环芳烃（PAHs）的种类和含量

项目	PAHs 组分（μg/kg）													
	Nap	Any	Ane	Fle	Phe	Ant	Fla	Pyr	BaA	Chr	BbF	BkF	DaA	合计
枯枝	1897	13	634	21	83	97	ND	ND	78	14	255	22	209	3323
落叶	21	ND	16	5543	608	1768	576	655	108	129	643	19	342	10428

1.4　桉树林下土壤层中多环芳烃的种类和含量

由表 20-4 可知，桉树人工林下表层土壤多环芳烃（PAHs）的种类有 10 种，含量合计为 1036 μg/kg，其中苯并（a）蒽（BaA）的含量最高为 387 μg/kg，芘（Pyr）的含量最低为 11 μg/kg。而对照（废弃荒地）表层土壤多环芳烃（PAHs）的种类有 9 种，含量合计为 2401 μg/kg，其中 4 环的荧蒽（Fla）的含量最高为 1786 μg/kg，芴（Fle）的含量最低为 14 μg/kg。

表 20-4　桉树林下表层土壤多环芳烃（PAHs）的种类和含量

项目	PAHs 组分（μg/kg）													
	Nap	Any	Ane	Fle	Phe	Ant	Fla	Pyr	BaA	Chr	BbF	BkF	DaA	合计
桉树	ND	23	97	46	117	ND	108	11	387	ND	95	27	125	1036
对照	ND	44	ND	14	45	136	1786	ND	189	22	ND	127	38	2401

1.5　桉树林下生态系统中多环芳烃的种类和含量

由表 20-5 可知，桉树林下生态系统中各类型中多环芳烃（PAHs）含量合计为 22780 μg/kg，其中乔木层为 4874 μg/kg，草本层为 3119 μg/kg，枯枝层为 3323 μg/kg，落叶层为 10428 μg/kg，土壤层为 1036 μg/kg。按从小到大的顺序依次为土壤层、草本层、枯枝层、乔木层和落叶层。

表 20-5　桉树林下生态系统中多环芳烃（PAHs）的种类和含量

项目	PAHs 组分（μg/kg）													
	Nap	Any	Ane	Fle	Phe	Ant	Fla	Pyr	BaA	Chr	BbF	BkF	DaA	合计
乔木	1011	656	2033	177	339	152	43	17	15	75	265	45	46	4874
草本	1208	ND	11	255	27	129	ND	14	256	19	1189	ND	11	3119
枯枝	1897	13	634	21	83	97	ND	ND	78	14	255	22	209	3323
落叶	21	ND	16	5543	608	1768	576	655	108	129	643	19	342	10428
土壤	ND	23	97	46	117	ND	108	11	387	ND	95	27	125	1036
小计	4137	692	2791	6042	1174	2146	727	697	844	237	2447	113	733	22780

由表 20-6 可知，桉树人工林土壤中 PAHs 组分中超标的达到 10 种，其中 BaA 超标 18.35 倍、Fla 超标 6.2 倍、DaA 超标 1.5 倍、Phe 超标 1.34 倍、Ane 超标 0.94 倍、BbF 超标 0.90 倍、Fle 超标 0.84 倍、Any 超标 0.77 倍、Pyr 超标 0.10 倍和 BkF 超标 0.08 倍。以上结果表明，研究区桉树林地和废弃撂荒地土壤已受到一定程度的 PAHs 污染，其中废弃撂荒地土壤尤为明显。同时也说明，尽管超标的 PAHs 种类较多，但大多数超标的倍数较低，还处于相对较低风险的范围内。

表 20-6　桉树林土壤多环芳烃（PAHs）的含量限值

组分	标准（μg/kg）	含量（μg/kg）	超标倍数
Nap	15	ND	ND
Any	13	23	0.77
Ane	50	97	0.94
Fle	25	46	0.84
Phe	50	117	1.34
Ant	50	ND	ND
Fla	15	108	6.20
Chr	20	ND	ND
Pyr	10	11	0.10
BaA	20	387	18.35
BaP	25	ND	ND
BbF	50	95	0.90

续表

组分	标准（μg/kg）	含量（μg/kg）	超标倍数
BkF	25	27	0.08
Ⅱ P	25	ND	ND
BgP	20	ND	ND
DaA	50	125	1.50

由表 20-7 可知，本试验区域桉树人工林林外降水中多环芳烃（PAHs）组分的种类有 13 种，总合计为 297.4 μg/kg，其中蒽（Ant）的含量最高，为 199.8 μg/kg；萘（Nap）的含量最低，为 1.4 μg/kg；苯并（a）蒽（BaA）的含量较高为 50.5 μg/kg；苯并（k）荧蒽（BkF）的含量为 7.5 μg/kg；苊（Ane）的含量为 7.4 μg/kg；5 环的苯并（b）荧蒽（BbF）的含量为 6.5 μg/kg；蒽（DaA）的含量为 5.4 μg/kg。

比较降水与桉树人工林各器官、林下植物及土壤的 PAHs 含量，三者并不是完全的对应，如土壤中未监测到的，在桉树部分器官中却监测到，反之亦然，说明桉树人工林生态系统多环芳烃（PAHs）来源的多元性和复杂性。

表 20-7　桉树人工林林冠降水中多环芳烃（PAHs）的种类和含量

项目	PAHs 组分（μg/kg）													
	Nap	Any	Ane	Fle	Phe	Ant	Fla	Pyr	BaA	Chr	BbF	BkF	DaA	合计
降水	1.4	5.6	7.4	2.1	1.7	199.8	4.1	2.2	50.5	3.2	6.5	7.5	5.4	297.4

2　桉树人工林土壤磁化率特征及其环境意义

2.1　桉树林土壤磁化率和重金属含量特征

由表 20-8 可知，桉树人工林土壤低频（0.47 kHz）质量磁化率（X_{lf}）为 29×10^{-8} ~ 112×10^{-8} m³/kg，平均值为 86.5×10^{-8} m³/kg，频率磁化率（X_{fd}）为 5.65% ~ 10.88%，平均值为 7.99%。旺罗等（2000）根据典型 3 种常见污染物（钢铁灰渣、燃煤飞灰和汽车尾气）、污染表土以及无污染土壤样品进行磁化率和频率磁化率的研究，发现当磁化率大于 100×10^{-8} m³/kg 和频率磁化率小于 3% 时，分布在这个区域的样品基本可以判定已被污染，并且在受污染的区域中，磁化率越高，频率磁化率越低，表明样品的污染程度越高。本研究中，所有样品的频率磁化率（X_{fd}）均高于 3%，但仅有 3 个样品的磁化率（X_{lf}）超过 100×10^{-8} m³/kg。从磁化率特征来看，部分桉树人工林样地土壤受到了污染，但污染程度较轻。

研究区土壤的铅（Pb）含量为 16.55 ～ 23.14 μg/g，平均值为 19.31 μg/g；铬（Cr）含量为 50.88 ～ 61.74 μg/g，平均值为 54.58 μg/g；镍（Ni）含量为 16.58 ～ 22.24 μg/g，平均值为 19.34 μg/g；钴（Co）含量为 7.67 ～ 11.12 μg/g，平均值为 9.86 μg/g。与广西土壤重金属背景值相比较，Pb、Cr、Ni 和 Co 这 4 种重金属元素样品超标率分别为 40.22%、31.04%、22.51% 和 10.32%，表明研究区样地的土壤普遍受到了重金属的污染。

根据分级标准（汤洁等，2010），污染负荷指数（Pollution loading index，PLI）≤ 1 为无污染，1 ＜ PLI ≤ 2 为中度污染，2 ＜ PLI ≤ 3 为强度污染，PLI ＞ 3 为极强高度污染。为了评价桉树人工林土壤的重金属污染水平，通过计算土壤重金属污染负荷指数，桉树人工林土壤重金属污染负荷指数（PLI）为 0.79 ～ 1.35，平均值为 1.05，说明桉树人工林土壤重金属污染主要为中度污染水平（表 20-8）。

表 20-8　桉树人工林土壤磁化率和重金属含量特征

样号	X_{lf}（$\times 10^{-8}$ m³/kg）	X_{fd}（%）	Pb（μg/g）	Cr（μg/g）	Ni（μg/g）	Co（μg/g）	PLI
1	84	10.88	17.51	52.88	18.21	9.84	1.15
2	93	9.12	19.54	53.58	19.65	10.21	0.92
3	104	7.94	20.12	56.21	20.14	7.67	1.01
4	88	5.82	19.25	54.91	19.68	10.44	0.86
5	108	5.65	21.33	56.48	21.44	11.01	1.04
6	29	8.22	16.55	50.88	16.58	8.79	1.35
7	112	6.53	23.14	61.74	22.24	9.44	1.24
8	88	10.12	18.97	55.83	19.77	10.02	0.87
9	77	6.27	17.79	51.09	16.95	11.12	0.79
10	82	9.39	18.85	52.18	18.73	10.10	1.22
均值	86.5	7.99	19.31	54.58	19.34	9.86	1.05

2.2 桉树林土壤磁化率与重金属含量相关性

由表 20-9 可知，低频（0.47 kHz）质量磁化率（X_{lf}）与重金属元素 Pb、Cr、Ni 以及重金属污染负荷指数（PLI）有极显著的正相关关系（$P < 0.01$），与频率磁化率（X_{fd}）表现为极显著的负相关关系（$P < 0.01$）。频率磁化率（X_{fd}）与重金属元素则未表现出明显的相关性。

经相关性分析，桉树人工林土壤磁化率与重金属污染负荷指数（PLI）呈显著正相关关系，回归方程为 y=0.0049x+0.6985，相关系数 R 为 0.856（$P < 0.01$），表明土壤磁化率指标可以用于反映区域土壤重金属的污染程度。

表 20-9 桉树林土壤磁化率与重金属和频率磁化率的相关性

项目	Pb	Cr	Ni	Co	PLI	X_{fd}
X_{lf}	0.75**	0.69**	0.84**	0.52	0.66**	−0.84**
X_{fd}	0.15	0.14	0.19	0.12	0.13	1

3 不同类型人工林土壤磁化率的分异特征

3.1 土壤磁化率与凋落物水源涵养功能的关系

由表 20-10 可知，土壤磁化率和持水量的变化趋势一致，从大到小的变化趋势依次为厚荚相思林（87.6×10^{-8} m^3/kg）、次生林（86.5×10^{-8} m^3/kg）、桉树人工林（66.8×10^{-8} m^3/kg）、马尾松人工林（53.27×10^{-8} m^3/kg）和杉木人工林（44.9×10^{-8} m^3/kg）。表现为阔叶林土壤磁化率大于常绿针叶林，桉树人工林土壤磁化率也较大，居中。而侵蚀产沙量相反，从大到小的变化趋势依次为杉木人工林（1.18 t/hm^2）、马尾松人工林（1.02 t/hm^2）、桉树人工林（0.63 t/hm^2）、次生林（0.45 t/hm^2）和厚荚相思林（0.38 t/hm^2）。

Pearson 相关分析表明，土壤磁化率与凋落物持水量呈极显著正相关（R^2=0.987，P=0.004，$P < 0.01$），与侵蚀产沙量呈极显著负相关（R^2=0.992，P=0.002，$P < 0.01$），侵蚀产沙量越小对应土壤磁化率越高，这与前人结论相似（胡国庆等，2010）。以上结果表明，桉树人工林土壤磁化率也较大，目前存在一定的土壤侵蚀，但侵蚀产沙量不是很高。

表 20-10　土壤磁化率与凋落物水源涵养功能的关系

林地类型	X_{lf}（$\times 10^{-8}$ m^3/kg）	持水量（t/hm^2）	侵蚀产沙量（t/hm^2）
次生林	86.5b	13.21 a	0.45c
杉木人工林	44.9c	0.76 d	1.18a
马尾松人工林	53.27c	2.85 c	1.02a
厚荚相思林	87.6a	17.05 a	0.38c
桉树人工林	66.8d	9.82 b	0.63b

3.2　不同林地类型土壤磁化率的分异特征

由表 20-11 可知，不同林地利用方式下，土壤磁化率从小到大的变化规律依次为撂荒地（106.42×10^{-8} m^3/kg）、耕地（107.58×10^{-8} m^3/kg）、草地（109.67×10^{-8} m^3/kg）、桉树人工林（112.8×10^{-8} m^3/kg）和次生林（118.23×10^{-8} m^3/kg）。不同土地利用方式的低频质量磁化率（X_{lf}）均大于 100×10^{-8} m^3/kg，说明土壤均受到不同程度的污染。

成土过程、人为因素等是影响土壤磁化率垂向变化的主要因素。从磁化率特征来看，表现为撂荒地和耕地的土壤磁化率较低，次生林和桉树人工林的土壤磁化率最高，这表明，耕地和荒地的土壤侵蚀比较严重，土壤侵蚀从大到小的关系依次是草地、桉树人工林和次生林。也从侧面表明，植被恢复措施（次生林和桉树人工林）有利于减缓土壤的土壤侵蚀，高强度人为经营措施下的桉树人工林，存在一定程度的土壤污染和土壤侵蚀。这与本书第十一章结论相似。

表 20-11　不同土地利用方式土壤磁化率含量特征（$\times 10^{-8}$ m^3/kg）

项目	次生林	桉树林	草地	耕地	撂荒地
X_{lf}	118.23	112.8	109.67	107.58	106.42

3.3　桉树林土壤磁化率的垂直分布特征

由表 20-12 可知，从土壤磁化率的剖面特征来看，随着土层深度的增加，土壤磁化率呈现先减小（5 ～ 15 cm）后逐渐增大的趋势（15 ～ 40 cm），呈波状变化，总的趋势是下层的土壤磁化率高于上层的土壤磁化率。表明桉树人工林土壤侵蚀强度随着土壤深度的增加呈现出深层土壤的侵蚀强度小于表层土壤的侵蚀强度。

表 20-12　桉树林土壤磁化率的垂直分布特征（$\times 10^{-8}$ m^3/kg）

土层（cm）	0 ～ 5	5 ～ 10	10 ～ 15	15 ～ 20	20 ～ 25	25 ～ 30	30 ～ 35	35 ～ 40
X_{lf}	153.33	110.07	131.12	158.89	165.66	173.32	179.98	188.65

3.4　桉树林土壤磁化率与土壤物理性质的相关性

由表 20-13 可知，土壤磁化率（X_{lf}）分别与土壤含水量和黏粒呈显著正相关（$P < 0.05$），与容重呈极显著负相关（$P < 0.01$），与砂粒呈显著负相关（$P < 0.05$）。土壤含水量和容重呈极显著负相关（$P < 0.01$），与砂粒呈显著负相关（$P < 0.05$）。黏粒与粉粒呈显著负相关（$P < 0.05$），与砂粒呈极显著负相关（$P < 0.01$）。粉粒与砂粒呈极显著负相关（$P < 0.01$）。土壤磁化率与黏粒、粉粒含量呈显著正相关关系，与砂粒含量呈显著负相关关系，这与其他研究结论一致（刘洋等，2020）。

以上结果说明低频质量磁化率受到土壤含水量、容重、土壤颗粒组成中的黏粒和砂粒的影响。研究区造林年限较短，尽管土壤砂粒化、板结化问题存在，但黏粒、粉粒含量高，促进了细磁性颗粒聚集，因而次生林地的土壤磁化率高于耕地。另一方面长期的农业耕作措施的机械破坏作用，减缓了成土作用，最终降低了耕地土壤的环境磁性。表明研究区桉树林土壤磁性矿物大部分主要由颗粒较细的粉砂提供，更易受到侵蚀作用的影响。

表 20-13　桉树林土壤磁化率与土壤物理性质的相关性

土层（cm）	X_{lf}	土壤含水量	容重	黏粒	粉粒	砂粒
X_{lf}	1					
土壤含水量	0.599*	1				
容重	−0.758**	−0.846**	1			
黏粒	0.509*	0.315	0.395	1		
粉粒	0.143	0.228	−0.441	−0.735*	1	
砂粒	−0.640*	−0.492*	0.432	−0.663**	−0.721**	1

3.5　桉树林土壤磁化率与土壤化学性质的相关性

由表 20-14 可知，土壤磁化率（X_{lf}）分别与土壤有机碳、全磷和全钾呈极显著正相关（$P < 0.01$），与全氮呈显著负相关（$P < 0.05$）。土壤有机碳和全氮呈极显著正相关（$P < 0.01$），与全磷和全钾呈显著正相关（$P < 0.05$）。全氮与全磷呈显著正相关（$P < 0.05$）。全磷与全钾呈极显著正相关（$P < 0.01$）。说明土壤低频质量磁化率与土壤全氮、全磷、全钾和有机碳之间都有密切的相互关系。

表 20-14　桉树林土壤磁化率与土壤化学性质的相关性

土层（cm）	X_{lf}	有机碳	全氮	全磷	全钾
X_{lf}	1				
有机碳	0.828**	1			
全氮	−0.698*	0.696**	1		
全磷	0.715**	0.492*	0.603*	1	
全钾	0.809**	0.557*	0.438	0.681**	1

4　讨论与小结

4.1　桉树人工林土壤多环芳烃（PAHs）的变化特征

Wang 等（1981）分析了洋葱、甜菜、西红柿及其生长土壤中 PAHs 含量，发现 PAHs 主要存在于蔬菜皮中。宋玉芳等（1995）对稻叶样品中 PAHs 进行了测定，稻叶中菲的含量为 1204.7 μg/kg，萤蒽的含量为 608.6 μg/kg，芘的含量为 450.9 μg/kg。本研究中，多环芳烃（PAHs）以干、湿沉降的方式从大气进入桉树人工林生态系统，桉树的叶片首先吸附和积累外界的 PAHs，其他部分进入桉树植株体内，另外部分经雨水淋洗后随树干径流吸附在树皮中或进入到土壤中，因此，树叶和树皮中 PAHs 的组分种类较多。桉树也可能通过根系从土壤中吸收部分 PAHs 而积累在其根部，另外一部分根据植物的生理特性可能转移到其他器官中，因此根部的 PAHs 组分含量也较高。这类似于刘世亮等（2003）和潘勇军等（2004）的研究结论。另外桉树树根中 PAHs 组分主要是低分子量的苊、萘、芴等，这可能是由于它们相对高的溶解度导致了其相对高的生物有效性（Wild 等，1992）。PAHs 组分在植物体内较少经过韧皮部传输，很难经由植物根吸收进而迁移和转化到木质部（高学晟等，2002），因此桉树树干中 PAHs 含量一般都很低。由于植物地上组织中含有的 PAHs 主要来源于土壤中 PAHs 的挥发和空气中所含的 PAHs（高学晟等，2002），因而草本层中的 PAHs 含量较高，说明草本层可能从土壤中吸收和富集一定数量的 PAHs。

有研究表明，土壤有机碳对 PAHs 具有很强的吸附作用，是影响土壤中 PAHs 含量及空间分布的环境因素之一（郑一等，2003）。本研究中，土壤中 PAHs 含量与土壤理化性质存在显著相关性（$P < 0.05$），土壤表层的有机碳含量较高，因而桉树林下表层土壤的 PAHs 也较高。本研究中，乔木层和落叶层多环芳烃（PAHs）含量较高，表明林下植物中 PAHs 的含量比乔木层低，这是因为桉树枝繁叶茂，滞尘功能强，外界大气环境中以干、湿沉降方式输入到桉树林生态系统的 PAHs，经乔木层林冠枝叶的先被吸附，因此进入林内的 PAHs 含量下降。研究区桉树林地和废弃撂荒地土壤已受到了一定程度的 PAHs 污染，其中废弃撂荒地土壤尤为明显。究其原因，试验区距离省级公路和高速公路较近，也接近柳州工业园区，工业、生活燃料燃烧和汽车尾气可能是试验区土壤污染的主要原因。从反面来说，高速路旁的桉树人工林对净化空气也表现出一定的生态功能。

土壤中的微生物能够降解 PAHs，它们降解 PAHs 一般采用两种代谢方式，一种是微生物以环数低（$\leqslant 3$）的 PAHs 为碳源和能源进行代谢；另一种是微生物把环数高（$\geqslant 4$）的 PAHs 与其他有机质协同代谢。采用第一种方式代谢 PAHs 的主要是细菌：如气单胞菌属（*Aeromonas*）、芽孢杆菌属（*Bacillus*）、拜叶林克氏菌属（*Beijerinckia*）、蓝细菌属（*Cyanobacteria*）、分枝杆菌属（*Mycobacterium*）、红球菌属（*Rhodococcus*）和弧菌属（*Vibrio*）（高学晟等，2002）；采用第二种方式协同代谢的微生物主要是真菌，如烟管菌（*Bjerkauderasp*）、美丽小克银汉雷菌（*Cunninghamella elegans*）等（易筱筠等，2002）。宋玉芳等（1995）研究表明，在一定条件下，土壤–植物系统对 PAHs 有一定的降解能力，土壤微生物的生物降解作用是一个重要方面。植物根际土壤微生物能增加环境中的多环芳烃的降解，其生物降解作用是植物修复有机污染物的一个重要方面（刘世亮等，2003）。本研究中，对照土壤中 PAHs 含量比桉树人工林土壤中 PAHs 要高，这可能与桉树人工林土壤中微生物数量丰富和降解作用有关，同时桉树林下释放促进化学反应的根际分泌物和酶，也能激发根区微生物的活性和细菌的生物转化作用，从而可能促进了 PAHs 的降解作用。

随着工业迅速发展，城市化进程加快，汽车数量突增，土壤中 PAHs 的浓度也在不断增加（Jones 等，1989）。有研究表明，林地土壤中 PAHs 组分分布较集中且来源一致，即 PAHs 以高环（4 环以上）组分为主，表明 PAHs 主要源于燃料燃烧（王学军等，2003）。荧蒽 / 芘的比值可用来指示环境中的 PAHs 的来源。一般芘比荧蒽更稳定，Sicre 等（1987）建议：荧蒽 / 芘的比值小于 1，指示样品的 PAHs 主要来源于石油源；荧蒽 / 芘的比值大于 1，指示样品的 PAHs 主要来源于燃料的高温燃烧。煤和木材的燃烧，其荧蒽 / 芘的比值分别为 1.4 和 1；原油及汽油的荧蒽 / 芘的比值在 0.6～0.9 之间（林建清等，

2003）。桉树人工林生态系统中荧蒽 / 芘的比值为 1.21，可见其 PAHs 的来源主要为煤的高温燃烧。本试验区处于柳州市郊区，接近高速公路，黄冕林场营林过程中存在炼山等人为管理措施，且柳州市是工业城市，工业燃料和生活燃料及汽车尾气等城市大气污染物，通过大气进行空间传输影响邻近及边远地区的水体、土壤、生物等。这说明环境污染物中的 PAHs 以干、湿沉降的形式进入桉树人工林生态系统，可能在系统中富集、迁移和转化。人为源是导致环境中 PAHs 剧增的主要原因（Kanaly 等，2000）。

研究发现，有机污染物在森林生态系统中的迁移、转化与水文学过程紧密相关（康文星等，2001），因为大气中的污染物质（含 APHs）随降雨进入森林生态系统后，经过乔木层、灌木层、草本层、枯枝落叶层、土壤层的多层过滤和综合作用，水质得到净化，可为人类提供清洁的水源。PAHs 的污染来源主要有自然释放，如自然界中的多环芳烃类来源于植物、微生物的生物合成，堆积物的自然燃烧，森林、草原的天然火灾，以及火山活动等。其次是燃烧释放，如各种矿物燃料（如煤、石油和天然气等）、木材、纸以及其他含碳氢化合物的不完全燃烧或在还原反应下热解产生的 PAHs，通过饮水和饲料污染动物性食品。动物性食品在熏制、烘烤、油炸等加工中，由于直接与烟接触也会产生 PAHs。目前，PAHs 的检测方法为气相色谱法、高效液相色谱法（HPLC）、色质联用分析方法（GC-MS）、二阶激光质谱法和酶联免疫分析方法等。HPLC 方法和 GC-MS 方法是具有普遍应用价值的方法，它们的测量精度高，适于标准化，但往往需要进行复杂的样品前期处理，检测灵敏度也会受限于配套的检测仪器，对设备的要求精度较高。随着技术的发展，酶联免疫分析方法逐渐引起较大的关注，免疫法对样品处理要求低、设备和操作简单，比现行的方法灵敏度更高，特别适合于大批量简单快速的检测使用，但由于其自身的局限性，重现性和准确性不及 HPLC 等方法，因而建议在实际工作中将两者结合，从而实现从初筛到定量的快速准确分析。

4.2　桉树人工林土壤磁化率的变化特征

我国目前重金属污染的耕地约有 1.5 亿亩，约占总耕地面积的 20%，全国每年受重金属污染的土地面积增加较大（崔邢涛等，2014）。土壤磁化率的大小与土壤母质密切相关，也受到成土过程中外界环境等多种因素的影响。张卫国（1995）等指出，频率磁化率（X_{fd}）主要反映了样品中超顺磁性颗粒物的含量，当 $X_{fd} < 2\%$ 表明基本上没有超顺磁性颗粒物，当 $X_{fd} > 5\%$，说明超顺磁物质较多（Dearing，1999），而土壤中超顺磁物质主要来源于母质风化和成壤过程。土壤中主要磁性矿物来源：①原生母岩物理风化剥蚀作用产生的磁性碎屑颗粒及碎屑物质在成土过程中形成的次生磁性矿物（邓成龙等，2000）；②生物成因因素形成的，如趋磁细菌形成的磁铁矿（张卫国等，1995）；③风成作用导致，主要指大气尘埃降落输入的无机成因的磁性物质；④人类活动因素形成的，主要是煤等化石燃料燃烧产生的粉尘及汽车排放的尾气等。本研究中，桉树人工林土壤 X_{fd} 变化范围在 5.65% ～ 10.88%，平均值为 7.99%，说明样品中超顺磁物质含量较高，可能主要来源于土壤成土过程，人类活动的贡献相对较大。一般情况下，由沉积母质发育形成的土壤的 X_{lf} 与 X_{fd} 呈正相关（李鹏等，2010）。而本研究中，桉树人工林土壤的测定结果与自然成土过程相反。根据旺罗等（2000）的研究，X_{lf} 与 X_{fd} 呈负相关是污染土壤的特征，这也说明了自然成土过程中形成的超顺磁颗粒不是本区域土壤 X_{lf} 的主要贡献者，土壤 X_{lf} 的增加可能来源于人为污染物质的积累。

前人的研究显示土壤磁化率和重金属含量之间具有很好的相关性，尤其是磁化率与 Pb、Zn、Cu、Hg、Cd 等表现出极显著或显著正相关（Blundell 等，2009）。郭军玲等（2009）利用磁分离技术获取土壤中的磁性物质含量，发现其与重金属综合污染负荷指数呈极显著正相关，可以反映城市重金属污染状况。有研究显示，在没有人为活动影响的情况下，纯自然过程也会造成土壤重金属含量的超标，但这种情况基本都是由土壤的矿物特征、风化方式和土壤过程较为特殊引起的（Khuzestani 等，2013），比如，一般认为土壤重金属的人为来源更为主要，如 Pb 主要来源于汽车尾气排放，Cr 主要源于原油和煤的燃烧，而汽油、柴油、交通和工业活动是 Ni 的重要来源等。人类活动不仅释放了大量的重金属元素，同时也将大量的强磁性颗粒物质释放到环境中。磁性颗粒物质通过两种途径富集重金属元素，一是表面吸附作用，除依赖较高的表面积物理吸附外，颗粒物表面的各种官能团还可以与金属元素发生螯合或络合反应，增强吸附能力；二是重金属元素作为同晶替代离子进入磁性矿物晶体结构中（郭军玲等，2009），这也是磁化率与重金属元素具有一定相关性的原因。

频率磁化率（X_{fd}）主要反映样品中超顺磁性颗粒物的含量，而土壤中超顺磁物质主要来源于母质风化和成壤过程。因此，若重金属含量与土壤频率磁化率呈现负相关，则说明重金属主要来源于人为活动的输入；若呈现正相关，则说明重金属主要来源于土壤母质（王学松，2009）。本研究中，桉树人工林土壤 Pb、Cr、Ni 和 Co 这 4 种重金属元素含量与频率磁化率（X_{fd}）相关性均不显著，究其原因，一方面可能由于桉树人工林土壤重金属污染水平较低，另一方面也表明桉树人工林土壤重金属元素除受自然源因子影响外，人类高强度的经营方式活动对其也有一定贡献。磁学手段经济便捷，利用磁化率对快速人工林土壤重金属污染状况进行评价是可行的，这对于区域土壤环境质量监测具有重要意义。

土壤磁化率一般受气候、母质类型、土壤水分、有机质含量、土壤颗粒组成、土壤容重、土壤 pH 等因素的影响，土壤磁性与土壤的成土因素和成土过程密切相关，是二者的综合反映。本研究中，耕地和撂荒地的土壤磁化率较低，次生林的土壤磁化率最高，这是因为次生林植被覆盖度较耕地和荒地要高，同时也可能与土壤含水量有关。在研究区内的草地，存在着过度开垦、过度放牧以及乱砍滥伐等现象，使得坡面上部的植被覆盖度较低，草地植被遭到破坏，其营养物质不能够有效积累，造成土壤板结，因此其土壤磁化率较小，易发生土壤侵蚀。

撂荒地的植被覆盖度是最低的，其水土保持能力较弱，经过雨水的冲刷，将表层土壤中一些磁性物质带走，从而造成撂荒地的土壤低频质量磁化率减小，这也是土壤低频质量磁化率在不同土地利用方式下的一个显著差异。本研究中，土壤低频质量磁化率与土壤容重之间在水平上呈负相关关系（$P < 0.01$），表明土壤容重越小，其土壤的低频质量磁化率就越大。在不同土地利用方式中，其中荒地的土壤容重是最大的，但其低频质量磁化率是最小的，即两者之间存在负相关关系，因而其土壤的低频质量磁化率最小。而其中林地的土壤低频质量磁化率是最大的，这与林地的土壤容重小是相联系的。

耕地土壤的耕作活动能加强土壤颗粒机械运动，增强风化作用，因而能提高表层土壤磁化率；此外，土壤污染引起的土层表面铁磁性矿物增加，也会导致磁化率的增加。本研究中，次生林的土壤磁化率较高，可能与人为活动引起的土壤污染有关系。低频质量磁化率与土壤有机碳之间呈极显著正相关关系（$P < 0.01$），表明土壤低频质量磁化率的大小受土壤有机碳的影响，即土壤有机碳含量越大，其土壤的低频质量磁化率就越大。这主要是因为土壤有机碳含量增加，从而导致土壤中微生物的活性增加，土壤中的趋磁细菌大量繁殖，造成土壤中次生磁性矿物含量增加，因此间接影响了土壤磁化率的增强。说明在不同土地利用方式下，次生林土壤磁化率的最高，而撂荒地的最低，表明次生林地的土壤侵蚀强度最弱，撂荒地的土壤侵蚀强度最大，说明随着植被覆盖度的增大，表土磁化率增强，进而土壤侵蚀强度减小。这与本研究中第十一章、第十二章和第十三章的结论是吻合的。

与传统的研究方法相比，磁学手段具有测量速度快、参数种类多、对样品无破坏（可用于后续化学分析）、能进行现场作业、对环境无污染等优点（陈铁楠等，2014）。本研究中，厚荚相思人工林、桉树人工林和次生林在 4 种林分中水源涵养能力（最大持水量、侵蚀产沙量）较强，适当减少人为活动（砍伐、开荒）对次生林的影响，增加厚荚相思人工林和桉树人工林在试验区域流域内的覆盖范围，将有利于保护区域水环境安全、减小区域水土流失。土壤磁化率与林下凋落物水源涵养能力关系密切，可以将土壤磁化率应用在不同人工林林下凋落物持水量的快速估算中。可见，一方面，高强度人为经营措施下的桉树人工林的土壤受到了污染，但污染程度较轻，存在一定程度的土壤侵蚀。另一方面，从桉树人工林土壤多环芳烃分布特征及磁化率的指示作用来看，桉树生长旺盛、树形美观，表现出一定的防污抗污能力，具有较强的生态功能。

综上所述，本章主要小结如下。

（1）桉树人工林各器官中树皮的 PAHs 含量均值最高为 7313 μg/kg，树干最低为 2460 μg/kg，其他依次为树根（6658 μg/kg）、树枝（5077 μg/kg）和树叶（4323 μg/kg）。桉树人工林生态系统中 PAHs 含量空间分布由大到小为落叶层（10428 μg/kg）、乔木层（4874 μg/kg）、枯枝层（3323 μg/kg）、草本层（3119 μg/kg）和土壤层（1036 μg/kg）。与废弃撂荒地土壤的 PAHs 含量（2401 μg/kg）相比，桉树人工林土壤的 PAHs 含量较低（1036 μg/kg）。随着大气降水进入桉树人工林的 PAHs，桉树人工林生态系统对 PAHs 具有一定的吸附和降解作用。

（2）通过荧蒽 / 芘比值来判断 PAHs 的来源，本研究区的 PAHs 主要来源于燃烧源，包括石油及其精炼产品的燃烧，以及木材、煤燃烧等污染。可见，桉树人工林林地的炼山也是一个潜在的原因。桉树人工林土壤的 PAHs 污染程度暂时较低，加强对人工林生态系统环境中 PAHs 监测和治理很有必要。

（3）桉树人工林土壤低频质量磁化率（X_{lf}）为 29×10^{-8} ～ 112×10^{-8} m^3/kg，平均值为 86.5×10^{-8} m^3/kg，频率磁化率（X_{fd}）为 5.65% ～ 10.88%，平均值为 7.99%。磁化率特征表明，部分桉树人工林土壤受到了污染，但污染程度较轻。

（4）桉树人工林土壤重金属污染负荷指数（PLI）为 0.79 ～ 1.35，平均值为 1.05，说明桉树人工林土壤重金属污染主要为轻中度污染水平，土壤磁化率与重金属污染负荷指数呈显著正相关。土壤磁化率可以很好的指示桉树人工林土壤重金属的污染状况，重金属含量反映了在桉树人工林自然背景值之上叠加工业活动、汽车尾气和人为活动等人为因素的综合结果。

（5）土壤磁化率与有机碳含量呈极显著正相关性，与频率磁化率呈负相关，呈现出人类活动污染土壤的特征，人为干扰对桉树人工林土壤磁化率的贡献较大。土壤磁化率可以反映桉树人工林凋落物持水量，土壤磁化率越大，对应桉树人工林凋落物持水量越大，可以指示桉树人工林生态系统凋落物水源涵养功能越强。高强度集约化人为经营措施下的桉树人工林，存在一定程度的土壤侵蚀。

参考文献

[1] 陈秀端，卢新卫，杨光．城市表层土壤磁化率与重金属含量分布的相关性研究［J］．环境科学，2013，34（3）：1086-1093.

[2] 陈轶楠，张永清，张希云，等．晋南某钢厂周边土壤重金属与磁化率分布规律及其相关性研究［J］．干旱区资源与环境，2014，28（1）：85-91.

[3] 崔邢涛，秦振宇，栾文楼，等．河北省保定市平原区土壤重金属污染及潜在生态危害评价［J］．现代地质，2014，28（3）：523-530.

[4] 邓成龙，袁宝印，胡守云，等．环境磁学某些研究进展评述［J］．海洋地质与第四纪地质，2000，20（2）：93-101.

[5] 高学晟，姜霞，区自清．多环芳烃在土壤中的行为［J］．应用生态学报，2002，13（4）：501-504.

[6] 郭军玲，张春梅，卢升高．城市污染土壤中磁性物质对重金属的富集作用［J］．土壤通报，2009，40（6）：1421-1425.

[7] 胡国庆，董元杰，邱现奎，等．鲁中山区小流域坡面土壤侵蚀的磁性示踪法研究［J］．水土保持学报，2010，24（5）：169-173.

[8] 姜月华，殷鸿福，王润华．环境磁学理论、方法和研究进展［J］．地球学报，2004，25（3）：357-362.

[9] 金赞芳，陈英旭．环境中 PAHs 污染及其生物修复技术研究进展［J］．农业环境保护，2001，20（2）：123-125.

[10] 康文星，田大伦．湖南省森林公益效能的经济评价［J］．中南林学院学报，2001，21（4）：450-454.

[11] 李鹏，强小科，唐艳荣，等．西安市街道灰尘磁化率特征及其污染指示意义［J］．中国环境科学，2010，30（3）：309-314.

[12] 李天杰．土壤环境学［M］．北京：高等教育出版社，1995.

[13] 李志萍，陈鸿汉，陈肖刚，等．多环芳烃生物恢复技术的研究进展［J］．水文地质工程地质，2002，5：68-70.

[14] 林建清，王新红，洪华生，等．湄洲湾表层沉积物中多环芳烃的含量分布及来源分析［J］．厦门大学学报（自然科学版），2003，42（5）：499-503.

[15] 刘世亮，骆永明，曹志洪，等．多环芳烃污染土壤的微生物与植物联合修复研究进展［J］．土壤，2002，34（5）：257-263.

[16] 刘世亮，骆永明，丁克强，等．土壤中有机污染物的植物修复研究进展［J］．土壤，2003，35（3）：187-192.

[17] 刘洋，梅嘉洺，李仪，等．丹江口库区小流域土壤磁化率变异特征及影响因素研究[J]．地球与环境，2020，48（1）：96-104.

[18] 吕晓华．合理饮食与健康［M］．四川：四川教育出版社，2015.

[19] 潘勇军，田大伦，唐大武，等．樟树林生态系统中多环芳烃含量和分布特征［J］．林业科学，2004（6）：2-7.

[20] 宋玉芳，孙铁珩，张丽珊．土壤－植物系统中多环芳烃和重金属的行为研究［J］．应用生态学报，1995，6（4）：417-422.

[21] 汤洁，天琴，李海毅，等．哈尔滨市表土重金属地球化学基线的确定及污染程度评价［J］．生态环境学报，2010，19（10）：2408-2413.

[22] 王学军，任丽然，戴永宁，等．天津市不同土地利用类型土壤中多环芳烃的含量特征［J］．地理研究，2003，22（3）：360-366.

[23] 王学松．城市表层土壤重金属富集淋滤特征与磁学响应［M］．北京：中国环境科学出版社，2009：212-258.

[24] 王震洪，段昌群，起联春，等．我国桉树林发展中的生态问题探讨［J］．生态学杂志，1998，17（6）：64-69.

[25] 旺罗，刘东生，吕厚远．污染土壤的磁化率特征［J］．科学通报，2000，45（10）：1091-1094.

[26] 易筱筠，党志，石林．有机污染物污染土壤的植物修复［J］．农业环境保护，2002，21（5）：477-479.

[27] 俞劲炎，卢升高．土壤磁学［M］．南昌：江西科学技术出版社，1990.

[28] 张卫国，俞立中，许羽．环境磁学研究的简介［J］．地球物理学进展，1995，10（3）：95-104.

[29] 张彦明，冯忠武，郑增忍，等．动物性食品安全生产与检验技术［M］．北京：中国农业出版社，2014.

[30] 郑一，王学军，李本纲，等．天津地区表层土壤多环芳烃含量的中尺度空间结构特征［J］．环境科学学报，2003，23（3）：311-316.

[31] Blundell A，Hannam J A，Dearing J A，et al. Detecting atmospheric pollution in surface soils using magnetic measurements：A reappraisal using an England and

Wales database [J] . Environmental Pollution, 2009, 157 (10): 2878-2890.
[32] Dearing J A. Environmental Magnetic Susceptibility — Using the Bartington MS2 System [M] . England : Chi Publishing, 1999.
[33] Jones K C, Stratford J A, Waterhouse K S, et al. Drganic contaminants in welsh soils : polycycli caromati chydrocarbons [J] . Environmental Science & Technology, 1989, 23 : 540-550.
[34] Kanaly R A, Harayama S. Biodegradation of high-molecular weight polycyclic aromatic hydrocarbons by bacteria [J] . Journal of Bacteriology, 2000, 182 (8): 2059-2067.
[35] Khuzestani R B, Souri B. Evaluation of heavy metal contamination hazards in nuisance dust particles, in Kurdistan Province, western Iran [J] . Journal of Environmental Sciences, 2013, 25 (7): 1346-1354.
[36] Sicre M A, Marty J C, Saliot A, et al. Aliphatic and aromatic hydrocarbons in different sized aerosols over the Mediterranean Sea :occurrence and origin [J] . Atmo-spheric Environment, 1987, 21 : 2247-2259.
[37] Wang D T, Meresz O. Occurrence and potential up take of polynuctear aromati chydrocarbons of highway traffic origin by proximally grown food crops [C] . Sixth International Symposium on PAH, Battelle Columbus Lab, Columbus, Ohio, 1981, 228-234.
[38] Wild S R, Jones K C. Organic chemicals in the environment : polynuclear aromati chydrocarbon uptake by carrots grown in sludge amended soil [J] . Environmental Quality, 1992, 21 : 217-225.

第二十一章

桉树人工林生态系统服务功能价值评价

生态系统服务功能是指生态系统与生态过程所形成与维持的人类赖以生存的自然环境条件与效用（欧阳志云等，1999）。近年来，科学家们对生态系统服务功能的研究十分重视（潘鹤思等，2018；刘慧明等，2020）。森林生态服务功能的研究是近些年发展起来的生态学研究领域，特别是在全世界大力发展人工林之后，对这方面的研究越来越多。正确评价森林生态系统服务功能，有助于科学认识森林，为人工林的长期可持续发展提供科学依据（周佳雯等，2018）。

森林不仅在维护区域生态环境上起着重要作用，而且在全球碳平衡中也有巨大贡献。研究表明，森林破坏已经成为继化石燃料燃烧之后，大气中的 CO_2 浓度增加的第二大来源。开展森林生态系统服务功能及其生态经济价值的研究，对不同生态系统类型生态环境保护和建设都具有非常重大的意义（徐广平等，2020）。桉树是南方最重要的人工林树种，桉树人工林不但为社会提供大量的木材，带来经济效益，而且其固碳放氧功能生态价值是非常显著的。随着大面积营造桉树人工林，其社会效益、生态效益等问题也引发了很多争论，广西桉树人工林资源不仅是一项经济产业，同时还承担着发挥森林的多种功能和效益、保护生态环境、协调和促进全区经济和社会发展等方面的重要作用，所以有必要从经济、社会、生态三大效益的角度出发，定量地研究桉树人工林的生态系统服务功能的经济和社会效益。

目前，水土流失、土地荒漠化、地力衰退、生物多样性问题突出、气候变化以及生态环境破坏等问题日益严重，森林资源的价值显得越来越重要。研究广西桉树人工林的生态系统服务功能的价值，不仅是广西森林资源发展的自身需要，也是广西建设生态省区和生态文明示范区战略的一个关键组成部分。深入研究桉树人工林的生态服务功能有助于人们科学认知桉树人工林的生态作用，使公众树立正确的桉树科学发展观。因此，本章以桂北桉树人工林为例，基于森林效益样地监测数据、森林资源调查数据和国家林业和草原局推荐的社会公共资源使用价格数据等，采用《森林生态系统服务功能评估规范》（LY/T 1721—2008）评估模型，对桉树人工林的生态服务功能价值进行分析计算：①定量评价不同林龄桉树人工林的生态系统服务功能价值；②探讨桉树人工林林产品生产、水源涵养、水土保持、固碳释氧、污染物降解等生态经济价值的比例。

1　桉树人工林的生态效益评价

1.1　桉树人工林的涵养水源效益评价

森林的保土功能是其凋落物层和土壤层综合作用的具体反映，理想的水土保持林 2 个层次均能发挥较大的保土功能，既要具有较强的凋落物层截留能力，又要具有较高的土壤层贮水能力和入渗性能，并具有较高的抗蚀性能和抗冲性能。表 21-1 是桉树人工林涵养水源量及效益分析表，不同类型人工林的总涵养水源量从大到小依次为次生林、厚荚相思林、杉木人工林、马尾松人工林和桉树人工林，桉树人工林相对较小。森林生态系统具有巨大的蓄水能力和水分渗透能力，林冠截流能减少雨滴对土壤的破坏作用。结合本书第九章尾巨桉人工林涵养水源量的结果，计算出桂北黄冕林场桉树人工林涵养水源总量为 1.21×10^8 m^3，通过影子工程法计算水价，按照每建设 1 m^3 库容需投资成本 0.66 元，可推算出桂北黄冕林场桉树人工林年涵养水源价值为 7986 万元 /a，大于桂北青冈栎次生林涵养水源的价值（徐广平等，2020）。

同其他造林树种（如杉木人工林、马尾松人工林）相比，桉树人工林林冠层和凋落物层的蓄水能力较高，在桉树人工林的水分利用中，除蒸腾耗用水分外，林冠截流也占了一定的比例。说明桉树林下的凋落物在增加土壤肥力质量的同时，还能够保持表层土壤的水分含量，使地被植物得到良好的生长环境，形成林分水分和养分平衡的良性生态循环系统。因此，在桉树人工林采伐中，建议改变过去对桉树进行全树砍伐和烧山的习惯，把枯枝落叶、树皮、树根等留在原地，将有效地增加桉树人工林的水源涵养量，有利于减少水土流失。相比天然次生林，桉树人工林也具有良好的涵养水源功能，因此，保护桉树林下的植被以及枯枝落叶层不被破坏对发挥桉树人工林的生态系统服务功能是十分必要的。

表 21-1　桉树人工林涵养水源量及效益（$m^3/hm^2 \cdot a$）

林分	林冠层	凋落物层	林下植被层	土壤蓄水量	总涵养水源量	引用文献
次生林	13.86	13.21	6	2026.46	2059.53	本研究
杉木人工林	8.08	0.76	1.55	1811.9	1822.29	本研究

续表

林分	林冠层	凋落物层	林下植被层	土壤蓄水量	总涵养水源量	引用文献
马尾松人工林	6.35	2.85	0.77	1600.81	1610.78	本研究
厚荚相思林	11.53	17.05	1.37	1881.16	1911.11	本研究
桉树人工林	8.49	9.82	0.46	1455.72	1474.49	本研究
杉木人工林	50.26	6.55		1750.6	1807.41	刘剑斌，2003

1.2 桉树人工林的土壤保持效益评价

森林对土壤的影响，主要表现在森林的改良土壤、固土、减缓沙漠化、防止土壤侵蚀等方面的作用。森林一般通过庞大的树冠、深厚的枯枝落叶层和林地下发达的根系，不仅截留天然降水，还可以大大地减少降雨势能对土壤的直接冲刷作用，从而起到有效的固土保肥作用，防止土壤侵蚀等。杨敬华等（1999）对6a尾叶桉的观测结果表明，全垦整地穴植桉树林地的土壤侵蚀量为13014.2 kg/hm^2·a，穴植桉树林地的土壤侵蚀量为3844.7 kg/hm^2·a，同一土壤类型流失最高标准为10000 kg/hm^2·a。本试验中，桂北桉树人工林实际的土壤保持量主要考虑因整地模式造成的水土流失，平均每年的土壤保持量，以桉树人工林的轮伐期5年来作为计算参考，计算得出桂北桉树人工林平均土壤保持量为6.24 t/hm^2·a。

减少土地损失的价值。土壤容重取平均值1.16 t/m^3，计算出桂北桉树人工林每年减少土地土壤侵蚀总面积为148.23 hm^2/a。林业年均收入参考全国平均收益400元/hm^2（国家环境保护局，1998），得到桂北桉树人工林生态系统土地损失上创造的价值为5.93万元/a。

保持土壤肥力的价值。桉树人工林的一个重要的服务功能体现在对林地土壤肥力的保持上。我国主要森林土壤全氮、全磷和全钾等含量的平均值对林地保肥能力为4.79 t/hm^2（欧阳志云等，1999），计算得出桉树人工林年保肥量总量为22.76 t/hm^2，参考全国化肥平均价格2549元/t，计算出桉树人工林在土壤肥力保持上创造的间接经济收益为5.80万元/a。

总之，桂北桉树人工林在土壤保持效益价值上（减少土地损失的价值5.93万元/a和保持土壤肥力的价值5.80万元/a）所产生的间接经济效益为11.73万元/a。

在桉树人工林经营中，由于没有采取水土保护措施，在整地模式的干扰下，会引起水土流失等，因此造成估算出的桉树人工林的土壤保持价值，可能比实际偏小。建议桉树与马尾松人工林、马占相思人工林等轮作，以及与其他林下绿肥植物等进行间作等，将有利于增加水土保护功能。此外，采取较低强度的整地方式，如带状人工整地、穴坑等方式，可降低对土壤结构和植被的破坏程度，亦能有效地减少桉树人工林的水土流失。

1.3　桉树人工林固定 CO_2 和释放 O_2 的效益评价

植物通过光合作用吸收空气中的二氧化碳（CO_2），利用太阳能生成碳水化合物，同时释放出氧气（O_2），这一功能对于人类社会、整个生物界以及全球大气平衡具有极为重要的意义。1997 年联合国气候变化框架公约东京会议以后，已确认 CO_2 排放是温室效应的主要原因之一，CO_2 的排放和污染成为国际社会的热点问题。人工林的固碳释氧功能是森林生态系统的又一重要功能，随着大气 CO_2 浓度的增加和全球性气候趋于变暖，大面积人工林的固碳能力越来越受到科学家的重视。可以减少温室气体引发的温室效应，对人类居住环境发挥着不可代替的作用。

年固碳释氧价值。不少国家正在实施温室气体排放税收制度，对 CO_2 的排放收税，其中最常使用的是瑞典的碳税率法和造林成本法。本研究中固碳释氧经济价值量的计算采用成本效应的方法进行估算，固碳价格按照常用的瑞典碳税率 150 美元 /t（折合人民币约 1200 元 /t），制造氧气价格采用 1000 元 /t，折算成桉树人工林的固碳经济价值量为 24.56 万元 /a，年释氧量价值为 18.75 万元 /a，合计桉树人工林固碳释氧价值为 43.31 万元 /a。

1.4　桉树人工林的营养元素循环效益评价

林地营养循环价值主要计算林分持留养分的价值，林分养分积累总价值取决于林分面积、单位林分面积养分持留量以及市场上化肥价格。表 21-2 是桉树人工林地上部分养分元素的吸收量、持留量和归还量，本实验主要计算了氮、磷和钾这 3 种主要的元素，按照表 21-2 的结果，计算出桂北桉树人工林生态系统年养分持留总量为 12809.31 t，参考全国化肥平均价格 2549 元 /t，计算得出养分积累总价值为 3265.09 万元 /a。

对比 1 ～ 5a 桉树人工林的养分持留量，结果表明，桉树人工林生态系统氮、磷和钾三种养分的持留量较高，这也间接说明桉树人工林是“抽肥机”这一传言是缺乏科学依据的，桉树人工林的养分循环速率较杉木要快，这对于维持生态系统的稳定性有着重要的作用，这与第六章和第九章的结论是相一致的。

表 21-2　桉树人工林地上部分养分元素的吸收量、持留量和归还量（$kg/hm^2 \cdot a$）

养分	1～5a			
	吸收量	持留量	归还量	循环速率
氮	98.65	64.37	34.28	34.75
磷	6.38	4.15	2.23	34.95
钾	30.08	19.11	10.97	36.47

1.5　桉树人工林的净化环境效应评价

（1）桉树人工林的吸收污染物价值。

吸收二氧化硫（SO_2）的经济价值。森林对 SO_2 等有害气体具有一定程度的抵抗能力，并以其独特的光合作用等生理生态功能，通过叶片上的气孔和枝条上的皮孔吸收和转化有害物质，在体内通过氧化还原过程转化为无毒物质，或积累在某一器官内，或由根系排出体外。参考国家环保总局南京环境科学研究所编写的《中国生物多样性国情研究报告》，采用 SO_2 的平均治理费用评价我国森林净化 SO_2 的价值。阔叶林对 SO_2 的吸收能力值为 88.65 $kg/hm^2 \cdot a$，由此估算出桂北桉树人工林每年可吸收 SO_2 11137.16 kg。我国每消减 100 t SO_2 的治理费用：投资额 5 万元，每年运行费 1 万元，合计为 6 万元，即 SO_2 的治理费用为 600 元 /t。用国家人工林对 SO_2 的吸收能力值来进行保守估计，所产生的吸收 SO_2 的价值量为 668.23 万元 /a。

（2）桉树人工林的阻滞粉尘价值。

滞尘的经济价值。粉尘是大气污染的主要组成部分，粉尘含量的多少已经成为大气环境污染程度的重要指标之一。参考国家阔叶林阻滞降尘能力为 10 $t/hm^2 \cdot a$ 的水平来评判，得到桉树人工林每年可滞尘 12680 kg/a。根据《中国生物多样性国情研究报告》，每削减 1 t 粉尘的成本为 170 元，从而计算得出桂北桉树人工林在阻滞降尘上创造的价值为 215.56 万元 /a。

总之，桂北桉树人工林净化空气价值（吸收污染物 SO_2 的经济价值和阻滞粉尘的价值）合计为 883.79 万元 /a。

（3）桉树人工林的总生态效益评价。

通过对桂北桉树人工林生态系统服务功能的物质量和价值量的评价，得到该生态系统所提供的服务的物质量总和与价值量总和（表 21-3）。研究表明，桉树人工林生态系统提供的年生态系统产品价值为 25955.15 万元，其中，直接经济价值为 13765.23 万元，占比 53.03%，非直接经济价值 12189.92 万元，占比 46.97%。

其中单项服务价值量从大到小依次为木材产品、涵养水源、维持养分循环、净化大气环境、固定 CO_2、释放 O_2 和保持土壤。单项生态服务价值中涵养水源、维持养分循环、净化大气环境、固定 CO_2、释放 O_2 和保持土壤的价值量分别为 7986 万元 /a、3265.09 万元 /a、883.79 万元 /a、24.56 万元 /a、18.75 万元 /a 和 11.73 万元 /a，分别占总价值量的 30.77%、12.58%、3.41%、0.09%、0.07% 和 0.05%。

可见，桉树人工林不仅可以满足木材市场上大部分的木材需求量，同时还能够发挥其巨大的生态系统服务功能，具有较高的生态环境效益。在调查中发现，桉树人工林的年净生长量远大于天然林和马尾松人工林，说明桉树人工林每年能够比后两者生产更多的干物质，其固碳释氧的生态效率也比其他非速生树种要高。

表 21-3　桉树人工林生态系统价值表

项目	价值量（万元 /a）	占总价值的比率（%）
木材产品	13765.23	53.03
固定 CO_2	24.56	0.09
释放 O_2	18.75	0.07
涵养水源	7986	30.77
保持土壤	11.73	0.05
维持养分循环	3265.09	12.58
净化大气环境	883.79	3.41
总合计	25955.15	100

2　桉树人工林的社会效益评价

在桉树人工林整个种植过程中，增加就业人数是体现其社会效益的重要方面，主要包括整地、施肥、抚育以及木材的采伐、运输与木材加工等内容，为农村的剩余劳动力提供了较好的机会。此外，在桉树苗木的研发、销售及运输过程中，也为社会提供大量的就业机会。根据广西相关桉树林业企业的木材生产成本项目和现行的各种有关税率参数，一般造林用工量平均为 55 工 /hm^2，临工工资平均为每日 100 元 / 人。第二年及以后几年的抚育费用为 400 元 /$hm^2 \cdot a$，管理费为 15 元 /$hm^2 \cdot a$，护林防火费用为 350 元 /$hm^2 \cdot a$。如在一个种植期内（2010 ～ 2015 年）计划完成造林 2×10^5 hm^2，包括种植、采伐更新及萌芽更新等。计算得出造林需要用工 1100 万个，在抚育过程中需用工 407 万个，平均每年 261.6 万个。从以上可以看出，桉树人工林在提供木材产品、发挥生态系统服务功能的同时，从育苗造林开始，便为社会提供了大量的劳动就业机会，在生态文明建设和可持续发展中起着不可替代的作用。

3 不同林龄桉树人工林生态服务功能评价

由表 21-4 可知，随着林龄的增加，不同林龄桉树人工林生态服务功能总价值量依次增大。其中，除维持养分循环表现为 1a 略高于 2a 外，其他指标的变化趋势均一致，从大到小依次表现为 5a、4a、3a、2a 和 1a。可见，桉树人工林不仅有良好的经济效益，而且有显著的生态环境效益，大于青冈栎次生林生态服务的价值总量（徐广平等，2000），建议适当延长采伐期，将更有利于桉树人工林的生态服务功能总价值量的提升。

表 21-4　不同林龄桉树人工林生态系统价值表（万元 /a）

指标	1a	2a	3a	4a	5a
涵养水源	2001.72	3128.15	4536.54	5679.32	7986
保持土壤	2.11	4.37	7.24	9.54	11.73
维持养分循环	1309.64	987.95	1885.28	2456.95	3265.09
净化大气环境	302.12	355.99	567.86	773.21	883.79
固定 CO_2	7.53	12.01	15.46	21.1	24.56
释放 O_2	4.22	7.65	12.91	14.38	18.75
合计	3627.34	4496.12	7025.29	8954.5	12189.92

4 讨论与小结

森林生态系统通过生态过程促使生物与非生物环境之间进行物质交换，桉树人工林从无机环境中获得必需的营养物质，构造生物体、小型异养生物或土壤动物分解已死的原生质，吸收分解后的营养物质，释放能为桉树所利用的无机营养物质，生态系统的营养物质循环主要是在生物库、凋落物库和土壤库之间进行。桉树的树冠呈扇形，枝条和叶的比重较大，对大气降水的截留效果明显，同时林下凋落物的含量丰富，有利于水分的保持。我们前期研究结果表明，桉树造林后，土壤肥力呈下降趋势，并引起土壤明显酸化（段春燕等，2019），随着桉树连栽代次的增加，凋落物归还量在总归还量中的比例增加。在维持养分循环方面，桉树人工林凋落物与其他人工林相比为中上水平（徐大平等，2000）。桉树人工林凋落物的分解和养分分解都较快，能在 1 年的时间内分解大部分凋落物和释放大部分的养分，能较快地建立其养分循环体系。但由于在桉树全树砍伐时，有大量的养分元素被带出人工林生态系统，因此很有必要减少桉树全树的利用，可将枯枝落叶归还土壤。

桉树人工林林冠层、枯枝落叶层和地下庞大的根系层可拦截、分散、滞留及过滤地表径流，同时增强土壤腐殖质及水稳性团聚体含量，能起到固持土壤、减少土壤水土流失的作用。研究发现，桉树人工林内植被的覆盖程度远小于天然林，通常未采取水土保持措施，而橡胶人工林中已采取了等高种植、胶园覆盖等多种措施（蒋菊生，2000），已具有较好的水土保持效果。目前，桉树人工林主产区是进行全树砍伐，除了收获木材，也收获树叶、树枝和桉树主根，这可能会影响桉树人工林养分循环和土壤肥力的保持。因此，很有必要保护桉树人工林林下植被，并采取水土保持措施，以增加其土壤保持效益。尽管林地全面垦地对桉树人工林生长较为有利，但也会带来一系列的问题，如水土流失、增加经营成本、不利于生态保护等。由于广西山地面积大，林地坡度较大，为坚持保护生态优先，我们建议采用水平带状整地、挖坑植树方式。

森林生态系统养分循环直接关系到土壤养分供应和林地肥力的动态变化，并进一步影响生态系统生产力的可持续性。考虑到空气污染物常以硫化物为主，SO_2 是大气中分布较广、影响较大的气态污染物，森林吸收污染物的价值，也主要是净化 SO_2 的价值。本研究中，桉树人工林表现出的对于大气污染物质 SO_2 的吸收、降解、积累和迁移，也是对大气污染的一种净化。粉尘是重要的大气污染物之一，森林对它有很大的阻挡、过滤和吸附作用。桉树树木形体高大，枝叶茂盛，具有降低风速的作用，使大颗粒的灰尘因风速减弱在重力作用下下落而沉降于地面；桉树树叶表面又能吸附、滞留、黏着一部分粉尘，从而使大气含尘量降低。

桉树人工林不但为社会提供大量的木材，带来经济效益，并且其固碳放氧功能和生态价值非常显著（李忠伟等，2008）。本研究中，桉树人工林生态系统提供的年生态系统产品价值为 25955.15 万元，其中，直接经济价值为 13765.23 万元，占比 53.03%，非直接经济价值 12189.92 万元，占比 46.97%。尽管非直接经济价值的比例较小，但也说明森林生态效益是桉树人工林生态系统服务功能效益的重要组成部分，对间接经济价值（生态效益价值）也应加以计算，只有这样才能如实反映桉树人工林对社会、经济和环境所做的贡献。相比南方其他常见的造林树种，如马尾松、杉木等，桉树具有较高的年净生长量和较短的轮伐期。广西桉树的轮伐期一般为 3 ～ 5a，个别延长到 7 年，而杉木经济成熟年龄为 15 ～ 18a，生产上一般把建筑材主伐年龄定为 8 年左右；马尾松的轮伐期为 10 ～ 13 年。所以在同样的年限中，桉树人工林具有较高的木材生产力，也就能够获得更大的经济效益。同时，桉树经营避免了对天然林的采伐，使得广西其他的天然森林资源得以保存。黄承标（2012）的研究表明，与厚荚相思林和灌草坡植被比较，桉树人工林土壤的涵养水源及平衡地下水量功能是相当高的。可见，桉树人工林对广西森林生态系统的贡献是非常巨大的，对生态系统的维护发挥了重要的作用，表现出较高的生态系统服务功能价值，这与张晓晖等（2006）、李忠伟等（2008）、杜阿朋等（2012）和黄承标（2012）的结论类似。

桉树人工林的经济价值较高，主要用途是生产木材，其中最重要的是用作纸浆材，其他用作三合板（中纤板、刨花板、胶合板）、建材、家具、农具、薪材、通讯电杆、矿柱等。此外，桉树树种还可以提炼具有广泛用途的单宁、精油、芦丁等，桉树叶又是良好的饲料，花朵还是丰富的蜜源。在众多不同的桉树树种中，有 20 多种桉树已成为世界最重要的造林树种，如巨桉（*E. grandis*）、赤桉（*E. camaldu lensis*）、蓝桉（*E. globulus*）、亮果桉（*E. nitens*）、细叶桉（*E. tereticornis*）、尾叶桉（*E. urophylla*）等。此外，桉树人工林也具有较高的生态价值。生物固碳是目前较为安全有效、经济的固碳方式之一。由于森林生态系统具有强大的碳汇能力，发展速生丰产桉树人工林是适用于我国碳贸易的生物固碳的主要内容，在我国南方，利用速生、抗逆性强的桉树来发展桉树碳汇林是有效解决 CO_2 带来的环境问题的主要方法之一，对快速城市化地区（如珠江三角洲）来说起着重要的碳汇作用。桉树在广西黄冕林场的立地条件和气候条件下，表现为适生、速生，且经济效益好，是营造短周期用材林的好树种（张智等，2008）。

生物量转换因子法是当前生物量分析一种重要的方法，由于树干的生物量与其他器官的生物量存在很强的相关关系，因此用树干材积推算森林总生物量是可行的（Whittaker 等，1975）。本研究采用生物量转换因子连续函数法对桂北黄冕林场的桉树人工林固碳放氧功能价值进行评估，能更好地获得桉树人工林的生物固碳放氧等功能价值，减少因生物量带来的误差。通过对桉树人工林生态价值的评价，一方面使人们认识到桉树森林生态效益的重要性，同时也认识到桉树树种在广西的优势地位，有利于人们正确地认识及发展桉树人工林绿色可持续产业。森林生态系统的间接服务类型复杂，因为数据难获取、难以价值化等原因，本研究没有定量评价桉树人工林生态系统的防风固沙、生物多样性维持、调节小气候、提供野生动物生境等功能的服务价值，仅评价了其中的一部分。而且，由于种植桉树人工林而间接保护的天然林的价值是不可估计的，因而未能评估出其全面效益，还有待今后进一步的深入研究。

综上所述，本章主要小结如下。

（1）桂北桉树人工林生态效益年价值量为 25955.15 万元，其中：木材产品价值 13765.23 万元，占比 53.03%，非直接经济价值 12189.92 万元，占比 46.97%。其中单项服务价值量从大到小依次为木材产品、涵养水源、维持养分循环、净化大气环境、固定 CO_2、释放 O_2 和保持土壤。单项生态服务价值中涵养水源、维持养分循环、净化大气环境、固定 CO_2、释放 O_2 和保持土壤的年价值量分别为 7986 万元、3265.09 万元、883.79 万元、24.56 万元、18.75 万元和 11.73 万元，分别占总价值量的 30.77%、12.58%、3.41%、0.09%、0.07% 和 0.05%。

（2）基于广西相关桉树林业有限公司的木材生产成本项目和现行的各种有关税率参数计算，得出造林需要用工 1100 万个，在抚育过程中需用工 407 万个，平均每年 261.6 万个。桉树人工林种植有利于改变农村劳动力经济贫困的局面，有效地增加村民社会福利，加快脱贫致富的步伐。生态效益和社会效益也是桉树人工林生态系统服务功能效益的重要组成部分，桉树人工林木材资源的直接经济价值和间接经济价值（生态效益和社会效益）共同反映了桉树人工林对社会、经济和生态环境的贡献。

参考文献

[1] 杜阿朋，张婧，谢耀坚．深圳市桉树人工林生态效益量化评估研究［J］．桉树科技，2012，29（1）：13-17.

[2] 段春燕，何成新，徐广平，等．桂北不同林龄桉树人工林土壤养分及生物学特性［J］．热带作物学报，2019，40（6）：1213-1222.

[3] 国家环境保护局．中国生物多样性国情研究报告［M］．北京：中国环境科学出版社，1998.

[4] 黄承标．桉树生态环境问题的研究现状及其可持续发展对策［J］．桉树科技，2012，29（3）：44-47.

[5] 蒋菊生．海南天然橡胶产业可持续发展的生态系统工程研究［D］．北京：中国科学院，2002.

[6] 李忠伟，陈少雄，吴志华，等．桉树人工林的固碳放氧功能和价值分析——以樟木头林场为例［J］．桉树科技，2008，25（1）：11-14.

[7] 刘慧明，高吉喜，刘晓，等．国家重点生态功能区2010—2015年生态系统服务价值变化评估［J］．生态学报，2020，40（6）：1865-1876.

[8] 欧阳志云，王效科，苗鸿．中国陆地生态系统服务功能及其生态经济价值的初步研究［J］．生态学报，1999（5）：19-25.

[9] 潘鹤思，李英，陈振环．森林生态系统服务价值评估方法研究综述及展望［J］．干旱区资源与环境，2018，32（6）：72-78.

[10] 徐大平，何其轩，杨曾奖，等．巨尾桉人工林地上部分净生产力及养分循环的研究［A］//余雪标．桉树人工林长期生产力管理研究［C］．北京：中国林业出版社，2000：36-42.

[11] 杨敬华．桉树人工林不同更新方式水土流失的研究［D］．海口：华南热带农业大学，1999.

[12] 张晓晖，余雪标，黄金城．海南省桉树人工林生态系统服务功能价值评估［J］．热带林业，2006（3）：25-27，42.

[13] 张智，刘涛，吴志华．黄冕林场桉树人工林经营利用与经济效益分析［J］．桉树科技，2008，25（2）：25-28.

[14] 中国生物多样性国情研究报告编写组．中国生物多样性国情研究报告[M]．北京：中国环境科学出版社，1997.
[15] 周佳雯，高吉喜，高志球，等．森林生态系统水源涵养服务功能解析[J]．生态学报，2018，38(5)：1679-1686.
[16] 徐广平，黄玉清，张中峰，等．喀斯特地区青冈栎林生理生态学及其土壤生态功能研究[M]．南宁：广西科学技术出版社，2020.
[17] Whittaker R H, Likens G E. Methods of assessing terrestrial productivity[M]. New York：Springer-Verlag, 1975, 305-328.

第二十二章

研究结论与展望

1 研究结论

1.1 人为不合理的营林措施，降低了桉树人工林的植物多样性

桂北桉树人工林林下植物多样性相对低于天然次生林和针阔混交林，植物多样性较低不是桉树树种自身引起的，桉树人工林经营管理过程中不合理的人为因素（炼山、整地、施肥、栽培密度、林地枯枝落叶清除、人工割草和除草剂等）是导致实验区植物多样性降低的主要原因。

随着桉树人工林林龄的增大，林下植被物种数呈现增加的趋势。土壤养分含量对桂北桉树人工林林下植被物种多样性的影响较大，当土壤养分含量较高时，有利于桉树人工林林下植被物种多样性的恢复和维持。不同连栽代数下，桉树人工林林下灌木层物种数所占种类最多，草本层次之。随着连栽代数的增加，桉树林下灌木层和草本层的丰富度指数、Shannon-Wiener 指数和 Pielou 均匀度指数的变化规律一致，均表现为先增大后减小的趋势，在第Ⅱ代植物多样性最高，在第Ⅳ代最小。

桉树人工林种植地区现有的经营模式，对林下植被多样性有一定影响。不同林地清理方式对桉树人工林林下植被多样性有较大影响，其中保留枯枝落叶等地被物处理方式的效果较好。高强度人工割灌除草（包括除草剂）和全部清除枯枝落叶等地被物处理方式，导致了桉树人工林林下灌木层和草本层的植物多样性降低。适度保留枯枝落叶等地被物和林下草本植物，是桉树人工林林下植物多样性提高和维持的有效措施。

1.2 桉树人工林土壤种子库数量较丰富，草本植物的覆盖度较高

桉树人工林土壤种子库物种组成简单，种子库密度和多样性指数较低，但土壤种子库储量较大，这与研究区桉树人工林植被群落组成相对单一和种子植物相对较少有

关。桉树人工林土壤种子库数量较丰富，可为桉树人工林林下植被更新提供足够的种源。桉树人工林土壤种子库中一年生、多年生草本的物种和密度占优势，灌木所占比例均较小，土壤种子库对林下灌木层、乔木层更新和演替的贡献较小。

桉树人工林林下种子多集中在土壤表层和凋落物层，凋落物覆盖在林地表面，对土壤种子库中的种子有较好的保护作用。土壤种子库中的种子随土壤深度增加而减少，具有表聚性特征。在不同林龄之间，幼龄林（1a）土壤种子库中完整种子数较多，中后期随着林龄的增加而增加。土壤种子库与地上植被的物种组成相似性不高，随着林龄的增加相似性指数逐渐增大。

1.3　桉树叶片具有较高的 $\delta^{13}C$ 值，桉树叶片的水分利用效率较高

在不同木本植物类型之间，叶片稳定碳同位素组成（$\delta^{13}C$）的平均值从大到小的排序为杉木、桉树、毛竹和马尾松，其中，常绿针叶树高于落叶针叶树，桉树叶片的 $\delta^{13}C$ 略低于杉木，不同树种叶片 $\delta^{13}C$ 值存在种间差异。

桉树叶片 $\delta^{13}C$ 的季节变化从大到小为秋季、夏季、春季和冬季，不同林龄间桉树叶片 $\delta^{13}C$ 从大到小的顺序依次为 3a、2a、1a、5a 和 7a。桉树叶片 $\delta^{13}C$ 与降水量、叶片含水量、灰分含量、可溶性糖和土壤含水量呈显著负相关关系，与脯氨酸含量、叶片碳含量和叶片氮含量呈显著正相关关系。

$\delta^{13}C$ 值在桉树各器官间差异显著，表现为在桉树的根系较高，枝条次之，叶片较小。桉树可能属于典型的 C_3 植物，桉树叶片具有较高的 $\delta^{13}C$ 值，生长初期的 $\delta^{13}C$ 值大于生长末期的 $\delta^{13}C$ 值，说明桉树叶片的水分利用效率较高，以水分利用率为参考标准，桉树属于生态型节水树种。

1.4　桉树人工林的水源涵养能力较强，随着林龄增加水源涵养功能增强

不同林分类型的水源涵养能力存在差异，其中地上部分总持水量以次生林最佳，桉树人工林居中，马尾松人工林最小；林下土壤层总贮水量以次生林最高，桉树人工林最小；林分总持水量以次生林最高，桉树人工林最小。桉树人工林具有较强的持水能力，但由于人为扰动较大，水源涵养能力弱于其他林分类型。

桉树人工林生态系统中林地土壤是涵养水源的主体部分，冠层和枯枝落叶层主要是对降水进行截留再分配，并进一步优化土壤物理化学特性。桉树人工林林冠层持水量低于林下植被和枯枝落叶层的持水量，表明桉树林的林分结构较好，有利于减缓林

内降雨的侵蚀力，避免土壤板结，可促进土壤的渗透功能。

随着林龄的增加，尾巨桉人工林枯枝落叶层的现存贮量呈现逐渐增多的趋势，枯枝落叶层的自然含水率和最大持水深度表现出逐渐增大的趋势，土壤中的毛管孔隙度、非毛管孔隙度、总孔隙度和渗透性均表现出随着林龄的增加而逐渐增大的趋势。桉树人工林不同层次的持水量从大到小的顺序为土壤层、枯枝落叶层、林冠层和林下植被层，加强对桉树人工林林下植被层和枯枝落叶层的保护，是提高土壤层贮水量的关键措施。建议可采取适当的混交林、林下植物间作等结构调控措施，注重增加阔叶树种的合理配置，以充分发挥桉树人工林的水源涵养功能。

随着尾巨桉人工林连栽代数的增加，降低了林下凋落物的持水性能，减弱了土壤持水性能，土壤的入渗性能降低，表明土壤地表径流可能增加，在今后造林中须进一步优化连栽模式。随着尾巨桉林龄的增加，林分郁闭度增大，枯枝落叶层增厚，其林地的土壤结构趋于更好，土壤渗透性提高，水土保持功能得到提高。

随种植密度的增加，尾巨桉人工林的水源涵养功能呈现先增强后降低的趋势，种植密度为 1600 株 /hm^2 时的水源涵养能力较明显，可在未来的造林中加以推广应用。

1.5 桉树人工林土壤斥水性较高，土壤分形维数反映了土壤养分的变化

不同植被类型分形维数从大到小的顺序依次为毛竹人工林、杉木人工林、尾巨桉人工林、马尾松人工林和次生林，毛竹人工林的分形维数最大，次生林最小。不同类型人工林的分形维数大于次生林的分形维数，桉树人工林居中，土壤分形维数小于毛竹人工林和杉木人工林，略高于马尾松人工林。

分形维数与土壤粒径组成关系密切，土壤颗粒中粉粒（0.002 ～ 0.05 mm）和黏粒（$<$ 0.002 mm）与分形维数负相关，而 0.05 ～ 0.1 mm、0.1 ～ 0.25 mm、0.25 ～ 0.5 mm 和 0.5 ～ 2.0 mm 的土壤砂砾含量与分形维数正相关。随着土层深度的增加，黏粒和粉粒逐渐减小，而砂砾和分形维数（D）逐渐增大。土壤分形维数可以作为表征桉树等人工林土壤理化性质的指示性指标。

大面积种植桉树人工林对土壤的斥水性存在显著的影响，不同植被类型表现出不同程度的斥水性，桉树人工林的土壤斥水性居中，影响其土壤斥水性的主要因素为土壤容重与土壤质地。建议构建阔叶混交林生态系统，能够有效减轻土壤斥水性，增加土壤水分入渗，进而减缓和控制桉树人工林可能出现的水土流失。

1.6 桉树叶片的主要限制性元素是氮，凋落物的主要限制性元素是磷

桂北桉树人工林叶片和土壤中的碳、氮含量均较低，叶片中磷元素含量较高，凋落物中的碳、氮和磷含量均较高，而土壤中磷元素含量较低，这是桉树人工林为提高养分利用率、适应环境的一种养分利用策略。桉树的叶片、枝条和凋落物的 C/N、C/P 化学计量比随连栽代数的增加而先升高后降低。

桉树人工林叶片、凋落物和土壤的 C/N、C/P 和 N/P 均较小，表明桉树人工林有较低的 N、P 利用效率，桉树叶片的主要限制性元素是氮，而凋落物的主要限制性元素是磷。桉树人工林土壤 C/N 较高，表明有机态氮分解速率较低，不利于土壤有机态氮释放。土壤 C/P 随林龄的增加先减小后增加，表明土壤中碳含量和有效磷含量随之升高。

不同纬度区域的林分类型中，尾巨桉人工林叶片、凋落物和土壤的碳和氮平均含量从大到小均表现为叶片、凋落物和土壤，磷平均含量从大到小均表现为叶片、土壤和凋落物，C/N、C/P、N/P 从大到小均表现为凋落物、叶片、土壤。尾巨桉人工林叶片、凋落物、土壤的碳、磷含量和 C/N，均表现为在高纬度的桂林最大，中纬度的南宁次之，低纬度的钦州最低，随纬度增加而增大。

随着纬度的变化，桉树人工林叶片整体呈现低碳、氮，磷较高；凋落物整体呈现高氮，低碳、磷；土壤整体呈现高氮、磷，低碳的元素分布特征。随着林龄的增加，桉树人工林叶片、凋落物和土壤的碳含量逐渐增加，在 7a 时达到最大值。连栽代数过多会引起桉树叶片、枝条和凋落物同化吸收碳元素的能力降低而导致生长速度下降。为了桉树能快速生长及产生较高的经济效益，桉树人工林以连栽 2 ～ 3 代为宜。

1.7 尾巨桉早期微量元素利用率和归还量较小，中后期循环速率较快

随着林龄的增大，尾巨桉人工林总生物量随之增加。各个林龄中乔木生物量占总生物量的 48.79% ～ 95.34%，且随着林龄的增加生物量不断增大；尾巨桉人工林下的草本层和凋落物层的生物量总和，亦随林龄增加而趋于增大。

尾巨桉人工林微量元素贮存量随着林龄的增大而增加，乔木层是桉树林有机物的主要生产者，所积累的微量元素占林分的大部分比例。尾巨桉林木中不同器官微量元素贮存量以树干最高，其次是树根、树皮和树叶，最低为树枝。随着林龄的增大，微量元素的吸收量和归还量呈现为先增加后减少的趋势，在 3a 时最高，循环速率逐渐增大，而存留量呈现为逐渐减少的趋势。

不同密度下各微量元素在各器官的含量大小主要集中在树干，其次是树根、树枝和树皮，最小是树叶，林分密度越大，微量元素的积累偏向于树干。种植密度不仅影响乔木层微量元素的积累，同时也会限制草本层和凋落物层微量元素积累，微量元素积累总量以 1600 株 /hm^2 林分时最高。

1.8 桉树不同器官的灰分含量居中，具有较高的热值和能量现存量

桉树等不同树种的灰分含量，表现为树叶部最高，树皮和树枝次之，树干最小；各器官的去灰分热值含量顺序为叶＞枝＞皮＞干。马占相思、枫香、青冈栎、桉树、毛竹、杉树和马尾松等不同树种之间热值存在较大差异，桉树具有较高的热值和能量现存量，灰分含量居中。

7 个品种桉树的灰分含量和去灰分热值因品种而异，不同品种桉树的灰分含量，不同器官间从大到小依次为树叶、树皮、树枝、树根和树干；去灰分热值在不同器官间从大到小依次为树叶、树枝、树根、树皮和树干。桉树人工林可作为较好的能源树种用来种植和开发利用。

不同种植密度各器官的灰分含量和去灰分热值有显著差异，随种植密度增加，灰分含量和去灰分热值表现为先增加后逐渐减小的趋势。桉树灰分含量分别与干重热值和去灰分热值呈显著负相关。尾巨桉林单株和林分总能量表现出随林龄增长而增加的趋势，在 1600 株 /hm^2 时，树叶、树枝和树干的去灰分热值较高。

1.9 桉树人工林存在肥力下降的趋势，主要原因是不合理的经营措施

相对于对照组马尾松林，桉树人工林土壤有机碳、全氮、全钾、速效氮和 pH 值呈现降低的趋势，而全磷、有效磷和速效钾高于马尾松林。随着林龄增加，土壤有机碳和速效氮含量均呈现增加的趋势，全磷和 pH 值呈现减小的趋势，全钾和速效钾呈先减小后增加趋势，全氮和有效磷未表现出明显的变化规律。桉树人工林存在肥力下降和土壤酸化的趋势，主要原因是不合理的经营管理措施，而不是桉树树种自身引起的。

随着林龄增加，细菌和真菌数量表现为先减少再增加的趋势，放线菌趋于减少，微生物生物量碳逐渐增加，微生物生物量氮和微生物生物量磷呈现先减少再增加的趋势，土壤酶活性表现出增加的趋势，表层土壤酶活性大于中下层。随着栽植代数的增加，土壤容重和自然含水量呈现先减小后增大的趋势，总孔隙度、有机碳和全氮则随栽植代数的增加而趋于减小。短期轮伐下存在的营林措施，对桉树人工林土壤养分及生物

学特性有显著影响和干扰。建议根据需要在桉树人工林林地适当延长采伐期和科学补充碳氮磷钾等复合营养元素肥料，通过整地措施的改进、科学施肥、树种的改良和凋（枯）落物的保留等措施，将有利于减缓桉树人工林的地力衰退。

1.10 ^{137}Cs 含量特征指示了桉树人工林土壤存在一定程度的侵蚀

研究区 ^{137}Cs 含量的背景值为 1565.90 Bq/m^2，^{137}Cs 质量活度随土壤深度的增加呈指数下降，桉树人工林等 3 个林地均具有表聚现象（土壤 0 ～ 5 cm 土层最高）。^{137}Cs 含量的平均值从大到小依次为杂木林（1491.84 Bq/m^2）、马尾松林（1443.35 Bq/m^2）和桉树林（1134.95 Bq/m^2），在不同坡位均表现为坡下＞坡中＞坡上。

3 个林地土壤侵蚀模数为 –956.02 ～ 3349.55 t/km^2 · a，不同林型土壤侵蚀模数平均值表现为桉树林（1837.96 t/km^2 · a）＞马尾松林（512.09 t/km^2 · a）＞杂木林（221.27 t/km^2 · a）；桉树人工林上坡属于中度侵蚀，其他林地土壤侵蚀强度均在轻度以下。由于不同林地的经营管理方式不同，土壤侵蚀特征有差异，其中桉树林的土壤侵蚀程度较严重，马尾松林次之，杂木林最轻。

1.11 林龄的增加，提高了桉树人工林的土壤渗透性和抗侵蚀能力

综合比较，可知毛竹人工林的土壤抗侵蚀能力最弱，马尾松人工林的土壤抗侵蚀能力最强，尾巨桉人工林的土壤抗侵蚀能力次之，不同类型人工林的土壤抗侵蚀能力均小于对照天然次生林。土壤团聚状况和团聚度的变化规律一致，随着林龄的增加而增大。分散率、分散系数和结构破坏率的变化规律一致，随着林龄的增加而趋于减小。随着林龄的增加，土壤的渗透性提高，促进了尾巨桉人工林的抗侵蚀能力。

桂北桉树人工林种植地区，人为干扰降低了土壤的抗蚀性。不同类型人工林土壤的抗蚀性指数差异性显著，与其渗透性有极显著的正相关性，两者之间呈二次多项式函数关系。保护林下的凋（枯）落物层，可促进土壤形成较为合理的结构，进而提高土壤的抗蚀性能。加强对 5 ～ 7a 林龄及以上阶段进行抚育改造，以提高林地的水土保持能力，减缓土壤侵蚀，进一步改善桉树人工林可持续经营的林地生态环境。

1.12 随着林龄的增加，桉树人工林土壤大团聚体的含量显著增加

不同林龄尾巨桉人工林对土壤团聚体及其有机碳具有重要影响，随着林龄的

增加，土壤风干团聚体含量增加；粒径＞ 0.25 mm 风干团聚体含量平均在 92% 以上，占 84.57 ～ 97.95%；粒径＞ 0.25 mm 水稳性团聚体含量平均在 77% 以上，占 64.14 ～ 84.54%。风干团聚体均以＞ 5 mm 粒径团聚体含量最高，在 5a 和 7a 林龄时对土壤大团聚体含量的贡献率较大，在 4a 林龄时对土壤水稳性团聚体含量的贡献率较大。

尾巨桉人工林土壤团聚体有机碳含量在土壤表层变化为 31.79 ～ 45.38 g/kg，土壤团聚体全氮含量在土壤表层变化为 2.21 ～ 4.02 g/kg，土壤团聚体全磷含量在土壤表层变化为 0.29 ～ 0.51 g/kg。土壤团聚体全氮、土壤团聚体全磷均与土壤团聚体有机碳的变化趋势一致，从大到小依次为次生林、马尾松人工林、尾巨桉人工林、杉木人工林和毛竹人工林。

随着林龄的增大，尾巨桉人工林土壤风干团聚体和水稳性团聚体的 MWD 和 GWD 值逐渐增大，表明种植尾巨桉人工林能提高土壤团聚体稳定性，改善土壤团聚结构。林龄的增加促进了土壤大团聚体形成，增加了土壤结构的稳定性，土壤水稳性团聚体变化较风干团聚体变化更快。

实验区林龄对土壤团聚体的组成有一定影响，但未影响到土壤团聚体的稳定性。而长期种植桉树人工林，持续进行高强度人为管理措施，可能会使土壤团聚体的水力学稳定性变差，减弱土壤的抗蚀性。

1.13 随着林龄的增加，桉树人工林土壤碳库管理指数呈上升趋势

不同林龄桉树土壤非活性有机碳是有机碳的主要部分，占有机碳的比例为 62.31% ～ 76.88%，土壤碳库的变化主要取决于非活性有机碳库的变化。土壤非活性有机碳、碳储量和土壤有机碳，均随桉树林龄的增加而增加，随着土层的加深而降低。1 ～ 8a 桉树土壤有机碳范围在 5.79 ～ 15.57 g/kg。

碳库管理指数随林龄增加而整体呈上升趋势，8a 桉树人工林土壤碳组分含量及碳库管理指数均高于 10a 对照马尾松林。碳库管理指数与土壤有机碳、非活性有机碳、活性有机碳、碳储量、碳库活度、全氮、容重呈极显著或显著的相关性，不同林龄和土层间碳库管理指数有差异性。适当延长桉树人工林的轮伐周期，减少人为对林地凋落物和林下植被的干扰，将有利于提高土壤的有机碳含量，进而改善土壤质量。

1.14 随着林龄的增加，土壤微生物数量增加，土壤酶活性提高

土壤微生物和酶活性在土层中有明显的垂直分布特征，均随土层加深而趋于降低，

且各土层间差异显著。细菌、放线菌数量随季节变化表现为秋季>夏季>春季>冬季，真菌数量的变化规律为春季>夏季>秋季>冬季，而酶活性随季节变化表现为夏、秋季活性较高，春、冬季活性较低。细菌、真菌、脲酶、过氧化氢酶随林龄增大表现出先减小后增大的趋势，放线菌则呈现先减小后增大再减小的趋势，而蔗糖酶、酸性磷酸酶随林龄的增大趋于增大。

林地土壤中三大类群微生物与四种土壤酶之间存在极显著正相关关系，说明土壤微生物与土壤酶活性相互影响，两者之间关系密切，共同影响土壤的质量。不同土层土壤微生物和酶活性总体在冬季最低，主要与气温、水分条件、凋落物养分的归还等影响有关。不同季节、土层、林龄之间的交互作用对土壤微生物和酶活性均有显著影响。

1.15　桉树人工林土壤和凋落物层中的土壤动物群落类群较丰富

试验区共捕获大型土壤动物 24 个类群，隶属 4 门 10 纲 18 目，1748 个。其中，优势类群有鳞翅目和膜翅目，常见类群有近孔寡毛目、后孔寡毛目、石蜈蚣目、蜘蛛目、马陆目、等足目、等翅目、蜚蠊目和双翅目。小型土壤动物有 11 个类群，隶属 2 门 3 纲 6 目，20174 个。其中，优势类群有弹尾目和蛛形纲 / 螨类，常见类群有双翅目和木蠹科。大型土壤动物组成占土壤动物总体个数的 7.97%，小型土壤动物占土壤动物总体个数的 92.03%，主要以小型土壤动物为主。

土壤动物群落具有明显的表聚特征，主要集中在土壤 0 ～ 5 cm 层次和凋落物层，土壤动物类群及其多样性反映了桉树人工林土壤环境的质量状况。不同类型人工林中土壤动物密度数，从大到小依次为次生林、马尾松人工林、尾巨桉人工林、杉木人工林和毛竹人工林；类群数从大到小依次为次生林、尾巨桉人工林、马尾松人工林、杉木人工林和毛竹人工林。

桉树人工林土壤捕获线虫群落共计 20 种，隶属 5 目 9 科 15 属。其中优势类种有胞囊线虫、根结线虫和长沙多索线虫；常见种有短尾绕线虫、小形绕线虫、丝状单宫线虫、翼状矛线虫、裸中矛线虫、美国剑线虫和单齿线虫等 10 种；稀有种有枪形线虫、轮形线虫、四毛环线虫和以佰立剑线虫等 7 种。主要以常见种为主。桉树人工林土壤为线虫提供了适宜的生活环境。

土壤线虫在土壤中垂直分布与土壤有机物质的表聚性和土壤理化特性的垂直差异有密切关系，主要分布于凋落物层和土壤的腐殖质层，随土层向下锐减。不同营养类型土壤线虫群落从大到小的数量分布特征表现为植物寄生线虫、捕食—杂食线虫、食细菌线虫和食真菌线虫。

1.16 桉树叶水浸提取液有一定的化感效应，土壤酚类物质处于安全范围

不同浓度的桉树叶水浸提液对水稻、玉米、油菜、莴苣和黑麦草的种子萌发率、种子萌发速率、种子发芽指数、植物幼苗的生长和根的生长有明显的化感作用，主要表现为抑制作用，随着桉树叶水浸提液浓度的增加，相应的化感作用增强。5 种植物对桉树叶水浸提取液表现出一定的抗性，玉米、水稻和黑麦草比其他几种植物对尾巨桉树叶浸提液中化感物质的抗性要强。尾巨桉人工林中存在化感作用的现象，对不同植物种类的化感效应表现出差异性，其原因可能是人为强烈干扰经营加剧所致，桉树叶片中含有较强活性和稳定性的化感物质。

随着连栽代数的增加，土壤中总酚和复合酚含量呈现出逐渐减小的趋势；而水溶性酚含量呈现出逐渐增加的趋势，土壤中会积累一定量酚类物质，但其含量较低，未达到毒害程度。连栽并未造成土壤酚酸物质的积累，五个酚酸含量总趋势为香草酸最高，苯甲酸、对羟基苯甲酸次之，阿魏酸较低，肉桂酸含量最低，Ⅰ代林和Ⅳ代林未检测出肉桂酸。土壤多酚氧化酶活性对酚类物质有降解作用，实验区桉树人工林在连栽短期内没有造成酚类物质的严重大量积累。

1.17 桉树枝条生物炭对桉树林土壤理化性质有较好的改良作用

随着桉树枝条生物炭施用量的增加，土壤容重降低，土壤的自然含水量、毛管孔隙度、总毛管孔隙度增加；增加了土壤的 pH 值和电导率，降低了土壤交换性酸和交换性铝的含量，交换性钠和交换性氢随桉树枝条生物炭施用量的增加呈现先降低后升高的趋势，土壤阳离子交换量、交换性镁和交换性钙呈现先升高后降低的趋势。

随桉树枝条生物炭施用量的增加，土壤有机碳、全磷、全钾、速效氮、有效磷、速效钾总体上呈现增加的趋势。土壤自然含水量、毛管孔隙度、总毛管孔隙度、土壤有机碳、全磷、全钾、速效氮、有效磷、速效钾与 pH 值、阳离子交换量、电导率、交换性氢、交换性钙、交换性镁、交换性钠之间存在显著相关，与交换性酸、交换性铝相关不显著。桉树枝条生物炭可以改善桉树人工林土壤的理化性质，提高土壤养分含量，可以促进土壤的保水保肥能力，施用 4% 桉树枝条生物炭是提高土壤肥力水平的最优处理。

1.18 桉树人工林土壤PAHs污染风险较低，磁化率指示了轻度的重金属污染

桉树人工林各器官中，树皮的PAHs含量均值最高为7313 μg/kg，树干最低为2460 μg/kg，其他依次为树根（6658 μg/kg）、树枝（5077 μg/kg）和树叶（4323 μg/kg）。桉树人工林生态系统中PAHs含量空间分布由高到低为落叶层（10428 μg/kg）、乔木层（4874 μg/kg）、枯枝层（3323 μg/kg）、草本层（3119 μg/kg）和土壤层（1036 μg/kg）。与废弃撂荒地土壤的PAHs含量（2401 μg/kg）相比，桉树林土壤的PAHs含量较低（1036 μg/kg）。

随着大气降水进入桉树人工林的PAHs，桉树人工林生态系统对PAHs具有一定的吸附和降解作用。通过荧蒽/芘比值来判断PAHs的来源，本研究区的PAHs主要来源于燃烧源，包括石油及其精炼产品的燃烧，以及木材、煤燃烧等污染。桉树人工林林地的炼山也是一个潜在的原因。桉树人工林土壤的PAHs污染程度暂时较低，加强对人工林生态系统环境中PAHs监测和治理很有必要。

磁化率特征表明，桉树人工林部分土壤受到了污染，但污染程度较轻。桉树人工林土壤重金属污染负荷指数（PLI）为0.79～1.35，平均为1.05，说明桉树人工林土壤重金属污染主要为轻中度污染水平，土壤磁化率与重金属污染负荷指数呈显著正相关。土壤磁化率可以很好地指示桉树人工林土壤重金属的污染状况，重金属含量反映了在桉树人工林自然背景值之上叠加工业活动、汽车尾气和人为活动等人为因素的综合结果。

土壤磁化率与有机碳含量呈极显著正相关性，与频率磁化率呈负相关，呈现出人类活动污染土壤的特征，人为干扰对桉树人工林土壤磁化率的贡献较大。土壤磁化率可以反映桉树人工林凋落物持水量，土壤磁化率越大，对应桉树人工林凋落物持水量越大，可以指示桉树人工林生态系统凋落物水源涵养功能越强。高强度人为经营措施下的桉树人工林，存在一定程度的土壤侵蚀，与^{137}Cs指示的结果一致。

1.19 桉树人工林具有良好的经济效益、环境效益和生态服务功能

桂北桉树人工林生态效益年价值量为25955.15万元，其中：木材产品价值13765.23万元，占比53.03%，非直接经济价值12189.92万元，占比46.97%。单项服务价值量从大到小依次为木材产品、涵养水源、维持养分循环、净化大气环境、固定CO_2、释放O_2和保持土壤。单项生态服务价值中涵养水源、维持养分循环、净化大气

环境、固定 CO_2、释放 O_2 和保持土壤，价值量分别为 7986 万元 /a、3265.09 万元 /a、883.79 万元 /a、24.56 万元 /a、18.75 万元 /a 和 11.73 万元 /a，分别占总价值量的 30.77%、12.58%、3.41%、0.09%、0.07% 和 0.05%。

桉树人工林种植有利于改变农村劳动力经济贫困的局面，有效地增加村民社会福利，加快脱贫致富的步伐。生态效益和社会效益也是桉树人工林生态系统服务功能效益的重要组成部分，桉树人工林木材资源的直接经济价值和间接经济价值（生态效益和社会效益）共同反映了桉树人工林对社会、经济和生态环境的贡献。

1.20 本研究对目前桉树人工林“生态问题”争议的结论

桉树具有速生丰产的特性，有效缓解了广西经济社会发展中木材供应和需求矛盾，提高了林木种植效益，促进了山区人民群众的脱贫致富。近年来我国桉树采用连栽和掠夺式经营等方式，使部分地区出现了诸如地力下降、桉树林分生产力降低等问题，这些是大部分人工林普遍存在的问题，不是桉树人工林特有的现象。

大面积单一种植桉树人工林，降低了林下植被物种多样性，但通过桉树良种培育手段、科学管理等可以实现桉树人工林的可持续经营。桉树作为一种速生树种，不可避免地会消耗土壤养分，如果桉树人工林林地的肥力得不到及时的补充，会导致林地土壤养分收支失衡，土壤趋于贫瘠化。通过合理的营林技术措施，加强科学合理施肥，特别是增施有机肥，可以实现桉树人工林土壤营养元素的良性生态循环。

第三章中，桂北桉树人工林林下共有维管束植物 102 种，隶属于 39 科 67 属，有一定数量的灌木和草本植物，也有少量的乔木更新幼苗等，表明桉树人工林林下植被较丰富，物种多样性较高。桉树人工林的大规模种植、高强度短周期采伐和干扰在很大程度上降低了桉树林的物种多样性，而不是“桉树树种自身”引起的。第六章中，尾巨桉人工林林下凋落物以枯死的林下植被为主，后期草本比例的增加，均有利于实现和维护尾巨桉人工林林地的养分循环。第八章中，在样地调查时发现，3 ～ 7a 桉树人工林林下草本植物的覆盖度达 95% 以上。这进一步证明，社会上流传的所谓“桉树林下不长草；远看绿幽幽，近看光溜溜”的指责确实不妥，是没有科学依据的。

第四章中，桂北桉树叶片的 $\delta^{13}C$ 值与其他地区植物相比居中，但相对高于毛竹林和马尾松林，说明桉树叶片具有较高的水分利用效率，有较强的适应性，以水分利用率为参考标准，桉树属于生态型节水树种。气孔对尾巨桉光合作用的限制作用较弱，从侧面说明水分对桉树的影响较弱，桉树本身对水分的依赖性不是很强。第九章中，尾巨桉人工林地上部分总持水量居中，林分总持水量较小，具有一定保水能力，而且其地上部分持水量高于杉木人工林和马尾松人工林林分的持水能力。从非毛管持水量来看，尽管总贮水量较低，但桉树人工林并不属于土壤排水能力最差的林分。这进一步支持其他研究人员的结论，所谓"桉树是耗水机"的指责，是缺乏科学依据的。

第十章中，桉树人工林在非集约化经营条件下能显著发挥其保水保土的作用，因此桉树本身并不是"吸肥机"，但桉树的生长比较快，单位时间内对养分的需求量也比较大，所以桉树给人一种"抽肥机"的错觉。第十八章中，室内控制结果表明，桉树叶水浸提液表现出一定的化感效应，但在广西雨量较多的情况下，野外林地中，桉树人工林中树叶的化感物质可能很难积累到一定的浓度，起不到抑制其他植物生长的作用。因此，在桉树人工林经营中改变管理模式和筛选经济价值高的经济植物以发展林下经济，或混交林模式，对于提高桉树人工林生物多样性是可行的。

对于桉树人工林而言，其生态效益和经济效益是不可估量的，桉树人工林的正效应显著大于负效应，在林业发展的新形势下，大力发展桉树人工林是一种必然选择。桉树由于生长快、适应性强，在增加森林蓄积量和森林碳汇，保护国家生态安全、执行国际公约和进一步提升我国在国际上应对气候变化的地位等方面均将发挥重要作用，桉树是优良的树种，而要使桉树人工林充分发挥其良好的社会、经济和生态效益，最关键还是在于"科学合理的人为经营措施"。在人们对桉树人工林生态系统干扰强度逐渐减小的情况下，应该肯定的是，桉树人工林的生态环境效应是向好的方面发展。

综上所述，基于全文数据的支持，本书的研究结论，比较确切和客观地回答了社会上有关桉树人工林生态环境争议的主要焦点，目前造成桉树人工林所谓的"生态环境问题"的原因，主要是人为干扰和不科学的经营措施所致，而不是桉树自身引起的。桉树人工林表现出的是积极的、正向的环境效应。

1.21　未来桉树人工林生态经营及可持续发展的建议

解放思想，更新观念，转变传统永续利用为可持续利用经营。我国桉树人工林目前多采用短周期经营模式，短时间内会带来巨大的经济效益，但无法实现桉树人工林的可持续经营。建议转变桉树人工林经营理念和经营模式，将短周期经营模式逐渐改为中、长周期并存的经营模式，既要考虑经济效益，又要全面兼顾社会效益和生态效益，将桉树人工林木材生产为主，向木材生产与环境保护并重转化，倡导桉树人工林的可持续经营。

提高科学规划水平与改善造林技术。做到适地适树，林地规划合理，调节林分密度，改变传统的炼山、全垦整地方式，改机耕为人工整地，改全垦为带垦或带状梯形，或改用穴植等造林方式，保持原来的土壤结构，改皆伐为择伐，减少除草剂的施用，采取人工砍草抚育为宜，维护林地的生物多样性，防止水土流失。科学轮作经营，营造混交林模式，采用多品种、多无性系造林等营林措施，以改变单一的林分和树种结构，提高桉树人工林生态系统的稳定性。林业主管部门应科学严谨地论证桉树人工林发展规划，加强实施过程的监管。

桉树林采伐剩余物归还土壤。建议实行适宜较长的轮伐期，保护和恢复桉树林下植被，采伐剩余物回归林地，可通过桉树林业废弃物生物质炭还田技术，提高林分自肥能力。减少桉树人工林内枯枝落叶的清除量，不仅可以增加土壤有机质和营养成分，还能改良土壤结构，防止水土流失，维持地力。

科学施肥，推进配方平衡施肥。深入开展测土配方施肥研究，规范桉树人工林的科学施肥，建议在合理施用有机肥料的基础上，注意营养元素的平衡，不仅要施含 N、P、K 等肥料，还应配施一些有机肥以及含微量元素的肥料等，合理补偿肥力。

加强病虫害的综合防治。建立桉树人工林病虫害长期防控体系和病虫害监测制度，及时开展桉树病虫害的调查研究，深入掌握桉树病虫害的发展趋势和规律，研发桉树病虫害的安全预警系统，提高桉树人工林病虫害的综合防控水平。

调整林分结构，探索桉树人工林种植新模式。在适地适树原则指导下，将短周期的桉树与长周期的树种相结合，开展林下经济作物种植，如林—药、林—草等林下经济间作种植模式，接种固氮菌株、根际菌株等，既可以提高经济效益，又可以增强生态系统稳定性，达到生态双赢。

科技兴林，加大科技投入。有关部门要积极加强桉树种质资源创新及育种研究，做好良种选育和引种驯化工作，重点引进推广抗性强、材质优良、适应性广、效益好的优良品种，加快优良无性系繁育和应用。开展“近自然林业”理论在桉树人工林经营的基础研究和应用技术攻关；开展基于光能利用模型、过程模型分析桉树人工林 NPP 时空变化的研究；结合 RS、GIS 等技术，建立桉树人工林经营信息化、数字化和智能化的决策平台，实现大尺度预警和长期预测的可行性和适用性。

坚持科学监测，扩大正面宣传。建议通过建立固定样地对桉树人工林土壤肥力、养分循环等进行长期系统的定位监测，要科学掌握桉树人工林生态系统服务功能，系统深入研究桉树人工林生长与环境之间的相互关系，为桉树人工林的可持续经营提供理论依据。同时，要加大对桉树的正面宣传，促进社会客观公正地认识桉树人工林。

总之，大力发展桉树人工林是满足我国木材发展需要的重要途径，可以有效缓解对天然林砍伐的压力。桉树产业已成为广西重要的特色产业、民生产业，桉树产业的发展前景十分广阔，桉树人工林的可持续经营是未来桉树发展的重要方向。只要科学规划，适地适树，育种繁育，种植改良，密度合理，科学经营，按照“生态优先、绿色发展”来营造桉树人工林，就可以在创造经济效益的同时保护好生态环境，实现桉树人工林的绿色经营与可持续发展。

2　研究展望

在不同地区，因受各种因素影响的作用和程度不同，还需要因地制宜，深入开展桉树人工林中长期的综合实验观测，继续为桉树人工林生产实践与可持续经营提供科技支撑，为生态环境保护提供科学依据。后续需要进一步开展的建议有：

（1）桉树人工林土壤肥力维持，是目前所面临的重点问题，涉及土壤、微生物、生物化学、植物营养、植物生理生态等众多领域，针对现存问题，未来应加强关于桉树人工林土壤肥力质量维持的研究。

（2）大气氮沉降的增加是全球气候变化的主要驱动因素，氮素是森林和土壤中最主要的营养元素之一。因此，有必要研究大气氮沉降对桉树人工林土壤生物地球化学循环的影响，为桉树人工林土壤质量提升提供参考。

（3）探索全球气候变化对桉树人工林土壤微生物群落的组成、多样性以及功能的时空演变及其对土壤肥力变化的影响。探寻适合桉树人工林及林下植被生长的林地清理方式，包括采伐剩余物的生物质炭制备及其高效利用途径。

（4）加强土壤环境领域研究，围绕土壤有机碳、温室气体排放、重金属、土壤侵蚀、土壤水分等热点问题开展深入的研究。基于碳氮稳定同位素技术（$\delta^{13}C$、$\delta^{15}N$），深入拓展桉树人工林生态系统稳定性机理和生物地球化学循环等方面的研究。

（5）为了及时总结桉树人工林对实现“碳中和”的贡献，应加强对桉树人工林在增加碳汇及其减排作用（应对全球气候变化方面）机制的科学认知，开展桉树人工林碳封存效应、固碳途径及其机理的深入研究。